Augmented Reality
Theory, Technology, and Applications

增强现实
理论、技术及应用

邓宝松 编著

電子工業出版社
Publishing House of Electronics Industry
北京 · BEIJING

内容简介

本书系统论述了增强现实理论、技术及应用的方方面面。全书分成理论篇、技术篇和应用篇，共11章。其中理论篇侧重讨论增强现实概念和发展历史、人类视觉成像基本原理、视觉三维感知基础理论、光场概念及其研究进展；技术篇讲解了增强现实涉及的各方面技术，包括三维图形绘制技术、位姿跟踪注册技术、虚实融合呈现技术和自然人机交互技术；应用篇讨论了增强现实系统基本组成、典型领域应用前景分析，并给出了军事领域应用前景分析。全书架构清晰，内容完整，层次递进，可以为增强现实相关行业提供技术参考和方向指引。

本书可作为增强现实相关行业研发人员与工程技术人员的技术指南，还可作为相关领域研究生的参考书。

图书在版编目（CIP）数据

增强现实理论、技术及应用 / 邓宝松编著. -- 北京 : 电子工业出版社，2025. 6. -- ISBN 978-7-121-50856-1

Ⅰ. TP391.98

中国国家版本馆CIP数据核字第2025F476L0号

责任编辑：桑　昀
印　　刷：北京捷迅佳彩印刷有限公司
装　　订：北京捷迅佳彩印刷有限公司
出版发行：电子工业出版社
　　　　　北京市海淀区万寿路173信箱　　　　邮编：100036
开　　本：787×1092　1/16　印张：18　　　字数：461千字
版　　次：2025年6月第1版
印　　次：2025年6月第1次印刷
定　　价：99.00元

凡所购买电子工业出版社图书有缺损问题，请向购买书店调换。若书店售缺，请与本社发行部联系，联系及邮购电话：(010)88254888，88258888。

质量投诉请发邮件至 zlts@phei.com.cn，盗版侵权举报请发邮件至 dbqq@phei.com.cn。

本书咨询联系方式：malan@phei.com.cn。

前　　言

增强现实技术的目标是将计算机生成的虚拟物体、虚拟场景或提示信息叠加到真实场景中，从而实现对现实场景的增强。该技术能够将虚拟信息应用到真实世界，通过计算机系统提供的信息及虚实融合的手段，有效地提高用户对现实世界的感知能力和交互体验，因而该技术受到了研究人员和相关领域用户的高度关注。

作为曾经从事过虚拟现实、增强现实领域研究的也算是科班出身的科研人员，在多年解决工程技术领域现实问题的实践积累基础上，本人前几年再次受到院校思维的熏陶，对学术领域理论问题有了更深刻的理解，下决心结合自身实践写一本书，全面讨论增强现实这一连接现代和未来世界的技术方向，也算是对自己阶段性研究工作的总结。

人们认识世界的最终目的是改造世界。同样，做科研需要考虑贯通其转化过程的完整链路，因此本人从理论、技术和应用三个层面对增强现实进行了较为系统的阐述。其中，理论篇强调了其基础性和学术性，包括增强现实概念和发展历史、人类视觉成像基本原理、视觉三维感知基础理论，最后是光场概念及其研究进展；技术篇则采取并行结构，从三维图形绘制技术、位姿跟踪注册技术、虚实融合呈现技术和自然人机交互技术四个方面进行介绍，这也是实现增强现实系统的支撑技术；应用篇首先讨论了增强现实系统基本组成，然后按民用和军用两大领域进行了应用前景分析。全书架构清晰，内容完整，层次递进，可以为增强现实相关从业人员提供技术参考和方向指引，也可以作为感兴趣人士的科普资料。在思考本书架构和实际编写的过程中，本人搜集了国内外大量相关资料信息，也学习和参考了大量文献，在此对各位科研同行表示感谢。

由于多方面的原因，最主要还是自身原因，这本书出版得有些晚。不过，凡事有利也有弊，现在看来这个出版节点也不一定是坏事，就好像增强现实本身的发展，也受到了各方面的现实约束。应该说，经过几年的行业探讨和媒体关注，特别是前几年被资本领域竞相运作之后，增强现实行业逐渐回归理性，开始变得更冷静、更务实、更踏实，特别是很多小企业研发出了特定领域能用、管用的产品，通过具体场景牵引形成了自己的用户、市场及生态。实际上，本人在几年之前就预料到了这个结果，所以本书的问世正好契合了领域发展的这种态势。

真诚希望本书能够对读者在增强现实领域的学习和研究有所帮助，同时也希望它能够激发读者对增强现实领域的进一步思考与探索。衷心感谢读者的阅读和支持。由于编者水平有限，加之时间仓促，不足之处在所难免，欢迎广大读者批评指正。

邓宝松
2025 年 3 月

目　　录

理　论　篇

技 术 篇

应 用 篇

理　论　篇

第 1 章　增强现实概念和发展历史

汉朝刘向在《说苑 • 政理》中说，“夫耳闻之不如目见之，目见之不如足践之”。这句话与成语“耳听为虚，眼见为实”的含义类似。这个成语本意是不要轻信传闻，只有亲眼看到的才是事实。这种思路也是我们认知客观世界的基本常识。

然而，用我们的眼睛看到的就一定是事实吗？也就是说，我们亲眼看到的东西就一定是客观存在的吗？有没有什么技术手段来欺骗我们的眼睛？利用本书讨论的虚拟现实和增强现实技术，如下结论将被证实：眼见的不一定为实。

1.1　相关概念介绍

增强现实(Augmented Reality)技术的目标是将计算机生成的虚拟物体、虚拟场景或提示信息叠加到真实场景中，从而实现对现实场景的增强。该技术能够将虚拟信息应用到真实世界，通过计算机系统提供的信息及虚实融合的手段，有效地提高用户对现实世界的感知能力和交互体验，因而该技术受到了研究人员和相关领域用户的高度关注。

许多人将虚拟和真实元素的视觉组合简单想象为《侏罗纪公园》和《阿凡达》等电影中的特效，虽然电影中使用的图形和图像技术也实现了对现实世界的“增强”，但这些电影中缺少增强现实的关键特征——交互性，即我们只是被动观看“增强”后的世界，这并非真正意义上的可动态交互、可实时改变的增强现实，因此下文有必要对相关概念进行介绍。

1964 年，计算机图形学之父 Ivan Sutherland 提出了终极显示器(Ultimate Display)的设想，设计并实现了第一个头戴式增强现实显示器。当时这个设备巨大而笨重，需要固定并悬挂在天花板上，每只眼睛分别观看一个阴极射线管显示器，该设备被定名为达摩克利斯之剑(Sword of Damocles)，如图 1-1 所示。在当时的条件下，无论是图形显示设备还是图形绘制技术都在非常初级的阶段，因此达摩克利斯之剑所实现的透射显示只能在视野前方叠加简单的线框模型。

随着各种支撑技术的迅速发展，1966 年 Ivan Sutherland 又发明了嵌入头盔的显示器，并在 1968 年使用光学透视式头盔显示器创建了第一个可移动的增强现实系统。这个系统被认为是第一个虚拟现实系统，包含两个具有 6 自由度的跟踪器(一个机械式跟踪器和一个超声波跟踪器)，能够进行观察者位姿的跟踪和虚拟对象的注册。由于当时计算机在处理性能等方面的限制，该系统只能实时显示非常简单的几何线框模型。

之后很多年间，虚拟现实和增强现实的样机甚至产品形态逐渐小型化，并进入大众视野。近年来，随着计算机图形图像及便携头戴式显示器等关键技术的发展，虚拟现实和增强现实技术的实用性显著增强，出现了一系列具有代表性的产品，如谷歌眼镜、微软 HoloLens、Magic Leap 等。因此，增强现实技术成为当前计算机图形图像处理领域的研究热点，并有很多专家预言增强现实眼镜将成为继智能手机之后的下一代移动计算平台。

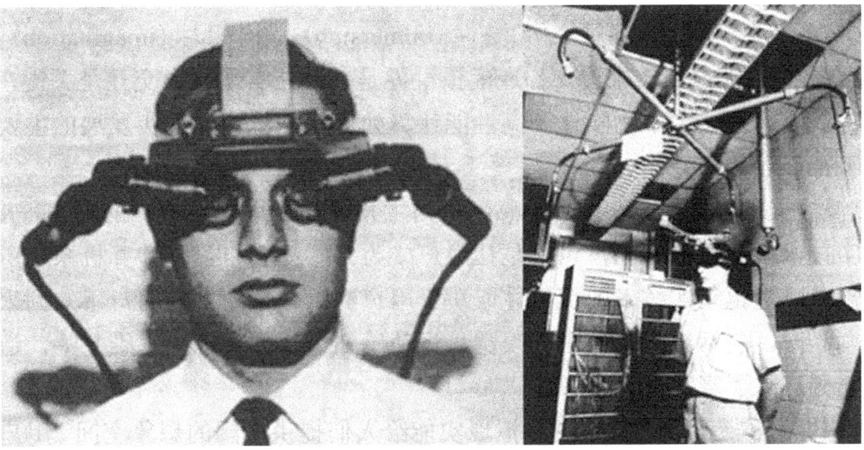

图 1-1　利用这个设备，观察者可以看到浮动的线框立方体

1.1.1　虚拟现实

虚拟现实(Virtual Reality，VR)在国内早期曾译为“灵境技术”，是指利用计算机生成虚拟的三维空间(包含虚拟对象)，并将用户以沉浸式体验方式带入其中(与现实物理世界完全隔离)，用户可以通过多种手段与虚拟世界及虚拟对象进行交互，就好像用户处于真实世界中。早期的图形学应用领域需要使用大型专用设备，一直被认为是昂贵的消费领域。受计算资源等条件的限制，起步阶段的虚拟现实以桌面展示手段为主，而现阶段随着计算能力的提高，特别是专用的图形处理器(Graphic Processing Unit，GPU)的普及，通过可穿戴设备能够实现虚拟现实体验(见图 1-2)。除了视觉，还可以给用户提供听觉、触觉、嗅觉等真实模拟。

(a) 虚拟现实的简洁应用场景

(b) 可穿戴虚拟实现设备

图 1-2　虚拟现实的典型应用场景

虚拟现实中的“现实”泛指在物理或功能意义上的任何事物或环境，既可以是实际可实现的，也可以是实际难以实现的或根本无法实现的；而“虚拟”是指通过计算机生成。因此，虚拟现实是指用计算机生成的一种特殊环境，人可以通过使用各种特殊装置将自己“投射”到这个环境中，交互操作、控制环境、得到体验，从而实现特殊的目的，即人是这种环境的主宰。

虚拟现实有三个典型特征：沉浸性(immersion)、构想性(imagination)和交互性(interaction)。对于虚拟现实来讲，构造虚拟世界是基础，实现自由交互是关键，得到真实体验是目标。实物虚化、虚物实化和高性能计算处理是支撑虚拟现实发展的主要驱动力。三个典型特征详述如下。

(1)沉浸性又称为临场感，指用户感到作为主角存在于虚拟环境中的真实程度。沉浸性是虚拟现实技术最主要的特征，也就是让用户成为并感受到自己是计算机系统所创造虚拟环境的一部分。虚拟现实技术的沉浸性取决于用户的感知系统，当用户感知到来自虚拟世界的感官刺激时，包括触觉、味觉、嗅觉、运动感知等，便会产生思维共鸣，造成心理沉浸，感觉如同进入了真实世界。

(2)构想性又称为想象性，强调虚拟现实能给人们提供广阔的想象空间。用户在虚拟空间中可以与周围物体进行互动，从而拓宽人类认知范围，不仅可再现真实环境，也可以按需构想客观上不存在的甚至不可能存在的环境。构想可以理解为用户进入虚拟空间，根据自己的感觉与认知能力吸收知识，发散拓宽思维，创立新的概念和环境。

(3)交互性是指用户对模拟环境内物体的可操作程度和从环境得到反馈的自然程度。当用户进入虚拟空间时，相应的技术使用户与环境产生相互作用，当用户进行某种操作时，周围的环境也会做出某种反应。例如，用户可以用手直接抓取模拟环境中的虚拟物体，这时手有握着东西的感觉，能感觉到物体的轻重，视野中被抓取的物体也能立刻随着手的移动而移动。

通常情况下，实现虚拟现实应用一般包括两个步骤：首先屏蔽感官，即将人类的视觉、听觉乃至嗅觉与现实环境隔绝；然后再造感官，即通过计算机产生人为的虚拟环境，从而使用户产生沉浸于虚拟环境中的感觉。很显然，人们只能在真实环境和虚拟环境之间选择一个！

对于普通观众来说，虚拟现实常常与三维动画概念相混淆。这里需要特别强调，三维动画是通过图形图像工具渲染出来的视频帧图像，虽然也是人们创作的成果，并且在此过程中也用到了图形图像技术甚至前沿算法，但这些帧动画生成后往往无法按需动态改变，即无法让用户获取“所见即所得”的交互式体验。因此，是否存在实时交互是虚拟现实与三维动画的关键区别(见图 1-3)。

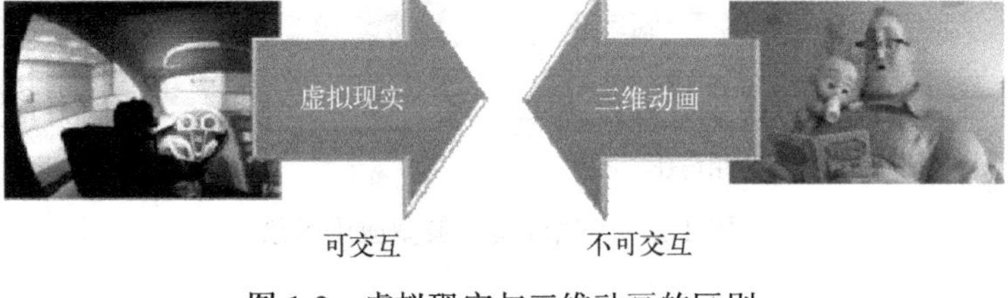

图 1-3　虚拟现实与三维动画的区别

1.1.2　增强现实

增强现实(Augmented Reality，AR)通过计算机将虚拟对象添加到真实世界中，使虚拟对象和真实环境融为一体(用户能同时看到真实世界和虚拟对象，并且难以区分两者，好像虚拟对象客观存在于真实世界中），从而增强人们对真实世界的体验，提升用户对客观世界的感知和认知能力。增强现实的最终目标是“虚实互动，虚实一体”，如图 1-4 所示。增强现实技术的发展也依赖于移动计算能力的提升。此外，基于可穿透光学器件的视觉增强同样是其发展过程中的关键技术支撑。

(a) 增强现实的简洁应用场景

(b) 增强现实的形象化应用场景

图 1-4　增强现实典型应用场景

“增强现实”一词的最早正式提出应归功于 Caudell 和 Mizell。在任职于波音公司期间，他们针对飞机组装布线这种复杂且需要专业知识的应用场景，提出了将计算机生成的虚拟描述信息叠加在现实物理世界之上的完整解决方案，从而实现了在不影响正常工作流程的前提下，向装配工人传达直观的操作指令。他们将这个方案所用技术称为增强现实[1, 11]。

与虚拟现实的本质区别是，增强现实在展现真实世界信息的同时显示了虚拟信息，两种信息相互补充、相互叠加、相互影响。在视觉化的增强现实中，用户利用头盔显示器或增强现实眼镜，将真实世界与虚拟图形对象合成在一起，能够看到虚实融合的世界围绕着自己，而不会与真实世界隔离。

增强现实系统具有以下三个突出特点[2]。

(1) 虚实融合，即通过将虚拟对象与真实环境融为一体，使用户感觉不到真假融合造成的不和谐，这是增强现实系统的基础，也是前提条件。与虚拟现实系统相比，增强现实系统没有完全取代现实世界，反而更依赖于现实世界，依靠计算机技术构建出文字、图像、视频、三维模型等虚拟对象，并与真实世界相结合，从而让物理世界和虚拟对象合为一体。

(2) 实时交互，即用户可通过自然交互手段或交互设备，直接与虚拟对象或虚拟环境进行交互，从而增强了用户对周边客观环境的感知。从技术角度讲，增强现实系统的这个特点与虚拟现实系统的是一致的，即用户要与虚拟对象进行实时的、所见即所得的交互，相互影响才能让用户感知到虚拟对象的“存在”。然而，增强现实系统中的交互可能面临更多的实践挑战，因为虚拟对象的行为要符合客观物理规律，也要与客观真实环境保持“和谐”。

(3) 三维注册，即实时跟踪摄像机的姿态，并将虚拟对象按照物理空间位置“放置”到真实世界中，这是增强现实系统确保“虚实融合”的基本前提。在此过程中，用于生成虚拟对象的摄像机（成像模型）与观察真实世界的摄像机（人的眼睛）要完全保持一致，通过虚、实两个摄像机的全方位对准，使虚、实场景融合一体，从而实现在三维真实空间中自由增添和定位虚拟物体。

增强现实技术能够对现实场景进行补充，但不完全取代现实场景，通过虚实融合来增强用户对真实环境的理解和感受，从而达到“增强”认知的效果。用户不仅能通过虚拟现实系统感受到在客观世界中所经历的事物，还能突破空间、时间及其他限制，感受到在真实世界中无法亲身经历的体验。这只是增强现实的技术实现原理，无论是面向企业用户还是面向个人用户，在不同的行业领域会衍生出不同的应用场景，相信在不久的未来，增强现实技术会为我们带来更多惊喜。

在虚实融合过程中，增强现实技术需要解决以下三个关键问题。

(1)几何一致性，即首先要解决虚拟对象和真实场景在几何空间中的一致性，两者在人眼中的透视成像要符合客观物理规律，并且要保持虚实之间正确的遮挡关系，即前文提到的生成虚拟对象的摄像机和观察真实世界的摄像机要完全同步，这是最基本的要求。

(2)光照一致性，即虚拟对象与真实世界保持正确的光照效果。例如，真实世界中的光照要能影响虚拟世界中的物体。类似地，虚拟世界中的光照也应能影响真实世界中的物体。只有符合这样的客观规律，才能让用户“难辨真假”。

(3)时间一致性，即虚拟世界中的时间要与真实世界中的保持完全一致，两者必须保持相同的时钟，在同样的时间轴上展现协调一致的动作，细微的延迟或虚实不同步，都将被人眼敏锐地感觉到。

增强现实技术的要求比虚拟现实技术的要求高得多，这也是增强现实技术比虚拟现实技术发展滞后且需要更长发展周期的重要原因。然而，自从 Ivan Sutherland 的开创性工作以来，构建增强现实支持系统所需的关键组件还未发生过本质变化。在许多增强现实应用中，显示器、跟踪器、图形处理器和软件仍是必不可缺的组成部分。

1.1.3 混合现实

混合现实(Mix Reality，MR)是指在对真实世界进行空间识别和三维重建的基础上，将虚拟对象无缝融合到真实空间中，二者共存并实时互动；相对于传统意义上的增强现实应用，混合现实应用更强调用户、真实世界及虚拟对象之间的协同交互，相互影响(见图 1-5)。从概念上讲，混合现实更强调虚实世界的高度融合，还有些人认为混合现实是虚拟现实和增强现实的集合，因此我们认为，混合现实只是虚拟现实和增强现实发展到一定阶段，在概念上的升华和归纳，下节将进一步讨论三者的区别和联系。

实际上，混合现实这个术语源于加拿大多伦多大学电气和计算机工程系教授 Steve Mann 提出的介导现实(Mediated Reality)概念，他将上述概念之间的关系进行了界定细化和分类梳理，Mann 也因此被称为“可穿戴计算机之父”。

这里需要特别强调的是，从业界所达成的基本共识上讲，增强现实和混合现实目前并没有明显界限，虽然很多厂商将混合现实作为营销的概念，但这只不过是宣传策略而已。

在本书中，如果没有特别说明，则将增强现实与混合现实视为等同概念。

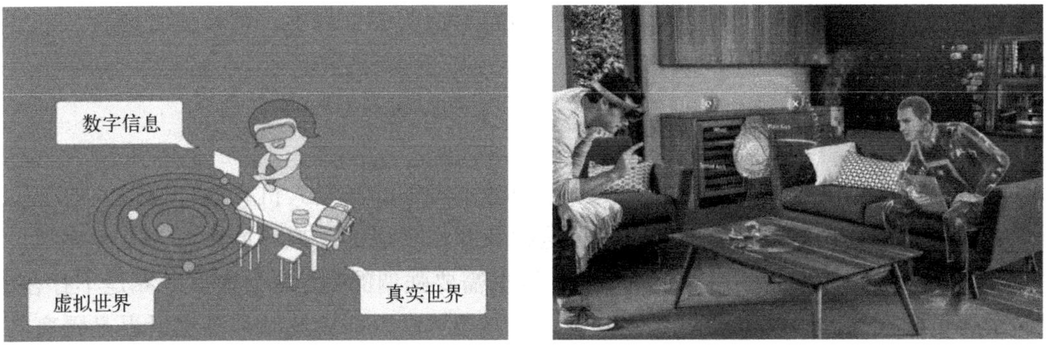

(a) 混合现实的简洁应用场景　　(b) 混合现实的形象化应用场景

图 1-5　混合现实的典型应用场景

1.1.4　虚实统一体

目前，对于增强现实有两种被广泛接受的定义。第一种定义是，1994 年 Paul Milgram 和 Fumio Kishino 提出的“现实-虚拟连续体”[3]，所描述的是如何对真实环境和虚拟环境相结合的显示系统进行分类。如图 1-6 所示，真实环境和虚拟环境分布在两端，在这两者之间接近真实环境的是增强现实环境(Augmented Real Environment)，接近虚拟环境的是增强虚拟环境(Augmented Virtual Environment)，而位于中间的部分则是混合现实环境(Mix Reality Environment)。

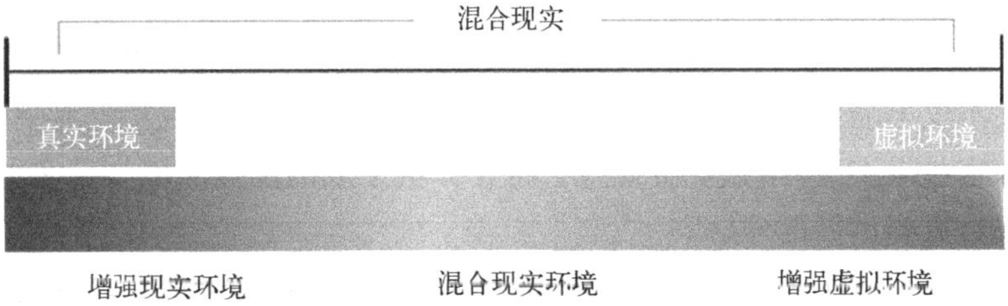

图 1-6　现实-虚拟连续体的概念示意图

Mark Weiser 在 1991 年提出了普适计算(Ubiquitous Computing)的概念，他预计数字技术将被大量引入日常生活，而计算机本身则从人们的视线里逐步消失，但人们能够在任何时间和任何地点，以任何方式进行信息的获取与处理。与虚拟现实所宣传的理念不同，普适计算倡导将计算机生成可读数据的“虚拟性”通过各种计算机形式的代理引入现实世界。这种描述本身就包括移动计算的思想，允许用户随时随地访问数字信息，而这种方式才是我们日常生活的主体。Weiser 曾经简洁地表达这种模式：“最深奥的技术是无形的，它们将自己与日常生活编织在一起，直至两者无法区分”[4]。

1.1.5　增强现实与虚拟现实的区别

虚拟现实最大的价值在于，在遥远的未来可以创造一个完全虚拟的世界，而增强现实最大的价值在于，作为一种工具可以改造人类生产生活的方方面面。虚拟现实和增强现实都反映了真实世界和虚拟世界之间的关系，同时将这两个世界进行替换或者融合，而其最终目的则是影响人的精神世界。

1. 基本概念的区别

虚拟现实是以沉浸性、构想性和交互性为基本特征的高级人机界面，模拟人的视觉、听觉、触觉等感官功能，使人能够沉浸在这种计算机生成的虚拟环境中，并且能够通过多种交互手段与虚拟环境中的对象进行交互。这里需要强调的是，这个虚拟世界是不存在的，在这个场景中发生的事情不会与真实世界产生直接关联，即人此时与真实世界是隔离的，在这种虚拟场景中仅为得到一种真实感的体验。

增强现实则是以几何一致性、光照一致性和时间一致性为基本目标，强调在不离开真实世界前提下对虚拟对象的体验，这为计算机及相关技术提供了更为苛刻的要求。增强现实出现后，其矛盾焦点转化为虚实之间的相互影响及制约关系，既要符合客观物理规律，又要高于客观现实。增强现实是虚拟现实发展到一定阶段的高级产物，是计算机进一步融入人类日常生产生活的具体体现。

综上分析，可以简单地理解为，虚拟现实是希望完全“创造”一个虚拟世界，而增强现实则强调“丰富”一个真实世界。

2. 关注重点的区别

虚拟现实强调用户的视觉、听觉、触觉等感官在虚拟环境中的完全沉浸，强调将用户的感官与现实世界隔绝，沉浸在一个完全由计算机控制的信息空间中。用户戴上虚拟现实头盔之后，将完全切换到虚拟世界中，而无法感知或者处理真实世界中的事件。

增强现实不仅不隔离用户所处的现实世界，而且强调用户在现实世界中的存在感，并努力维持其感官效果不变。增强现实致力于将计算机生成的虚拟环境与真实世界融为一体，从而增强用户对真实世界的理解。

总的来说，虚拟现实是再造一个新世界，增强现实则是基于现有世界的，两者都是人机交互发展的新方向，各有优势，各有侧重。

3. 关键技术的区别

虚拟现实强调创造一个虚拟世界，增强现实则强调增强人的感知能力和认知能力，例如自动识别、跟踪并标注真实世界中的物体。表 1-1 中给出了虚拟现实和增强现实所涉及的关键支撑技术，可以看出两者在很多技术上是相同的，例如微型光学显示、位姿跟踪、多模态人机交互等。但是，越向应用层发展，两者的区别越明显。特别是，从将来发展趋势角度来分析，增强现实与人工智能技术一起构成了大数据的出口，是将智能信息叠加到真实世界，让用户能够快速感知、认知客观世界，操作和改变客观世界的重要途径；与之相比，虚拟现实更强调虚拟的沉浸，通过“制造”虚拟世界来模拟人们在真实世界中的感受。

表 1-1　虚拟现实和增强现实所涉及的关键支撑技术

技术	主要作用	应用领域
微型光学显示	提供广角、宽视野、立体显示	虚拟现实/增强现实
穿透式光学显示	在确保正常外部光线的前提下，实现虚拟信息的光学显示	增强现实
位姿跟踪	对观察者的头部位置和姿态进行实时跟踪	虚拟现实/增强现实
图形绘制	在计算单元层面实现对虚拟场景的高效绘制	虚拟现实/增强现实
触觉反馈	提供用户对触觉/力觉的反馈体验	虚拟现实/增强现实
高速无线网络	实现用户在移动状态下的高效数据传输	虚拟现实/增强现实
多模态人机交互	实现对手势、眼动、语音等交互手段的识别	虚拟现实/增强现实
自动目标识别	实现对真实世界中物体的自动识别	增强现实
虚实融合	实现虚拟对象融入真实世界，并且虚实相互影响	增强现实
云端大数据处理	实现云端智能处理，并向用户推送实时向导信息	增强现实

4. 交互手段的区别

虚拟现实通常采用将用户视野与现实世界隔离的设备，这些设备大多是沉浸式头盔显示器。由于虚拟现实提供的是完全虚拟的场景，其关注重点是用户与虚拟对象的交互，而不关心现实世界中的物体，因此更多采用的是位置跟踪器、数据手套、动作捕捉系统和操纵手柄等。

由于增强现实是现实场景和虚拟场景的结合，需要借助能将虚拟环境与真实环境融合的显示设备，因此自由曲面和波导成为目前的主流显示技术。增强现实生态应用中的产品主要集中在智能眼镜、可穿戴头盔等，这些设备为用户提供一种全新的视觉呈现方式，叠加业务虚拟信息，增强视觉呈现方式。增强现实系统可以实时识别人们看到的物体，并且推送和叠加与该物体相关的辅助信息。

5. 应用领域的区别

虚拟现实强调用户在虚拟环境中的视觉、听觉和触觉等感官的完全沉浸式体验，能够让用户切换到虚拟世界中并与之互动，此时的用户不具备操纵和改变现实世界的能力。对于人的感官来说，这些输入是真实存在的，而对于计算机构造的虚拟世界来说，它又是不存在的。当前，虚拟现实主要用在教育培训、军事训练、工程设计和娱乐艺术等领域，此时更强调的是用户的体验，以及对用户的教育和训练，并不适合用在真实工作场景中。

增强现实则强调不影响人们感知真实世界，从视觉开始将虚拟对象无缝融入日常工作生活。增强现实的应用领域更多是工作、生活和生产活动，例如医生的手术导航，驾驶员的行车导航，对现实场所的规划设计，与军事相关的士兵机动作战等。从中可以看出，增强现实不仅需要增强虚拟信息，其设备还应尽量不影响人们正常获取外界信息的能力，因此其面临巨大的技术挑战。

1.1.6　“人-机-环境”关系

无论是虚拟现实、增强现实还是混合现实，都在不同程度上体现了人、计算机与外部环境之间的关系，这也是研究和研制软硬件产品，以及在具体实践应用领域中不可回避的现实问题。

“人-机-环境”之间的关系，成为我们认识世界和改造世界的哲学问题，是人们在生产生活中遇到的众多问题的基础关系。人是这种关系的核心，也是任务的发起者和最终用户；计算机是载体，是承载各种计算和处理的物理单元，但其中的算法(智能)和算力(速度)成为解决问题的关键；环境是处理的对象，也是我们认识和改造世界的最终目的。在“人-机-环境”关系中，人和计算机往往处于主动地位，而环境更多处于被动地位，但环境往往会成为人类活动的制约因素。

如图 1-7 所示，人与计算机的关系就是通常意义的人机交互，包括计算机对人的“理解”，以及人对计算机的“认知”。随着人工智能的发展，这种双向交互将更平等，人和计算机将发挥各自所长；计算机与环境的关系是机器感知和机器认知，即传统人工智能的研究范畴；而人对环境的认知就是要构建客观事实；而人、计算机和环境的融合，在某种意义上讲，就是混合现实的研究范畴。

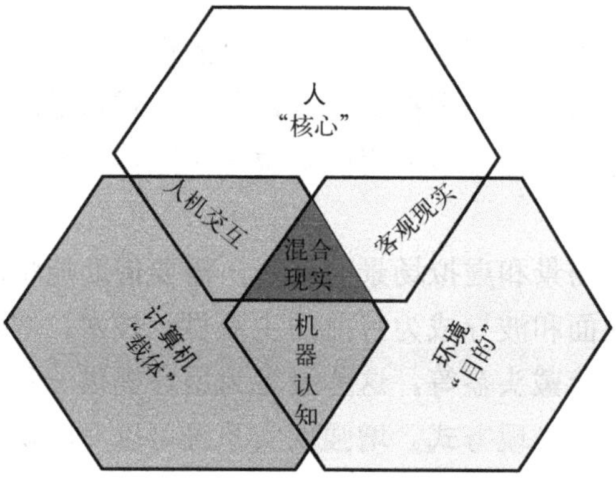

图 1-7 “人-机-环境”关系示意图

1.1.7 元宇宙

元宇宙是 2021 年的国际热词，是在虚拟现实、增强现实、混合现实、数字孪生、平行世界等众多概念基础上衍生出的新名词，其本质并没有改变现有技术体系的发展，因此很多人将 2021 年定义为“元宇宙元年”。作为人类前沿科技领域的新生事物，目前元宇宙不仅在概念界定上存在不小的争论，人们也对其前世今生的发展嬗变和关键特征有许多不同看法。

汉语中的“元宇宙”直译自英语单词 Metaverse。其前缀“meta-”有“元的”“超越的”之义，词根“verse”代表宇宙(universe)，两者的组合含义为“超越宇宙”，即元宇宙。也有人将其译为“超宇宙”“超元域”等，甚至直接翻译为“虚拟实境”“虚拟世界”等。《牛津英语词典》将元宇宙定义为“一个虚拟现实空间，用户可在其中与计算机生成的环境和其他人交互”。维基百科则将其定义为“通过虚拟现实的物理现实，呈现收敛性和物理持久性特征，是基于未来互联网的具有连接感知和共享特征的三维虚拟空间”。

元宇宙本质上是对现实世界的虚拟化、数字化过程，需要对内容生产、经济系统、用户体验及实体世界内容等进行大量改造。但是，元宇宙的发展是循序渐进的，是在共享的基础设施、标准及协议的支撑下，由众多工具和平台不断融合与进化而最终成形的。它基于扩展现实技术提供沉浸式体验，基于数字孪生技术生成现实世界的镜像，基于区块链技术搭建经济体系，将虚拟世界与现实世界在经济系统、社交系统和身份系统上密切融合，并且允许每个用户进行内容生产和世界编辑。

引用清华大学新闻与传播学院沈阳教授的观点，元宇宙目前是个比较宽泛的概念，其实现路径并不相同，有些是对立统一的，具体体现在如下几个方面。

(1) 沉浸式和叠加式。沉浸式路径的代表是虚拟现实技术，比如可穿戴设备，可以让人进入一种“万物皆备于我”的沉浸式专属场景，这种场景既是沉浸的，也是内卷的，本质上还是虚拟的。叠加式路径的代表是增强现实技术，是在现有条件下的叠加和外拓，比如给普通机器人加入皮囊和皮相、注入灵魂和情感，令其成为仿真机器人，这本质上是虚实融合的。

(2) 激进式和渐进式。通往元宇宙的实现路径有两种方式：激进式和渐进式。ROBLOX 在线创作游戏是激进式路径的代表，从开始就不采取普通游戏形式，而是提供贴近现实生活的开发平台和交流社区，以创作激励机制吸引用户，实现完全由用户打造的去中心化世界。这意味着任何人都可以进入这个空间进行编辑，做剧本或设置游戏关卡等。“堡垒之夜”这类射击游戏则采取渐进式路径，即以传统虚拟游戏的方式起步，不断吸引用户，在此基础上逐渐添加社交、经济等元宇宙要素，最终贴近现实世界(见图 1-8)。

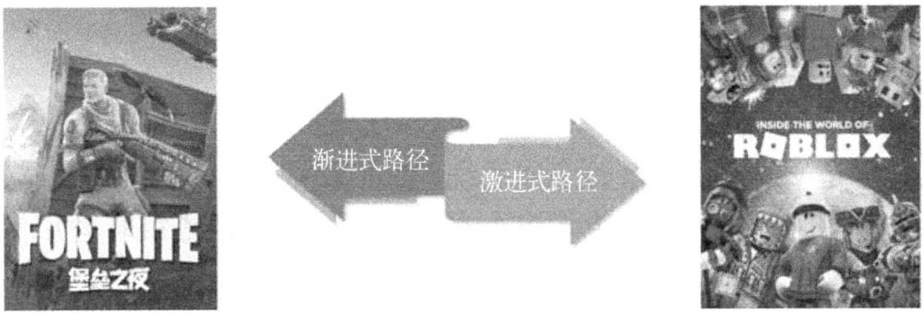

图 1-8　元宇宙的一种实现路径

(3) 开放式和封闭式。展现元宇宙概念的相关系统还存在开放式和封闭式两种发展路径。作为个人终端的典型代表，手机应用市场上就存在着两种方式，苹果公司的 iOS 移动操作系统是封闭式的，产品所用软硬件都是封闭的，而安卓(Android)移动操作系统则体现了开放式发展路径，具有包容性质。

从本质上讲，元宇宙只是一个新概念，是虚拟现实、增强现实、混合现实、数字孪生、平行世界等概念的集大成，在某种程度上是“新瓶装旧酒”，特别是经商业炒作、资本运作和舆论宣传后有夸大的嫌疑，读者应审慎对待。同时，我们也要认识到元宇宙概念的先进性和引导性，能够体现未来技术发展方向。当然，在通往理想境界的过程中，我们也需要务实。

1.2　增强现实呈现手段

亚里士多德认为，人类对外部世界的所有知识都是通过感觉获得的，他建立了惯常采用的五觉划分方式，即视觉、听觉、触觉、嗅觉和味觉。战国时期的思想家、教育家荀子在《天论》中提出：“耳目鼻口形，能各有接而不相能也，夫是之谓天官”，意思为耳、目、鼻、舌、肤，分别司听、视、嗅、味、体(触、压、冷、热)等五种感觉。由此可见，早在战国时期，人们就意识到五种感官对于人感知信息的重要性。美国心理学家哈维• 施夫曼在《感觉与知觉》一书中提到，我们对外部世界的认识和对自然现实的内在感觉都来自感官信息。人的五种感官就像五个通道，承载着传输信息的任务。各感官通道并不是独立工作的，而是相互影响的，相互融合，形成最终的知觉。多个感官通道一起发挥作用，能加强人的综合感官体验，提高认知效率，提升认知精度，这与通过增强现实来提高人对现实感知的目的不谋而合。在增强现实展示中应用多个感官通道设计，有利于将展示对象全面地、多层次地表现出来。

虚拟现实和增强现实的呈现手段非常类似，均是通过感官刺激，将事实上并不存在的东西叠加到人类的感官通道，让人觉得这些事物就存在于客观世界中。与虚拟现实的呈现手段不同，增强现实呈现必须结合虚拟刺激和真实刺激，因此难度更大。人的感官通道有视觉、听觉、触觉、嗅觉和味觉，虽然目前针对增强现实的关注点和研究进展大多集中在视觉，但对于其他感官通道的研究，特别是这些通道刺激的叠加，对于增强现实感知手段非常重要。尽管增强现实通常被认为是在用户对物理世界的感知上叠加视觉信息，但是其他感官模态同样充当了重要角色，因为人类对物理世界的感知本质上是多模态的，只有保持这种多模态之间的协调与融合，才能真正增强用户体验。在此前提下，增强现实要面临比虚拟现实更多、更大的挑战。

1.2.1 视觉呈现

人类视觉器官是一个高度复杂的感知系统，负责为大脑提供约 70%的感知信息输入[5]，正因为如此，当前增强现实的研究大多集中在为人类提供视觉感知增强方面，其手段大多以光学呈现单元的形式出现。关于人类感知方面的详细理论，可参阅人类视觉系统相关文献[6]，这里仅就增强现实视觉呈现需求做简单介绍。

人类有两只眼睛，意味着能够依此感知深度线索。双目组合视场角的水平跨度通常为 200°～220°，这主要取决于头部的形状和眼睛的位置。人眼视网膜的中央凹(即视力最敏感区域)仅覆盖 1°～2°，而视力敏感度在中央凹中心的 0.5°～1°处达到峰值；而在中央凹之外，视力敏感度随视角的增加而迅速下降。人类则通过转动眼珠(称为眼动，最大转动范围约为 50°)和头部运动来补偿这种限制。因此，高质量的增强现实系统必须最大限度地适配人眼特性，在人类高视力敏感度区域提供足够的分辨率，以满足人类正常视觉生理要求。

1.2.2 听觉呈现

与增强现实和虚拟现实技术类似，语音技术的概念在日常应用中已存在很多年。早在 20 世纪 50 年代初期，就已经出现了博物馆语音引导解说系统，但在很长一段时间里，这些语音向导只能带给用户单一的非个性化体验。

最早基于计算机的语音识别系统称为 Audrey，是由 Davis 等人于 1952 年在贝尔实验室研制开发的[7]，语音识别领域的早期重大进展则是由美国国防高级研究计划局在 20 世纪 70 年代取得的，该部门提出并推动了语言理解研究(Speech Understanding Research，SUR)计划，这是当时语言识别领域最大的研究任务，重点资助了由卡内基梅隆大学开发的 Harpy

项目，其最初目标是理解 1000 个单词，涵盖从婴儿到 3 岁幼儿之间所用的词汇[8]。

语音识别技术在 21 世纪 10 年代中期取得巨大进步，在智能手机和家用电器上出现了自主语音系统，到 2016 年语音识别被认为是已解决的问题。当然，仍有很多研究工作要做，例如将识别软件从云端转移到具有独立系统的移动设备将是未来的挑战，因为通常情况下语音识别被认为是许多增强现实系统不可或缺的组成部分。

谷歌公司在 2016 年推出一款应用软件，能够将相机(例如智能手机上的摄像头)所“看到”的东西转换成给盲人的语音描述，从而为那些存在视觉障碍甚至完全失明的人提供关于周边环境的详细描述信息。该软件既可以安装在智能手机和平板电脑上，也可以安装在某些智能眼镜上。一旦启动就能不断地拍照以获取周边环境图像，每张图像按照从左到右的顺序扫描，同时转化为声音信息，将检测到的目标高度与音高关联，图像亮度与响度关联。该软件具有以下几项功能。

(1) 提供“会说话指南针”功能，可以指示当前方向。默认情况下，只有用户头部方向改变时才进行声音提示，当然也能选择提供持续方向信息，还能选择将该提示功能关闭。方向语音提示功能与描述周边环境的声音相结合，有助于帮助盲人沿直线行走。当然，这项指南针语音提示功能还能在黑暗环境下工作，特别是在摄像头无法给出有用信息的条件下也能正常工作。

(2) 提供“位置语音播报”功能，可以语音告知附近的街道名称和交叉路口，其位置信息可以通过 GPS 或附近的手机基站获取。另外，该软件还可以语音告知当前的行进速度和海拔高度，而这些功能均能根据用户需要进行个性化定制。

(3) 提供“人脸检测播报”功能，可以语音告知当前相机拍摄到的人脸数量，支持在同一视图中最多同时检测几十张人脸。此外，如果在当前场景中只检测到一张人脸，那么它还会特别说明该人脸位于当前视图的顶部、底部、左侧、右侧，或中心附近，并且告知该人何时接近用户(在一定距离范围)。另外，该软件还支持设置关于人脸肤色的提示。这个“人脸检测播报”功能不是传统意义上的人脸识别系统，因此不存在隐私保护问题。当然，该软件也支持关闭这项功能。

(4) 提供“触觉感知反馈”功能，允许用户使用触摸屏“感受”到相机拍摄的实时视图，当然，这种感知体验相当粗糙，这主要是因为受手机自带的用于触觉感知而设计的震颤器的能力所限。

1.2.3 触觉呈现

触觉是一种与计算机和电子设备进行交互的方法，被定义为两类：主动感觉和被动触觉。通常，触觉表现为从计算机或电子设备接收到的振动或其他信号。在现实世界中，人们与物理对象的交互通常是通过触摸来实现的，而这个要求对于增强现实应用来说，显然无法直接实现，因为虚拟物体在客观上并不存在。通常的想法是，通过特定的物理对象替身来提供被动触觉反馈，或者通过专用的设备或仪器合成并复现可信任的触感。虽然有很多研究是针对虚拟环境中的触觉反馈的，但是完全针对增强现实环境中的触觉反馈的研究还比较少，因为笨重的固定式触觉反馈设备难以直接应用到移动增强现实环境中。

触觉反馈(Haptic feedback)通常简称为“触觉”，是指在人机交互过程中以触觉形式向最终用户提供相关信息，通常以设备振动的形式呈现。触觉反馈可分为力觉反馈和触感反馈。力觉反馈提供由于关节和肌肉神经感受到的力，而触感反馈是通过各种皮内和皮下组织中的传感器捕捉的针对表面的触感，例如与皮肤的接触感知、物体表面纹理感知、震动感知和温度感知等。

提供触觉反馈的设备既可以是游戏控制器，也可以是移动设备（如智能手机或平板电脑）上的触摸屏，以表示按下了触摸屏上的按钮。在这个例子中，当用户激活屏幕上的控制时，移动设备会轻微振动，这弥补了用户按下物理按钮时所缺乏的正常触觉反应。在计算机和游戏机的外设中，有类似力反馈控制器这样的触觉设备，在虚拟现实系统中也使用类似的控制器。

1.2.4　嗅觉和味觉呈现

嗅觉和味觉虽然也属于人类感官的重要组成部分，但是由于进行增强呈现的必要性，以及操作实现上的难度等问题，在学术研究领域并不多见，在实践领域更鲜有应用。

在 2013 年的 IEEE 虚拟现实大会上，日本东京农工大学的研究人员展示了一个可以散发气味的电视机屏幕原型 Smelling Screen[9]。其实这个屏幕本身就是一个标准的显示屏，只是屏幕旁边的两根管子里安装了四个风扇。通过加热“气味芯片”生成气味后，风扇会以不同的频率散发气味。这种方式会给人一种错觉，让人误以为气味就是屏幕本身散发出来的。

在 2014 年的国际人机交互大会上，英国布里斯托大学的研究人员发明了一款相当有趣的提醒装置：气泡机 SensaBubble（见图 1-9），它能按照指定的频率和大小“吹”泡泡，泡泡内部的烟雾可以带着泡泡移动，方便系统在泡泡上投影图像。研究人员通过控制时间长短来展示不同的信息。首先将可视化信息投影在泡泡上，但只能持续到泡泡爆裂，香味随之散发出来。接着，香味慢慢弥散，存留更长时间，留下更明显的痕迹。该团队负责人表示，人类的嗅觉能力其实很强大，但经常被忽略，并且很少有研究去探索，而气泡机这样的技术将来能够用于多个领域，例如趣味教学、游戏、展会或广告等领域。除了之前提到的周边信息提示，泡泡机还能作为提醒闹钟，因为时间一到泡沫就会爆裂，散发出香味。

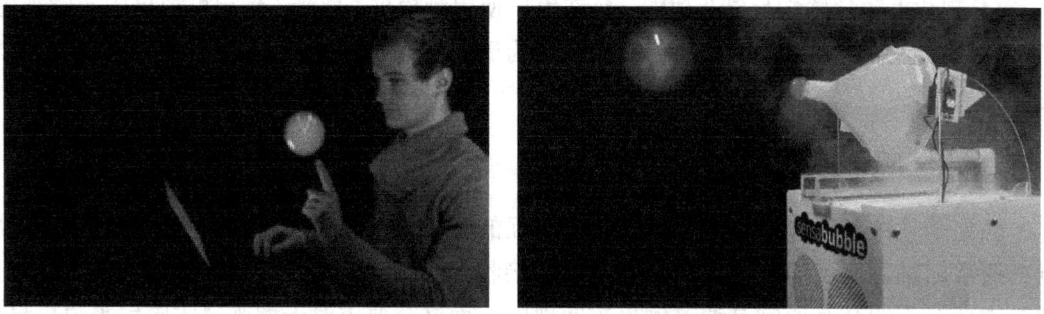

图 1-9　具有图像和气味提示功能的气泡机

1.3　增强现实应用的发展

从某种意义上讲，虚拟现实和增强现实的发展是一脉相承的。提到虚拟现实的概念，最早可以追溯到柏拉图的《理想国》，其中关于洞穴的寓言描述了这样一个场景：人们被囚禁在洞穴中，只能面朝着墙壁，背后的火光将物体的影子投射在墙壁上。对于人们而言，这些影子就构成了他们认知中的“实物”。直到有一天，有人偶然转过头，发现了背后真正存在的实物，并循着光亮的方向朝洞口走去。刺眼的阳光让人什么也看不见，他吓得赶紧回到了洞穴中，开始悔恨为什么要发现真相，因为这给他带来如此大的痛苦。

1965 年，计算机图形领域重要奠基人，后来被称为计算机图形学和增强现实之父的 Sutherland 博士发表了题为“The Ultimate Display”的短文，以其敏锐的洞察力和丰富的想象力描绘了一种新的显示技术。他设想在这种显示技术支撑下，观察者可以完全沉浸在计算机所生成和控制的虚拟环境中，就像本来就生活在这样的环境中。同时，观察者还可以通过自然的方式与虚拟环境中的对象进行交互，可以进行感知甚至触摸，还可以对这些对象进行控制。应该说，Sutherland 以现实世界为基础，并从计算机和人机交互的角度提出了模拟现实世界的思想，直接推动了计算机图形和图像技术的发展，并间接带动了针对沉浸式头戴式显示器、可穿戴数据手套等新兴交互设备的研究。

从某种程度上讲，增强现实技术是由于实际需求而产生的，因此从其产生便有了非常典型的应用场景。更确切地说，增强现实是由于实际需求牵引出来的。1994 年，增强现实技术首次在艺术表演方面得到了成功运用，艺术家 Julie Martin 率先将增强现实技术用于娱乐目的，当时她创作了首部基于增强现实技术的戏剧作品“赛博空间之舞”(Dancing in Cyberspace)。其中，模仿了杂技演员和舞蹈演员的身躯特点，实时操纵虚拟对象并将其投射到同一物理空间和表演舞台场景中。舞者作为现实世界存在，并且舞者会与投影到舞台上的虚拟内容进行交互，在虚拟环境和真实物体之间互动，这是增强现实概念非常到位的诠释。这应该是世界上第一个增强现实戏剧作品。

1996 年，哥伦比亚大学的 Steve Feiner 等人发布了用于旅游向导的背包式游览机器 Touring Machine，这是首款面向室外应用的移动增强现实系统。该系统可以穿戴在身上自由移动，内部集成了能够叠加三维图形的增强现实软硬件系统，具备移动状态下的自由计算处理能力，从而验证了增强现实可以在日常移动状态下实现虚实互动的可能性。该系统还通过漫游大学校园时虚拟信息的叠加，测试了应用集成的情况。该系统内部组成包括头戴式三维显示屏、头部跟踪模块、手持式视频透视显示屏、带触控功能的二维显示屏、可携带的不透明背包和计算机，还包括嵌入式 GPS 差分定位模块和无线网络接入模块等。

1.3.1　增强现实用于电视转播

增强现实在电视转播领域最著名和最早期的案例是，在足球赛场上实时叠加黄色混战线，设置标志以帮助电视观众识别球场的下行方向和距离。但是，美国广播公司体育频道和哥伦比亚广播公司认为，基于当时的技术水平，在广播行业还无法实现增强现实。直到 20 世纪 90 年代，SportsVision 才真正实现了这项技术，之后其他行业在世界范围内很快进行了效仿。

SportsVision 还在体育比赛转播时扩展了增强现实的概念及应用，包括在棒球比赛中显示击球手的击球区，以及在运动场上显示投掷美式足球的轨迹。福克斯体育频道是增强现实技术的创新者，在 1996 年推出了 FoxTrax-Puck 跟踪系统，使电视观众可以通过屏幕上生成的一条红色尾巴来追踪冰球的运动轨迹(见图 1-10)。

图 1-10　冰球镜头上叠加的红色尾巴

其实现原理是，首先将标准冰球分成两半，然后在冰球内部放置红外传感器，以便在比赛时向放置在赛场周边的接收器发送实时位置信号。这些数据被传输到外面的一辆转播车上，车上装有计算机，以生成实时图像，并与赛场摄像机的广播信号进行叠加和同步。

1.3.2　首款增强现实游戏原型

游戏是非常适合增强现实技术推广应用的领域之一。2000 年，南澳大学莫森湖校区的可穿戴计算实验室里，科研人员 Bruce Thomas 演示了首款针对室外的移动增强现实游戏 ARQuake，这是流行电脑游戏 Quake(雷神之锤)的扩展，可以使玩家摆脱传统的游戏操纵杆或手持控制器，并且允许玩家在室外自由走动(见图 1-11)。

图 1-11　ARQuake 游戏背包

ARQuake 是一个基于 6DOF 追踪系统的第一人称应用，追踪系统使用了 GPS、数字罗盘和基于标记(fiducial maker)的视觉追踪系统。使用者背着内置电脑的背包，通过安装在头部的显示器，就能依据当前位置看到基于增强现实的游戏视图。

1.3.3　谷歌眼镜和微软 HoloLens

谷歌眼镜(Google Glass)是谷歌公司于 2012 年发布的增强现实眼镜，具有与智能手机类似的功能，可以通过声音控制拍照、进行视频通话、辨明方向，以及上网冲浪、处理文字信息和电子邮件等。谷歌眼镜利用了光学反射投影原理。微型投影仪先将光投到一块反射屏上，然后通过一块凸透镜折射到人眼，在眼前形成一个足够大的虚拟屏幕，显示简单的文本信息和各种数据。谷歌眼镜只能实现单目增强显示，右眼镜片前方悬置一个微型投影仪和一个摄像头(500 万像素级别，可拍摄 720p 视频)。投影仪用来显示数据，摄像头用来拍摄视频与图像。另外有存储传输模块用于存储与输出数据，所用操控设备可通过语音、触控和自动三种方式进行控制。我们期待看到更高技术水平的谷歌眼镜。

2015 年 1 月 22 日凌晨，微软 HoloLens 混合现实头戴式显示器与 Window 10 同时发布，在业内产生了很大的反响。HoloLens 目前仍是体验最好的增强现实设备之一。

1.4　增强现实关键技术

增强现实系统的主要任务是，在人们正常活动过程中，实现真实世界和虚拟对象的无缝融合，重点是解决真实场景和虚拟对象的几何一致性、光照一致性和时间一致性等问题。为了确保真实世界和虚拟对象的无缝融合，在增强现实应用系统设计开发中必须要解决如下三项关键技术。

1.4.1　位姿跟踪注册技术

位姿跟踪是指对摄像头传感器(实际上是对人眼)的实时跟踪，其参数包括空间位置的 3 个自由度和观察视角的 3 个自由度，即人们常说的 6 DOF。只有实现这 6 个自由度的跟踪，图形处理器才能将虚拟对象按照正确的视角绘制到光学呈现单元上，即注册(registration)，通常又称为三维注册。

三维注册是实现移动增强现实应用的基础性支撑技术，也是决定移动增强现实应用系统性能优劣的关键，因此，三维注册一直是移动增强现实系统研究的重点和难点。其主要完成的任务是实时检测出摄像头相对于真实场景的位姿状态，确定所需要叠加的虚拟信息在投影平面中的位置，并将这些虚拟信息实时显示在屏幕中的正确位置。衡量三维注册性能指标好坏主要有三个标准：实时性、稳定性和鲁棒性。实时性是指处理速度，为满足不少于 25fps 的绘制速度，每帧图像的处理时间必须在 10～20ms 内完成；稳定性是指计算结果的精度及抖动误差，因为人眼对视频图像的敏感度非常强，微小的误差就能够被人眼觉察到，从而使得虚拟对象的嵌入变得不真实；鲁棒性则是指位姿跟踪流程对外部异常状况的容忍程度，动态场景、单调场景和相互遮挡都可能成为导致注册过程出现错误的因素，这也对算法系统及软硬件提出了非常苛刻的要求。

目前，针对移动增强现实系统的研究中，主要采用以下三种位姿跟踪注册方法。

(1)基于计算机视觉的跟踪注册方法。主要是指利用计算机视觉算法实现从二维图像恢复三维场景结构，从而实现对摄像头自身定位的过程，典型的算法有同步定位与建图(Simultaneous Localization and Mapping，SLAM)等。其基本过程为：在获取真实场景视觉信息后，经过图像处理方法以及场景特征，借助相机成像模型来识别真实场景和跟踪定位摄像头位姿。基于计算机视觉的跟踪注册方法又可以进一步划分为：基于人工标识点的方法、基于自然特征点的方法，以及无标识点的方法。

(2)基于硬件传感器的跟踪注册方法。传统增强现实系统的硬件跟踪传感器主要包括：惯性导航系统、全球定位系统(GPS)、电磁、光学或超声波位置跟踪器等，由于微机电系统及微纳芯片等技术的快速发展，这些硬件模块迅速实现小型化、微型化，从而使其在移动可穿戴增强现实系统中应用成为可能。其中，惯性导航系统的主要问题是被跟踪物体的角度及位置的跟踪误差会随时间推移而不断积累，漂移较大，高精度设备的体积重量也较大；GPS 定位误差较大，仅适合在室外使用，在室内或其他复杂环境的情况下信号经常无法正常接收；电磁、光学或超声波跟踪器采用“发射-接收”的模式实现位姿跟踪，使用场合固定，跟踪范围有限。

(3)视觉-硬件融合跟踪注册方法。长期实践证明，由于系统的不精确性和系统延时等方面的限制，目前，单一位姿跟踪技术不可能很好地解决增强现实应用系统的跟踪注册问题，因此，采用多种手段的融合跟踪方法对增强现实系统进行跟踪注册也是国内外大学和科研机构研究的主要方向。视觉-硬件融合跟踪注册方法主要是为了达到更加精确的注册结果，将基于计算机视觉的跟踪注册方法与基于硬件传感器的跟踪注册方法相结合，取长补短，减小误差。

1.4.2 虚实融合呈现技术

从本质上讲，增强现实最终要通过光学手段实现虚实信息的有机融合，即达到“虚实”两路光线投射人眼的目的，而实现这种效果的呈现手段可以分为如下三类。

(1)光学透视。这种呈现手段是创建增强现实视图的最佳方法。Sutherland 在 20 世纪 60 年代早期设计并开发了这种透镜，它可以让用户对现实世界的感知不被改变，并通过透视显示器、镜子、透镜或微型投影仪，将信息或图形以叠加的方式进行增强显示。近年来，光学透视呈现器件成为研究热点，自由曲面、波导等不同光路技术的引入，以及加工工艺的不断提升，使得此类产品性能不断得到提升。对于使用光学透视呈现手段的头盔显示器，用户可以实时地看到周围真实环境中的情景，而对真实场景进行增强的虚拟对象信息要经过系列处理(时间延迟)后才能显示到头戴式显示器上。当用户的头部或周围景象、物体发生变化时，这种系统性延时会使增强信息在真实环境中发生“漂移”现象。

(2)视频透视。这种呈现手段是早期增强现实系统的实现模式。即用户带着头戴式显示器(Head-Mounted Display, HMD)挡住了真实世界，HMD 从前置摄像头获得真实世界的实时视图，进一步与虚拟信息进行融合后呈现给用户。这种呈现手段限制了用户的视野，即将用户眼睛与真实世界通过视频显示器进行隔离，如果只使用了一个摄像头采集图像，用户视野就会被限制为平面的二维视图。对于使用光学透视呈现手段的头盔显示器，可以缓解虚实之间的“漂移”现象。因为开发人员可以通过程序来控制视频显示和虚拟对象信息的显示频率，从而达到实时性的需求并且缓解甚至杜绝“漂移”的现象，但是，这种手段所带来的沉浸感远不如光学透视呈现手段好。

(3) 投射式增强现实。这种呈现手段适合在室内展示或固定场合使用，即将信息或图形图像进行增强现实叠加，再通过眼镜等设备或 HMD 投射到现实世界中或某些物体上，从而产生增强现实投影显示。投射式增强现实呈现是将生成的虚拟对象信息直接投影到需要融合的真实场景中的一种增强现实显示技术。这种呈现手段能够将图像投影到大范围场景中，但是投影设备体积庞大，比较容易受到光照变化影响，适合于室内场景使用，但不适合室外大场景。

1.4.3 自然人机交互技术

人机交互 (Human Computer Interaction, HCI) 是指通过计算机输入和输出设备，以有效的方式实现人与计算机对话的技术。人机交互技术要实现的是，机器通过输出或显示设备给人提供大量有关信息，以及提示和请示等；人通过输入设备给机器输入有关信息，回答问题及提示和请示等。人机交互技术是计算机用户界面设计中的重要内容之一，伴随着计算机技术的发展而不断得到发展。

然而，随着时代的发展与进步，传统键盘、鼠标、操纵杆、显示屏等输入和输出手段早已无法满足人们的个性化需求，在增强现实领域需要更加自然、更加默契、更加人性化的交互手段，这也成为近年来的研究热点[12,13]。自然人机交互技术采用物理传感器技术捕捉人类的动作、语言、形态，以及生理变化，并基于计算机技术理解人的动作意图，然后提供相应的反馈。所涉及的技术包括：触觉反馈、手势识别、语音识别、语音生成、生理计算，等等。根据人机交互过程中人体动作控制信息的获取方式，自然人机交互技术可以划分为如下两类。

(1) 穿戴附着方式，即通过附着在人肢体上的传感器采集人体动作、器官生理，以及生物电等信息。该方式需要在人体上附加传感器，虽然响应速度快且识别精度较高，但却增加了设备成本，降低了交互的自然性，因此不适合普遍应用，而是更适用于需要快速响应及精确控制的专业领域。

(2) 视觉识别方式，即视频捕捉设备对人体的运动信息进行检测，将获得的 RGB 彩色图像、红外图像、深度图像等数据进行分析和处理，从而提取出人体动作信息。该方式对外部设备的要求相对简单，通常只需摄像头或传感器。这是随着机器视觉、人工智能、模式识别等学科的发展而产生的新技术领域，相对于穿戴附着方式，具有轻便无须佩戴、对设备要求低等优点，更易于推广和普及。

按照媒介的不同，可将自然人机交互分为体态交互、语音交互和其他交互，体态交互还可进一步分为手势交互和肢体动作交互。详述如下。

(1) 手势交互。手势是指人通过意识来控制手部动作，从而表达特定的含义和交互意图，通过具有符号功能的手势来进行信息交流，并控制计算机。用户与计算机的交互方式更自然和直接。

(2)肢体动作交互。动作是指人的多关节协同完成的身体动作，一般需要对运动特征进行归一化，以消除身高、体形、臂长等方面的差异。人的运动具有多样性，对运动语义的分析则更复杂。通过全身动作与计算机进行交互，人机交互的方式变得更为自然。

(3)语音交互。语音识别是让机器通过识别和理解过程，将语音信号转变为相应的文本或命令。通过语音与机器进行对话交流，机器就能明白用户的交互意图。

(4)其他交互。其他交互方式如眼动、意念、表情、唇读等，可针对不同的应用和人群，在特殊情况下，这些交互手段会更为有效。

1.5 增强现实应用领域

增强现实将会与人工智能、量子技术等一起改变和改造这个世界，改造我们的生活环境、工作方式、学习途径，甚至我们能够感知和认知的所有一切。未来的改造也许我们现在还无法理解，但是当那一天来临时，生活在第四次工业革命进程中的我们，将被润物细无声地改变。

增强现实最早的应用之一是辅助人们修理复印机和汽车。在建筑及产品设计领域，增强现实辅助进行审查和评估现有模型。用虚拟模型替代真实产品，可以向客户和公众宣传最新产品。增强现实还将彻底改变传统教育行业，比如技能培训、体育训练和矫正教育。

增强现实在医学领域的应用更为广泛，足以单独写本书对其进行深入讨论。例如，利用增强现实，能让健康从业人员在非办公场所调阅健康记录或直接填写数据表格，还能提供远程医疗辅助支持，帮助偏远地区的医生在远程医疗专家指导下实施手术。

应该说，在绝大多数情况下，企业用户对增强现实的需求和用途，与个人消费者的没有本质区别，都是在特定场合下解决实际问题。但是，消费者对增强现实的要求更为苛刻，他们不仅关注功能，还关注外观和价格，而企业用户则关注功能和投资回报。本书将在应用篇专门讨论增强现实技术的典型应用场景。

第 2 章　人类视觉成像基本原理

视觉是人类大脑高级认知功能的基础，是人类从外部获取信息的主要方式。灵长类动物的视觉系统是一个由不同等级视觉脑区组成的超级复杂神经网络系统。从眼睛开始，由视网膜把外界的光信号转换成神经电信号并传递到大脑中。需要强调的是，人类视觉本质上是立体的，因为立体视觉可以用来判断所观看对象的空间状态，这也成为显示技术追求的理想目标。而本书所要描述的增强现实技术，就是要通过再造光学环境，从而“欺骗”人的视觉感知系统，将虚拟对象放置在真实世界中。

针对具有计算能力的增强现实眼镜而言，进行信息处理的完整链条包括获取、处理、存储、传输和显示，而显示处于信息处理链条中的最后一环，是与观看者真正交互的环节，也是信息处理链中最重要的环节之一。在虚拟现实和增强现实领域，将具有真实感的虚拟世界更真实地还原(展现)给观众，是无数科研人员孜孜不倦地追求的目标。

自动显示技术发明以来，显示技术在尺寸规模上从小到大；在色彩上从只有黑色到彩色；在显示方式上从阴极射线管(Cathode Ray Tube，CRT)到当今主流的平面显示(Flat Panel Display)；在信号处理方面从传统的模拟信号到现在的数字信号；在清晰度方面，从标清480P 到超清 1080P 甚至更高。显示技术经过一代又一代的发展后，提供给人们的视觉体验依然不够完美。其关键原因是，这些显示方式是基于二维平面显示的，缺乏深度信息，无法给观众提供真实世界的三维立体信息。因此，三维显示取代二维显示将成为未来显示技术的必然发展趋势。

2.1　人眼基本生理结构

人的左右双眼结构是三维成像的物质基础，各种心理和生理深度线索共同造就了不同的立体视觉。其中，双目视差是立体视觉的主要来源。

2.1.1　眼球组织的分层构造解析

眼睛、视神经和视觉中枢组成的视觉系统，是人类获得体系视觉的物质基础。人眼成像的基本原理与凸透镜成像非常相似，物体的发(反)射光通过晶状体折射成像于视网膜上(倒立的实像)，再经过视神经和视觉中枢(大脑皮层)的调整及经验知识的整合，使人眼看到真实的物体。

图 2-1 给出了人眼的基本结构。由角膜、前房、虹膜、后房和玻璃体等共同包围的晶状体，可以在肌肉的作用下快速改变厚度，调整焦距，从而使得被注视物体的像落在视网膜表面，并确保成像结果最清晰。这是一套非常完美的光学系统，其灵活的生理结构及光学特性，使得在相当大范围内的物体均能准确成像到视网膜上，这也是科学研究人员和工业界工程师追求的理想目标。

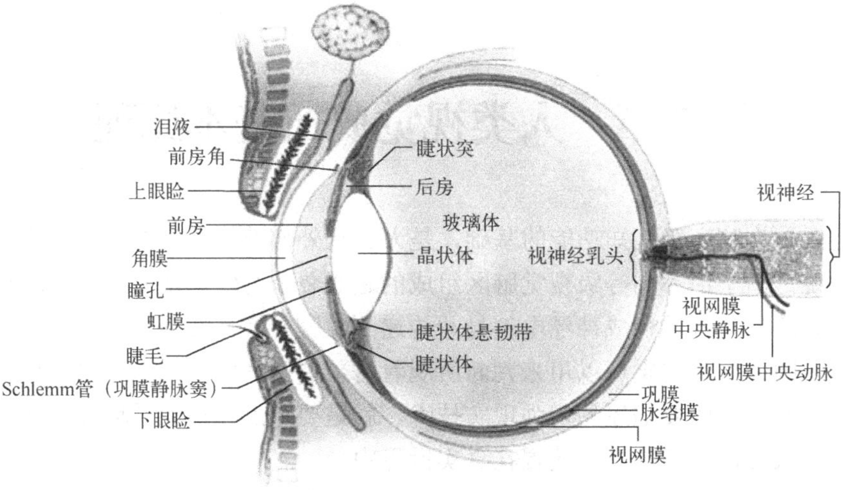

图 2-1 人眼的基本结构

视网膜(retina)的厚度虽然仅有 0.1～0.5mm，但结构十分复杂。这层“薄膜”主要由四层细胞组成，从最外层向内分别为：色素细胞层、感光细胞层、双极细胞层和神经节细胞层。其中，成像的关键是感光细胞层，由视觉敏感度(常简称为视敏度)极高的黄斑区的中央凹、视敏度略差的其他黄斑区，以及只对运动图像敏感的周边区构成。感光细胞层相当于相机里的感光底片，其作用是将光信号变换、滤波和编码，形成神经系统的内部表达信号，并传输给视神经和中枢神经系统。晶状体的前面是虹膜，中央是瞳孔，瞳孔可以放大或缩小，从而起到照相机的光圈作用。玻璃体对光线有一定的会聚作用，可以辅助成像。

对人类和大多数哺乳动物来说，感光细胞分视杆细胞(rod)和视锥细胞(cone)两种。在视网膜中，这两种细胞的分布很不均匀。如图 2-2 所示，在中央凹的中央只有视锥细胞(每平方毫米高达 150 000 个)，从中央凹向两侧迅速降至每平方毫米 4000～5000 个，并一直保持该水平。视杆细胞最密集处在偏离中央凹 6mm(即视角 20°)处，达每平方毫米 150 000 个，离开该处后则逐渐下降，至视网膜周边部降至每平方毫米 30 000～40 000 个。

人眼的眼球结构决定了人眼具有两类调节功能：视度调节和瞳孔调节，使得单眼能够获取立体信息。视度调节是指人眼自动调节晶状体的焦距，使某一距离内的物体都能清晰地成像于视网膜上。瞳孔调节是指人眼(虹膜)自动调节瞳孔大小，控制眼睛的进光量，适应周围环境的不同亮暗程度。瞳孔除了可以调节眼睛的进光量，还可以改变视野的景深。

不同人的瞳孔直径存在差异，大小可以相差 5～6 倍，而进光量相差 30 多倍。外面光线强的时候，瞳孔缩小；光线弱的时候，瞳孔变大，从而使眼睛接受的光线总是恰到好处。眼睛感受亮度的范围，从最亮到最暗的可感受亮度差异可达 10^{13} 倍。在黑暗中逗留 1 分钟后，眼睛对光的敏感度会提高 10 倍；逗留 20 分钟后，敏感度会增加为 6000 倍；逗留 40 分钟后，敏感度会增加为接近极限的 25 000 倍。视敏度与感光细胞的敏感度、数量和密度等密切相关。

人类双眼的平均瞳距在 65mm 左右。在观察客观世界的景物时，双眼由于位置不同会产生不同的图像，处于不同距离的景物会在视网膜上留下细微差别的视像，形成双目视差或立体视差。这个视差反映了客观景物的深度，经过大脑加工后形成深度知觉。人类的视觉系统是脑神经中枢的重要组成部分，大脑视觉皮层区域通过检测投影在双眼视网膜上的二维图像之间的细微差，以及图像特征等深度相关信息，进行三维重建和感知，并获得深度认知信息，最后合成立体视觉。

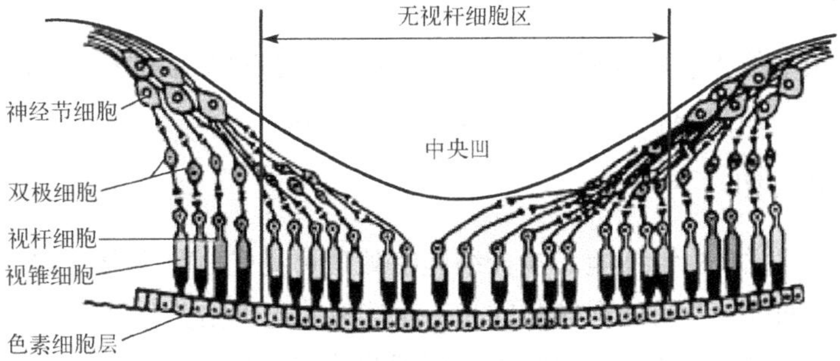

(a) 视锥和视杆细胞的空间分布

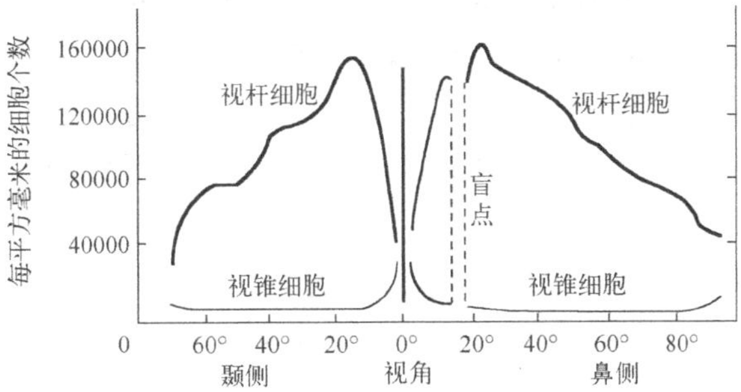

(b) 视锥和视杆细胞的数量分布

图 2-2　视锥和视杆细胞的分布

2.1.2　视觉感知流程

外界图像信息被人眼视觉系统所感知，主要经历了眼球光学成像、视网膜信号模式转换和视觉中枢感知三个阶段。

其中眼球光学成像主要是视网膜的视锥细胞对来自外界的光线进行物理感知，视网膜信号模式转换则是将光信号转换成能够在视神经上传输的生物学信号：神经冲动。神经冲动进入视觉中枢以后，需要大脑对该刺激信号进行图像感知，并相应地感知到对象。

人眼视觉成像的基本流程如图 2-3 所示。

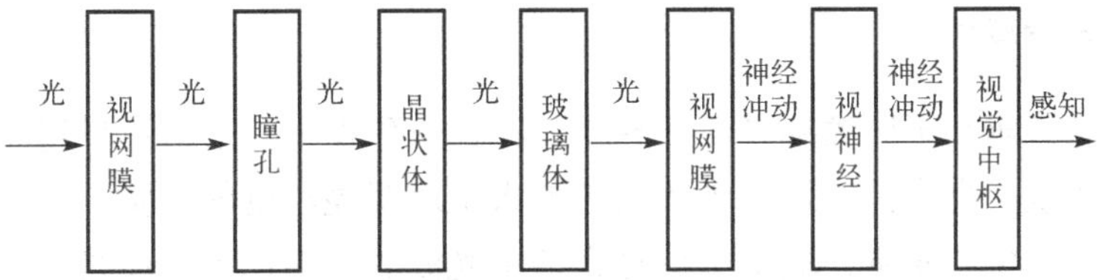

图 2-3　人眼视觉成像的基本流程

当外界物体进入瞳孔时，会产生衍射效应，从而会造成视网膜模糊。一般情况下，当光线变强时，利用眼睛的自适应能力，瞳孔就会收缩变小以减少进入眼球的光线，从而避免视网膜灼伤。然而，瞳孔直径越小，衍射效应就会越明显，视野也会随之变小，物像也会变得模糊；相反，当光强度变弱时，比如处在黑暗环境下，瞳孔会通过放大而使眼睛接收更多的光线，从而可以看清目标物体。

2.1.3 视觉感知类型

人眼的视觉感知能力包括光觉感知、色觉感知、形觉感知和动觉感知。人的每只眼睛都具有视觉感知能力，单眼视觉是人最基本的视觉功能。

2.1.3.1 光觉感知

光觉又称明暗视觉。视锥细胞和视杆细胞在处理可见光时是有分工的，视锥感光细胞集中于黄斑区的中央凹处，专门处理较强的光，而较暗的光则由黄斑区以外的视网膜中的视杆细胞处理，中间强度的光则由视锥细胞和视杆细胞共同处理。光线充足时的明视觉的亮度感觉范围在 $3cd/m^2$ 以上，视觉由视锥细胞起作用，对波长为 555nm 左右的黄绿光最为敏感。暗视觉的亮度感觉范围在 $3\times10^{-5}cd/m^2$ 以下，视觉由视杆细胞起作用，对波长 507nm 左右的蓝绿光最为敏感。中间视觉的视场亮度介于明、暗视觉响应之间，视觉响应载体逐渐由视锥细胞起作用转向视杆细胞起作用。视杆细胞对光的敏感度是视锥细胞的 10 000 倍，但分辨率较低，而且不能区分颜色。

人眼的主观亮度感觉并非取决于绝对亮度(光通量)变化，而是取决于相对亮度变化。主观亮度感觉与所处的周围环境有关。光觉的调节主要依靠视网膜的适应机能，另外，瞳孔的大小变化也控制了入眼光量，能起到部分调节作用。产生光觉的物质基础是视色素。在光线作用下，视网膜中的视色素可产生光化学变化及生物电变化，从而表现出明暗视觉。有的人的视杆细胞有功能障碍，在暗的光线下，感光细胞不能正常工作，大脑就接收不到光信号，这就是夜盲症。大部分鸟的眼睛中缺少视杆细胞，所以在夜晚就看不见东西，因而夜盲症在中医中也叫“雀目”。光觉仅仅能感受光的强弱，而不能识别物体的形状与颜色。识别物体的形状与颜色，分别称为形觉和色觉。

光觉有助于产生深度、形状等线索信息。光线照在物体表面的光照度与物体表面到光源的距离成反比，物体表面距离光源越近的部分越亮。这种亮度的分布可以使物体产生深度和形状线索，明亮和高光部分突出，距离观察者较近；黑暗阴影仿佛后退，距离观察者较远。运用明暗色调，把远的部分画得灰暗些，把近的部分画得鲜明些，使之产生明暗对比，即可形成远近的立体感。

2.1.3.2 色觉感知

色觉是指能够辨别不同频率光波的感觉，亦称彩色视觉，通常可以用亮度、色度和饱和度三个量来衡量。亮度是对彩色光所引起的人眼对明亮程度的感觉；色调是视觉系统对某个区域呈现的颜色的感觉，取决于可见光谱中光波的频率；饱和度是指颜色的纯洁性，用来区别颜色明暗的程度。

人不仅能辨别亮度，也能察觉颜色的差异。人对光波的可视区域约在 780～400nm 之间，据说在此范围内能分辨出 165 种单色光的色调。脊椎动物只在昼视觉时才有色感，这与视锥细胞有关，而灵长类动物对颜色的光感度可随视网膜部位而异，在仅有视锥细胞的黄斑区的中央凹最大，越向周边越弱。

人眼球中的玻璃体等结构对不同波长的光产生的折射角不同，因此即使物体具有同样的大小和形状，在颜色不同时也会给人以不同距离的感觉。较亮的颜色给人的感觉要比较暗的颜色近。亮度相同的颜色，波长较长的光线给人近的感觉。长波长的颜色看起来近，称为前进色；短波长的颜色看起来远，称为后退色。

先天性色觉障碍通常称为色盲，无法分辨自然光谱中的各种颜色或某种颜色；而对颜色的辨别能力差则称为色弱，色弱者，虽然能看到正常人所看到的颜色，但辨认颜色的能力迟缓或很差，在光线较暗时，有的人几乎和色盲差不多，或表现为色觉疲劳，它与色盲的界限一般不易严格区分。色盲与色弱以先天性因素为多见，且男性患者远多于女性患者。

2.1.3.3　形觉感知

形觉是视觉系统重要的感觉功能之一，是人的眼睛辨别物体形状的能力。形觉的产生首先取决于视网膜对光的感觉，其次是视网膜能识别出由两个或多个分开的不同空间的刺激，然后通过视中枢的综合和分析，形成完整的形觉。

影响形觉的一个重要因素是人眼的视力。视力可分为表示可认清物体形状能力的“中心视力”；表示视网膜周边部分所能感觉到的范围的“周边视力”；表示在暗处能辨别物体形状能力的“夜视力”；表示辨别物体大小、远近和空间立体形象能力的“主体视力”；表示辨别颜色能力的“色视力”。视力体现了人眼晶状体自动变焦的能力，与有效视角、分辨力、观视位置及心理因素有关。

一般所说的视力即指形觉视力，指识别物体形状的精确度，即区分细小物体的能力，也就是两个相邻点能被眼睛分辨的最小距离。人眼刚好能将被观察物体上最近两点分辨开的视角称为人眼的极限分辨角，或临界视角，记为θ，则视力或人眼的分辨率就是$1/\theta$。如果被观察物体上可分辨的最近两点的像分别透射到视网膜上并被分隔开的两个不同感光细胞(通常是视锥细胞)所接收时，即可得到两点的视觉。这样，眼睛的分辨率与视网膜上两个像点的距离及视觉细胞的直径大小有关。当两个像点的间距不小于感光细胞的直径时，就认为眼睛可以分辨。一般情况下，在良好的光照条件下，具有正常视力的人眼的极限分辨角$\theta = 1'$。若视力下降，则θ值增大。当光照太强或太弱，背景亮度太强，或者目标运动速度加快时，都会造成视力下降。

2.1.3.4　动觉感知

动觉主要是指时间视觉，涉及人眼的视觉惰性与视觉暂留。时间视觉是形成某些体三维显示的物质基础。在视觉惰性与视觉暂留的基础上，时间视觉具有时间频率响应特性。刚好不引起闪烁感觉的最低频率称为临界闪烁频率，在 46Hz 左右。刷新频率越高，影像越稳定。高于临界闪烁频率的光脉冲，人眼已经无法察觉到前后光脉冲的存在，主观感觉的亮度等于光脉冲亮度的平均值。

此外，动觉还包括眼球活动。人眼视觉功能的实现往往伴随着眼球的活动，注视、跳动和追随运动是眼球活动的三种基本形式。眼睛对准对象的动作称为注视，根据景物的远近不同，眼睛的睫状肌会调节晶状体的屈度(扁平或凸起)，以保证被观察对象在视网膜上能清晰成像。为了实现和维持对物体的注视，眼睛必须进行另外两种活动：眼球的跳动和眼球的追随运动。这几种眼球活动最终都是为了保证对物体的清晰视觉。

2.1.4 视觉基本概念

为了后续章节讨论方便，这里给出几个关于人眼视觉领域的名词术语及解释，这些术语同样适用于增强现实光学系统。

2.1.4.1 视场角

人眼以及增强现实设备的视场角(Field of View, FOV)是最重要也是最具争议的指标之一。计算视场角使用最基本的三角测量法，即从光心点到焦平面的水平距离和所覆盖的垂直距离所得到的夹角，如图 2-4 所示。然而，在实验室外的应用实践中，有时很难进行判断。原则上，要测量增强现实设备的视场，人们首先将一把尺子放在离眼睛已知距离的地方，然后将显示区域的左边缘和右边缘标记在物体上。已知眼睛距焦平面为 X，视野宽度为 Y，可以通过简单的三角测量法计算视场角：

$$\mathrm{FOV} = 2\arctan\left(\frac{Y}{2X}\right) \tag{2.3}$$

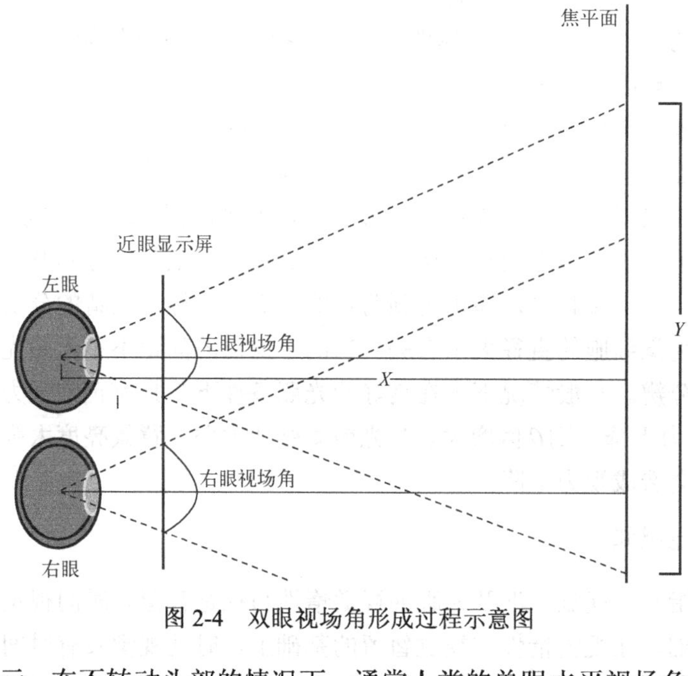

图 2-4 双眼视场角形成过程示意图

如图 2-5 所示，在不转动头部的情况下，通常人类的单眼水平视场角约为 120°，双眼水平视场角约为 200°，有些人甚至可以达到 220°；而垂直视场角约为 130°[14]。当然，人类并不是在整个视野内都能清楚地感知到周边的环境信息，只有中心 20° 左右的视场是人眼的视觉敏感区，在这个区域内支持清晰文字阅读，因此光学系统在这个区域的优良图像质量是设计的最低保证[15]。

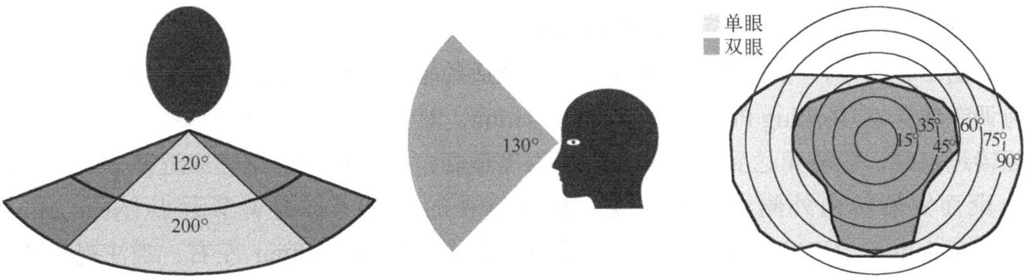

图 2-5　人眼的水平视场角和垂直视场角

双眼的重叠区域对立体视觉至关重要，可用于完成高敏锐度任务，周边的非重叠区域则在平衡和搜索等任务中发挥作用。人眼的分辨率极限由视网膜黄斑区的中央凹的视锥细胞的平均间隔决定，可观察到的最小视场角约为 0.5′(弧分)，或 120 像素/度，相当于 20/10 的视敏度[16]。在显示技术中，若总显示像素数固定，则分辨率密度越高时视场角越小。而近眼显示系统普遍要求更大的视野，以增强用户沉浸感。一般认为，增强现实显示所需的最小视场角为水平 100° 和垂直 20°，而目前增强现实头戴式显示器可实现的水平视场角一般不超过 60°。

在很长的一段时期内，人们普遍认为视场角越大越好，甚至将其作为评判和对比增强现实眼镜唯一的标准。因此，在很多眼镜设计中，经常牺牲角分辨率、体积、重量等参数，以尽量增大视场角。但是这个观点在近几年受到了质疑。这是因为以下三个方面的原因。

(1) 不同应用场景对视场角的要求不同。例如，模拟训练和娱乐等应用主打沉浸感的应用场景，需要更大的视场角，以提供很好的沉浸感。然而，旨在为用户提供信息的应用场景对视场角的要求不高，该类场景要求增强现实眼镜能够显示足够清晰的文字和图像，即对光学模组的分辨率要求较高，但分辨率与视场角两者往往相互制约，只能牺牲视场角以寻求更高的分辨率。

(2) 视场角越大则显示的虚拟图像越大，这可能会遮挡真实环境，影响用户的移动，从而无法保证用户安全性。

(3) 若视场角较大(显示的虚拟图像较大)，则当用户需要观察超过视觉敏感区以外的内容时，更多地会选择转动头部而不是转动眼球，频繁的头部转动会导致体验感较差。

综上所述，视场角并不是评判增强现实眼镜性能的唯一因素，视场角选取应视不同的应用场景而定。

2.1.4.2　辐辏

双眼注视远处的物体时，双眼的视轴是平行的，调节是放松的。注视近处的物体时，不但双眼要产生调节，双眼的视轴也要向鼻侧转。这种使两只眼睛的视轴在被观察物体的某一点上相交，该点的视像落在两只眼睛黄斑区的中央凹的现象称为辐辏(converge)，又称为双眼集合。

当我们观看客观自然景物时，就会发生辐辏，眼睛晶状体的聚焦点会调节到最适当的位置(注视点)以减轻模糊，这种现象是人的正常的自然生理活动。由于双眼辐辏的会聚程度受到眼外肌的控制，所以在观察近处物体和远处物体时，肌肉紧张程度的差异所产生的本体感觉会给大脑提供物体远近的深度线索。

如图 2-6 所示，当一只眼睛休息时，有舒适的辐辏距离，在此状态下肌肉适度放松，称为调节休息点(Resting Point of Accommodation，RPA)。当被注视物体持续靠近鼻子，到达辐辏近点时，辐辏角达到最大值，会聚程度最高；被注视物体继续靠近鼻子时，两眼放弃会聚而突然转向外侧，形成复视。出现复视的临界点称为调节近点(Near Point of Accommodation，NPA)。最近点距双眼的垂直距离一般为 250mm 左右。当注视物体远离鼻子达到一定程度时，形成辐辏的双眼视线方向接近平行，辐辏角接近 0°，此时已经不能提供有效的辐辏信息。

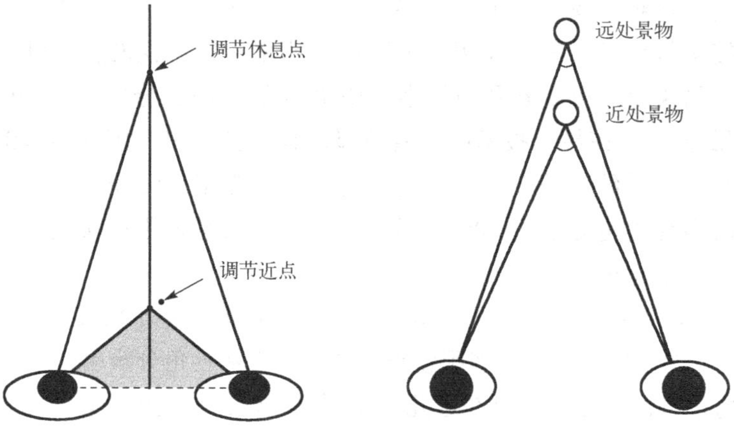

图 2-6 辐辏提供深度线索的原理示意图

双眼图像的融合过程，要求双眼的注视点在同一固定点上，左右眼分别到注视点的光轴与双眼瞳距线段构成的夹角是确定的，从而在几何上构成了一个确定的三角形，通过这个三角形可以判断出被注视景物与人眼的距离。

2.1.4.3 瞳孔间距

瞳孔间距(Inter-Pupillary Distance，IPD)常简称为瞳距，顾名思义，是两只眼睛的瞳孔之间的距离(见图 2-7)，是双目视觉系统中极其重要的考虑因素。瞳距通常受性别、面部骨骼、年龄和遗传因素的影响。瞳距设置得不准确，可能会导致眼睛与镜头对准不良、图像失真、眼睛疲劳和头痛。

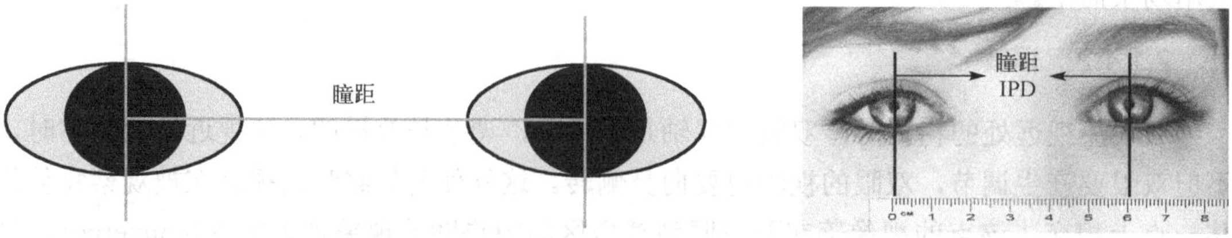

图 2-7 瞳距示意图

成人的平均瞳距约为 63mm，多数在 55～75mm 之间。儿童最低瞳距约为 40mm。

2.1.4.4　出瞳

出瞳（Exit pupil）是指光学系统的孔径光阑在光学系统像空间所成的像。出瞳的位置（由出瞳距离表示）和直径（由出瞳直径表示）代表了出射光束的位置和口径。

出瞳距离指的是出瞳平面（眼瞳）与最后一个光学表面之间的中心距。眼瞳在角膜内3mm 处。考虑到用户的眼睑和睫毛，以及佩戴眼镜、保护面罩或其他附加装置产生的距离（约为 12mm），出瞳距离应大于 15mm。不过，过大的出瞳距离，会导致优化其他参数具有较大挑战性。因此，需要合理选择出瞳距离。

2.1.4.5　动眼框

动眼框（Eye Box），是指近眼显示光学模组与眼球之间的一个锥体区域，也是观看显示内容最清晰的区域（见图 2-8）。超出该区域时可能会造成图像扭曲、颜色偏差，甚至看不到目标等问题。

那么，动眼框设置多大尺寸才合适呢？显然，它至少也要和人的瞳孔一样大，约为 4mm 左右。尤其是在增强现实眼镜中，人眼需要通过在光学模组前移动来观看图像，因此动眼框尺寸至少要向每个方向扩展几毫米。此外，为了支持更准确的瞳距调节功能，动眼框尺寸也需要更大。通常，调节瞳距的方法可分为机械物理法或光学调整法，前者须通过移动光学元件来实现，但由于元件体积大且容易损坏，并不适合增强现实眼镜这种穿戴设备，而后者则需要将动眼框的宽度提高 10～20mm。

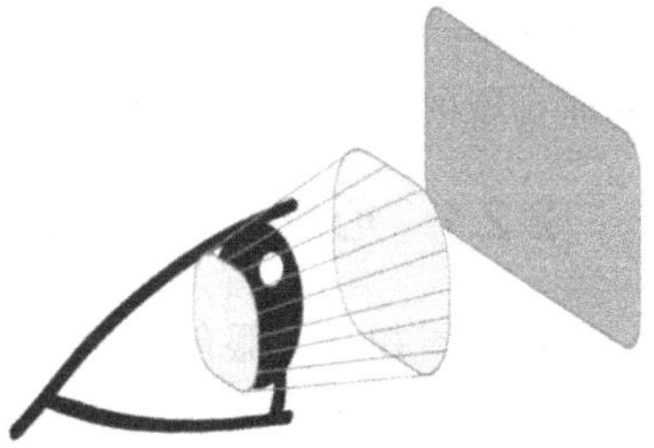

图 2-8　动眼框（灰色部分区域）示意图

显然，要增加动眼框尺寸，采用衍射光波导是合适的选择，但提高阵列光波导动眼框尺寸则很具挑战性，因此半反射式光波导材质的光学模组通常提供比衍射光波导更小尺寸的动眼框。另外，提高动眼框尺寸还面临其他方面的挑战，比如动眼框越大，光学模组的尺寸也就应该越大，甚至还需要更多光输出才能维持感知亮度。显然，增大光学模组是不合适的。

2.1.4.6　适眼距

适眼距（Eye Relief）目前还没有约定俗成且广泛认可的定义，通常是指从眼角膜到最近的第一光学元件表面的距离（见图 2-9）。它定义了用户获得全视角的距离，这是一个重要的参数，特别是对那些戴矫正眼镜的人。由于不同人的头型不同，因此通常增强现实眼镜/头显的适眼距也是在一定范围内浮动的。在理想状态下，适眼距应该足够大，以便支持叠加常规的近视眼镜。不过，如果提高适眼距，动眼框的锥体就会变得更细，因此同时保证高适眼距和大动眼框具有很大挑战性。

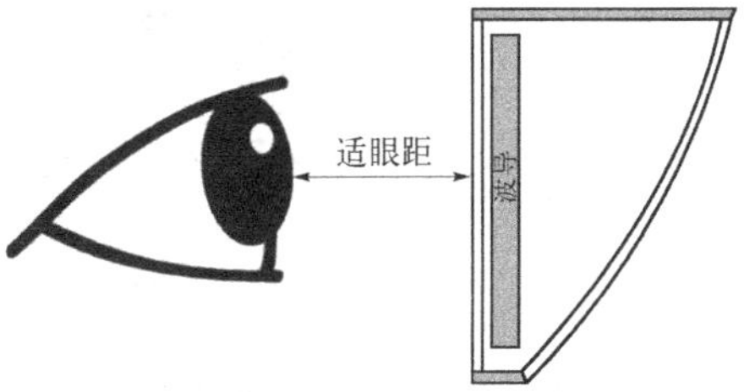

图 2-9　适眼距示意图

在望远镜和显微镜等目视光学仪器中，人眼的瞳孔必须与出瞳重合，才能看到整个视场。实验室仪器或其他普通仪器都要求最少的出瞳距离约为 6mm；对于军用光学仪器，考虑到戴眼罩和防毒面具，出瞳距离较大，一般为 20mm 左右。

2.1.4.7 视敏度

视敏度(Visual acuity)是指眼睛分辨物体细微结构的最大能力，通常用能够分辨的两点之间的最小视角来衡量。这里的视角是指，物体上的两点光线射入眼球，在晶状体光心前交叉所形成的夹角。正常人眼能够分辨两点的最小视角约为 1 分角(即圆周的 1/60)。

2.2 人眼立体视觉感知

人的基本视觉功能用单眼视觉即可实现，准确感知三维世界则需要双眼视觉。双眼视觉是指左右双眼同时看到有轻微位置差异的图像，通过大脑将其“加工”成有三维空间深度感的单一物像的过程。人眼之所以能够感知到三维客观物理世界，主要是基于立体视觉机理实现的，而这种立体感知能力来源于两个方面：心理立体感知和生理立体感知。

2.2.1 心理立体感知

众所周知，人眼能够感知到远近深度信息的一个重要原因是我们有两只眼睛，从而可以从双目视差中判断物体深度。一般来讲，视差越大，物体越近；视差越小，物体越远。然而，双目视差并不是我们感知三维世界的唯一途径。人眼对三维环境的感知主要可以分为心理感知和生理感知。其中心理感知主要是通过透视、遮挡、光照阴影、纹理和先验知识等五个方面的心理视觉暗示[17]，从而“欺骗”大脑感知到三维信息。如图 2-10 所示，尽管这些图像是在平面上绘制的，但借助人自有的先验知识，却能让人产生一定的三维视觉。

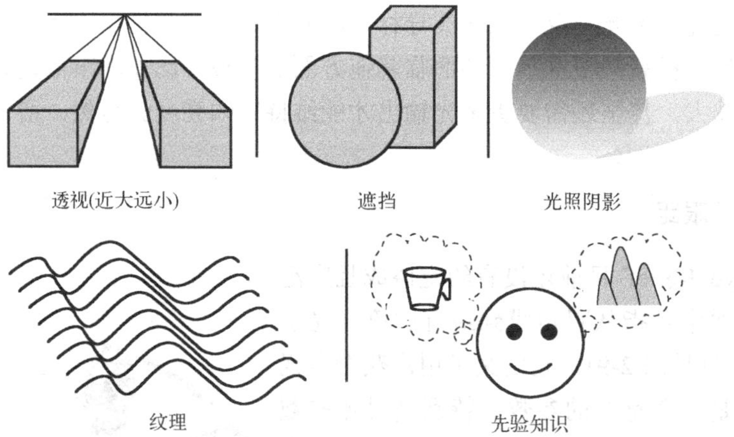

图 2-10 人眼感知深度的心理暗示信息

心理感知的具体过程如下。

(1)透视关系：根据透视成像基本原理，其直观的感受是“近大远小”，即随着物体与人眼的距离减小，物体在人眼中的成像越大。

(2)遮挡：根据人们认识世界的常识，近处的物体会遮挡远处的物体，通过相互遮挡的关系可以判断物体间的相对远近关系。

(3) 光照阴影：根据阴影形成的原理，不同方向的光照会在物体表面产生不同的阴影，通过对阴影模式的判断可以推断物体的三维形状。

(4) 纹理：通过有规律重复的动/静态特征分布产生立体视觉。

(5) 先验知识：人类在观看大量物体以后会总结一些基本的经验，例如空中的风筝比飞机小，且一般情况下，飞机比风筝距离人眼更远。

当然，上述线索能够使得人们获取对物体立体形状的感知，但也有可能误导人们对客观世界的理解，得到视觉假象。视觉假象是指通过几何排列、视觉成像规律等手段，制作有视觉欺骗成分的图像进行眼球欺骗，引起视觉上的错觉，得到某种艺术效果或者类似魔术般的效果。

视觉假象一般分为由于图像本身的构造导致的几何学错视，由于感官引起的生理错视，以及由于心理原因导致的认知错视。特别是关于几何学的错视，以其种类众多而广为人知。如图 2-11 所示，三组本来完全相等的线段，在不同的图形背景衬托下产生了长度不同的视觉假象。

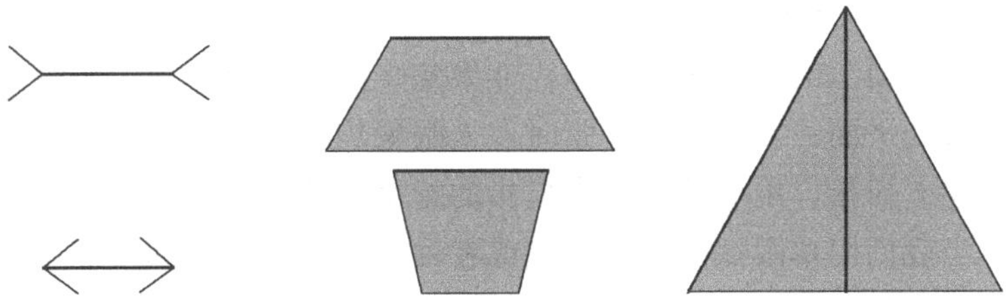

图 2-11　三组相同长度的线段在不同背景下产生的视觉假象

2.2.2　生理立体感知

上述五种心理立体感知通过二维显示介质，如手机屏幕、电视屏幕、平面画布等即可呈现。然而，生理立体感知需要对人眼产生特殊的视觉刺激，无法通过常规二维平面介质呈现。生理视觉信息主要包括双目视差（和双目会聚）、移动视差、聚焦模糊、深度感知，分别分析如下。

(1) 双目视差（Binocular Parallax）。如图 2-12 所示，视差即同一个物体在左右眼中所成的像之间的轻微偏差。所观察的物体越近时视差越大；所观察的物体越远时视差越小。为了避免左右眼视差所产生的重影，人眼会动态地调节视线的会聚方向。当我们观看漫天繁星时，双眼视线方向几乎是平行的，当我们观察自己的鼻尖时，双眼的视线方向会相交于鼻尖，通过双眼视线会聚的角度可以判断物体的远近。注意，双目视差的感知必须依靠双眼协同工作才能完成。通过视觉系统的协同，使两只眼睛同时聚焦在同一点上，这个过程称为双目会聚。

(2) 移动视差（Motion Parallax）。如图 2-13 所示，当远近不同的物体在空间中移动时，在人眼中产生的位移并不相同。当发生同样的空间移动时，远处的物体在人眼中产生的位移更小，近处的物体在人眼中产生的位移更大。例如，当我们在移动的汽车上观看窗外的风景时，近处的树木总是飞快地后移，而远处的高山却在缓慢地后移；而当我们观察天空中的月亮时，总感觉月亮跟着我们一起走，也是这个道理。与双目视差不同，单眼就可以感知到移动视差。例如，鸽子虽然有双眼，但是两只眼睛位于头部的两侧，双眼的视野范围并不重合，因此鸽子无法依靠双目视差来感知深度，鸽子主要依靠移动视差来判断物体远近，从而完成着陆和啄食等动作。

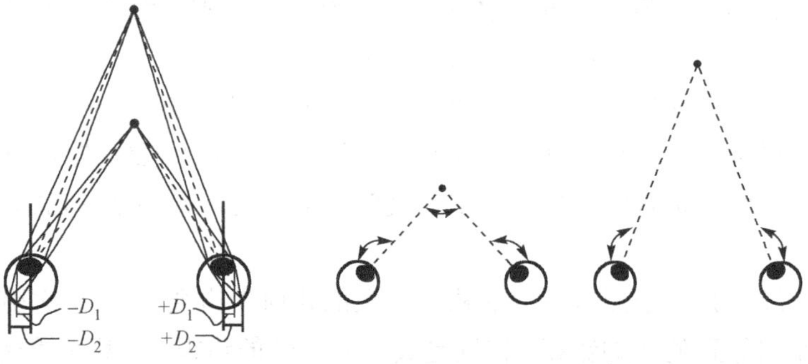

图 2-12 生理视觉信息（双目视差与双目会聚）。两个点的成像点距视网膜中心距离分别为 D_1 和 D_2

(3) 聚焦模糊（Accommodation）。如图 2-14 所示，人眼的睫状肌扮演着相机镜头的调焦功能，从而使聚焦平面上的物体清晰成像，非聚焦平面上的物体成像模糊。当睫状肌紧绷时，人眼聚焦在近处平面。当睫状肌舒张时，人眼聚焦在远处平面。单眼即可感知到聚焦模糊。当我们举起大拇指，用单眼观察大拇指的指甲盖纹理时，门口的盆栽以及墙上的油画变得模糊了。当我们用单眼试图看清盆栽或者油画时，大拇指却模糊了。根据睫状肌的屈张程度和对应的聚焦模糊反馈，视觉系统可以判断出物体的相对远近。

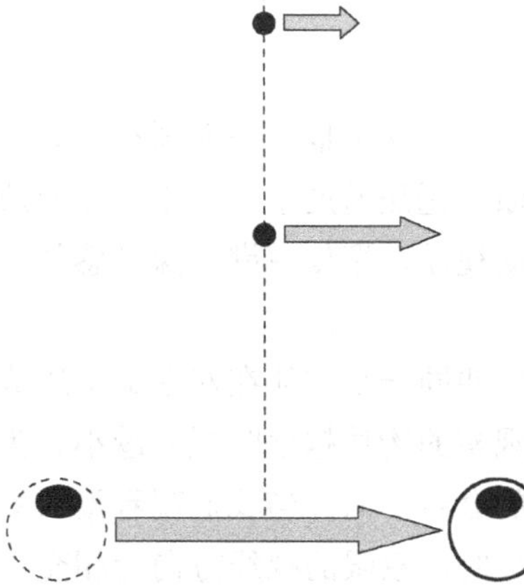

图 2-13 生理视觉信息（移动视差）

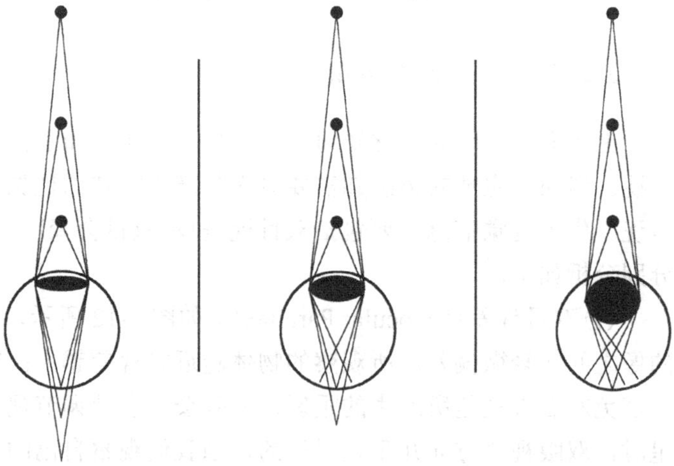

图 2-14 生理视觉信息（聚焦模糊）

(4) 深度感知（Depth Perception）。人眼可通过多种视觉线索来感知深度。对增强现实光学显示系统来讲，两个最重要的视觉线索分别为聚焦（转动眼球扫视同一个物体）和会聚（瞳孔聚焦在一个物体上），在神经层面上二者应该是协调的。如果聚焦和会聚不匹配（即视觉辐辏调节冲突），则会引起用户的不适感（见图 2-15）。看三维电影时，也许大家都曾经历过视觉辐辏调节冲突，这是由于电影屏幕和座位都是固定的，因此实际焦平面也是固定的，同时你还在看动态的三维电影，这时就会觉得无法通过瞳孔聚焦来区分深度，只有位于焦平面上的内容看起来才自然。

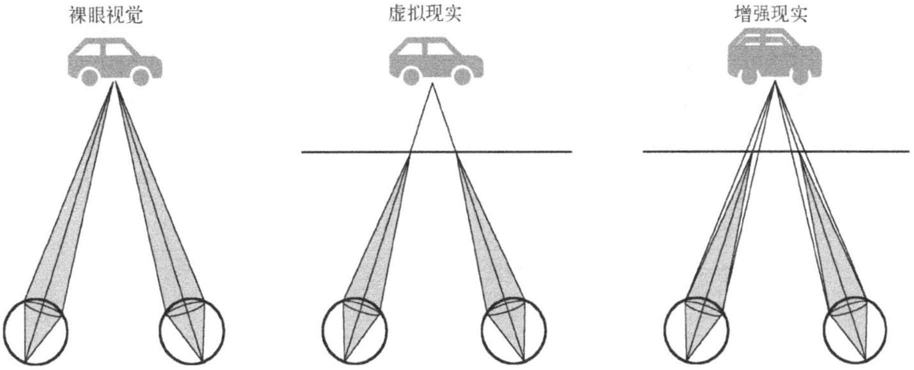

图 2-15　视觉辐辏调节冲突示意图

对于增强现实光学显示系统来讲，2m 焦平面可适合大部分场景，一般不容易让你感觉到不自然，而且焦平面最好是平面的，对于所有颜色都有相同的焦距。

在解决视觉辐辏调节冲突方面，Facebook 公司一直在开发一种名为“Half Dome”的可变焦显示系统，其最初是根据眼球追踪传感器发送的数据来移动显示器的；2020 年，该公司收购了 Lemnis Technologies，后者的 Verifocal 平台实现了可变焦光学和眼球追踪；Half Dome 3 使用了一个静态变焦显示屏，液晶透镜提供 64 个离散焦平面，还使用了折叠光学技术来减小模块的尺寸。

2.3　视觉感知的四个层级

随着显示技术的不断演进，显示设备能提供越来越丰富的视觉感知信息。在通过不同显示设备感知三维虚拟世界时，可以根据所获得的三维信息量划分为如下四个层级。

第一层级：传统平面显示屏。可以在屏幕上显示三维场景的透视图像，只能通过产生透视、遮挡、光照阴影、纹理和先验知识等五个方面的心理视觉暗示，结合人们在日常生活中的实践经验，从而“欺骗”大脑产生伪三维视觉。

第二层级：影院式立体显示。在指定的环境中通过佩戴眼镜等方式实现，即在两个眼镜中分别生成带有视差的同步图像，依据人眼的部分生理特性(双目视差)，产生固定视差的立体视觉，结合人们在日常生活中的实践经验产生立体感，但没有移动视差，更没有聚焦模糊。

第三层级：沉浸式立体显示。依托特定环境设置更多的感官线索，能够提供更多的基于生理视觉的信息，同时提供双目视差和移动视差，佩戴之后具有很强的沉浸感，但仍然缺乏聚焦模糊。

第四层级：光场显示。这是最理想也最真实的情况，能提供所有的心理和生理视觉信息，可以在视觉上逼真重现真实世界(见第 4 章)。

不同层级的递进关系如图 2-16 所示。

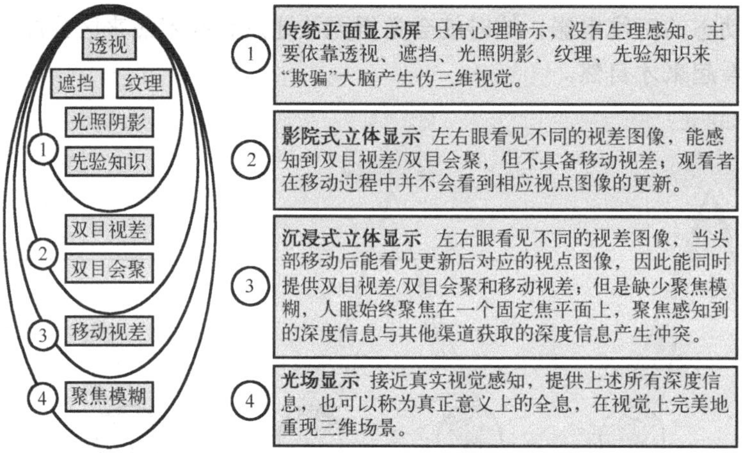

图 2-16　不同层级显示技术所能提供的视觉信息

2.3.1　传统平面显示屏

从黑白到彩色，从 CRT 到 LCD/OLED，从 720p 到 4K，显示设备的色彩还原度和分辨率在不断提高，然而却始终没有显示维度上的突破，也就是说都是二维的。根据全光函数的描述（见第 4 章），目前的平面显示屏可以在 (x, y) 位置显示不同的像素。但每个像素在可视角度（一般为 120°）范围内不同的方向发出的光线却是近似相同（或同向衰减）的。因此，平面显示屏只能提供各向同性的光线，不能呈现光线的方向信息 (θ, φ)，如图 2-17 所示。换句话说，传统显示屏只能呈现 (x, y, λ, t) 四个维度的信息，只能提供上述透视、遮挡、光照阴影、纹理、先验知识这五种心理感知信息。但对双目视差、移动视差、聚焦模糊这三个方面的生理感知却无能为力。首先，左右两眼从显示屏接收到的图像完全一样，因此无法产生双目视差。其次，当人眼在屏幕前左右移动时，显示屏所呈现的内容会产生相同的位移，因此无法提供移动视差。最后，显示屏上所有像素的实际发光位置到人眼的距离都是一致的，并不会引起人眼睫状肌的屈张，所以无法提供动态聚焦。

图 2-17　传统二维显示器的各向同性光学特性

2.3.2　影院式立体眼镜

三维影院中使用的立体眼镜，除了提供传统显示屏的心理视觉感知信息，还能提供双目视差这一生理视觉信息。如图 2-18 所示，三维电影通过一副立体眼镜，将两幅具有细微偏差的图像同时分别呈现给左右眼（取下立体眼镜并直视影院大屏时，会看

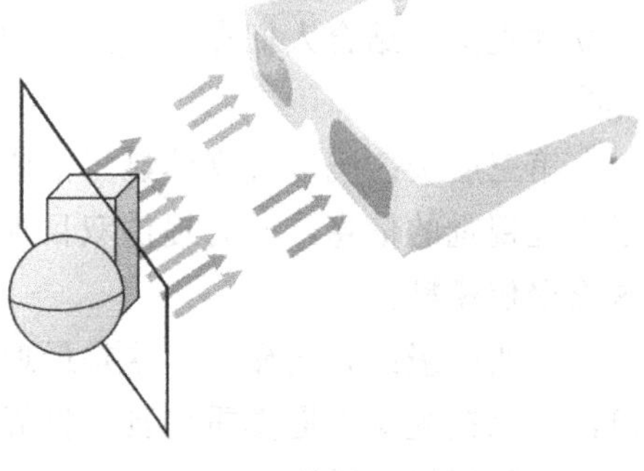

图 2-18　影院式立体眼镜的视觉原理

到两幅重影的图像)，让人眼感知到双目视差，进而让大脑融合左右眼图像，产生立体信息。立体眼镜的工作原理又包括分光式、偏振式、快门式等三种，这里不再展开讨论。

然而，三维电影只提供了双目视差这一种生理视觉信息，并不能提供移动视差和聚焦模糊。例如，在一场话剧中，位于左侧观众席的观众应该看到演员的右侧脸；而位于右侧观众席的观众应该看到演员的左侧脸，然而在三维影院中，左侧和右侧观众席的观众看到的都是演员的同一个侧脸，即使观众戴着立体眼镜移动到影院的任一位置，所看到的仍然是同一个视点场景，因为他们接收到的是同样的画面。换句话说，三维影院呈现给观众的图像并不会因为观看位置的移动而更新视点图像。由于缺乏移动视差和聚焦模糊，观看三维电影时由于双目视差让大脑认为看到了三维场景，而移动视差和聚焦模糊又让大脑认为看到的是二维场景，大脑会在这两种状态之间不停地切换。由于双目视差与移动视差和聚焦模糊之间的冲突，从而导致“烧脑”。这也是大部分人第一次体验三维电影时会感到不适的主要原因。当大脑适应这种相互冲突的视觉后，不适感会明显减轻，但是所体验的视觉效果还是无法与真实三维世界相媲美。

2.3.3　沉浸式立体显示

虚拟现实(Virtual Reality，VR)头盔、增强现实(Augmented Reality，AR)头盔和混合现实(Mixed Reality，MR)头盔都属于头戴式显示设备(Head Mounted Display，HMD)，通过这些可穿戴设备可“生成”关于虚拟对象的“光场”信息，从而实现虚拟对象的立体呈现。由于原理非常类似，下文中将其统称为虚拟现实头盔。相比于三维电影，虚拟现实头盔不仅能提供双目视差，还能提供移动视差，从而带来更丰富逼真的立体视觉体验。虚拟现实头盔主要利用准直透镜(Collimating Len)[①]，将眼前的显示屏图像放大并拉远。如图 2-19 所示，虚拟现实头盔的显示屏与透镜光心的距离略小于透镜焦距，屏幕上某个真实像素发出的光线经透镜折射进入人眼，沿着折射后光线的反向延长方向，人眼将感知到较远处的虚拟像素。同样的两套准直放大光学显示系统分别为左右两眼提供不同的图像。

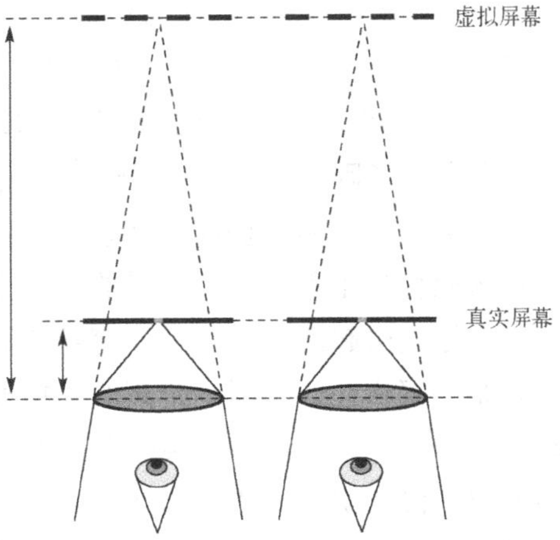

图 2-19　虚拟现实头盔的准直放大光路示意图

① 准直透镜是指能将来自孔径光阑中每一点的光线变成一束接近平行的准直光束的仪器。

相比于三维影院，虚拟现实头盔最大的改进之处在于能实时感知自身位置及姿态，从而向观众提供移动视差。当人眼看向不同的位置或直接转头时，虚拟现实头盔会提供不同视点的图像。仍以观看演员为例，在三维影院中当人眼看向任何位置或直接转头，所看到的都是演员的同一个侧脸。而在虚拟现实中，随着观众的移动，可以看到演员的左侧脸、右侧脸、下巴等不同的视点。正是由于虚拟现实所提供的移动视差，使得观众从导演预先设定的观看视角中脱离出来，可以从自己喜欢的角度去观察。这是虚拟现实能够提供强烈沉浸感的主要原因之一。

那么，虚拟现实头盔是不是就能在视觉上完美地重现真实三维世界呢？答案是还差一个关键要素，那就是聚焦模糊。虚拟现实头盔能同时提供双目视差和移动视差，但目前在售的虚拟现实头盔中都不能提供聚焦模糊(Accommodation)。虚拟现实头盔中使用的显示屏与主流手机使用的显示屏都属于LCD/OLED范畴。例如，在真实环境中，当人眼看到远处的高山和近处的人物时，分别接收了从远近不同地方发出的光线。然而，虚拟现实屏幕中出现的高山和人物都是从距离人眼相同距离的显示屏上发出的光线。无论人眼聚焦在“远处”的高山还是“近处”的人物，睫状肌都处于相同的屈张程度，这与人眼观看实际风景时的聚焦模糊状态是不相符的。

这种可穿戴显示设备引起眩晕主要有两个原因：一是运动感知与视觉感知之间的冲突；二是视觉感知中双目视差与聚焦模糊之间的冲突。

人体主要依靠前庭、本体感觉和视觉这三个方面的感知途径，综合推断出人体的位置、运动状态和姿态等信息。一方面，人耳的前庭内有三个半规管，每个半规管就像半瓶水；当人体运动时，前庭内的“半瓶水”就会晃动，再加上本体感觉的信息，大脑从而推断出目前的运动加速度和姿态。另一方面，人眼视觉能感知周边三维环境，从而反向推断出目前自身的位置等信息，类似于SLAM的工作原理[18]。在早期的虚拟现实设备中，由于定位精度、渲染速度，显示屏刷新频率等技术的限制，当身体移动时，虚拟现实头盔画面呈现并不准确和及时。例如，在虚拟现实中“走独木桥”，身体已经移动而双目图像并未及时更新，此时前庭和本体感觉告诉大脑身体已经移动，而虚拟现实视觉告诉大脑身体没有移动，从而导致大脑产生困惑，这可以总结为“身已动，而画面未动”。再如在虚拟现实中“坐过山车”，双目图像快速地切换，让大脑以为身体在快速地上下移动，而实际上身体却静静地坐在椅子上，从而导致在大脑中产生了困惑，这可以总结为“画面已动，而身未动”。随着虚拟现实设备的技术水平提高，如屏幕刷新率提高、移动端图像渲染帧率提升、交互定位精度提高，以及万向跑步机和体感椅的出现，引起眩晕的第一个原因已经得到大幅缓解。

需要特别强调的是，第二个原因引起的眩晕才是当前亟待解决的主要问题，也是当前的难题。虚拟现实头盔佩戴者始终聚焦在一个固定距离的虚拟屏幕上，而不能随着虚拟显示物体的远近重聚焦(refocus)。例如，通过虚拟现实头盔观看远处的高山时，人眼通过双目视差感知到高山很远，但人眼并没有实际聚焦到那么远。类似地，当通过虚拟现实头盔观看近处的人物时，人眼仍然聚焦在虚拟屏幕上，与双目视差所呈现的人物距离不符。由于双目视差和聚焦模糊所呈现的远近距离不同，从而导致在大脑中产生了深度感知冲突，进而引起视觉疲劳。与此同时，目前虚拟现实头盔的成像平面为固定焦距的，长期佩戴存在引起近视的潜在风险。如果希望虚拟现实设备取代智能手机成为下一代移动计算平台，首先就需要解决虚拟现实设备长时间安全使用的问题。目前来看，光场显示是解决这一问题的最佳解决方案，或者说是最终解决方案。

2.3.4　光场式立体呈现

光场显示包含全光函数中所有维度的光线信息，可以提供上述所有心理视觉感知信息和生理视觉感知信息。目前，实现光场显示的手段主要包括体三维显示、多视投影阵列、集成成像、数字全息、多层液晶张量显示等技术方案。

利用光场技术进行拍摄，可以更真实地复现场景，并且允许观察者在一定范围内自由移动，从不同的视角和距离进行观察。在显示方面，传统显示方式只保留了射线穿过屏幕交点的几何信息和颜色信息，没有保留射线的方向信息。如图 2-17 所示，传统二维显示器每个像素都会在一定角度范围内发出光线，但每个像素发出的光线都是各向同性的。换句话说，每个像素向各个方向发出的光线都具有一样的亮度和颜色。左右眼接收到同样的图像，不同位置的观看者也接收到同样的图像。即二维显示器既不能提供双目视差，也不能提供移动视差，因此人眼始终只能看见一幅二维图像。

而光场显示则要求从同一点出发的不同射线具有不同的颜色，甚至在强度上也存在差异。事实上，二维显示设备只能呈现四维光场的一个切片。从本质上讲，独立的二维显示设备无法真实再现全维度的光场信息。

相机等传统影像采集设备捕获图像的过程与人眼类似，通过凸透镜成像系统，将三维空间内经过视野范围的光线会聚到感光元件上。单镜头的相机只能记录光线的颜色，在感光元件上成像的瞬间，光线便失去了所有方向信息，成为三维空间在二维感光平面上的一个投影。因此，即使是简化后的四维光场，目前也无法通过任何一种设备直接采集。

最终我们要实现真正意义上的光场显示，其最主要的原因是人眼对于视觉非常挑剔。由于长期进化及实践，人眼看三维世界有心理上的暗示，比如近大远小，遮挡、阴影、光照、经验等心理方面的先验知识。但这不是重要因素，更重要的是生理上的深度信息，包括双目视差(和双目会聚)、移动视差、聚焦模糊和深度感知。人就是依靠这些信息来感知三维环境的。

第3章　视觉三维感知基础理论

为了解视觉三维感知过程，需要熟悉射影几何基本理论，而射影几何是三维重建、计算机视觉和增强现实等计算机应用领域重要的数学基础，也是本书内容的理论前提。为了保证内容的完整性及后续章节论述需要，本章分别介绍分层射影几何的基本概念、主要结论及相机成像模型，如需了解更详细内容可参阅相关书籍[19~21]。

为了更好地从数学角度去理解这些问题，我们首先从最一般的数学概念出发来介绍射影几何，然后分别介绍二维、三维射影空间中的有关概念和性质，最后介绍经典的小孔相机成像的几何模型。

3.1　分层射影几何

3.1.1　分层射影几何基本概念

n 维射影空间 $\mathbb{P}^n$ 中的每个点都可以用 $\mathbb{R}^{n+1}$ 中的 $n+1$ 维向量 $[x_1,x_2,\cdots,x_n,x_{n+1}]^{\mathrm{T}}\neq\mathbf{0}$ 来表示，当且仅当存在一个实数因子 $\lambda\neq 0$，使得 $[x_1,x_2,\cdots,x_n,x_{n+1}]^{\mathrm{T}}=\lambda[y_1,y_{2'},\cdots,y_n,y_{n+1}]^{\mathrm{T}}$，此时称这两个点相同，通常的表示形式为 $[x_1,x_2,\cdots,x_n,x_{n+1}]^{\mathrm{T}}\sim\lambda[y_1,y_2,\cdots,y_n,y_{n+1}]^{\mathrm{T}}$，这组只相差一个全局比例系数的向量是等价的，在这种等价关系下的等价类称为齐次向量，也称此时的 $n+1$ 维向量为 n 维向量的齐次坐标。除去零向量 $\mathbf{0}$，$\mathbb{R}^{n+1}-\mathbf{0}$ 中所有向量等价类的集合组成射影空间 $\mathbb{P}^n$。

仿射空间 $\mathbb{A}^n$，通过映射关系 $[x_1,x_2,\cdots,x_n]^{\mathrm{T}}\in\mathbb{A}^n\rightarrow[x_{1'},x_2,\cdots,x_n,1]^{\mathrm{T}}\in\mathbb{P}^n$ 嵌入射影空间 $\mathbb{P}^n$ 中，因此 $\mathbb{A}^n$ 是 $\mathbb{P}^n$ 的子空间；反之，射影空间中的点可通过下面的映射转化到仿射空间中：

$$[x_1,x_2,\cdots,x_n,x_{n+1}]:\left[\frac{x_1}{x_{n+1}},\frac{x_2}{x_{n+1}},\cdots,\frac{x_n}{x_{n+1}},1\right]\left[\frac{x_1}{x_{n+1}},\frac{x_2}{x_{n+1}},\cdots,\frac{x_n}{x_{n+1}}\right],\quad x_{n+1}\neq 0$$

而 $\mathbb{P}^n$ 中 $x_{n+1}=0$ 的齐次坐标点，对应于仿射空间中的无穷远点，所有无穷远点形成位于无穷远处的超平面。

定义 3-1　射影变换(Projective Transformation)　如果存在 $(n+1)\times(n+1)$ 阶非奇异矩阵 $\boldsymbol{T}$，可建立一个从射影空间 $\mathbb{P}^n$ 到射影空间 $\mathbb{P}^n$ 的映射，则称之为射影变换。

射影变换将齐次坐标点 $[x_1,x_2,\cdots,x_n,x_{n+1}]^{\mathrm{T}}\in\mathbb{P}^n$ 映射为 $[y_1,y_2,\cdots,y_n,y_{n+1}]^{\mathrm{T}}\in\mathbb{P}^n$，其过程可以形式化描述如下：

$$[y_1,y_2,\cdots,y_n,y_{n+1}]^{\mathrm{T}}\sim\boldsymbol{T}_{\mathrm{P}}[x_1,x_2,\cdots,x_n,x_{n+1}]^{\mathrm{T}}\tag{3.1}$$

射影空间 $\mathbb{P}^n$ 中的所有射影变换 $\boldsymbol{T}_{\mathrm{P}}$ 形成一个变换群，称为射影变换群。

定义 3-2　投影(Projection)　从射影空间 $\mathbb{P}^n$ 到射影空间 $\mathbb{P}^m(m<n)$ 的射影变换称为投影。

投影将齐次坐标点$[x_1,x_2,\cdots,x_n,x_{n+1}]^{\mathrm{T}}\in\mathbb{P}^n$映射为$[y_{1^1},y_{2^2},\cdots,y_m,y_{m+1}]^{\mathrm{T}}\in\mathbb{P}^m$，其过程可以形式化描述为

$$[y_1,y_2,\cdots,y_m,y_{m+1}]^{\mathrm{T}}\sim\boldsymbol{P}[x_1,x_2,\cdots,x_n,x_{n+1}]^{\mathrm{T}} \tag{3.2}$$

其中 $\boldsymbol{P}$ 为$(m+1)\times(n+1)$阶矩阵。显然，由于$m<n$，该映射过程丢失了几何信息，这也正是我们需要通过计算机视觉手段恢复的内容。

定义 3-3　仿射空间(Affine Space)　射影空间$\mathbb{P}^n$的子集$\mathbb{A}^n=\{[x_1,x_2,\cdots,x_n,x_{n+1}]^{\mathrm{T}}\in\mathbb{P}^n|\ x_{n+1}\neq 0\}$称为$\mathbb{P}^n$中的仿射部分，从而可以将$x_{n+1}$规范化为 1；而$\mathbb{P}^n$中的超平面$\varnothing^n=\{[x_1,x_2,\cdots,x_n,x_{n+1}]^{\mathrm{T}}\in\mathbb{P}^n|\ x_{n+1}=0\}$称为无穷远超平面。如果将其变换为非齐次坐标，子集$\mathbb{A}^n$构成$\mathbb{P}^n$的一个子空间，称为仿射空间。

因此，当射影空间中的一个超平面被定义为无穷远超平面后，其余部分就是仿射空间；射影空间$\mathbb{P}^n$可以看成仿射空间$\mathbb{A}^n$加上其对应的无穷远超平面。

定义 3-4　仿射变换　从仿射空间$\mathbb{A}^n$到其自身的非奇异变换称为仿射变换。

所有仿射变换形成射影变换群的一个子群，称为仿射变换群。在齐次坐标下，仿射变换$[x_1,x_2,\cdots,x_n,1]^{\mathrm{T}}\in\mathbb{A}^n$到$[y_1,y_2,\cdots,y_n,1]^{\mathrm{T}}\in\mathbb{A}^n$可以表示为

$$[y_1,y_2,\cdots,y_n,1]^{\mathrm{T}}\sim\boldsymbol{T}_{\mathrm{A}}[x_1,x_2,\cdots,x_n,1]^{\mathrm{T}} \tag{3.3}$$

其中$\boldsymbol{T}_{\mathrm{A}}$为$(n+1)\times(n+1)$阶矩阵，且具有如下形式：

$$\boldsymbol{T}_{\mathrm{A}}=\begin{bmatrix}\boldsymbol{A} & \boldsymbol{b}\\ \boldsymbol{0}^{\mathrm{T}} & 1\end{bmatrix}$$

式中$\boldsymbol{A}$为n阶非奇异矩阵，$\boldsymbol{b}$为n维列向量。

定义 3-5　欧几里得(简称为欧氏)空间　欧氏空间$\mathbb{E}^n$是仿射空间$\mathbb{A}^n$的子空间，定义了欧氏距离的仿射空间即为欧氏空间，从欧氏空间$\mathbb{E}^n$到自身的非奇异变换称为欧氏变换。

所有欧氏变换形成仿射变换群的一个子群。欧氏变换$\boldsymbol{T}_{\mathrm{E}}$具有如下形式：

$$\boldsymbol{T}_{\mathrm{E}}=\begin{bmatrix}\boldsymbol{R} & \boldsymbol{t}\\ 0^{\mathrm{T}} & 1\end{bmatrix}$$

其中$\boldsymbol{R}$为n阶单位正交矩阵，$\boldsymbol{t}$为n维平移列向量。

定义 3-6　度量空间　度量空间$\mathbb{S}^n$介于仿射空间$\mathbb{A}^n$和欧氏空间$\mathbb{E}^n$之间，其对应的变换称为相似变换，它与欧氏变换相差一个全局的比例系数。

所有相似变换形成仿射变换群的一个子群。相似变换$\boldsymbol{T}_{\mathrm{S}}$具有如下形式：

$$\boldsymbol{T}_{\mathrm{S}}=\begin{bmatrix}s\boldsymbol{R} & \boldsymbol{t}\\ \boldsymbol{0}^{\mathrm{T}} & 1\end{bmatrix}$$

其中s为比例系数。

由于我们不可能恢复目标场景的绝对位置和朝向，此外在不同比例的环境设置下，相机并不能区分远处的大物体和近处的小物体，而通常的三维重建也只能得到度量空间层次的场景几何模型，因此本书中将不再区分度量空间和欧氏空间。图 3-1 给出了分层射影几何的层次包含关系示意图。

以上所讨论的空间和变换都是基于一般n维空间的，而实际应用中接触最多并具有实

际物理意义的是二维(平面)和三维(立体)空间，下面将详细讨论二维和三维空间中的有关概念和性质。

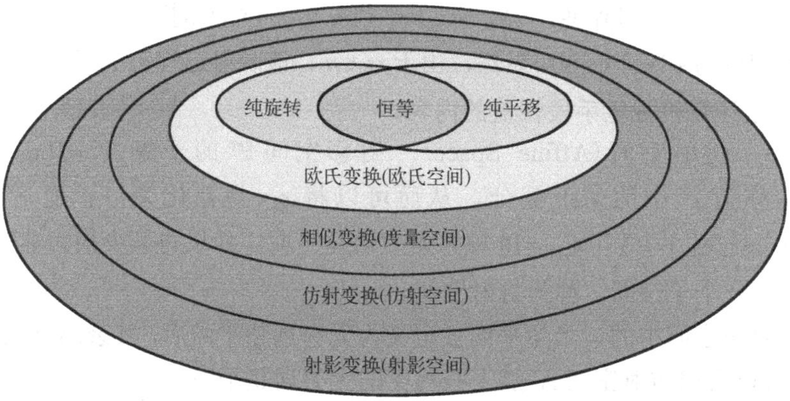

图 3-1 分层射影几何关系

3.1.2 二维射影空间

3.1.2.1 基本概念及性质

二维射影空间 $\mathbb{P}^2$ 又称为射影平面，其中的点用三维齐次坐标 $\tilde{\boldsymbol{x}}=(x,y,w)^{\mathrm{T}}$ 表示，所对应的非齐次坐标点为 $(u,v)^{\mathrm{T}}=(u/w,v/w)^{\mathrm{T}}$，在通常的非齐次坐标表示中，齐次项 w 默认为 1。同样也可以用三维向量 $\boldsymbol{l}=(l_1,l_2,l_3)^{\mathrm{T}}$ 来表示形如 $l_1x+l_2y+l_3w=0$ 的直线方程，二维射影平面中的点和线是对偶的。

对偶定理 二维射影空间 $\mathbb{P}^2$ 中的点和线是对偶的，任何一个定理都有其对应的对偶定理，可以通过互换定理中的点和线的位置而导出。

与齐次坐标点一样，直线与向量 $\boldsymbol{l}=(l_1,l_2,l_3)^{\mathrm{T}}$ 之间也不是一一对应的，因为对于任意的非零系数 k，$l_1x+l_2y+l_3w=0$ 与 $(kl_1)x+(kl_2)y+(kl_3)w=0$ 表示同一条直线，向量 $(0,0,0)^{\mathrm{T}}$ 不与任何点和直线相对应。与平面上的点一样，二维射影空间中的直线也具有两个自由度。

关于二维射影空间 $\mathbb{P}^2$ 中的点和线，下面只给出一些相关的结论，详细内容可参阅相关文献[20, 21]。

点 $\boldsymbol{x}$ 在直线 $\boldsymbol{l}$ 上的充要条件是 $\boldsymbol{l}^{\mathrm{T}}\tilde{\boldsymbol{x}}=0$；

过两点 $\boldsymbol{x}$ 和 $\boldsymbol{x}'$ 的直线为 $\boldsymbol{l}=\tilde{\boldsymbol{x}}\times\tilde{\boldsymbol{x}}'$；

两条直线 $\boldsymbol{l}$ 和 $\boldsymbol{l}'$ 交点的齐次坐标为 $\tilde{\boldsymbol{x}}=\boldsymbol{l}\times\boldsymbol{l}'$；

点 $\boldsymbol{x}$ 到直线 $\boldsymbol{l}$ 的垂直距离 $d_\perp$ 为

$$d_\perp(\boldsymbol{x},\boldsymbol{l})=\frac{\left|\boldsymbol{l}^{\mathrm{T}}\tilde{\boldsymbol{x}}\right|}{\sqrt{l_1^2+l_2^2}} \tag{3.4}$$

两个射影平面之间的射影变换 $\mathbb{P}^2\to\mathbb{P}^2$ 称为单应映射(Homography)，用 3×3 的单应矩阵 $\boldsymbol{H}$ 表示，在该映射下点 $\boldsymbol{x}$ 可变换为 $\boldsymbol{x}'$，则有

$$\tilde{x}' = H\tilde{x} \tag{3.5}$$

忽略全局比例系数，H 具有 8 个自由度，在单应映射下直线 l 可映射为 l'，则有

$$l' = H^{-T}l \tag{3.6}$$

平面二次曲线的通常表达形式为 $c_{11}x^2 + 2c_{12}xy + c_{22}y^2 + 2c_1x + 2c_2y + c_0 = 0$，同样该方程也可以用平面点齐次坐标的形式表示为 $\tilde{x}^T C\,\tilde{x} = 0$，这里 C 为二次曲线所对应的 3×3 对称矩阵，由下式定义：

$$C = \begin{bmatrix} c_{11} & c_{12} & c_1 \\ c_{12} & c_{22} & c_2 \\ c_1 & c_2 & c_0 \end{bmatrix} \tag{3.7}$$

在单应映射 H 的作用下，二次曲线 C 可变换为 C'，则有

$$C' = H^{-T}CH^{-1} \tag{3.8}$$

3.1.2.2　二维分层重建

将分层射影几何的思想引入射影平面的校正中，可将单应矩阵 H 分解为

$$H = T_S \cdot T_A \cdot T_P \tag{3.9}$$

其中 T_S、T_A 和 T_P 均为 3×3 矩阵，其中射影变换矩阵 T_P 确定无穷远直线 l 的位置(2 个自由度)，用于恢复仿射平面内直线之间的平行关系，从而将射影平面升级为仿射平面，如图 3-2(a)和图 3-2(b)所示；仿射变换矩阵 T_A 确定仿射平面内圆环点(Circular point)的位置(2 个自由度)，用于恢复度量平面(Metric Plane)内直线之间的夹角和线段的长度比，从而将仿射平面升级为度量平面，如图 3-2(b)和图 3-2(c)所示；而相似变换矩阵 T_S 包含二维欧氏变换(3 个自由度，即旋转加平移)加全局比例系数(1 个自由度)，共 4 个自由度，用于恢复欧氏平面的绝对位置和方向，如图 3-2(c)和图 3-2(d)所示。通过上述一系列变换就可以将一个射影平面变换为一个欧氏平面，如图 3-2 所示。

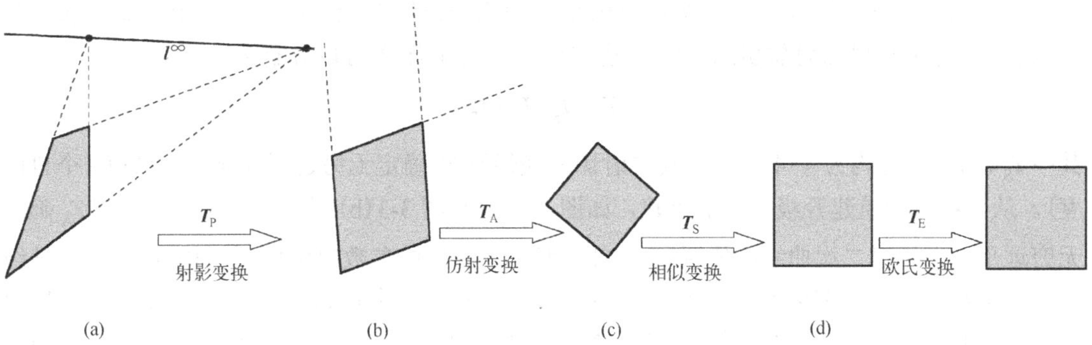

图 3-2　二维分层重建示意图

表 3-1 给出了在二维射影空间中分层变换之间的关系，对比了自由度、变换矩阵、几何畸变和不变量。

表 3-1 二维射影空间中分层变换之间的关系(其中 s 为非零系数)

变换群	自由度	变换矩阵	几何畸变	不变量
射影变换	8	$\boldsymbol{H}=\begin{bmatrix}h_{11} & h_{12} & h_{13}\\ h_{21} & h_{22} & h_{23}\\ h_{31} & h_{32} & h_{33}\end{bmatrix}$	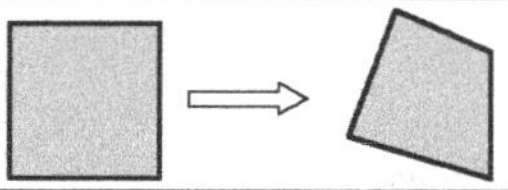	共线性；相交性；交比等
仿射变换	6	$\boldsymbol{T}_{\mathrm{A}}=\begin{bmatrix}a_{11} & a_{12} & a_{13}\\ a_{21} & a_{22} & a_{23}\\ 0 & 0 & 1\end{bmatrix}$	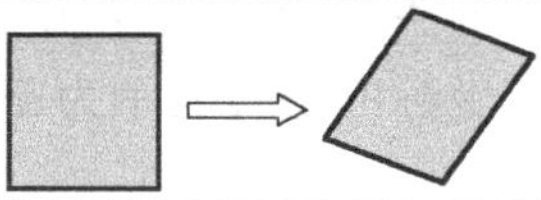	射影不变量；平行性；面积比；平行线段长度比；无穷远直线等
相似变换	4	$\boldsymbol{T}_{\mathrm{S}}=\begin{bmatrix}sr_{11} & sr_{12} & t_{13}\\ sr_{21} & sr_{22} & t_{23}\\ 0 & 0 & 1\end{bmatrix}$	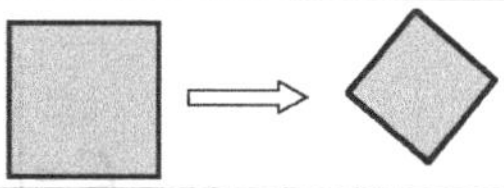	仿射不变量；向量长度比；角度等
欧氏变换	2	$\boldsymbol{T}_{\mathrm{E}}=\begin{bmatrix}r_{11} & r_{12} & t_{13}\\ r_{21} & r_{22} & t_{23}\\ 0 & 0 & 1\end{bmatrix}$	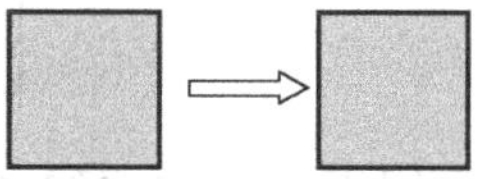	相似不变量；线段长度等

3.1.3 三维射影空间

3.1.3.1 基本概念及性质

三维射影空间 $\mathbb{P}^3$ 中的点的齐次坐标表示为 $\tilde{\boldsymbol{x}}=(x,y,z,w)^{\mathrm{T}}$，同样也可用向量的形式 $\boldsymbol{\pi}=(\pi_1,\pi_2,\pi_3,\pi_4)^{\mathrm{T}}$ 表示空间平面的方程，三维射影空间中的点和平面是对偶的。

一个点 $\boldsymbol{x}$ 在平面 $\boldsymbol{\pi}$ 上的充要条件是 $\boldsymbol{\pi}^{\mathrm{T}}\tilde{\boldsymbol{x}}=0$。

两个射影空间之间的映射 $\mathbb{P}^3\rightarrow\mathbb{P}^3$ 称为三维射影变换，用 4×4 的满秩矩阵 $\boldsymbol{T}$ 表示，在该映射下点 $\boldsymbol{x}$ 可变换为 $\boldsymbol{x}'$，则有

$$\tilde{\boldsymbol{x}}'=\boldsymbol{T}\tilde{\boldsymbol{x}} \tag{3.10}$$

忽略比例系数，矩阵 $\boldsymbol{T}$ 具有 15 个自由度，在三维射影变换下平面 $\boldsymbol{\pi}$ 可映射为 $\boldsymbol{\pi}'$，则有

$$\boldsymbol{\pi}'=\boldsymbol{T}^{-\mathrm{T}}\boldsymbol{\pi} \tag{3.11}$$

3.1.3.2 三维分层重建

射影空间中的三维模型与真实场景模型之间相差三维欧氏空间中的一个射影变换矩阵 $\boldsymbol{T}$。将分层射影几何的思想引入三维重建过程中，则矩阵 $\boldsymbol{T}$ 可以分解为

$$\boldsymbol{T}=\boldsymbol{T}_{\mathrm{S}}\cdot\boldsymbol{T}_{\mathrm{A}}\cdot\boldsymbol{T}_{\mathrm{P}} \tag{3.12}$$

其中 $\boldsymbol{T}_{\mathrm{S}}$、$\boldsymbol{T}_{\mathrm{A}}$ 和 $\boldsymbol{T}_{\mathrm{P}}$ 均为 4×4 矩阵，其中射影变换矩阵 $\boldsymbol{T}_{\mathrm{P}}$ 确定无穷远平面 $\boldsymbol{\pi}^{\infty}$ 的位置(3 个自由度)，从而将射影重建升级为仿射重建，如图 3-3(a)和图 3-3(b)所示；仿射变换矩阵 $\boldsymbol{T}_{\mathrm{A}}$ 确定无穷远平面上绝对二次曲线的位置(5 个自由度，由相机内参数决定)，从而将仿射重建升级为度量重建，如图 3-3(b)和图 3-3(c)所示；而相似变换矩阵 $\boldsymbol{T}_{\mathrm{S}}$ 包含三维欧氏变换(6 个自由度)加全局比例系数(1 个自由度)，共 7 个自由度，用于恢复三维欧氏模型的绝对位置和姿态，如图 3-3(c)和图 3-3(d)所示。图 3-3 给出了整个变换过程的示意图。

表 3-2 给出了在三维射影空间中分层变换之间的关系。

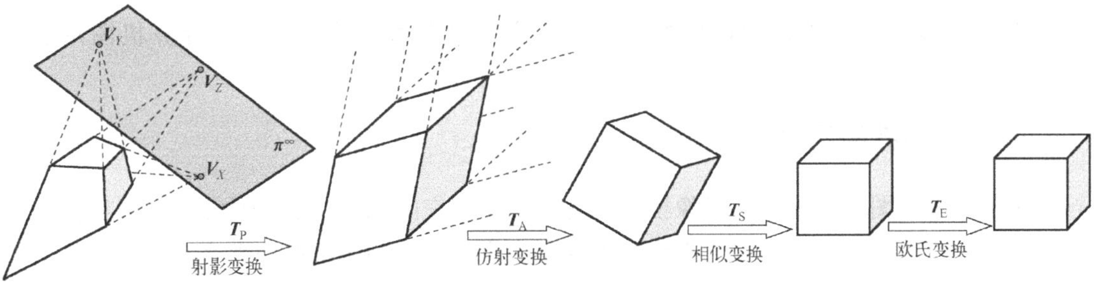

(a) 射影重建　(b) 仿射重建　(c) 度量重建　(d) 真实模型

图 3-3　分层三维重建过程示意图

表 3-2　三维射影空间中分层变换之间的关系（其中 s 为非零系数）

变换群	自由度	变换矩阵	几何畸变	不变量
射影变换（射影空间）	15	$T_P=\begin{bmatrix} p_{11} & p_{12} & p_{13} & p_{14} \\ p_{21} & p_{22} & p_{23} & p_{24} \\ p_{31} & p_{32} & p_{33} & p_{34} \\ p_{41} & p_{42} & p_{43} & p_{44} \end{bmatrix}$	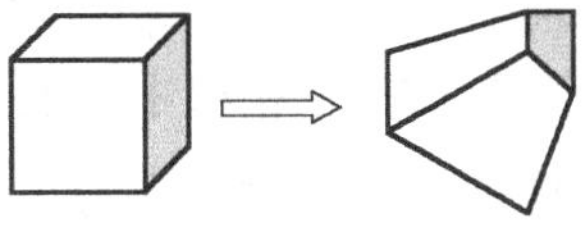	共线性；相交性；交比等
仿射变换	12	$T_A=\begin{bmatrix} a_{11} & a_{12} & a_{13} & a_{14} \\ a_{21} & a_{22} & a_{23} & a_{24} \\ a_{31} & a_{32} & a_{33} & a_{34} \\ 0 & 0 & 0 & 1 \end{bmatrix}$	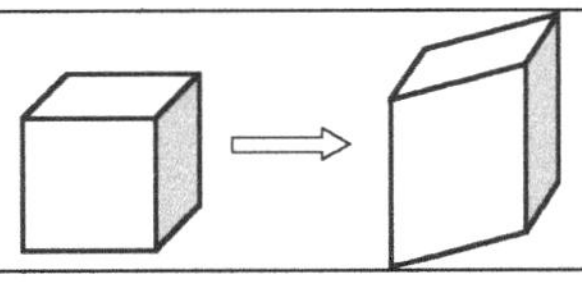	射影不变量；平行性：无穷远平面等
相似变换	7	$T_S=\begin{bmatrix} sr_{11} & sr_{12} & sr_{13} & t_{14} \\ sr_{21} & sr_{22} & sr_{23} & t_{24} \\ sr_{31} & sr_{32} & sr_{33} & t_{34} \\ 0 & 0 & 0 & 1 \end{bmatrix}$	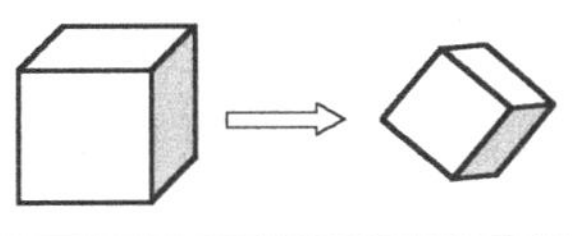	仿射不变量；角度；绝对二次曲线；绝对二次曲面等
欧氏变换	6	$T_E=\begin{bmatrix} r_{11} & r_{12} & r_{13} & t_{14} \\ r_{21} & r_{22} & r_{23} & t_{24} \\ r_{31} & r_{32} & r_{33} & t_{34} \\ 0 & 0 & 0 & 1 \end{bmatrix}$	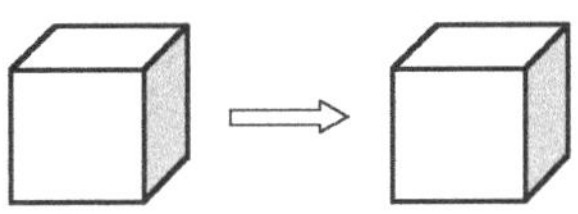	相似不变量；绝对距离等

3.2　相机成像模型

相机（摄像机）是获取图像的重要设备，研究相机的几何成像模型是从图像序列重建三维结构的基本前提，在本书中采用通常意义上的透视投影模型来描述成像几何。

一般的成像系统将三维场景变换成二维灰度或彩色图像，图像上每一点的亮度反映了空间物体表面某点反射光的强度，而该点在图像上的位置则与空间物体表面相应点的几何位置有关，这些位置之间的相互关系由相机成像模型所决定。相机坐标系中的场景空间点通过相机成像于图像平面上的过程，称为成像模型。该模型实际上是几个坐标系之间的几何变换过程，该变换由三维空间（场景空间）变换到二维空间（图像平面），是一个退化（降秩）的过程，即

$$f:\mathbb{R}^3\to\mathbb{R}^2 \tag{3.13}$$

透视投影（Perspective Projection）是射影几何中最通用的成像模型，这在计算机视觉、计算机图形学及摄影测量学中均得到了广泛的应用，其中小孔模型是最常用也最

接近真实透镜几何的透视投影模型，具体内容可以参考计算机视觉和计算机图形学相关书籍。

3.2.1 小孔相机模型

对于计算机图形学来讲，成像模型描述了从几何空间(点、线、面拓扑结构)到图像空间(栅格像素)的变换过程，而对于计算机视觉来讲，人眼和相机在观察客观物理世界时，均遵从了这种过程，即从三维实体到视网膜、胶卷或电荷耦合元件图像，而三维计算机视觉正试图使这个过程可逆，即从二维图像恢复场景的三维信息。目前，通用的成像模型就是小孔相机模型。

如图 3-4 所示，相机坐标系 $O_C X_C Y_C Z_C$ 的原点位于相机中心，其主轴垂直于成像平面 I，且与成像平面交于主点 $\boldsymbol{o}$，原点到成像平面之间的距离，即焦距 f。在小孔成像模型下，相机坐标系中的空间点 $\boldsymbol{X}_c=(x_c,y_c,z_c)^{\mathrm{T}}$ 成像于图像平面上的 $\boldsymbol{x}=(x,y)^{\mathrm{T}}$ 点(以主点 $\boldsymbol{o}$ 为坐标原点)，后者即为空间点 $\boldsymbol{X}_c$ 和相机中心的连线与成像平面的交点。根据相似三角形关系，从相机坐标系到成像平面的映射关系为

$$(x_c,y_c,z_c)^{\mathrm{T}} \rightarrow \begin{cases} x=fx_c/z_c \\ y=fy_c/z_c \end{cases} \tag{3.14}$$

这是三维欧氏空间 $\mathbb{R}^3$ 到二维欧氏空间 $\mathbb{R}^2$ 的映射，显然该映射关系是多对一的，即射线 $O_c X_c$ 上的任意一点都会成像于 $(x,y)^{\mathrm{T}}$ 点，图像上每一点都代表一条入射光线。如果用点的齐次坐标表示上述成像过程，可以写成如下矩阵的形式：

$$\begin{bmatrix} x \\ y \\ 1 \end{bmatrix} = \begin{bmatrix} x=fx_c/z_c \\ y=fy_c/z_c \\ 1 \end{bmatrix} = \frac{1}{z_c}\begin{bmatrix} fx_c \\ fy_c \\ 1 \end{bmatrix} = \begin{bmatrix} f & 0 & 0 & 0 \\ 0 & f & 0 & 0 \\ 0 & 0 & 1 & 0 \end{bmatrix}\begin{bmatrix} x_c \\ y_c \\ z_c \\ 1 \end{bmatrix} \tag{3.15}$$

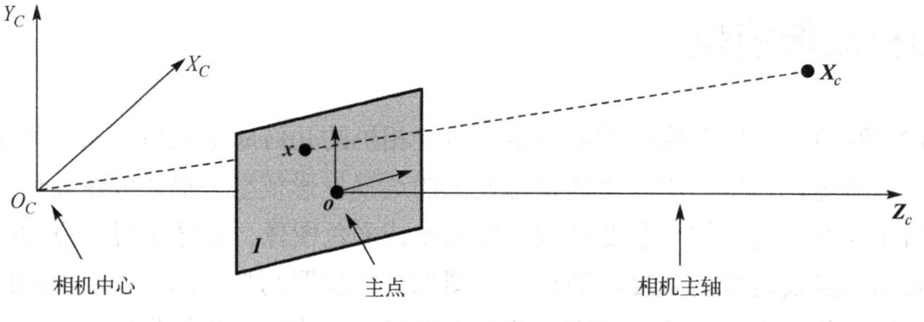

图 3-4　小孔相机成像几何关系

3.2.2 图像的像素化

成像平面上采集到的图像最终要通过模数转换，以离散二维数组的形式存储到计算机中，每个采样点称为像素。此时假设像素的采样点为矩形，且在 x 轴和 y 轴方向上的物理尺寸分别由 $\mathrm{d}x$ 和 $\mathrm{d}y$ 表示，仍以图 3-4 为例，设像点 $\boldsymbol{x}=(x,y)^{\mathrm{T}}$ 在图像像素化后变为图像坐标 $(u,v)^{\mathrm{T}}$，且在新的图像坐标系下主点 $\boldsymbol{o}$ 的坐标为 $(u_0,v_0)^{\mathrm{T}}$，则图像的像素化过程可以用矩

阵形式表示为

$$\begin{bmatrix} u \\ v \\ 1 \end{bmatrix} = \begin{bmatrix} \frac{1}{\mathrm{d}x} & 0 & u_0 \\ 0 & \frac{1}{\mathrm{d}y} & v_0 \\ 0 & 0 & 1 \end{bmatrix} \begin{bmatrix} x \\ y \\ 1 \end{bmatrix} \tag{3.16}$$

3.2.3　坐标系的变换

由于相机坐标系本身是不固定的，因此还应该选择一个基准的全局坐标系来确定相机的位置和姿态，并将其作为场景中所有物体的参考系，称为世界坐标系 $O_W X_W Y_W Z_W$，其三个坐标轴分别为 X_W Y_W 和 Z_W，如图 3-5 所示。相机坐标系与世界坐标系之间是三维空间中的纯刚体变换(欧氏变换)，包括旋转 $\boldsymbol{R}$ 和平移 $\boldsymbol{t}$ 两部分。设三维空间点在世界坐标系和相机坐标系下的齐次坐标分别为 $\tilde{\boldsymbol{X}}_W = (x_W, y_W, z_W, 1)^{\mathrm{T}}$ 和 $\tilde{\boldsymbol{X}}_c = (x_c, y_c, z_c, 1)^{\mathrm{T}}$，则二者之间的变换关系可以表示为

$$\begin{bmatrix} x_c \\ y_c \\ z_c \\ 1 \end{bmatrix} = \begin{bmatrix} \boldsymbol{R} & \boldsymbol{t} \\ \boldsymbol{0}^{\mathrm{T}} & 1 \end{bmatrix} \begin{bmatrix} x_W \\ y_W \\ z_W \\ 1 \end{bmatrix} \tag{3.17}$$

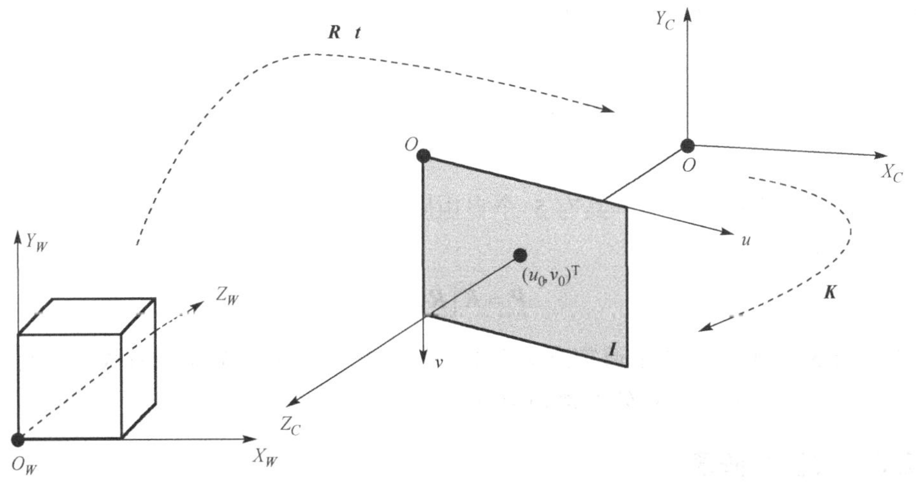

图 3-5　成像过程中各坐标系之间几何变换关系的示意图

此外，在实际应用中常常会针对不同的物体建立单独的坐标系，称为模型坐标系。一般情况下，此时需要先将场景中所有单独的模型坐标统一到世界坐标系中，这种变换同样是三维空间中的刚体变换。

3.2.4　完整变换过程

综合上述分析，为了构建完整的变换过程，世界坐标系中的任意一点 $\tilde{\boldsymbol{X}}_W = (x_W, y_W, z_W)^{\mathrm{T}}$ 成像到图像平面上点 $\boldsymbol{x} = (u, v)^{\mathrm{T}}$ 的过程，可以通过把式(3.16)和式(3.17)代入式(3.15)中得到，即

$$\begin{bmatrix} u \\ v \\ 1 \end{bmatrix} = \lambda \begin{bmatrix} \frac{f}{\mathrm{d}x} & 0 & u_0 & 0 \\ 0 & \frac{f}{\mathrm{d}y} & v_0 & 0 \\ 0 & 0 & 1 & 0 \end{bmatrix} \begin{bmatrix} \boldsymbol{R} & \boldsymbol{t} \\ \boldsymbol{0}^{\mathrm{T}} & 1 \end{bmatrix} \begin{bmatrix} x_W \\ y_W \\ z_W \\ 1 \end{bmatrix} \tag{3.18}$$

$$= \lambda \begin{bmatrix} f & 0 & u_0 \\ 0 & \gamma f & v_0 \\ 0 & 0 & 0 \end{bmatrix} [\boldsymbol{R} \quad \boldsymbol{t}] \begin{bmatrix} x_W \\ y_W \\ z_W \\ 1 \end{bmatrix} = \lambda \boldsymbol{K} [\boldsymbol{R} \quad \boldsymbol{t}] \tilde{\boldsymbol{X}}_W$$

其中 $\lambda = \frac{1}{z_c}$ 表示齐次坐标点之间的比例系数，有时也称为射影深度：$f = \frac{f}{\mathrm{d}x}$ 表示以像素的物理宽度衡量的焦距；$\boldsymbol{K}$ 为相机的内参数矩阵，其中的参数表征相机的内部成像特性；$\boldsymbol{R}$ 和 $\boldsymbol{t}$ 为外参数，表示由世界坐标系变换到相机坐标系的刚体变换关系。γ 称为畸变因子，描述图像两个坐标轴的畸变程度(在很多实际应用中，特别是随着数码产品制作工艺的提高，畸变因子 γ 一般非常小，可忽略)。图 3-5 给出了成像过程中各坐标系之间几何变换关系的示意图。

通常情况下，图像在进行像素化时的采样点并不完全是矩形的，即 $\boldsymbol{u}$ 和 $\boldsymbol{v}$ 两个坐标轴不是恰好垂直的，因此更一般化的内参数矩阵为

$$\boldsymbol{K} = \begin{bmatrix} f & 0 & u_0 \\ 0 & \gamma f & v_0 \\ 0 & 0 & 1 \end{bmatrix} \tag{3.19}$$

从而更一般化的相机内参数矩阵具有 5 个自由度，而外参数具有 6 个自由度，如果将这两部分写成一个矩阵，则有

$$\boldsymbol{P} = \boldsymbol{K}\left[\boldsymbol{R} \quad \boldsymbol{t}\right] \tag{3.20}$$

上式中的 3×4 矩阵 $\boldsymbol{P}$ 便是通常意义上的投影矩阵，除去一个比例系数，它具有 11 个自由度，包含相机的内参数和外参数两部分。

3.2.5 成像矩阵表示

由于相机的运动和场景本身的运动是相对而言的，即相机的运动可以看成场的反向运动，反之亦然；而讨论二者的共同运动时可认为其中一个是静止的，这样的成像过程是等价的。因此，在很多情况下的成像矩阵的表示中，特别是在序列图像成像矩阵的表示过程中，人们往往不能很好地区分是描述相机运动的外参数，还是描述场景运动的外参数。下面将对这一问题给予说明。注意，在本书后面表示中如无特别说明，空间点 $\boldsymbol{x}$ 的坐标均是指世界坐标系下的坐标。

第一种，也是最常用的成像过程表示形式为

$$\tilde{\boldsymbol{X}} = \lambda \boldsymbol{P} \tilde{\boldsymbol{X}} = \lambda \boldsymbol{K} [\boldsymbol{R} \quad \boldsymbol{t}] \tilde{\boldsymbol{X}} \tag{3.21}$$

其中，$\boldsymbol{R}$ 和 $\boldsymbol{t}$ 实际上是指场景相对于相机运动的旋转矩阵和平移向量。在这种表示形式下，假设相机本身不动，而场景是运动的。

第二种表示形式为

$$\tilde{\boldsymbol{X}} = \lambda \boldsymbol{P}\tilde{\boldsymbol{X}} = \lambda \boldsymbol{K}[\boldsymbol{R}^{\mathrm{T}} \quad -\boldsymbol{R}^{\mathrm{T}}\boldsymbol{t}]\tilde{\boldsymbol{X}} \tag{3.22}$$

其中，$\boldsymbol{R}$ 和 $\boldsymbol{t}$ 表示的是相机相对于世界坐标系的运动，而假设场景本身是不动的，从这种表达形式中，很容易得到相机中心在世界坐标系下的非齐次坐标为 $\boldsymbol{t}$。

第三种表示形式为

$$\tilde{\boldsymbol{X}} = \lambda \boldsymbol{P}\tilde{\boldsymbol{X}} = \lambda \boldsymbol{K}[\boldsymbol{R}^{\mathrm{T}} \quad -\boldsymbol{R}\boldsymbol{t}]\tilde{\boldsymbol{X}} \tag{3.23}$$

严格来说，这种表示是第二种表示形式的简化，即此时的 $\boldsymbol{R}$ 是场景相对于相机坐标系的旋转矩阵，而 $\boldsymbol{t}$ 则是相机中心在世界坐标系下的平移向量。

很好地区分上述各个旋转矩阵和平移向量之间的关系，对理解多视点几何关系及序列图像的重建过程，特别是在算法的具体实现过程中，有非常重要的意义。

3.3　多视图几何理论

多视图几何是指关于同一场景的多个序列图像之间存在某种制约关系，这也是我们通过二维序列图像反算场景三维空间几何关系的重要基础。

3.3.1　两幅图像的对极几何关系

对极几何描述了针对同一静态场景，两幅图像之间的视觉几何关系。设两相机的中心分别为 $\boldsymbol{O}$ 和 $\boldsymbol{O}'$，两图像平面分别为 $\boldsymbol{I}$ 和 $\boldsymbol{I}'$，$\boldsymbol{X}$ 为两者共同视域中的场景空间点，它在两幅图像平面上的像点分别为 $\boldsymbol{x}_1$ 和 x_1'，如图 3-6 所示。

容易看出，点 $\boldsymbol{O}$、$\boldsymbol{O}'$和 $\boldsymbol{X}_1$ 构成一个平面$\boldsymbol{\pi}$，称为对极平面(Epipolar Plane)；该平面与成像平面 $\boldsymbol{I}$ 和 $\boldsymbol{I}'$分别交于直线 $\boldsymbol{l}$ 和 $\boldsymbol{l}'$，两条直线称为极线；连接两个相机中心的连线 $\boldsymbol{OO}'$ 称为基线；基线与两个成像平面 $\boldsymbol{I}$ 和 $\boldsymbol{I}'$分别交于 $\boldsymbol{e}$ 点和 $\boldsymbol{e}'$点，称为两幅图像上的极点。

两相机共同视域中所有场景空间点的对极平面构成了以基线 $\boldsymbol{OO}'$为交线的平面束，该平面束分别与成像平面 $\boldsymbol{I}$、$\boldsymbol{I}'$交于以极点 $\boldsymbol{e}$、$\boldsymbol{e}'$各为交点的极线束。对极几何约束可以描述为：假设 $\boldsymbol{x}_1$ 和 x_1' 分别为同一场景空间点 $\boldsymbol{X}_1$ 在两幅图像平面 $\boldsymbol{I}$、$\boldsymbol{I}'$交上的像点，则 $\boldsymbol{x}_1$ 必位于 x_1' 对应的极线 $\boldsymbol{l}'$上，反之亦然。图 3-6 中的 $\boldsymbol{X}_2$ 的情况同理。该约束在数学上可以表示为

$$\tilde{\boldsymbol{x}}'^{\mathrm{T}}\boldsymbol{F}\tilde{\boldsymbol{x}}' = 0 \tag{3.24}$$

其中，$\boldsymbol{F}$ 是一个秩为 2 的 3×3 矩阵，称为基本矩阵，它描述了两个未定标相机之间的基本几何约束关系，可以由两相机的投影矩阵推导得到[22]，也可以仅由两幅图像间的对应点计算得到。下面简单讨论基本矩阵的性质及线性估计算法。

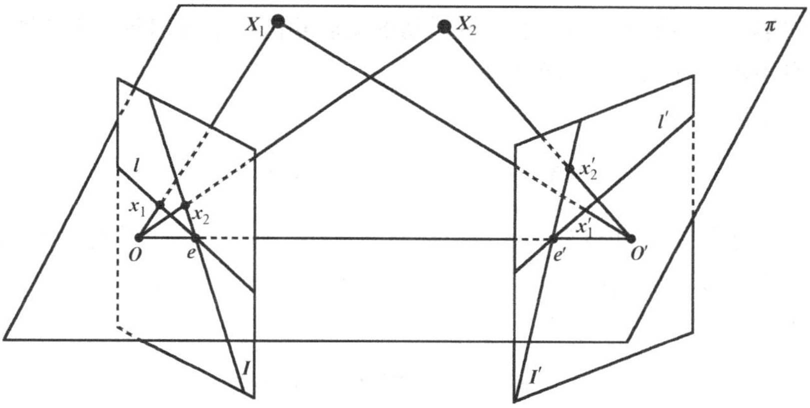

图 3-6 两幅图像之间的对极几何约束

3.3.2 基本矩阵的估计方法

基本矩阵 $\boldsymbol{F}$ 描述了两个未定标相机之间的基本几何约束关系，具有如下性质：

(1) $\boldsymbol{F}$ 为秩为 2 的 3×3 矩阵，即 $\det(\boldsymbol{F})=0$，具有 7 个自由度；

(2) 基本矩阵 $\boldsymbol{F}$ 描述了图像对的有向几何约束，即如果图像 $\boldsymbol{I}$ 和 $\boldsymbol{I'}$ 之间的基本矩阵为 $\boldsymbol{F}$，则图像 $\boldsymbol{I}$ 和 $\boldsymbol{I'}$ 之间的基本矩阵为 $\boldsymbol{F}^{\mathrm{T}}$；

(3) 对图像 $\boldsymbol{I}$ 上任意一点 $\boldsymbol{x}$，其在图像 $\boldsymbol{I'}$ 上的对应极线为 $\boldsymbol{l'}=\boldsymbol{F}\tilde{\boldsymbol{x}}$，而其对应点 $\boldsymbol{x}$ 在图像 $\boldsymbol{I}$ 上的对应极线为 $\boldsymbol{l}=\boldsymbol{F}^{\mathrm{T}}\tilde{\boldsymbol{x}}$，由于对应点一定在对应的极线上，因此有 $\tilde{\boldsymbol{x}}^{\mathrm{T}}\boldsymbol{F}\tilde{\boldsymbol{x}}=\boldsymbol{0}$；

(4) 图像上的所有极线均通过极点，即对第一幅图像上的任意一点 $\boldsymbol{x}$，在第二幅图像上均有 $\tilde{\boldsymbol{e}}'^{\mathrm{T}}\boldsymbol{F}\tilde{\boldsymbol{x}}=0$，因而有 $\boldsymbol{F}^{\mathrm{T}}\boldsymbol{e}'=0$，类似地可以得到 $\boldsymbol{F}\tilde{\boldsymbol{e}}=\boldsymbol{0}$。

设同一场景点在两幅非定标图像上所成像点 $\boldsymbol{x}$ 和 $\boldsymbol{x}'$ 的齐次坐标分别为 $(x,y,1)^{\mathrm{T}}$ 和 $(x',y',1)^{\mathrm{T}}$，则上述对极几何约束可以展开表示为

$$\boldsymbol{u}^{\mathrm{T}}\boldsymbol{f}=0 \tag{3.25}$$

其中，

$$\boldsymbol{u}=[xx' \quad yx' \quad x' \quad xy' \quad yy' \quad y' \quad x \quad y \quad 1]^{\mathrm{T}}$$

$$\boldsymbol{f}=[f_{11} \quad f_{12} \quad f_{13} \quad f_{21} \quad f_{22} \quad f_{23} \quad f_{31} \quad f_{32} \quad f_{33}]^{\mathrm{T}}$$

f_{ij} 表示基本矩阵 $\boldsymbol{F}$ 的第 i 行第 j 列元素。对于式 (3.25) 这样一个 9 元齐次线性方程，只需要已知 8 对匹配点，就可以求出基本矩阵 $\boldsymbol{F}$，因此称其为八点算法。如果匹配点多于 8 个，则可以通过如下的优化问题进行求解：

$$\begin{cases}\min_{\boldsymbol{F}}\|\boldsymbol{u}^{\mathrm{T}}\boldsymbol{f}\|^2\\ \|\boldsymbol{f}\|=1\end{cases} \tag{3.26}$$

该问题的最优解即为矩阵 $\boldsymbol{u}^{\mathrm{T}}\boldsymbol{u}$ 的最小特征值所对应的特征向量。显然，用这种方法估计得到的矩阵 $\boldsymbol{F}$ 的秩不一定是 2。如果 $\boldsymbol{F}$ 的秩为 3，那么第一幅图像上所有特征点在第二幅图像上的相应极线就不会相交于同一点。为了给 $\boldsymbol{F}$ 添加秩为 2 的约束，可通过奇异值分解的方式，即 $\boldsymbol{F}=\boldsymbol{UDV}^{\mathrm{T}}=\boldsymbol{U}\mathrm{diag}(s_1,s_2,s_3)\boldsymbol{V}^{\mathrm{T}}$，其中设三个奇异值 $s_1\geqslant s_2\geqslant s_3$，则可以从理论上证

明，矩阵 $\boldsymbol{F}^* = \boldsymbol{U}\mathrm{diag}(s_1, s_2, 0)\boldsymbol{V}^{\mathrm{T}}$ 是满足秩为 2 且范数 $\|\boldsymbol{F}^* - \boldsymbol{F}\|$ 最小的矩阵。

八点算法是一种快速且易于实现的线性算法，但对噪声异常敏感，在匹配数据发生微小变化时，基本矩阵的估计结果可能变化很大，其主要原因是匹配点的不合理坐标分布导致了线性方程所对应的条件数很大。为此，Hartley 提出的规范八点算法有效地解决了这一问题：即在求解基本矩阵前首先对图像 $\boldsymbol{I}$ 和 $\boldsymbol{I}'$ 上的所有匹配点分别进行坐标预变换 $\boldsymbol{T}$ 和 $\boldsymbol{T}'$，从而改善坐标分布，以降低矩阵 $\boldsymbol{u}^{\mathrm{T}}\boldsymbol{u}$ 的条件数。规范八点算法的计算过程可概括如下。

(1) 对图像的匹配点集合 $\{\boldsymbol{x}_i\}$ 和 $\{\boldsymbol{x}_i'\}$ 分别进行坐标变换 $\tilde{\boldsymbol{x}}_i^* = \boldsymbol{T}\tilde{\boldsymbol{x}}_i$ 和 $\tilde{\boldsymbol{x}}_i^* = \boldsymbol{T}'\tilde{\boldsymbol{x}}_i'$；

(2) 在变换后的图像坐标系下，根据新的匹配点集合 $\{\boldsymbol{x}_i^*\}$ 和 $\{\boldsymbol{x}_i'^*\}$ 计算基本矩阵 $\boldsymbol{F}_1$；

(3) 原图像坐标系下的基本矩阵为 $\boldsymbol{F} = \boldsymbol{T}^{\mathrm{T}}\boldsymbol{F}_1\boldsymbol{T}$ 。

规范八点算法的核心是匹配点集合的预变换矩阵 $\boldsymbol{T}$ 和 $\boldsymbol{T}'$的计算。Hartley 证明，当预变换后的匹配点集合具有以下特征时，矩阵 $\boldsymbol{u}^{\mathrm{T}}\boldsymbol{u}$ 的条件数将得到最大幅度的降低，从而基本矩阵的估计能够得到如下最优结果。

(1) 图像坐标系的原点位于当前图像上匹配点集合中所有特征点的重心位置；

(2) 所有特征点到图像坐标系原点的平均距离为 $\sqrt{2}$ 。

记

$$\bar{\boldsymbol{x}} = \frac{1}{N}\sum_{i=1}^{N}\boldsymbol{x}_i\,,\quad \bar{\boldsymbol{x}}' = \frac{1}{N}\sum_{i=1}^{N}\boldsymbol{x}_i'\,,\quad d = \frac{\sqrt{2}}{N}\sum_{i=1}^{N}\|\boldsymbol{x}_i - \bar{\boldsymbol{x}}\|\,,\quad d' = \frac{\sqrt{2}}{N}\sum_{i=1}^{N}\|\boldsymbol{x}_i' - \bar{\boldsymbol{x}}'\|$$

易知，$\bar{\boldsymbol{x}} = (\bar{x}, \bar{y})^{\mathrm{T}}$ 和 $\bar{\boldsymbol{x}}' = (\bar{x}', \bar{y}')^{\mathrm{T}}$ 分别为特征点集合 $\{\boldsymbol{x}_i\}$ 和 $\{\boldsymbol{x}_i'\}$ 的重心坐标；d 和 d' 分别为以 $\bar{\boldsymbol{x}}$ 和 $\bar{\boldsymbol{x}}'$ 为原点，完成 $\{\boldsymbol{x}_i\}$ 和 $\{\boldsymbol{x}_i'\}$ 尺度缩放的比例系数，因此有

$$\boldsymbol{T} = \begin{bmatrix} d & 0 & -\bar{x} \\ 0 & d & -\bar{y} \\ 0 & 0 & 1 \end{bmatrix},\quad \boldsymbol{T}' = \begin{bmatrix} d' & 0 & -\bar{x}' \\ 0 & d' & -\bar{y}' \\ 0 & 0 & 1 \end{bmatrix}$$

规范八点算法在稳定性方面做了较大的改进，通过在基本矩阵估计前对原始数据进行平移和尺度变换等规范化处理，减少了噪声的干扰，增强了线性方程的稳定性。Hartley 通过实验证明，规范八点算法与最好的迭代优化算法在估计精度上不相上下。

3.3.3　三幅图像的多焦距张量

顺序得到任意相邻两组图像的匹配结果之后，就可以通过中间图像的公共匹配特征点，将这些图像连接起来，从而形成匹配序列。对于两幅图像可通过对极几何约束去除误匹配，而对于序列图像则有更严格的几何约束条件，即三焦距张量(Trifocal Tensor)。

如图 3-7 所示，通过两幅图像中相应特征点的位置可以确定其在第三幅图像中的成像点坐标，这种约束可以用三焦距张量来表示。与两幅图像之间的基本矩阵类似，三焦距张量描述了三幅图像间不依赖于场景结构的几何关系，可用来将两幅图像间的对应点转移到第三幅图像上，但它比基本矩阵提供了更严格的几何约束。

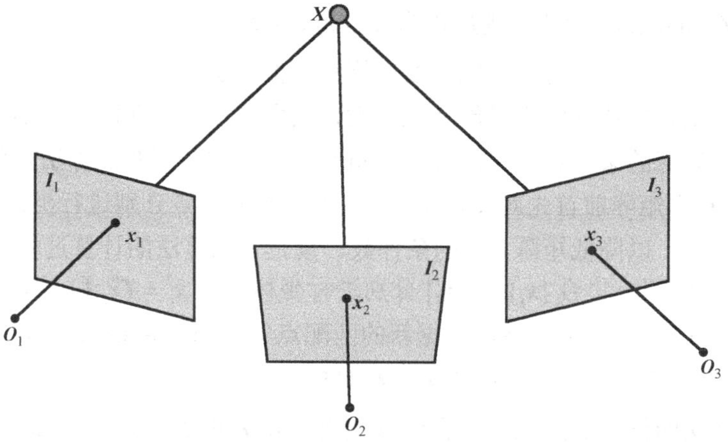

图 3-7 三焦距张量对相应特征点的约束关系

如图 3-7 所示，同一个场景空间点 $\boldsymbol{X}$ 在第三幅图像上的像点分别为 $\boldsymbol{x}_1$、$\boldsymbol{x}_2$ 和 $\boldsymbol{x}_3$，其成像过程可以表示为

$$\boldsymbol{P}_i\tilde{\boldsymbol{X}} = \lambda_i\tilde{\boldsymbol{x}}_i,\quad i=1,2,3 \tag{3.27}$$

其中 $\boldsymbol{P}_i$ 表示第 i 幅图像的投影矩阵，λ_i 表示射影深度。如果将上述三个方程合并到同一个矩阵里，则有

$$\underbrace{\begin{bmatrix} \boldsymbol{P}_1 & \tilde{\boldsymbol{x}}_1 & \boldsymbol{0} & \boldsymbol{0} \\ \boldsymbol{P}_2 & \boldsymbol{0} & \tilde{\boldsymbol{x}}_2 & \boldsymbol{0} \\ \boldsymbol{P}_3 & \boldsymbol{0} & \boldsymbol{0} & \tilde{\boldsymbol{x}}_3 \end{bmatrix}}_{\boldsymbol{G}} \begin{bmatrix} \tilde{\boldsymbol{X}} \\ -\lambda_1 \\ -\lambda_2 \\ -\lambda_3 \end{bmatrix} = \begin{bmatrix} \boldsymbol{0} \\ \boldsymbol{0} \\ \boldsymbol{0} \end{bmatrix} \tag{3.28}$$

将矩阵 $\boldsymbol{G}$ 进一步展开可得

$$\boldsymbol{G} = \begin{bmatrix} \begin{bmatrix} p_{11}^1 & p_{12}^1 & p_{13}^1 & p_{14}^1 \\ p_{21}^1 & p_{22}^1 & p_{23}^1 & p_{24}^1 \\ p_{31}^1 & p_{32}^1 & p_{33}^1 & p_{34}^1 \end{bmatrix} & \begin{matrix} x_1^1 & 0 & 0 \\ x_2^1 & 0 & 0 \\ x_3^1 & 0 & 0 \end{matrix} \\ \begin{bmatrix} p_{11}^2 & p_{12}^2 & p_{13}^2 & p_{14}^2 \\ p_{21}^2 & p_{22}^2 & p_{23}^2 & p_{24}^2 \\ p_{31}^2 & p_{32}^2 & p_{33}^2 & p_{34}^2 \end{bmatrix} & \begin{matrix} 0 & x_1^2 & 0 \\ 0 & x_2^2 & 0 \\ 0 & x_3^2 & 0 \end{matrix} \\ \begin{bmatrix} p_{11}^3 & p_{12}^3 & p_{13}^3 & p_{14}^3 \\ p_{21}^3 & p_{22}^3 & p_{23}^3 & p_{24}^3 \\ p_{31}^3 & p_{32}^3 & p_{33}^3 & p_{34}^3 \end{bmatrix} & \begin{matrix} 0 & 0 & x_1^3 \\ 0 & 0 & x_2^3 \\ 0 & 0 & x_3^3 \end{matrix} \end{bmatrix} \tag{3.29}$$

其中，p_{rc}^i 表示投影矩阵 $\boldsymbol{P}_i$ 的 r 行 c 列元素，而 x_k^i 表示像点齐次坐标 $\tilde{\boldsymbol{x}}_i$ 的第 $k(k=1,2,3)$ 个分量。由于$[\tilde{\boldsymbol{X}} \quad \lambda_1 \quad \lambda_2 \quad \lambda_3]^{\mathrm{T}}$是方程式(3.28)的非零解，因此矩阵 $\boldsymbol{G}$ 不满秩，其任意 7 行组成的子矩阵行列式为零。考虑由任一投影矩阵对应的三行和另外两个投影矩阵对应的两行组成的 7×7 矩阵，将其按后三列展开，可得

$$\sum_{i=1}^{3}\sum_{j=1}^{3}\sum_{k=1}^{3}T_{ijk}x_i^1x_j^2x_k^3=0,\quad k=1,2,3 \tag{3.30}$$

其中，T_{ijk} 为该 7×7 矩阵前四列中相应 4×4 代数余子式的行列式值，显然所有的 T_{ijk} 给出了关于 $\boldsymbol{x}_1$、$\boldsymbol{x}_2$ 和 $\boldsymbol{x}_3$ 齐次坐标之间的约束关系，因此称由所有 T_{ijk} 组成的 3×3×3 矩阵 $\boldsymbol{T}$ 为三焦距张量，其结构如图 3-8 所示。

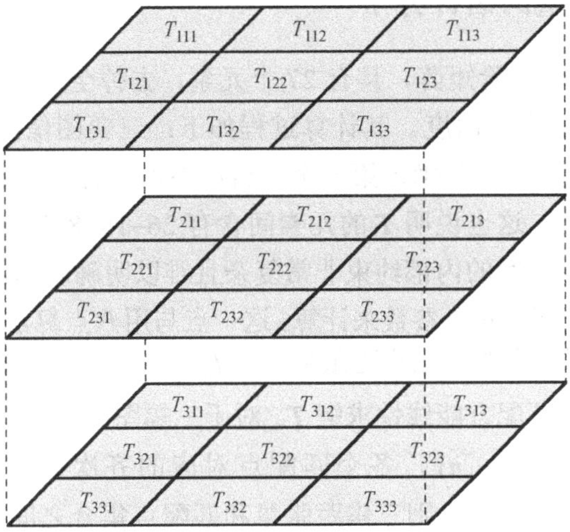

图 3-8　三焦距张量的立体表示示意图

与基本矩阵一样，三焦距张量也可以仅由图像之间的对应关系获得，而无须知道相机的运动和定标信息。实际上，两幅图像之间的对极几何约束关系也可以通过三焦距张量几何推导出来。

由于三焦距张量为相应特征点的位置提供了更严格的几何约束关系，因此可以通过三焦距张量进一步验证并去除可能存在的错误匹配。图 3-9 给出了大基线图像序列的匹配过程示意图，相邻两幅图像有基本矩阵作为几何约束，而相邻三幅图像之间有三焦距张量作为更严格的几何约束。从图中可以看出，通过中间的公共图像，很容易将两两匹配的结果扩展到序列图像中。

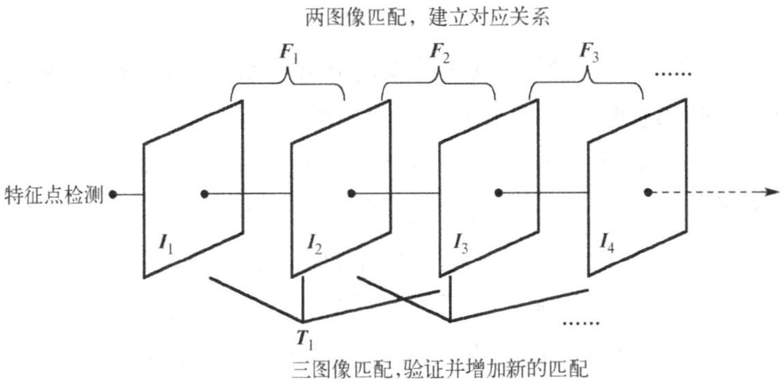

图 3-9　大基线图像序列的匹配过程示意图

一旦得到三幅图像的公共匹配特征点，就可以按照前面的公式估计三焦距张量，而通过该几何约束关系还可以进一步增加新的匹配：通过两个图像上的匹配特征点可以精确地计算出第三幅图像上的特征点坐标，由于噪声的存在，可在以该点为圆心的圆形邻域窗口区域内寻找相应的匹配特征点，此时的相似度阈值可以比两幅图像匹配的阈值低一些。

3.3.4 三焦距张量的估计方法

三焦距张量 $\boldsymbol{T}$ 是 3×3×3 阶矩阵，具有 27 个元素，去掉全局比例系数，还剩 26 个自由度。实际上，$\boldsymbol{T}$ 只有 18 个自由度。其计算过程如下：三幅图像的投影矩阵共有 11×3=33 个自由度，而射影坐标系选择(即确定第一个相机的参考坐标系)去掉 15 个自由度，因此 $\boldsymbol{T}$ 还剩 33−15=18 个自由度，这也说明 $\boldsymbol{T}$ 的元素间含有 26−18=8 个内部约束。

然而，由于 $\boldsymbol{T}$ 的元素之间的内部约束非常复杂且难以明确表示，通常估计 $\boldsymbol{T}$ 时还是暂时忽略这些约束，而直接按照 26 个参数来计算，这一点与用八点算法估计基本矩阵是类似的。每一组(3 个)匹配点提供 4 个关于三焦距张量元素 $T_{ijk}(i,j,k=1,2,3)$ 的相互独立的线性约束方程，理论上需要至少 7 组匹配方能线性求解 $\boldsymbol{T}$。对于三幅图像 $\boldsymbol{I}_1$、$\boldsymbol{I}_2$ 和 $\boldsymbol{I}_3$ 上的一组匹配点集合 $\{\boldsymbol{x}_i^1\}$，$\{\boldsymbol{x}_i^2\}$ 和 $\{\boldsymbol{x}_i^3\}(i=1,2,\cdots,n)$，各个匹配点对应的齐次向量分别为 $\tilde{\boldsymbol{x}}_i^1=(x_i^1,y_i^1,1)^{\mathrm{T}}$，$\tilde{\boldsymbol{x}}_i^2=(x_i^2,y_i^2,1)^{\mathrm{T}}$ 和 $\tilde{\boldsymbol{x}}_i^3=(x_i^3,y_i^3,1)^{\mathrm{T}}$，则三焦距张量和匹配点集合之间的约束关系为：

$$
\begin{aligned}
x_i^3\boldsymbol{T}_{*13}\tilde{\boldsymbol{x}}_i^1-x_i^3x_i^2\boldsymbol{T}_{*33}\tilde{\boldsymbol{x}}_i^1-x_i^2\boldsymbol{T}_{*31}\tilde{\boldsymbol{x}}_i^1-\boldsymbol{T}_{*11}\tilde{\boldsymbol{x}}_i^1=0\\
y_i^3\boldsymbol{T}_{*13}\tilde{\boldsymbol{x}}_i^1-y_i^3x_i^2\boldsymbol{T}_{*33}\tilde{\boldsymbol{x}}_i^1-x_i^2\boldsymbol{T}_{*32}\tilde{\boldsymbol{x}}_i^1-\boldsymbol{T}_{*12}\tilde{\boldsymbol{x}}_i^1=0\\
x_i^3\boldsymbol{T}_{*23}\tilde{\boldsymbol{x}}_i^1-x_i^3y_i^2\boldsymbol{T}_{*33}\tilde{\boldsymbol{x}}_i^1-x_i^2\boldsymbol{T}_{*31}\tilde{\boldsymbol{x}}_i^1-\boldsymbol{T}_{*21}\tilde{\boldsymbol{x}}_i^1=0\\
y_i^3\boldsymbol{T}_{*23}\tilde{\boldsymbol{x}}_i^1-y_i^3y_i^2\boldsymbol{T}_{*33}\tilde{\boldsymbol{x}}_i^1-x_i^2\boldsymbol{T}_{*32}\tilde{\boldsymbol{x}}_i^1-\boldsymbol{T}_{*22}\tilde{\boldsymbol{x}}_i^1=0
\end{aligned}
\tag{3.31}
$$

其中，$\boldsymbol{T}_{*jk}(j,k=1,2,3)$ 表示张量 $\boldsymbol{T}$ 中由下标 j 和 k 确定的行向量(*代表 1,2,3)，式(3.31)给出了所有未知参数在匹配点坐标下相互独立的几何约束。由三幅图像中的 n（$n\geqslant 7$）组对应点求解所对应三焦距张量 $\boldsymbol{T}$ 的基本步骤如下：

- 与计算基本矩阵类似，先求解用于图像点规范化的变换矩阵；
- 对三个图像点集合分别进行坐标规范化处理(*表示规范化)，得到 $\{\boldsymbol{x}_i^{1*}\}$，$\{\boldsymbol{x}_i^{2*}\}$ 和 $\{\boldsymbol{x}_i^{3*}\}$；
- 利用式(3.31)将所有匹配特征点的约束建立方程组，线性求解三焦距张量中的元素；
- 对估计结果进行逆变换，计算对应于原始数据的三焦距张量。

实际上仅仅通过 6 组匹配特征点便可以估计三焦距张量，称为六点算法。由于六点算法本身包含内部约束关系，因此一般来说其最终解更接近真实值，但该算法是非线性的，且解不唯一，可能存在 1 个或 3 个解，这主要根据三次方程的实根个数而定。由于本书中的三焦距张量只作为验证图像匹配是否正确的手段，因此并没有强制施行内约束，更详细的讨论和分析可参见 Hartley 的 *Multiple View Geometry in Computer Vision* 一书。

从本质上说，计算三焦距张量与对三幅图像进行射影重建的效果是等价的，因为基于射影重建同样可以对三幅图像上的相应特征点给出类似的几何约束。

3.4　三维重建与增强现实的关系

对真实世界的三维重建是对真实世界进行“增强”的前提和基础，只有获取了真实世界的三维信息，才能够将虚拟的图形对象“嵌入”真实的物理世界中。因为只有映射到共同的三维坐标系下，才能实现真实世界与虚拟对象的“对齐”。虽然真实世界和虚拟对象都是三维的，但二者并未存储在同一计算空间中，因此从本质上讲，三维重建是用计算机对真实世界进行“三维理解”和“三维表述”的过程。当然，这种“理解”和“表述”可能不是全面的或全部的。

三维重建一直是计算机图形学（三维到二维）和计算机视觉（二维到三维）领域的热点课题，早期的三维重建技术通常以二维图像作为输入，重建出场景中的三维模型。当然，基于真实场景的序列图像自动获取图形学中所需的结构化且有语义的三维结构描述非常困难，但获取真实场景的三维框架坐标和基本拓扑结构还是可以的，这就给我们在真实场景中“放置”虚拟对象提供了支撑手段，即将虚拟对象与真实世界之间的“对齐”问题均映射到三维空间中进行，这也就是增强现实应用需要三维重建技术的根本原因。

第 4 章　光场概念及其研究进展

在光学领域中，光场(Light Field)是一个非常古老、非常经典的概念。光场的概念最早源于物理学领域，在 1996 年被微软公司和美国斯坦福大学的学者们引入计算机图形学和计算机视觉研究领域，发展到今天，将近 30 年了，其理论研究有力推进了相关技术的快速发展。

虽然在学术界，人们不懈地研究和深化，但光场技术真正在工业界产生影响力，也只是近些年的事情，在很大程度上这是由于增强现实等领域应用的牵引。应该说，光场理论及其技术，为增强现实技术及应用的发展起到了本质上的支撑作用，而增强现实产品之所以难以面向应用客户规模化推广普及，也正是由于部分光场生成技术没有从根本上得到解决。对增强现实领域来说，Magic Leap 公司是重新将光场理论引入现实应用的领头雁，并创造了一个新的巅峰。

4.1　光场基本概念

光场的概念可以追溯到 1846 年，著名的英国物理学家、化学家迈克尔·法拉第(Michael Faraday，1791—1867)首次提出：光也应该可以像磁一样，被理解成一种场[23]，并给出了其物理学定义：光场是指光在每个方向通过每个光点的光量。

基于这个观点，在 1939 年，Gershun 在描述光辐射特性的经典论文中正式提出了“光场”这个术语[24]，之后由 Adelson 进行了完善，他提出用七维函数来表征空间分布的几何光线，给出了全光函数(Plenoptic Function)的表达形式，用于描述空间中任意一点向任意方向的光线的强度，同时提出了利用全光函数来描述视觉系统中感知到的各种视觉刺激[25]，从而将光场理论正式从物理学领域应用到了计算机领域。

4.1.1　光场的参数表示

光场是表示光辐射分布特性的函数，反映了光波动强度与光波位置及传播方向之间的映射关系[26]。简而言之，光场就是整个三维空间内通过的所有光线。全光函数基于观察者在空间与时间上对光线的描述。Adelson 所描述的全光函数的数学表达式为

$$L(x,y,z,\theta,\varphi,\lambda,t) \tag{4.1}$$

这是一个七维的全光函数。其中 x，y 和 z 表示光线在三维空间中的坐标，即限定了通过该点的光线；θ 和 φ 分别表示光线在空间中垂直与水平的方向角；而 λ 和 t 分别是光线的波长和光线被观察到的时刻。可以看出，除了位置信息，全光函数的七维表达式增加了表达光线的颜色及时间动态变化的信息。

此外，由于光在自由空间中传输时的波长变化很小，因此对于单独的观察者来说，如果目标物体并没有随时间变化，那么某一时刻在特定位置观察到的关于该物体的全光函数，

可以简化表示为五维形式(见图 4-1)：

$$L(x, y, z, \theta, \varphi) \tag{4.2}$$

通过前文可以看出，完整描述光场的全光函数是七维函数，而在不同的限定条件下，可以将其复杂度进行针对性降维，从而形成对光场的不同维度表达。如图 4-2(a)所示，假设有个体积可忽略不计的小球，我们能够记录从不同角度穿过小球的所有方向的光线的波长与强度。将小球放置在某个有限空间中所有可达的位置并记录这些光线的信息，即可得到这个有限空间内某一时刻所有光线的集合。在不同时刻重复上述采集过程，就可以实现该空间内七维全光函数的完备采集。然而，这种采集方式虽然看似可行，但采集的数据量非常巨大，按照目前的计算机处理水平，还难以对这么大的数据进行高效处理与实时传输。因此，在实际中有必要对全光函数进行简化降维。

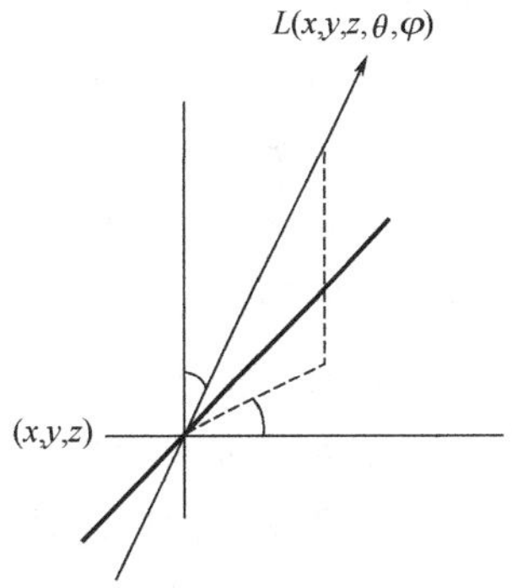

图 4-1　五维全光函数示意图

(a) 七维全光函数

(b) 二维全光函数

(c) 四维全光函数(头部是彩色的)

图 4-2　不同维数的全光函数

图 4-2(b)和图 4-2(c)分别示意了全光函数在二维和四维条件下的表达方式。在图 4-2(b)中，假定空间点位置(x, y, z)不变而只记录光线的方向，则可以仅用θ和φ这两个参数来表示，从而成为二维全光函数；若增加表达光线的颜色及时间的动态变化的两个维度，则需要增加λ和t这两个参数，从而达到四维，如图 4-2(c)所示。

4.1.2　光场的四维表示

Marc Levoy 等人提出了非常经典的四维光场模型[27]，成为科研及应用领域广泛采纳的描述方法。在实际应用中，颜色和时间维度的信息通常用 RGB 通道和帧序列来表示，所以就光场本身而言，我们只需关注光线方向和位置即可，这样就可以将光场的维度从七维降到五维。

进一步地，在大部分成像系统中，光线都是在一个有限空间的光路里传播的，可认为一条光线在传播过程中，光强不发生衰减且波长保持不变。因此可采用两点确定一条直线的方式来表示光线传播路径，即以光线与两个相互平行平面的交点的坐标来表示一条光线，这样可将光场的维度进一步降为四维，如图 4-3 所示。

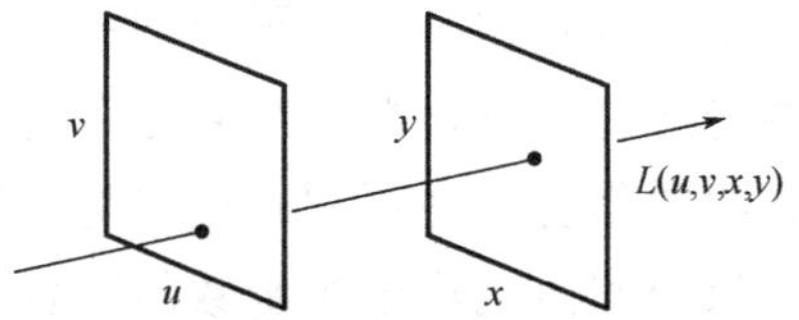

图 4-3　光场的四维模型

由于降低了描述光场所需的维度，同时又能比较完备地表示人眼成像所需的全部光线，因此四维光场模型得到了学术界的广泛认可，此后关于光场的大量研究工作都是在此模型基础上展开的。与传统的光学影像(二维图像)相比，光场模型能够描述与表达更多的环境信息，因而能够更好地记录、还原甚至复现真实感场景。光场的这个特性很好地契合了增强现实的应用需求，这也正是增强现实(虚拟现实)不断追求的目标，因此增强现实也被认为是现阶段光场的典型应用领域。

四维光场的参数化表征有以下 3 种方式。

(1)方向-点参数化表征法：利用光线与某个平面的交点(x,y)，以及光线方向(θ,φ)作为四维参数来描述光场中的光线。

(2)球面光场参数表征法：利用紧紧包围三维物体的球面上的两点，可以表征球面封闭范围内任意一条光线的传播路径。尽管这种参数表征方式采样均匀，但无法表征与球面相切的光线。

(3)双平面参数化表征法：采用光线与两个平行平面的交点坐标来对光场中的光线进行参数化表征。其表达形式为$L(s,t,u,v)$，其中(s,t)和(u,v)分别是光线与两个平面的交点坐标。在很多研究领域，这种参数化表征方法最常用。

由于实际中大部分成像系统都可以简化成两个相互平行的平面，如传统光学系统中的光瞳面和探测器像面，因此双平面参数化表征法具有较高的合理性和实用性，即通常采用图 4-3 所示简化后的四维光场模型，也称为光场四维模型。这种表示方法为光场成像理论的广泛应用奠定了重要基础。

显然，光场四维模型并不能完备地描述三维空间中所有的光线，例如，与(u,v)或(s,t)平面所平行的光线无法用这种四维模型表示，如图 4-4 中用虚线表示的光线。尽管四维模型不能完备地描述三维空间中的所有光线，但对于大多数视点，均可以完备地描述人眼所接收到的光线。因为当光线与人眼的前视方向垂直时，这些光线不会进入人眼。因此，这部分光线并不影响人眼视觉成像。光场四维模型既降低了表示光场所需的维度，同时又能完备地表示人眼成像所需的全部光线，因此得到了学术界的广泛认可，故而，后来针对光场的大量研究都是在此基础上展开的。

由于光线传播的直线特性，光场四维模型具有可逆性，既能表示光场采集模型，又能表示光场显示模型，这一点在实际研究中非常重要。如图 4-5 所示，对于光场采集模型，右侧物体发出的光线经过(s,t)和(u,v)平面的四维参数化表示，被记录成四维光场；而对于光场显示模型，经过(u,v)和(s,t)平面的“调制”可以模拟出左侧物体表面的光线，从而使人眼“看见”并不存在的物体。

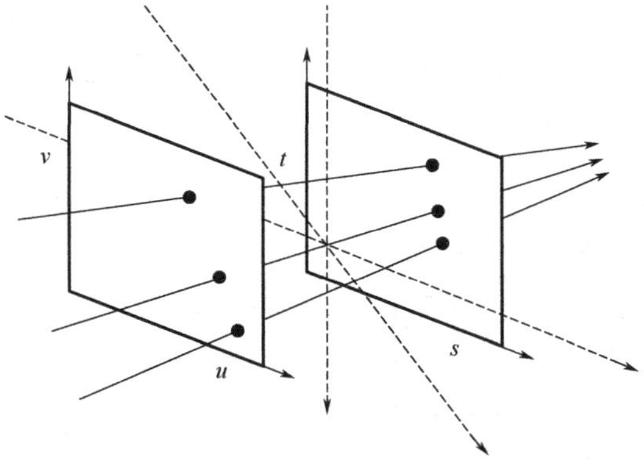

图 4-4　双平面参数化表征法的局限性

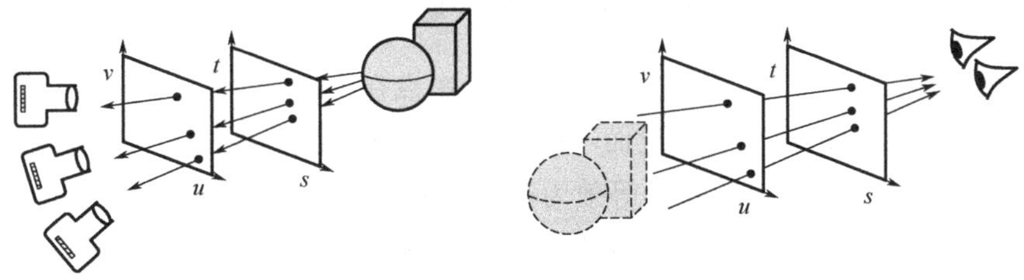

(a) 四维光场采集模型　　(b) 四维光场显示模型

图 4-5　四维光场模型的可逆性

如图 4-6 所示，物体表面 A、B、C 三点发出的光线首先到达(u,v)平面，假设(u,v)平面上有 3 个小孔 h1、h2、h3，则 A、B、C 三点发出的光线经 3 个小孔分别到达(s,t)平面。A、B、C 三点在半球范围内 3 个不同方向的光线被同时记录下来。例如，A 点 3 个方向的光线分别被(s,t)平面上 C_3'、B_3'、A_3' 所记录。如果(u,v)平面上的小孔数量增多，且(s,t)平面上的像素足够密集，则可以采集到空间中更多方向的光线。需要说明的是，图 4-6 中展示的是$(u,v)-(s,t)$光场采集模型在垂直方向上的切面图，实际上可以采集到 A、B、C 三点合计在 3×3 即 9 个不同方向的光线。

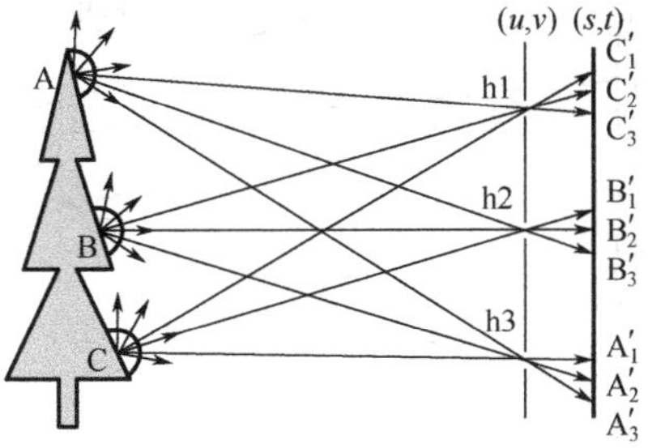

图 4-6　四维光场采集空间光线示意图

图像分辨率和视场角(Field Of View，FOV)是传统相机成像性能的主要衡量指标，而衡量四维光场的指标不仅有图像分辨率和视场角，还有角度分辨率和视差场(Field Of

Parallax，FOP)，其中视差场实际是个角。图 4-7 展示了基于微透镜阵列的四维光场相机的光路示意图，物体表面发出的光线进入相机光圈，然后被解耦合并分别被记录下来。以 B 点为例，发光点 B 在半球范围内发出各向异性的光线，但并不是所有的光线都进入相机光圈，只有一定角度内的光线才被成功采集，被光场相机采集到的光线的角度范围决定了能够观察的最大角度差(即 FOP)。

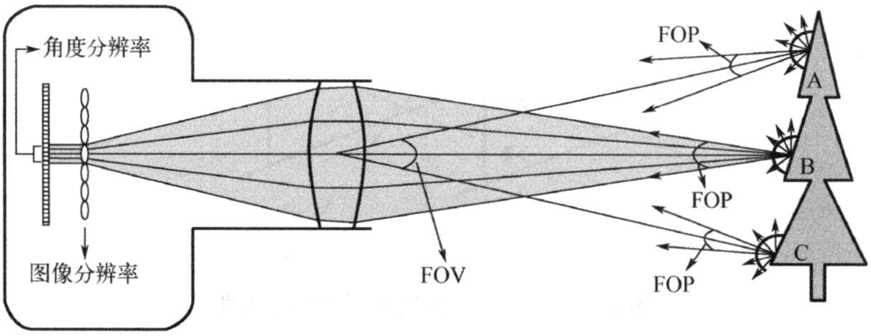

图 4-7　基于透镜阵列的四维光场相机的光路示意图

换句话说，图 4-7 中的光场相机只能采集到 B 点在 FOP 范围内的光线。但 FOP 的大小随着发光点与光场相机的距离远近而不同，因此通常采用基线长度来衡量 FOP 的大小。实际上，图 4-7 中主镜头的光圈直径等效为基线长度。

基于相机阵列的光场相机同样可以用视点图像分辨率、角度分辨率、FOV、FOP 等四个参数来衡量各方面的性能。如图 4-8 所示为 2×2 相机阵列，B 点半球范围内发出的在 FOP 范围内的光线被相机阵列分成 2×2 束并分别被采集。相机的个数，即 2×2，就是角度分辨率，单个相机成像传感器的分辨率即为视点图像分辨率。所有相机视场角的交集可以等效为光场相机的视场角。基于相机阵列的光场相机的基线长度为两端相机光心之间的距离。一般而言，基于相机阵列的光场相机比基于微透镜阵列的光场相机具有更长的基线，也就具有更大的 FOP 范围。

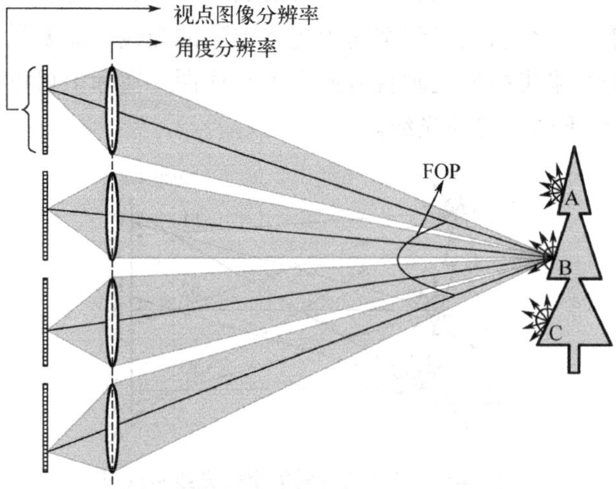

图 4-8　基于相机阵列的四维光场相机的光路示意图

4.1.3　光场的几何解释

从 1826 年全世界第一台相机诞生，至今已经有近两百年的历史，但其成像原理仍未摆脱传统的小孔成像模型（见 3.2 节），从根本上说，这个简化的小孔成像模型与人眼观察世界的过程是有本质区别的。假设没有小孔，直接用成像传感器，即电荷耦合元件（Charge-coupled Device，CCD）或互补金属氧化物半导体（Complementary Metal Oxide Semiconductor，CMOS），采集的图像会出现什么情况呢？

如图 4-9 所示，物体表面 A、B、C 三点都在向半球 180° 范围内发出光线。CCD 上的 A′点的感光像素会同时接收到来自 A、B、C 三点的光线，因此 A′点最终成像的像素值应该近似为物体表面上 A、B、C 三点的平均值。类似的情况也会发生在 CCD 上的 B′和 C′点的感光像素。显然，这种成像方式无法最终复原物体的真正外观。也就是说，如果把相机上的镜头去掉，那么拍摄到的图像将全部是噪声。

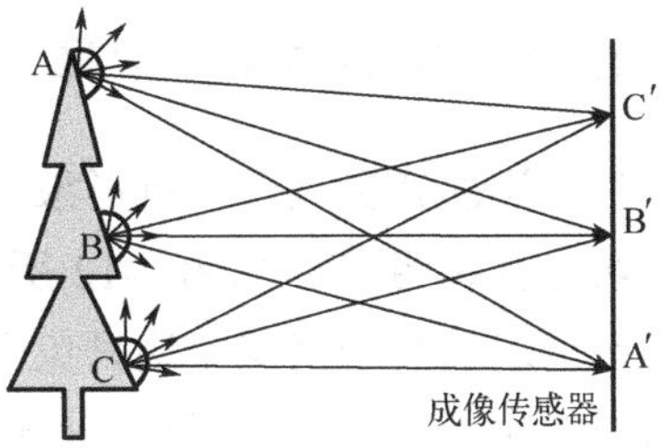

图 4-9　无小孔的噪声成像示意图

与之对比，如果在 CCD 之前加一个小孔，如图 4-10 所示，就构成了传统意义上的小孔成像模型，然后 CCD 上的 A′点的感光像素将只能接收到来自物体表面 A 点的光线。类似地，CCD 上的 B′点和 C′点的感光像素也相应地只接收到物体表面 B 点和 C 点的光线。因此，在 CCD 上将可以形成关于物体的倒立像，这就是小孔成像模型的成像过程。

实际的相机并没有采用如图 4-10 所示的理想小孔成像模型，因为小孔直径必须很小才能满足小孔成像条件，而太小则会导致通光量非常小，信噪比非常低，成像传感器无法采集到有效的光信号。此外，如果小孔直径足够小，当其与光波长尺寸相当时还会产生衍射现象；而小孔直径过大，又会导致成像模糊问题。因此，现代的成像设备用透镜来替代小孔，从而既能保证足够的通光量，又避免了成像模糊。

如图 4-11 所示，物体表面 A 点在一定角度范围内发出的光线经过透镜聚焦在成像传感器 A′点，对该角度范围内所有光线进行积分，将积分结果作为 A 点最终的像素值。这大大增加了最终成像的信噪比，提升了成像的效果，但同时也将 A 点在该角度范围内各方向的光线耦合在一起，无疑丢失了很多细微/立体信息。

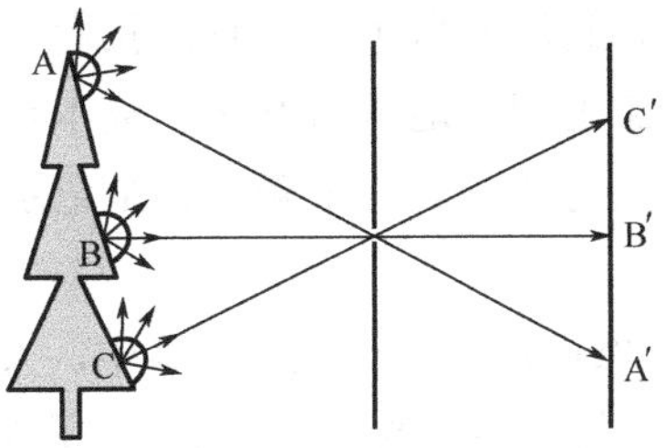

图 4-10　小孔成像过程示意图

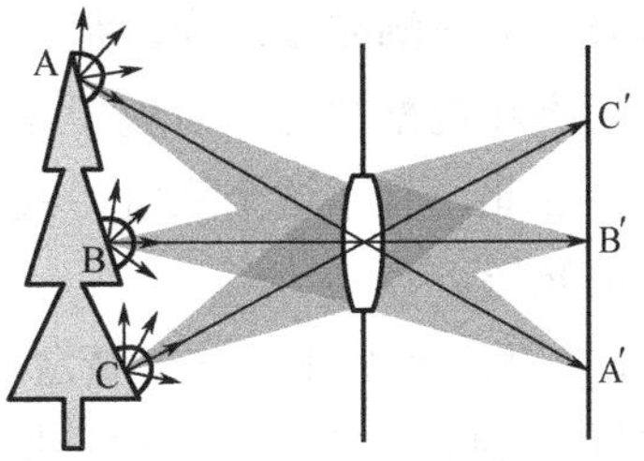

图 4-11　透镜小孔成像过程示意图

小孔成像模型可以理解为光场成像的一种降维形式，因为只采集了 (x, y, λ, t) 四个维度的信息。近些年出现的 RGB-D 相机多了一个深度维度信息，即 (x, y, z, λ, t)。与全光函数相比，其缺失的维度信息是光线的方向信息(θ,φ)。从而造成现有成像/呈现设备普遍存在的一系列问题，即缺乏来自不同方向的光线，从而缺乏关于场景的立体感知信息。

在图像采集方面，可以通过调节焦距来选择聚焦平面，然而无论如何调节，都只能确保某一平面清晰成像，而太近或太远的物体都会成像模糊，这使大场景下的感知和识别任务成为终极挑战。在场景渲染显示方面，由于(θ,φ)维度信息的缺失会引起渲染物体缺乏各向异性的光线，从而显得成像不够逼真，很难有真正意义上的立体感，也就造成了成像与人眼观察的真实世界之间的差异。

4.1.4 光场的魔盒解释

为了让读者更直观、更形象地理解光场的概念，我们通过经典而有趣的“魔盒解释”对光场进行说明[28]。如图 4-12 所示，我们假设用一个封闭的玻璃盒子罩住一只兔子模型，然后透过玻璃盒子来观察这只兔子。基于视觉成像理论，我们之所以能够看到这只兔子，是因为从兔子身上发出(反射出)的若干光线进入了人眼。很显然，盒子是封闭的，光线是直的，因此所有这些光线肯定要先穿过这个透明盒子，才能最终进入人眼。此时可以认为，从盒子表面上任意一点，向三维空间的任意方向(从里向外的半球范围内)发出了射线，而这些射线的颜色是由兔子和光照条件共同决定的。

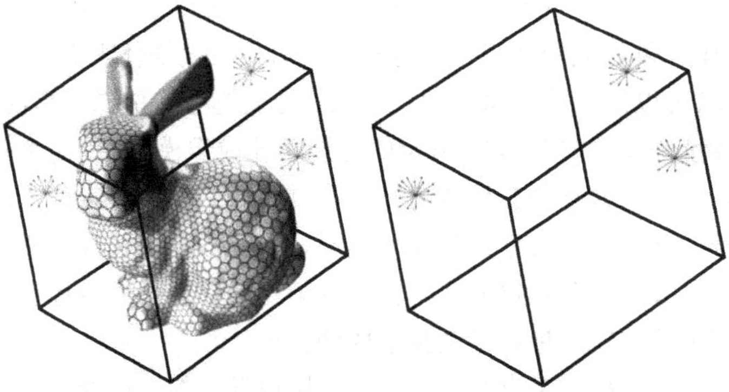

图 4-12 光场的“魔盒解释”示意图

假设我们拿走了玻璃盒子中的兔子，但这个玻璃盒子是一个魔盒，它能够将兔子在时的光场(所有光线)信息完整地保留。当我们再次观察这个魔盒时，所有进入眼睛的射线合成了视网膜上的一幅完整图像，那么我们应该仍能看到这只兔子。并且，我们可以自由地改变观察距离和观察视角，而兔子在视网膜上的图像也相应地自然变化，根本觉察不到兔子的消失。因此，有了这个魔盒，我们不再需要真正的兔子。这个魔盒就是记录兔子所有光线信息的光场。

当然，在现实世界中，这个魔盒是很难实现的。然而，在客观现实世界中，人们之所以能够通过两只眼睛看到物体，是由于物体本身发出或反射出的光场存在，其反映了物体本身光线强度的空间分布。因此，如果能够采集并重建出真实世界中关于物体的光场信息，就可以完整恢复出物体的三维模型。换句话说，如果我们能够生成关于虚拟对象的完整光场信息，就可以从视觉上完全真实地“创造”出虚拟对象，这也就是增强现实追求的理想目标。

4.2　光场数据采集

区别于传统成像方式，光场成像实际上是一种计算成像技术，需要对捕获的光场信息进行数字处理，才能得到相应的图像信息。相关研究人员已经研究建立了一系列光场数据采集理论，并在光场采集技术的发展过程中得到了多种设计方案。受到广泛关注和研究的主要有 3 种设计思路：基于相机阵列(Camera Array)的光场数据采集，基于微透镜阵列(Microlens Array)的光场数据采集，以及基于编码掩膜(Coded Mask)的光场数据采集。

4.2.1　基于相机阵列的光场数据采集

基于相机阵列的光场数据采集方法，是通过直接增加相机的数量以适配光场的四维数据存储结构。光线从物体表面发出，分别进入多个相机镜头，并分别被对应的成像传感器记录。图 4-13 所示为 4×4 相机阵列，A 点在半球范围内发出各向异性的光线，其中 FOP 范围内的光线进入了相机阵列，并被分成 4×4 束光线，每束光线被对应的镜头聚焦在成像传感器上，由此 A 点的各向异性的光线被离散化为 4×4 束并被分别记录。

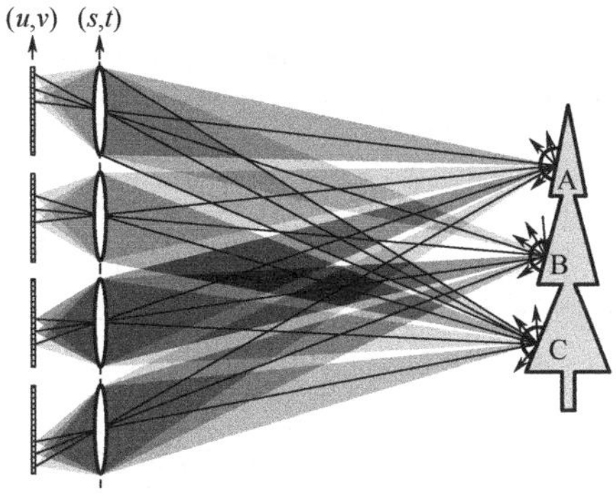

图 4-13　基于相机阵列的光场数据采集示意图

相机阵列通过多个镜头将物体表面同一点在一定角度内各向异性的光线解耦，并离散为多束光线分别记录。解耦后的离散化程度由相机阵列的规模决定，相机数量越多，离散化程度越高。

参照光场四维模型，图 4-13 中的镜头阵列好比(s,t)平面，成像传感器阵列好比(u,v)平面。(s,t)平面中的镜头数，也即相机数，决定了光场视点数。(u,v)平面像素总量决定了能采集光线的总量。(u,v)平面像素总量与(s,t)平面镜头数的比值即为单个相机的成像传感器分辨率。一般而言，相机阵列中各相机的成像传感器分辨率一致，所以单个相机的成像传感器分辨率即为光场的视点分辨率。

在多相机阵列出现之前，一般是通过机械移动装置实现相机的多目标、多视角图像采集，其中的典型结构包括 Levoy 等人所设计的移动机械臂[27]和 Isaksen 等人设计的二维移动平台[29]。美国斯坦福大学从 1990 年开始了针对“全光场”摄影技术的研究，由 Levoy 等人设计了由多个相机构成的光场数据采集阵列，如图 4-14 所示。

1996 年，Levoy 等人将相机固定到一个光场采集支架上，如图 4-15 所示。利用支架的二维平移和二维转动实现了四个自由度的调整[27]。2000 年，根据斯坦福大学实验室设计的移动机械臂的原理，Isaksen 等人设计了类似的二维移动平台，驱动相机进行光场数据采样[29]，如图 4-16 所示，利用光场参数的变化实现不同的成像应用，包括改变景深及调节焦点。当相机在平台上能够移动较大距离范围时，合成光场能够穿透遮挡物，对其后面的目标进行图像的重构。

图 4-14 用于采集光场数据的相机阵列

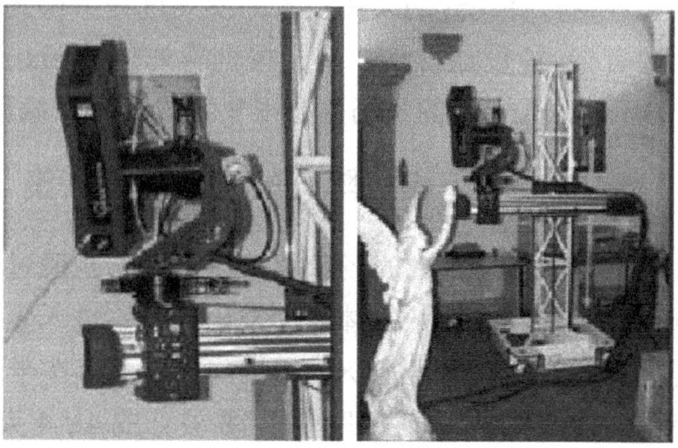

图 4-15 光场数据采集支架

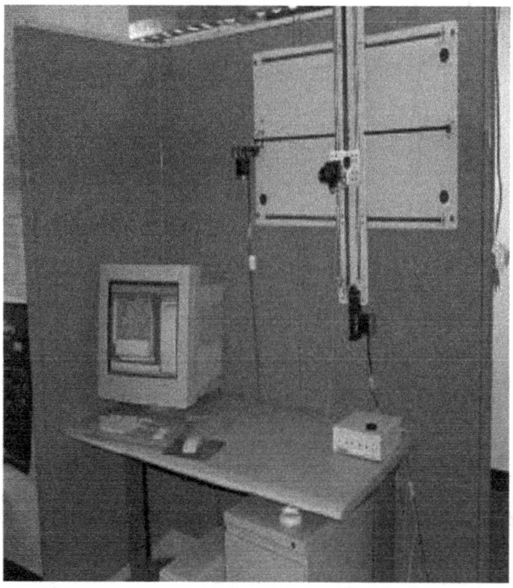

图 4-16 二维移动光场数据采集平台

无论是采用外部机械还是扫描仪，要完成光场数据的采集，都需要一定的扫描周期，因此这种方式只能局限于对静态物体的拍摄，而采用多相机阵列则可以弥补这一缺陷。2002 年，美国麻省理工学院的 Jason Yang 等人搭建了全世界第一套近实时的用于采集光场数据的相机阵列[30]，由 8×8 共 64 个相机组成，单个视点分辨率为 320×240，光场数据采集速率为 18fps，时延约为 80ms，其结构如图 4-17 所示。

在此之后，Zhang 和 T. Chen 进一步增大了相机阵列的自由度，设计了可独立调节姿态的多相机阵列[31]，如图 4-18 所示，每个相机都固定到一个移动机构单元中，可以各自在水平方向和垂直方向进行调节。

图 4-17　麻省理工学院实现的近实时相机阵列

图 4-18　可独立调节姿态的多相机阵列

多相机阵列的各相机之间的距离不同，整个相机阵列就有不同的用途。当所有相机之间的距离较小，即相机紧挨着放在一起时，整个相机阵列可以看成一个单中心投影相机(Single Center of Projection Camera)。这时整个相机阵列可以用来产生超分辨率、高信噪比、高动态范围的照片。从图 4-19 中可以看到，通过对不同相机设置不同的曝光时间，得到了比所有相机都设置相同曝光时间情况下更广的动态范围。

(a)所有相机设置相同曝光时间的拍摄结果

(b)所有相机设置不同曝光时间的拍摄结果

图 4-19　多相机阵列在不同设置下的拍摄结果对比

此外，当监控相机在夜晚工作时，由于光线不足，相机往往需要使用大光圈，然而大光圈带来的一个弊端是使图像的景深急剧减小，而相机阵列可以克服大光圈带来的景深小的问题。图 4-20(a)与图 4-20(b)分别为聚焦点在近处和远处的结果，而图 4-20(c)所示则为由光场成像合成的大景深范围的图像。

当所有相机之间的距离都很大时，整个相机阵列可以看成一个多中心投影相机(Multiple Center of Projection Camera)，所产生的数据就可以称为光场。通过这些数据，可以得到物体的多视角信息，为其三维重建和自由呈现提供了重要光线信息。除此之外，可以利用图片中的多视角信息构建全景照片[32]，如图 4-21 所示。

当所有相机之间的距离处于中等尺度时，这时整个相机阵列可看成一个合成孔径(Synthetic Aperture)相机：每个相机作为一个子部分进行采样，多个相机的组合可以等效为一个具有更大光圈的大孔径相机。这个相机能透过树枝或者人群，看到其后面被遮挡物体的表面。

当被监控的物体所在的平面与相机阵列所在的平面不平行时，用合成孔径相机去监控物体，可能导致计算量过大，以及被监控物体不同部分无法同时清晰呈现的问题。Vaish

等人[33]发现，当不同对焦平面交于一条直线，即出现图 4-22 所示情况时，可以使用剪切变形分解(Shear Warp Factorization)技术(当受到与杆件截面平行、相距很近、大小相等、方向相反的一对外力作用时，以杆件截面发生相对错动为主要特征的变形形式，称为剪切变形)完美地解决这个问题，如图 4-22(c)所示。具体而言，使用平面视差(Plane Parallax)技术无法同时使不在同一对焦平面上的物体清晰成像，图 4-22(a)中对焦在左边，图 4-22(b)中对焦在右边，图 4-22(d)为使用剪切变形分解技术的成像结果。

(a)聚焦点在近处获得的图像 (b)聚焦点在远处获得的图像 (c)光场成像合成的大景深范围的图像

图 4-20 不同景深的成像结果对比

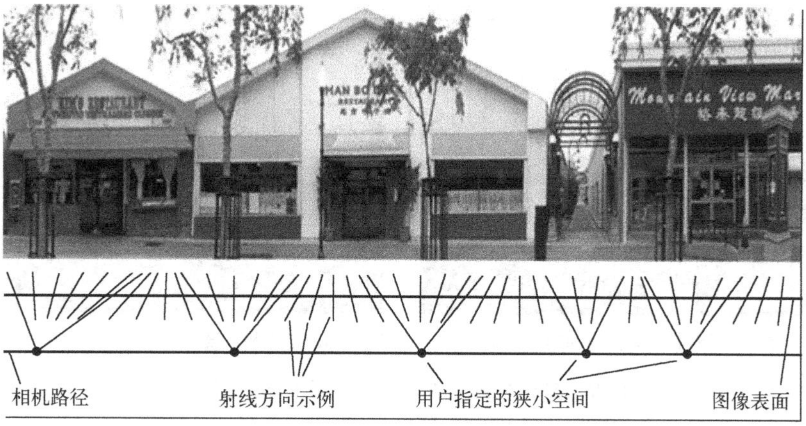

图 4-21 光场相机阵列拍摄所得多视角全景图像

综上所述，相机阵列通过利用不同视角的信息，以及更广阔的视场范围，大幅增加了成像系统的视角信息和视场范围，基于这种合成孔径成像技术在焦点选择和景深调节方面具有更高的自由度和灵活性，并具有高可拓展性的优势，非常适合用于多层次景物的识别、分类与追踪，已成为隐藏目标动态监测与跟踪的重要手段，在可见光频段具有巨大应用前景。

由于硬件成本高昂，体积较大等缺点，目前采用基于相机阵列的光场数据采集方案尚未普及。上海科技大学曹煊博士在 2015 年提出了稀疏相机阵列光场数据采集方案，利用压缩感知和稀疏编码大大减少了相机数量，降低了硬件成本，但仍然存在体积大的问题。Pelican 是美国硅谷的一家创业公司，一直致力于将相机阵列小型化，该公司在 2013 年实现了超薄的高性能相机阵列，如图 4-23 所示。通过光学设计的优化和光场超分辨算法的应用，这种小巧的相机阵列可构成独立的光场相机模块。Pelican 公司综合采用多种方法，在保持相机阵列轻薄的前提下提升了所采集光场的分辨率。

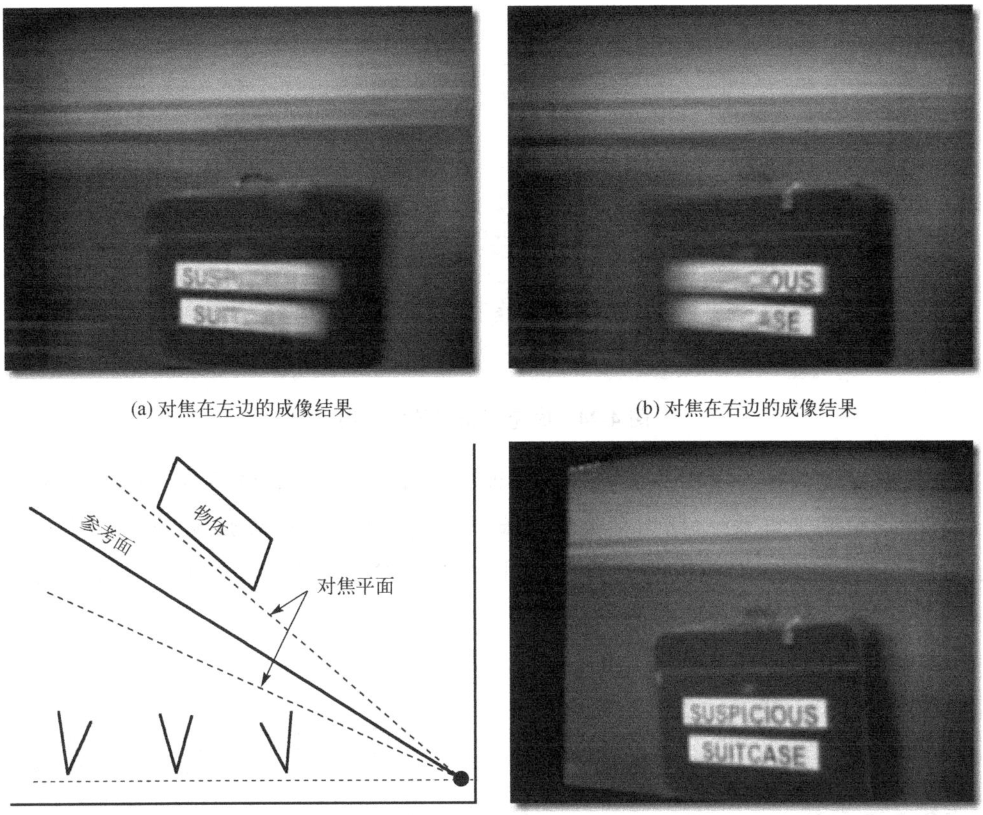

(a) 对焦在左边的成像结果　　(b) 对焦在右边的成像结果

(c) 剪切变形分解技术原理　　(d) 使用剪切变形分解技术的成像结果

图 4-22　不同对焦平面交于一条直线的情况

(a)　(b)　(c)

图 4-23　Pelican 公司设计的超薄的高性能相机阵列

常用于影视制作的时空凝结(时间冻结)系统是一种典型的线阵光场(相机阵列的一维形式)采集装置，目前主要用于空间连续变换视角下的时间定格场景画面的制作。如图 4-24 所示，在《黑客帝国》拍摄演员后仰以躲避子弹的场景时，时间暂停，子弹和雨滴都停止运动，镜头在这个时间暂停的场景旋转变换视角。“时间暂停”这个瞬间对应的多帧图片，便是采用时空凝结系统同时记录某个时刻的图像信息，最终把同一时刻不同角度的画面先后排列而形成的“时间暂停”的线阵光场效果。

图 4-24 时空凝结系统的应用

时空凝结系统的硬件结构与成像效果分别如图 4-25 与图 4-26 所示。该系统本质上是一个线阵光场空间采集系统(斯坦福大学实验室的光场阵列是面阵光场，即二维形式的采集系统)，通过同步控制多路相机的外触发时间，采集一个位置自由度和两个角度自由度上的光线信息，这些信息是前述四维光场信息的子集。

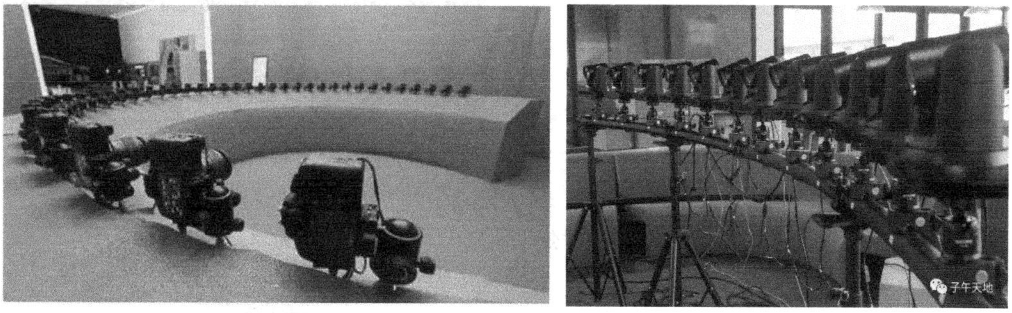

图 4-25 时空凝结系统的硬件结构

图 4-26 时空凝结系统的成像效果示例

4.2.2 基于微透镜阵列的光场数据采集

相机阵列的规模和尺寸限制了其使用场合，而实现单相机内的光场获取则更具实际意义。基于微透镜阵列的光场采集最早可以追溯到 1908 年 Lippmann 提出的集成成像(Integral

Photography) 技术，集成成像为基于微透镜阵列的光场采集奠定了重要的理论基础。Roberts[34]在 2003 年对集成成像的发展历史进行了详细梳理。基于集成成像理论，Adelson[35]在 1992 年尝试采用微透镜阵列来制造光场相机，Levoy 将集成成像应用于显微镜，实现了光场显微镜。

如图 4-27 所示，在传统成像系统的探测器前方距离 b 处放置一组等间距小孔阵列，可实现光场的重采样。从镜头发出的光线经过每个小孔后，投影到探测器平面，形成一个子图像，子图像每一点此时就对应于镜头发出的一条光线(即一个光场采样)。若将每个子图像整体看成一个宏像素，则每个宏像素对应于光场的一个位置采样，而宏像素内的每一点对应于光场在该位置的一个方向采样；所有宏像素共同实现了光场在镜头上每一点和每个小孔位置的采样。光场的位置采样分辨率由小孔采样间隔决定，而光场的方向分辨率则取决于光场在镜头上的采样次数，这是由每个宏像素内所包含的像元数所决定的。

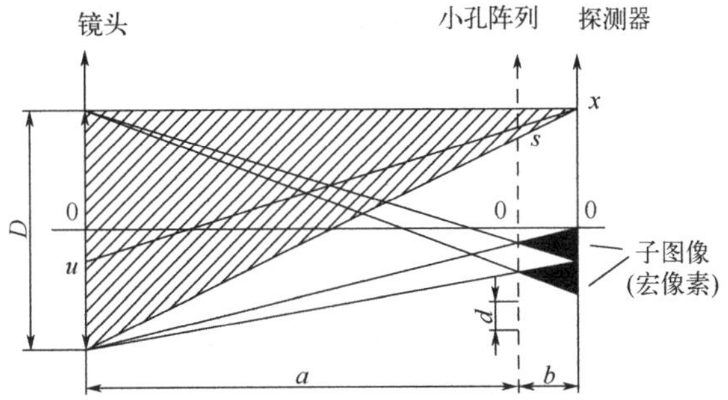

图 4-27 基于小孔阵列的光场采样

上述直观上的理解也可以从成像公式的数学推导来验证。在图 4-27 中，D 为镜头直径，镜头与小孔阵列之间的距离为 a，小孔阵列中相邻小孔之间的距离为 d。

探测器上任意一点 x 处的照度 $I(x)$ 可表示为光场经过小孔过滤后的积分，即

$$I(x)=\int L(u,x)\sum_{i}\delta(s-id)\mathrm{d}u,\quad i=1,2,3,\cdots \tag{4.3}$$

其中，$\delta(*)$ 表示小孔对应的狄拉克脉冲函数；i 为正整数，id 表示每个小孔在平面上的位置。

对于图 4-27 所示的一条入射光线，设其经过三个平面时的交点分别为 u，s，x，根据其几何关系可知：

$$\frac{s-u}{a}=\frac{x-s}{b}$$

因此有

$$s=\frac{xa+ub}{a+b}$$

引入临时变量 f，并令

$$f=\frac{ab}{a+b}$$

此时

$$s=\frac{f}{b}x+\frac{f}{a}u$$

将 s 代入式(4.3)中，得到

$$\begin{aligned}I(x)&=\int L(u,x)\sum_{i}\delta\left(\frac{f}{b}x+\frac{f}{a}u-id\right)\mathrm{d}u\\&=\frac{a}{f}\int L(u,x)\sum_{i}\delta\left(\frac{a}{b}x+u-\frac{a}{f}id\right)\mathrm{d}u\\&=\frac{a}{f}\int L\left(\frac{a}{f}id-\frac{a}{b}x,x\right)\end{aligned}\tag{4.4}$$

当相邻图像的边缘相切时，探测器的利用率最大，根据几何关系可知

$$\frac{D}{a+b}=\frac{d}{b}$$

因此有

$$d=\frac{Db}{a+b}=\frac{Df}{a}$$

将 d 代入式(4.4)，则有

$$I(x)=\frac{a}{f}\int L\left(iD-\frac{a}{b}x,x\right)$$

由于成像镜头孔径范围的限制，上式应满足

$$\left|iD-\frac{a}{b}x\right|\leqslant\frac{D}{2}$$

定义镜头经过一个小孔投影到探测器像面上的直径 h，则有

$$h=\frac{Db}{a}$$

进而得到

$$\frac{x}{h}-\frac{1}{2}\leqslant i\leqslant\frac{x}{h}+\frac{1}{2}$$

由于 i 为整数，因此需对上式向下取整，即 $i=\left\lfloor\frac{x}{h}+\frac{1}{2}\right\rfloor$。此时，将 i 代入式(4.4)可得

$$I(x)=\frac{a}{f}\sum_{i=\left\lfloor\frac{x}{h}+\frac{1}{2}\right\rfloor}L\left(iD-\frac{a}{b}x,x\right)=\frac{a}{f}L\left(\left\lfloor\frac{x}{h}+\frac{1}{2}\right\rfloor D-\frac{a}{b}x,x\right)\tag{4.5}$$

将上式直接推广至四维光场，可得

$$I(x,y)=\frac{ab}{f^2}L\left(\left\lfloor\frac{x}{h}+\frac{1}{2}\right\rfloor D-\frac{a}{b}x,\left\lfloor\frac{y}{h}+\frac{1}{2}\right\rfloor D-\frac{a}{b}y,x,y\right)\tag{4.6}$$

加入小孔阵列后，探测器像面上任一像点对应的是四维光场采样，而不再是简单积分，因此可以获得光场的位置和方向信息。

小孔阵列的光场采集是基于位置维度上的点采样，这样的点采样方式缺失大量的视场位置信息，同时严重损失了成像系统的光通量。由于小孔的作用可以理解为对镜头孔径进行成像，因此可将其替换为具有同样功能的微透镜。如图 4-28 所示，在原小孔阵列的位置放置微透镜阵列，单个微透镜的直径等于小孔距离 d，而微透镜的焦距是光场采集的影响因素。

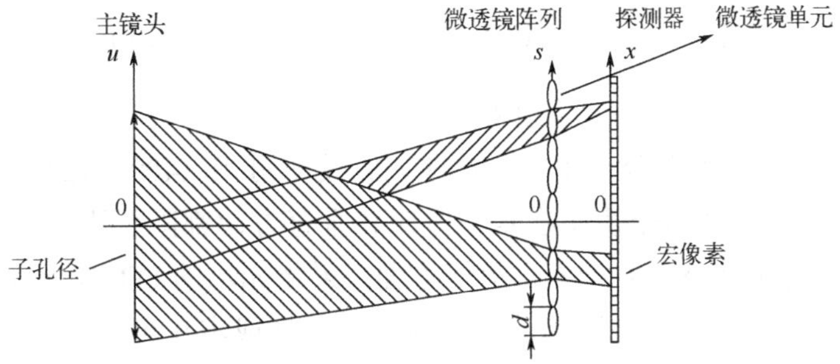

图 4-28　基于微透镜阵列的光场采集

图 4-29 对比了小孔阵列和微透镜阵列的光场成像效果。

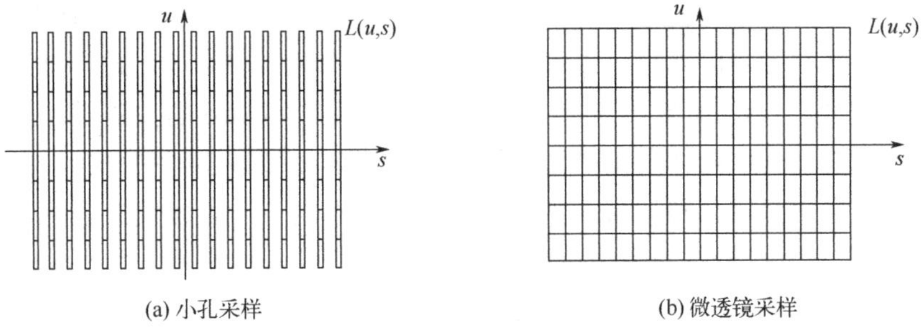

图 4-29　小孔阵列和微透镜阵列的光场成像效果对比

为了保证探测器像元的最大利用率，相邻微透镜的图像应在边界处相切，即应满足 $d=\dfrac{Db}{a+b}=\dfrac{Df}{a}$，稍做变换可得

$$\frac{a}{D}=\frac{f}{d} \tag{4.7}$$

其中，$\dfrac{f}{d}$ 为微透镜的光圈数；而 $\dfrac{a}{D}$ 为主镜头的光圈数。因此可知，当微透镜和主镜头的光圈数相等时，探测器像元利用率最大。

微透镜阵列的主要作用是将物体表面同一点在一定角度范围内的各个方向发出的光线进行离散化解耦，离散化程度(粒度)由微透镜光学参数、主透镜光学参数及微透镜与成像传感器之间的距离等多方面因素共同决定。参照光场四维模型，微透镜阵列好比 (s,t) 平面，成像传感器好比 (u,v) 平面，如图 4-30 所示。在基于微透镜阵列的光场采集模型中，(s,t) 平面微透镜数决定了光场的图像分辨率。在理想条件下，若微透镜的数量为 $M_1 \times M_2$，每个微透镜覆盖像元数(即宏像素像元数)为 $N_1 \times N_2$，则探测器像元数为 $M_1N_1 \times M_2N_2$。

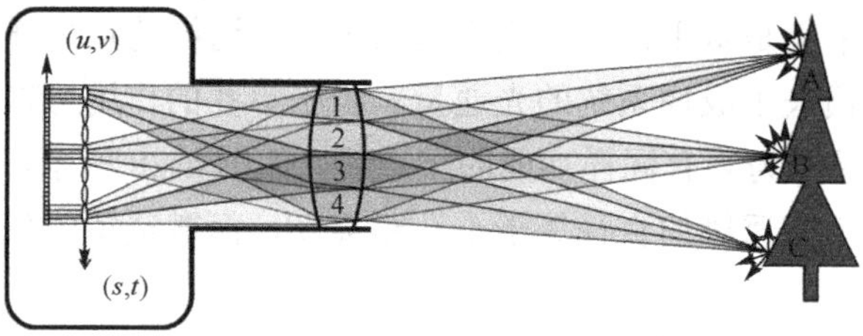

图 4-30 基于微透镜阵列的光场采集原理示意图

基于微透镜阵列的光场采集具有体积小，单次拍摄成像等优点，但也存在两个明显的缺陷。一方面，单视点的图像分辨率损失严重，假设使用 4K(4096×2160)的图像传感器采集 4×4 视点的光场，则图像分辨率在水平方向和垂直方向都降至原分辨率的 1/4，既单个视点图像分辨率只有 1024×540 像素。另一方面，采集光场的 FOP 较小，只能在较小的角度范围内变换视点。尽管存在上述的缺点，但由于总体成本在可控范围内，基于微透镜的光场采集方案是商业化光场相机主要采用的方案。

2006 年，斯坦福大学的 Ng 在常规相机基础上制成了手持式光场相机[36]，通过特殊结构设计将探测器芯片直接安装在微透镜阵列的焦平面上，从而减少了中继镜头所带来的额外成本及渐晕效应。此外，由于宏像素的排列次序与相应微透镜单元的排列次序保持一致，两者并不需要严格对齐，因此也可以去除场镜。2011 年和 2014 年正式推出第一代和第二代手持式光场相机 Lytro，如图 4-31 所示。相比传统相机，Lytro 的关键设计是在传统相机中嵌入一个微透镜阵列，物体发出的光线被主透镜聚焦在微透镜阵列平面，微透镜阵列将光线分开并由图像传感器分别记录，从而同时记录了不同方向上光线的强度。

Lytro 光场相机所拍摄的光场图像如图 4-32 所示，宏观上来看与常规图像没有太大区别，但从放大后的图中可以明显看出，每个微透镜所对应的宏像素均覆盖了若干个探测器像元。对二维光场图像中的像素进行重新排列，可得到四维光场矩阵。将四维光场重新投影到新的像平面进行积分叠加，就可以获得不同像平面上的对焦图像。这一对焦过程完全依靠数字计算来完成，而非传统的机械对焦方式，因此称为“数字对焦”。

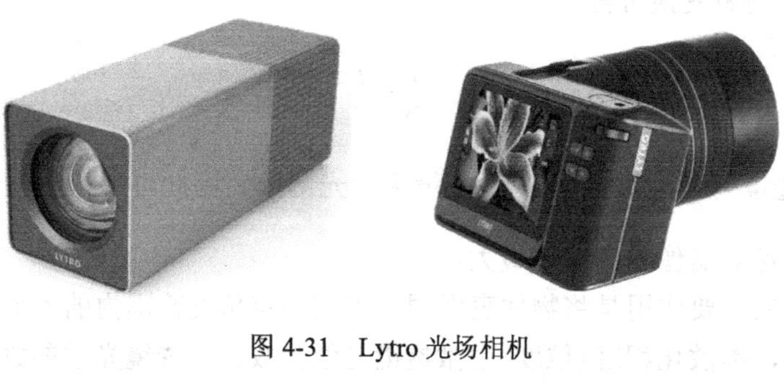

图 4-31 Lytro 光场相机

图 4-32 下部的三幅图片给出了光场相机依次对焦到前、中、后三个同深度位置的重构图像。

从空间角度很容易理解，数字对焦就是光线在不同平面上的投影积分。结合傅里叶投影切片定理，可推导出数字对焦在傅里叶频域的解释——傅里叶切片成像定理：二维图像的傅里叶频谱等于四维光场傅里叶频谱在某个角度下的二维切片采样[37]。二维光场图像转换为四维光场后，经过傅里叶变换得到四维光场频谱；将光场频谱沿某个角度进行二维切片采样，可得到二维频谱；再对切片后的二维频谱进行逆傅里叶变换，所得到的二维图像就是光场在某个深度平面上进行投影积分而成的图像。

图 4-32　光场图像与数字对焦

傅里叶切片成像定理不仅解释了图像和光场在傅里叶频域中的转换关系，还从理论上推导了光场角分辨率对于焦深范围和空间分辨率的影响。

Lytro 光场相机的出现对光场相机的普及做了很大的贡献，其“先拍照后聚焦”的理念也让人眼前一亮。然而 Lytro 光场相机自面世以来却一直不温不火，并没有在摄像领域带来人们期待的类似于从胶卷相机到数码相机的大变革。人们拍照时还是更习惯于使用手机或单反相机，很少见到光场相机。这主要是由于该款光场相机仍有不足之处——除功能实用性较低、使用复杂度较高等因素之外，所拍摄图像的分辨率比同价位单反相机所拍摄图像的更低。为了获取来自不同视角的光线，相机阵列在不同的位置安装彼此相互独立的相机，而微透镜阵列将光场获取集成在一个相机中，传感器的总像素数不变，则势必要牺牲图像的分辨率来提升角度分辨率(获取不同角度光线的能力)。即使光场相机拥有一系列高端的功能，消费者往往更加看重最基本的性能。因此，Lytro 光场相机定位在中高端相机并没有最大化地扬长避短，又因为算法层面上也还没有做得很完美，才导致了现在的局面。如何有效地利用光场相机所捕获的当前场景的图像，提高分辨率，开拓新功能，仍然是当今学术界与工业界光场成像领域研究的热点问题。

Raytrix 光场相机是德国一家创业公司开发的，同样是基于微透镜阵列的便携式光场相机。Lytro 光场相机主要面向大众普通用户，而 Raytrix 光场相机不仅面向普通用户，还面向工业和科研应用领域，如图 4-33 所示。Raytrix 光场相机扩大了采集光场的深度范围并开发了一套自动标定算法，用于标定光场相机。

Adobe Systems 公司的 Georgiev 等人[38] 基于光场在方向维度上的冗余性，认为可减少光场方向维度的采样，即用较低的角分辨率来换取相对更高的空间分辨率。在光场相机中，减少方向采样的最直接方法就是减小微透镜单元的孔径和焦距，以使每个宏像素所覆盖的像元数减少。这种做法会分别在制造和处理过程中引入新的问题。

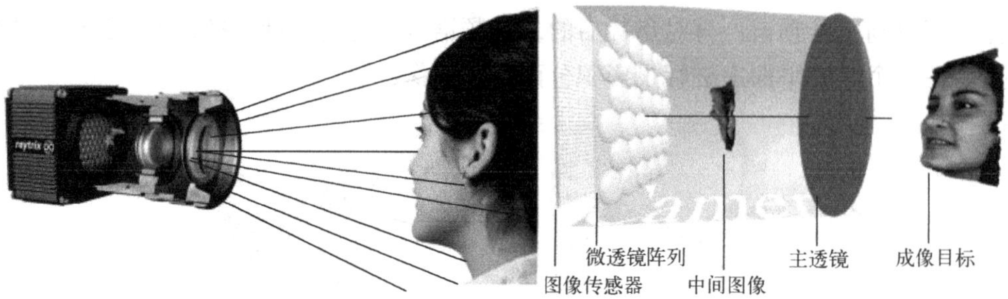

图 4-33　Raytrix 光场相机

首先，微透镜单元孔径和焦距的减小不仅增加了微透镜阵列自身的加工和制造难度，也使其更难以与探测器像面进行直接耦合。其次，由于光线衍射弥散或微透镜阵列结构误差，相邻两个宏像素在其边界像元处不可避免会发生混叠，因此在实际处理时需要剔除宏像素的边界像元。若减少宏像素所覆盖的像元数，则会降低有效像元在整个宏像素中的比例，造成探测器像元的损失和浪费。

针对第一个问题，Lumsdaine 和 Georgiev 提出了光场相机 2.0 的设计方案[39]，或称之为"聚焦光场相机"(Focused Plenoptic Camera)，如图 4-34 所示。

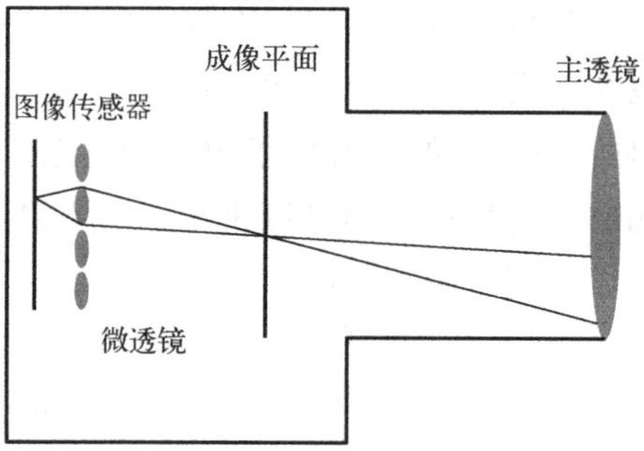

图 4-34　光场相机 2.0 结构示意图

在光场相机 2.0 中，探测器不再位于微透镜阵列的焦平面上，即探测器关于微透镜的共轭面不是主镜头的光瞳，而是微透镜阵列之前某个有限距离处的虚拟物平面。若该虚拟物平面和探测器与微透镜的距离分别为 a 和 b，那么光场相机 2.0 对光场的方向分辨率为 a/b，空间分辨率为探测器分辨率的 b/a 倍。通过调整参数 a 和 b，可以对光场的方向采样和空间采样进行折中。

对于第二个问题，Georgiev 等人设计了一种外置于常规相机镜头前端的微透镜阵列(或透镜-棱镜阵列)，如图 4-35 所示。这种设计改变了四维光场在二维像平面上的排列方式，类似于集成成像(Integral Imaging)中对于光线采样的处理。每个子图像为光场的一个方向采样，而子图像内的像元表示光场的空间采样。采用这种排列方式能够减少子图像边缘像素的比例，因而提高了探测器像元的有效利用率。

严格来说，Georgiev 提出的光场相机与上述基于微透镜阵列的 Lytro 和 Raytrix 光场相机并不完全相同。图 4-35 中的微透镜阵列更靠近相机主透镜位置，解耦合后的光线在传感器上形成的图像与 Lytro 和 Raytrix 光场相机的并不相同，因此从传感器原始数据提取光线的场算法也与 Lytro 和 Raytrix 光场相机的不同。

图 4-35　Adobe Systems 公司的光场相机

4.2.3　基于编码掩膜的光场数据采集

基于相机阵列和基于微透镜阵列的光场数据采集有一个共同点——“阵列”。前者通过多个相机构成阵列，在不牺牲图像分辨率的情况下增加了角度分辨率，但是需要增加大量的图像传感器。后者通过多个微透镜构成阵列，牺牲图像分辨率换取角度分辨率。总体而言，图像辨率与角度分辨率是一对矛盾因素，总是此消彼长。通过增加成像传感器数量来解决矛盾会造成硬件成本的急剧增加。

上述两种光场数据采集方案必须在图像分辨率和角度分辨率之间进行折中。学术界最新出现的基于编码掩膜的光场数据采集打破了这一局限。该方案通过对光场的学习去掉光场的冗余性，从而采集更少的数据量就能重建出完整的光场。

如图 4-36 所示，在传统相机的成像光路中加入一片半透明的编码掩膜，掩膜上每个像素光线透过方式(也称为编码模式)都不一样，进入光圈的光线在到达成像传感器之前会被掩膜调制，经过掩膜调制后的光线到达成像传感器。利用提前学习好的光场字典，从单幅采集的调制图像就可以重建出完整的光场。从理论上讲，掩膜的编码模式可以随机取值，Kshitij Marwah 已证明，通过约束变换矩阵与其转置矩阵的乘积为单位矩阵，可以得到优化的编码掩膜，采用优化后的编码掩膜可以重建出更高质量的光场。

很多学者已经尝试利用掩膜编码方式来实现计算成像，例如台湾大学的 Chia-Kai Liang 在 2008 年设计的一种可编程孔径相机，结合多次曝光成像对主镜头的子孔径进行采样，每次曝光只允许特定子孔径位置的光线成像到探测器。可编程孔径相机所采集到的光场具有与探测器相当的空间分辨率，但这同时是以牺牲曝光时间或图像信噪比为代价的，多次曝光成像所形成的庞大数据量也成为了额外的负担。

麻省理工学院媒体实验室的 Veeraraghavan Ashok 等人在 2007 年采用掩膜实现了可以重聚焦的相机，后于 2011 年结合闪光灯和相机掩膜实现了对高频变化的图像进行高速摄像，即外差式光场相机(Heterodyne Light Field Camera)，如图 4-37 所示。与在空间域对光场进行调制的光场相机不同，外差式光场相机实现的是四维光场在傅里叶频域中的调制。在频域中，某个深度位置所成的像就是四维光场的二维切片。如果在这个深度平面放置一片具有特定透过率函数的编码掩膜，则光线经过掩膜滤光的过程在傅里叶域表现为光场频谱与掩膜透过率函数的傅里叶变换的卷积。将该函数设为余弦函数，其傅里叶变换为脉冲函数，就可以实现光场频谱的复制和搬移。调制后的光场再汇聚到探测器上，即重新作切片采样，采样后的图像频谱中已经包含了光场方向维度的频谱信息。对光场进行解调时，将探测器图像的频谱依序重新排列，即可得到四维光场的频谱。

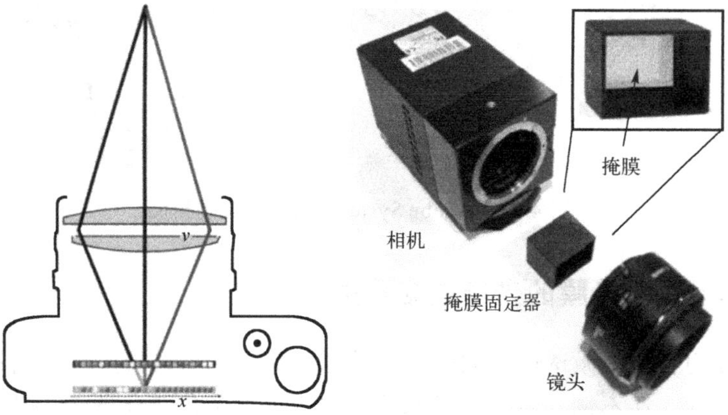

图 4-36　掩膜光场相机

麻省理工学院在掩膜相机方面的研究也非常深入，其 CSAIL 实验室的 Anat Levin 于 2007 年采用编码光圈实现了深度图像的采集。

基于编码掩膜的光场采集方案的最大优势在于无须牺牲图像分辨率就能提高角度分辨率。但该方案存在光场图像信噪比低的缺点，这主要是由以下两个方面的原因造成的。

(1) 掩膜的透过率达不到 100%，因此会损失光线信号强度，导致成像信噪比较低；

(2) 所重建的最终光场图像并不是成像传感器直接采集得到的，而是通过从被调制的图像中进行解调制得到的；本质上是基于已经学习的光场字典“猜”出了待重建的光场。

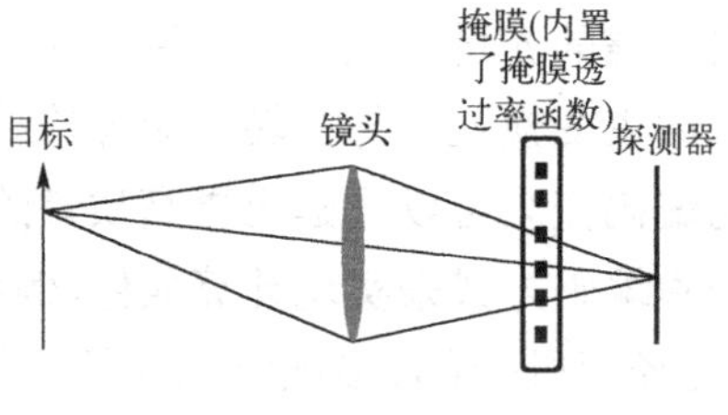

(a) 外差式光场相机结构和编码掩膜透过率函数

(b) 外差式光场相机和编码掩膜实物图

图 4-37　采用编码掩膜的外差式光场相机

4.2.4　光场数据采集方案的对比分析

与传统相机相比，上述三种主流的光场数据采集方案可总结分析如下。

(1)基于微透镜阵列的光场数据采集具有体积小巧、硬件成本低等优点。但其缺点也很明显：光场视点图像分辨率损失严重，随着视点数的增加，单视点图像分辨率急剧下降。另外，由于相机光圈受限，光场中可观察的视差范围较小。

(2)基于相机阵列的光场数据采集相比基于微透镜阵列的光场数据采集具有更多优点，视点分辨率不损失，并且光场中可观察的视差范围更大。但是，基于相机阵列的光场数据采集仍然面临两个问题：一是需要的相机数量较多，硬件成本高昂，例如采集 7×7 视点的光场则需要 49 个相机；二是相机的同步控制较复杂，数据量较大，存储和传输成本较高。

基于编码掩膜的光场数据采集打破了光场角度分辨率与视点图像分辨率之间的互相制约关系，利用“学习”的方法去掉光场冗余性，从少量信息中恢复光场。虽然存在信噪比降低的问题，但在目前光学传感器分辨率受限的现实条件下，不损失分辨率这一优点使得该方案受到广泛关注。

4.3　光场数据处理

四维光场数据可以表示为 $L(V_x,V_y,R_x,R_y)$[40]，其中 (V_x,V_y) 表征光场角度分辨率，即有 $V_x \times V_y$ 个视点图像；(R_x,R_y) 表征视点图像分辨率，即单个视点的图像分辨率为 $R_x \times R_y$，如图 4-38 所示。

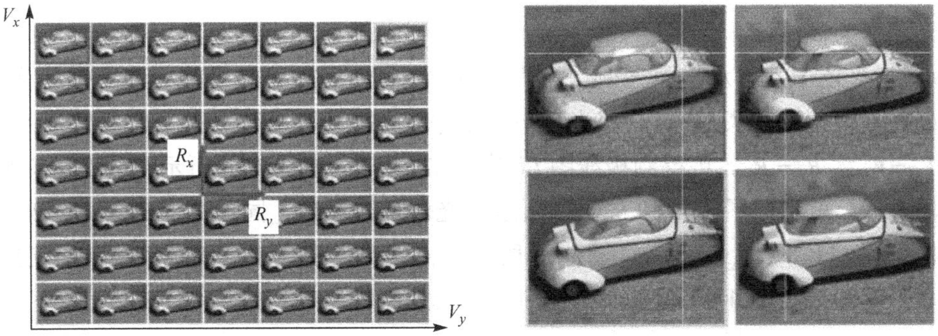

图 4-38　光场角度分辨率和视点图像分辨率的可视化分析

4.3.1　光场数据的可视化处理

常用的光场数据可视化方法有多视图法、角度域法和极线图法[40]。

图 4-38 采用了多视图法，较为直观简单，容易理解。首先令 $V_x = V_x^*$，$V_y = V_y^*$，可以得到多视角的某个视图 $L(V_x^*,V_y^*,R_x,R_y)$，其中*代表某具体值。图 4-38 的左侧图展示了 7×7 光场的可视化，表示共有 49 个视点图像，每个视点图像分辨率为 384×512。视点图像分辨率越高，包含的细节就越多。角度分辨率越高，单位角度内的视点数就越多，视差过

渡就越平滑。角度分辨率越低，视点就越稀疏，观看光场时视点跳跃感就越明显。假设在10°的可视角度内，水平方向上包含了7个视点，相邻视点之间的角度为1.67°，在2m的观看距离，相邻两个视点的水平距离为29mm。那么，当视点数减少时，相邻视点的空间距离变大，观看者移动观看位置时就会感到明显的视点跳跃。

利用角度域法，通过设 $R_x = R_x^*$，$R_y = R_y^*$，可以得到某个宏像素 $L\left(V_x, V_y, R_x^*, R_y^*\right)$，如图4-39所示。

(a)

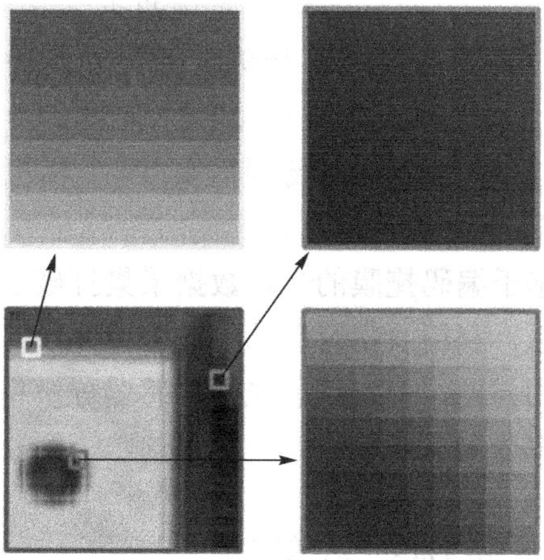

(b)

图4-39 光场数据的角度域法，其中箭头指明了放大后的效果

光场中任意两个视点之间都存在视差，将光场 $L\left(V_x, V_y, R_x, R_y\right)$ 中的部分视点图像放大，如图4-39(b)所示；同一行所有视点图像之间只有水平视差，没有垂直视差；同一列所有视点图像之间只有垂直视差，没有水平视差。

将光场作为高维数据，不便于可视化分析。为了更好地分析光场中的视差，可采用极线图法。即将光场中某一水平面上视点的所有图像的同一行像素堆叠成一幅二维图像（对于垂直平面的处理情况是类似的），将光场中的水平视差和垂直视差可视化，便于直观分析。通过设 $V_x = V_x^*$，$R_x = R_x^*$，可得到极线图 $L\left(V_x^*, V_y, R_x^*, R_y\right)$，如图4-40所示，黑色线条所在的行像素堆叠后，就形成了图4-40的下部所示的光场切片图像。同理，设 $V_y = V_y^*$，$R_y = R_y^*$，可得到极线图 $L\left(V_x, V_y^*, R_x, R_y^*\right)$，如图4-40所示，将光场中垂直视点的浅色线条所在的列像素堆叠后，就形成了图4-40的右部所示的光场切片图像。

图4-40 光场数据的极线图法

4.3.2　基于光场数据的重聚焦

顾名思义，聚焦就是通过调整镜头或相机位置，将视觉焦点集中在某一特定物体或平面上。由于拍照时的景深问题，不能使所有物体全部清晰呈现，因此可以通过对焦或变焦，使焦平面上的物体清晰。对焦是通过改变传感器与主镜头的距离来实现这一过程的，而变焦是通过改变主镜头的焦距来实现这一过程的。如果使用传统相机，要先对焦，然后再进行拍摄，而对于动态目标的拍摄，这种形式的实用性较差。光场相机由于其独特的结构，可以轻松解决上述问题。

4.3.2.1　空间域中的重聚焦

在空间域中，采用双平面参数化方法表征光场，即光线强度为 $L(u,v,x,y)$，其中 (u,v) 和 (x,y) 分别是光线与两平面的交点坐标。如果用探测器像面中的坐标 (x,y) 表示光线的分布位置，那么镜头光瞳面坐标 (u,v) 就反映了光线的传输方向。探测器像面上的像元接收来自整个光瞳的光线，并进行积分，那么像面 (x,y) 处的光照度为

$$I(x,y)=\iint L(u,v,x,y)\mathrm{d}u\mathrm{d}v \tag{4.8}$$

重聚焦过程是将采集到的光场重新投影到新的像平面上，并进行积分。简单来说，由于景物所处深度不同，对于相同孔径的镜头而言，其聚焦面也不同，通过重聚焦可以获知各景深处所对应的聚焦像。式(4.8)中的 $L(u,v,x,y)$ 为采集到的光场，如图 4-41 所示，α 和 β 分别表示主镜头孔径所在平面和微透镜阵列所在平面，两个平面之间的距离为 l。选择新的对焦平面为 β'，与 α 平面之间的距离为 l'，令 $l'=kl$，其中 k 为比例系数。某光线分别与 α、β 和 β' 平面交于点 u，s 和 s'。β' 平面所成的像等于 α 和 β' 两平面之间光场的积分，即

$$I(s')=\int L'(u,s')\mathrm{d}u \tag{4.9}$$

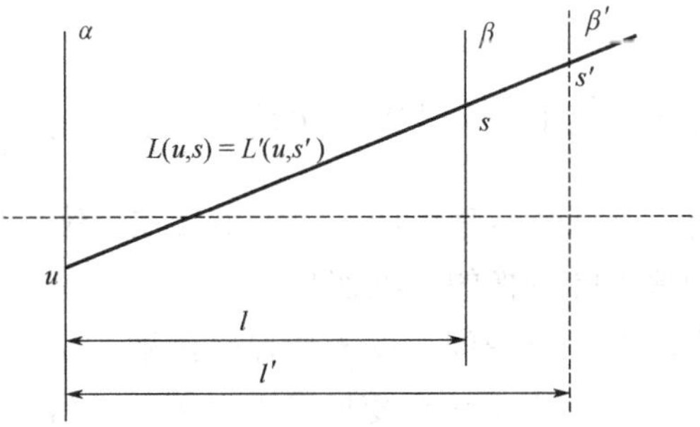

图 4-41　光场数据重聚焦示意图

对于同一条光线而言，$L'(u,s')=L(u,s)$。此时，根据图 4-41 所示的相似关系，可知

$$\frac{s'-u}{l'}=\frac{s-u}{l} \tag{4.10}$$

变换后为

$$s=\frac{s'}{k}+u\left(1-\frac{1}{k}\right) \tag{4.11}$$

此时，像面处光强积分 $I(s')$ 可以表示为

$$I(s')=\int L\left(u,\frac{s'}{k}+u\left(1-\frac{1}{k}\right)\right)\mathrm{d}u \tag{4.12}$$

上式表示二维情形，同理可推知四维情形，即

$$I(s',t')=\iint L\left(u,\ v,\ \frac{s'}{k}+u\left(1-\frac{1}{k}\right),\ \frac{t'}{k}+v\left(1-\frac{1}{k}\right)\right)\mathrm{d}u\mathrm{d}v \tag{4.13}$$

4.3.2.2 频率域中的重聚焦

Lytro 光场相机所属公司的创始人 R. Ng 最早提出了频率域重对焦图像算法，算法核心是围绕傅里叶切片定理进行展开。我们知道，傅里叶切片定理最重要的作用就是降维，对于四维光场数据，为了方便对多维数据进行处理，首先需要将二维傅里叶切片定理延展至多维，然后降维至四维，进行四维光场数据处理，就可以实现在频率域对光场重聚焦图像的处理。

由二维傅里叶切片定理可知：物体发出的光线 $f(x,y)$ 在角度 θ 下的平行投影，相当于在同一角度下对 $f(x,y)$ 进行二维傅里叶变换。假设 $f(x,y)$ 平行于 y 轴，可以得到一个投影，表示为

$$h(x,0)=\int_{-\infty}^{+\infty} f(x,y)\mathrm{d}y \tag{4.14}$$

对上式进行傅里叶变换，可得

$$H(\omega)=\int_{-\infty}^{+\infty} h(x,0)\mathrm{e}^{-\mathrm{j}2\pi x\omega}\mathrm{d}x=\int_{-\infty}^{+\infty}\int_{-\infty}^{+\infty} f(x,y)\mathrm{e}^{-\mathrm{j}2\pi x\omega}\mathrm{d}x\mathrm{d}y \tag{4.15}$$

其中，ω 和 v 是频率变量，分别对应于 x 和 y 方向上的频率，如果对原函数 $f(x,y)$ 进行傅里叶变换，当 $v=0$ 时，可得

$$F(\omega,v)|_{v=0}=\int_{-\infty}^{+\infty}\int_{-\infty}^{+\infty} f(x,y)\mathrm{e}^{-\mathrm{j}2\pi(\omega x+vy)}\mathrm{d}x\mathrm{d}y=\int_{-\infty}^{+\infty}\int_{-\infty}^{+\infty} f(x,y)\mathrm{e}^{-\mathrm{j}2\pi x\omega}\mathrm{d}x\mathrm{d}y \tag{4.16}$$

由上述推导可知，傅里叶切片定理表明：二维函数在一维方向上的积分投影的傅里叶变换，等于该二维函数的傅里叶变换的一维切片。

将傅里叶切片定理推广至 N 维空间：设 f 是 N 维函数，对 f 进行坐标变换后，将其积分投影至 M 维进行傅里叶变换，那么这个变换等于对函数求傅里叶变换，然后进行坐标逆变换，最后取该变换的 M 维切片，此过程可表示为

$$F^M \to I_M^N \to B=S_M^N \to \frac{B^{-T}}{\left|B^{-T}\right|} \to F^N \tag{4.17}$$

其中，I_M^N 表示 N 维到 M 维的积分投影过程，S_M^N 表示将 N 维函数降维到 M 维的过程，F^N 表示对 N 维函数进行傅里叶变换。

由上面的推导可以得到傅里叶切片成像定理：传统图像是光场的四维傅里叶变换的二维切片的二维逆傅里叶变换。

4.3.3　基于光场数据的深度估计

传统相机只能采集来自场景某个方向的二维信息，那么如何才能采集到光场信息呢？事实上，当多个相机在多个不同视角同时拍摄时，即可认为得到了一个光场的采样(多视角图像)。在此基础上，目前已有多种获得四维光场数据的方式。

光场图像中包含来自场景的多视角信息，这使得深度估计成为可能。与传统的多视角深度估计算法相比，基于光场的深度估计算法无须进行相机标定，这大大简化了深度估计的流程。但是，由于光场数据量巨大而使深度估计过程占用大量的计算资源，同时这些所谓的多个视角之间的虚拟相机的基线过短，从而可能导致误匹配的问题。以下将对多种深度估计算法进行分类，并挑选具有代表性的算法进行总结。

4.3.3.1　多视角立体匹配方法

根据光场相机的成像原理，我们可将光场图像想成多个虚拟相机在多个不同视角拍摄同一场景所得图像的集合，那么此时的深度估计问题就转换成多视角立体匹配问题。

Jeon 等人提出了基于相移的亚像素多视角立体匹配算法[41]，其核心思想用到了相移理论，即空间域的一个小的位移 Δx 在频率域为原信号的频率域表达与位移的幂指数的乘积：

$$F\left\{I\left(x+\Delta x\right)\right\}=F\left\{I\left(x\right)\right\}\mathrm{e}^{\mathrm{j}2\pi\omega\Delta x} \tag{4.18}$$

所以，位移后的图像可以表示为

$$I'\left(x\right)=I\left(x+\Delta x\right)=F^{-1}\left(F\left(I\left(x\right)\right)\right)\mathrm{e}^{2\pi\mathrm{j}\Delta x} \tag{4.19}$$

面对 Lytro 相机基线短的难点，通过相移理论能够实现亚像素精度的匹配，在一定程度上解决了基线短的问题。

为了能够使视角图像之间进行匹配，可以使用两种不同的损失量：绝对误差和(Sum of Absolute Differences，SAD)，以及梯度误差和(Sum of Gradient Differences，SGD)，最终通过加权的方式获得最终的匹配量 C，它是点 x 与深度/视差层 l 的函数，即

$$C\left(x,l\right)=\alpha C_A\left(x,l\right)+\left(1-\alpha\right)C_G\left(x,l\right),\quad \alpha\in\left[0,1\right] \tag{4.20}$$

其中，α 表示 SAD 量 C_A 以及 SGD 量 C_G 的权重。同时，C_A 定义为如下形式

$$C_A\left(x,l\right)=\sum_{u\in V}\sum_{x\in R_x}\min\left(\left|I\left(u_c,x\right)-I\left(u,x+\Delta x\left(u,l\right)\right)\right|,\tau_1\right) \tag{4.21}$$

其中，R_x 表示在 x 点邻域的矩形区域；τ_1 是匹配量阈值(为了增加算法鲁棒性)；V 表示除中心视角 u_c 以外的其余视角。式(4.21)通过比较中心视角 $I\left(u_c,x\right)$ 与其余视角 $I\left(u,x\right)$ 的差异来构建损失量，具体而言，在某个视角 $I\left(u_i,x\right)$ 周围移动一个小的距离 Δx 并与中心视角做差。一直重复这个过程，直到比较完所有的视角 u_i（$i=1,\cdots,N$）为止。此时会用到相移理论，以得到移动后的像素强度，Δx 定义为

$$\Delta x\left(u,l\right)=lk\left(u-u_c\right) \tag{4.22}$$

其中 k 表示每个深度/视差层的像素数，Δx 会随着任意视角与中心视角偏离的程度而线性增大。同理，可以构造出第二个损失量 SGD，其基本形式为

$$C_G(x,l)=\sum_{u\in V}\sum_{x\in R_x}\beta(u)\min\left(\mathrm{Diff}_x\left(u_c,u,x,l\right),\tau_2\right)+\left(1-\beta(u)\right)\min\left(\mathrm{Diff}_y\left(u_c,u,x,l\right),\tau_2\right) \quad (4.23)$$

其中，$\mathrm{Diff}_x\left(u_c,u,x,l\right)=\left|I_x\left(u_c,x\right)-I_x\left(u,x+\Delta x(u,l)\right)\right|$表示子视角图像在$x$方向上的梯度；同理，$\mathrm{Diff}_y$表示子孔径图像在$y$方向上的梯度；$\beta(u)$控制着这两个方向上的损失量的权重，用任意视角与中心视角之间的相对距离表示，即

$$\beta(u)=\frac{\left|u-u_c\right|}{\left|u-u_c\right|+\left|v-v_c\right|} \quad (4.24)$$

至此，代价函数构建完毕。随后，对该代价函数利用边缘保持滤波器进行损失聚合，得到优化后的代价量。

4.3.3.2 基于 EPI 的方法

不同于多视角立体匹配方法，基于视差平面图像(Epipolar Plane Image，EPI)的方法通过分析光场数据结构从而进行深度估计。EPI 图像中斜线的斜率就能反映出场景的深度。

在图 4-42 中，点P为空间点，Π为相机平面，Ω为像平面。图中Δu与Δx的关系可以表示为[42]

$$\Delta x=-\frac{f}{Z}\Delta u \quad (4.25)$$

其中，f为焦距，Z为景深。假如Δu相同，那么水平方向位移较大的EPI图像中斜线所对应的视差就越大，即深度越小。如图 4-43 所示，因为$\Delta x_2>\Delta x_1$，所以浅色线对应的空间点的深度比深色线对应的空间点的深度更小。

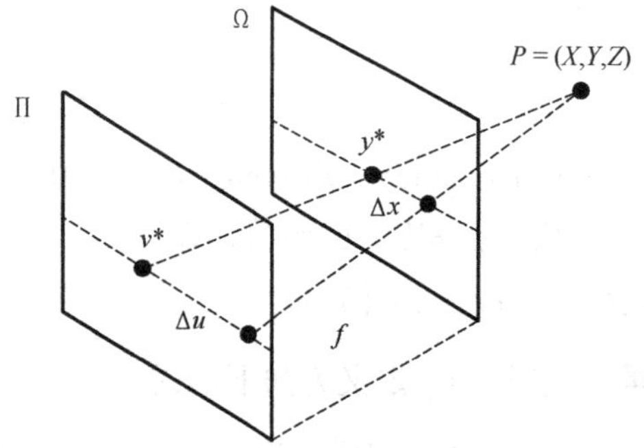

图 4-42 光场数据获取的光路示意图

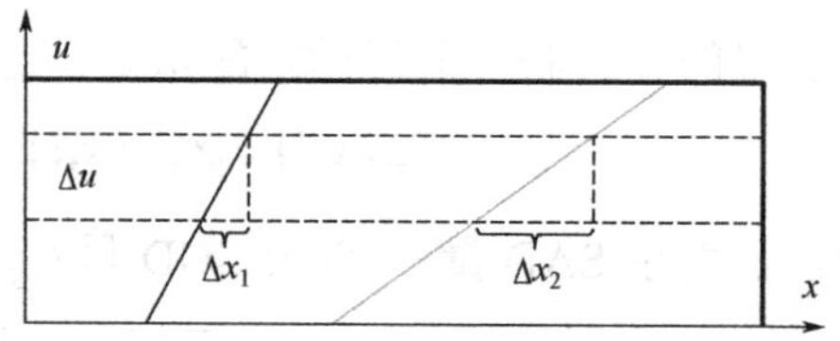

图 4-43 基于 EPI 的深度估计示意图

目前具有代表性的算法是 Wanner[42]提出的，利用结构张量估计了 EPI 的直线斜率J，即

$$\boldsymbol{J}=\begin{bmatrix} G_\sigma*\left(S_xS_x\right) & G_\sigma*\left(S_xS_y\right) \\ G_\sigma*\left(S_xS_y\right) & G_\sigma*\left(S_yS_y\right)\end{bmatrix}=\begin{bmatrix} J_{xx} & J_{xy} \\ J_{xy} & J_{yy}\end{bmatrix} \quad (4.26)$$

其中，S_x和S_y分别表示极线图在x方向和y方向上的梯度，G_σ表示高斯平滑算子。最终极线图中局部斜线的斜率可以表示为

$$\boldsymbol{J}=\begin{bmatrix}\Delta x \\ \Delta v\end{bmatrix}=\begin{bmatrix}\sin\varphi \\ \cos\varphi\end{bmatrix} \quad (4.27)$$

其中，$\varphi=\frac{1}{2}\arctan\left(\frac{J_{yy}-J_{xx}}{2J_{xy}}\right)$。因此可计算深度，得到

$$Z=-f\frac{\Delta v}{\Delta x} \tag{4.28}$$

通常情况下，可以用一种更简单的形式，如视差来表示，即

$$d_{y^*,y^*}=-\frac{f}{Z}=\frac{\Delta x}{\Delta v}=\tan\varphi \tag{4.29}$$

至此，利用上述公式可以从 EPI 图像估计出视差。

4.3.3.3　散焦及融合方法

光场相机的一个很重要的卖点是先拍照后对焦，这其实是根据光场剪切原理[38]得到的。通过衡量像素在不同焦栈处的“模糊度”可以得到其对应的深度。

目前最具代表性的方法由 Tao 等人在 2013 年提出[43]。该方法分为两个部分：首先设计两种深度线索并估计原深度；然后进行置信度分析及马尔可夫随机场(Markov Random Field，MRF)融合。具体做法如下。

首先，对光场图像进行重聚焦，得到一系列具有不同深度的焦栈。然后对这些焦栈分别提取两个线索：散焦量和匹配量。剪切量α条件下的散焦量定义为

$$D_\alpha(x)=\frac{1}{|W_D|}\sum_{x'\in W_D}\left|\Delta_x\overline{L}_\alpha(x')\right| \tag{4.30}$$

其中，W_D表示当前像素邻域窗口大小，Δ_x表示水平方向拉氏算子，$\overline{L}_\alpha(x)$为每个经过平均化并重聚焦后的光场图像，即

$$\overline{L}_\alpha(x)=\frac{1}{N_u}\sum_{u'}L_\alpha(x,u') \tag{4.31}$$

其中，N_u表示每个角度域内的像素数。然后匹配量$C_\alpha(x)$定义为

$$C_\alpha(x)=\frac{1}{|W_C|}\sum_{x'\in W_C}\sigma_\alpha(x') \tag{4.32}$$

其中，W_C表示当前像素邻域窗口大小，$\sigma_\alpha(x)$为每个宏像素强度的标准差：

$$\sigma_\alpha(x')^2=\frac{1}{N_u}\sum_{u'}\left(L_\alpha(x,u')-\overline{L}_\alpha(x)\right)^2 \tag{4.33}$$

对以上两个线索利用赢者通吃(Winner Takes All，WTA)方法得到两幅原深度图。对这两个线索使用 WTA 时略有不同。通过最大化空间对比度可得散焦量线索对应的深度，通过最小化角度域方差可得匹配量线索对应的深度。因此二者的深度可以分别表示为

$$\alpha_D^*(x)=\arg\max_\alpha D_\alpha(x)$$

$$\alpha_C^*(x)-\arg\max_\alpha C_\alpha(x) \tag{4.34}$$

图 4-44 所示为两种线索随着深度层次而变化的曲线。

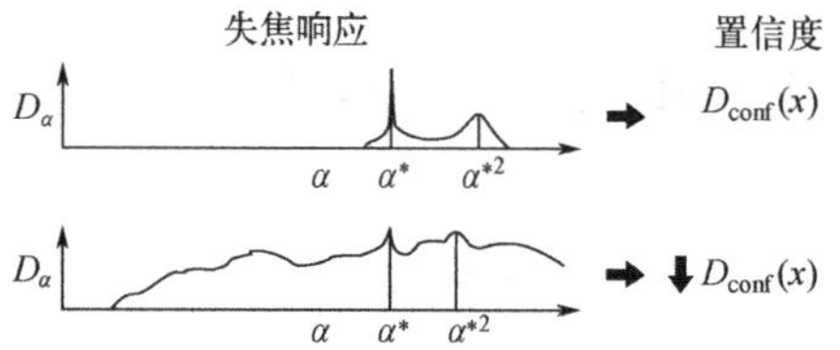

图 4-44 两种线索随着深度层次而变化的曲线

4.3.3.4 基于学习的方法

目前而言，将深度学习应用于从双目图像或者单目图像中恢复深度已很普遍，但将其应用于光场领域进行深度估计的算法还较少，EPINET[44]是其中表现较好的算法。该算法是一种基于卷积神经网络(Convolutional Neural Network，CNN)的快速准确的光场深度估计算法。

考虑到光场相机存在优势的同时也有诸多缺点，例如基线超级短且空间分辨率与角度分辨率有一定的制约关系。目前已有很多研究工作在努力克服这些问题。这样就能提升深度图像的精度，但后果是计算量巨大，无法快速地估计出深度。EPINET 致力于解决精度以及速度之间的折中，在设计网络时将光场的几何结构考虑在内，同时提出了一种新的数据增强算法，以克服训练数据不足的缺陷。该算法通过一种多流网络，将不同的极线图分别进行编码，以预测深度。因为，每个极线图都有属于自己的集合特征，将这些极线图放入网络训练，就能充分地利用其提供的信息。该算法在处理典型数据集时能够在多个指标上取得最优结果。

由于光场图像可以等效成多个视角图像的集合，这里的视角数通常比传统的立体匹配算法需要的视角数多得多。所以，如果利用全部的视角进行深度估计将会相当耗时，所以在实际情况下无须用到全部视角，应想办法尽量减少实际使用的视角数。考虑不同角度域方向光场图像的特征，中心视角图像与其余视角图像的关系可以表示如下：

$$L(x,y,0,0)=L\big(x+d(x,y)u,\ y+d(x,y)v,\ u,\ v\big) \tag{4.35}$$

其中，$d(x,y)$表示中心视角与相邻视角之间的视差(disparity)。令角度为θ（$\tan\theta=v/u$），可以将上式改写为

$$L(x,y,0,0)=L\big(x+d(x,y)u,\ y+d(x,y)u\tan\theta,\ u,\ u\tan\theta\big) \tag{4.36}$$

选择四个θ方向：0°，45°，90°，135°，并假设光场图像总视角数为$(2N+1)\times(2N+1)$。EPINET 网络结构如图 4-45 所示，结构从多路编码网络开始，输入为 4 个不同方向的视角图像集合，每个方向对应于一路网络，每一路都可以对其对应方向上的图像进行编码，提取特征。每一路网络都由 3 个全卷积块组成，因为全卷积技术解决逐点稠密预测问题卓有成效，所以将每个全卷积块定义为多个卷积层的集合。为了解决基线短的问题，采用了 2×2 的小卷积核，同时设 stride = 1，这样就能测量±4° 的视差。对比试验结果，证明多路网络相对于单路网络有 10%的误差降低。

在完成多路编码之后，网络将这些特征串联起来，组成维度更高的特征。后接的融合网络包含 8 个卷积块，其目的是寻找经多路编码之后特征之间的相关性。除最后一个卷积块之外，其余的卷积块全部相同。为了推断得到亚像素精度的视差图，将最后一个卷积块设计为 Conv-ReLU-Conv 结构。

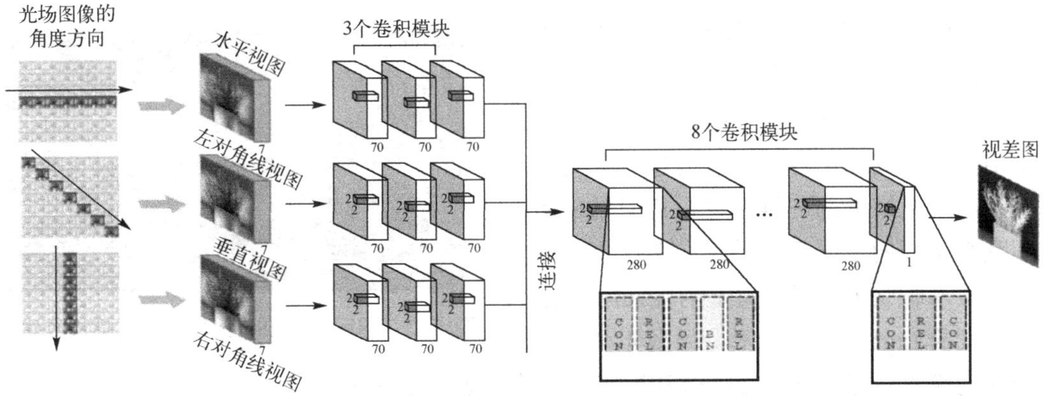

图 4-45　光场深度估计的 EPINET 网络结构

最后，图像增强方式包括视角偏移(从 9×9 视角中选 7×7，可扩展 3×3 倍数据)，图像旋转(90°，180°和 270°)，图像缩放(范围为[0.25, 1])，色彩值域变化(范围为[0.5, 2])，随机灰度变化，伽马变换(范围为[0.8, 1.2])以及翻转，最终扩充了 288 倍。其中，90°旋转方式如图 4-46 所示。

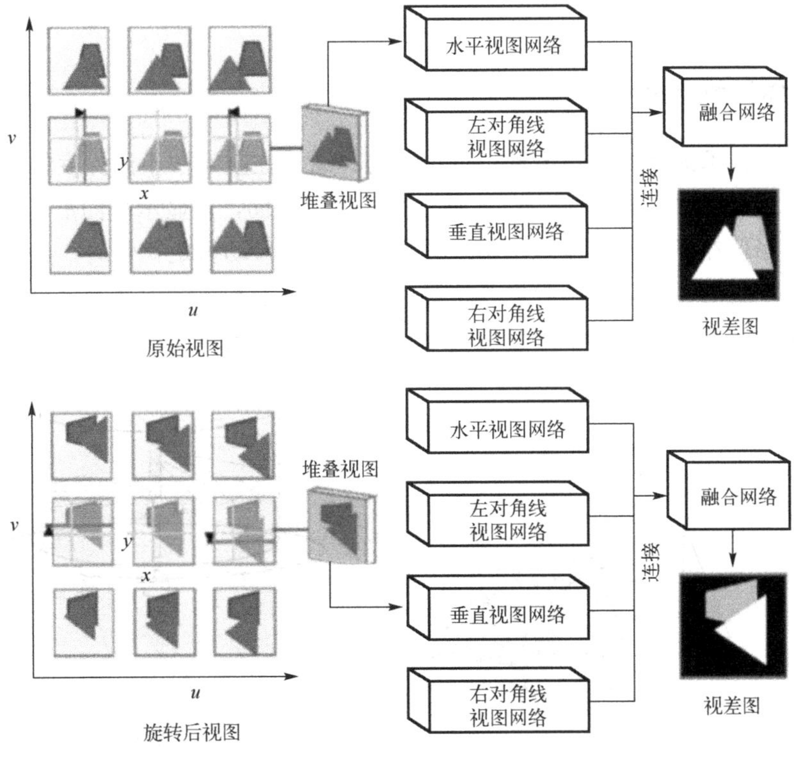

图 4-46　EPINET 图像增强方式示意图

到目前为止，光场领域已经有大量关于其深度估计的相关研究工作，因为利用传统方式很难继续提高精度。随着深度学习的大热，已经有一批先驱开始用深度学习策略进行深度估计。即使在仿真数据上表现得很好，但实际场景千变万化，就算利用深度学习策略也无法保证对所有场景都有效。一种可行的发展方向是从 EPI 图像下手，然后利用 CNN 得到响应。

与传统场景数据相比，光场数据能够更逼真地渲染重现真实世界，不仅可以在光场切片基础上实现更精准的三维重建，而且能够重现以假乱真水平的表面反射效果。美国南加州大学信息技术研究所图形实验室的 Paul Debevec 引领开发的 Light Stage 技术，如图 4-47 所示，已经成功应用在好莱坞电影特效和数字人脸建模等诸多应用中。

图 4-47　利用 Light Stage 技术的采集系统样机

4.4　光场数据显示

光场数据显示包含全光函数中所有维度的光线信息，可以提供上述所有的心理视觉感知信息和生理视觉感知信息。目前，光场数据显示主要包括体三维显示（Volumetric 3D Display）、多视投影阵列（Multi-view Projector Array）显示和集成成像（Integral Imaging）显示等多种技术方案。

4.4.1　体三维显示

体三维显示技术的基本实现原理可以描述为：通过在空间中不同深度的平面上显示不同的图像来实现。如图 4-48 所示，x、y 轴平行于显示平面，当显示平面沿 z 轴方向快速往返运动时，投影仪在不同位置投射出不同图像。当屏幕移动得足够快时，由于人眼具有视觉暂留特性，在眼前便呈现出三维立体图像。然而，由于高速且匀速的往返直线运动难以实现，因此在体三维显示系统中，常常将平移运动转化为旋转运动（见图 4-48）。

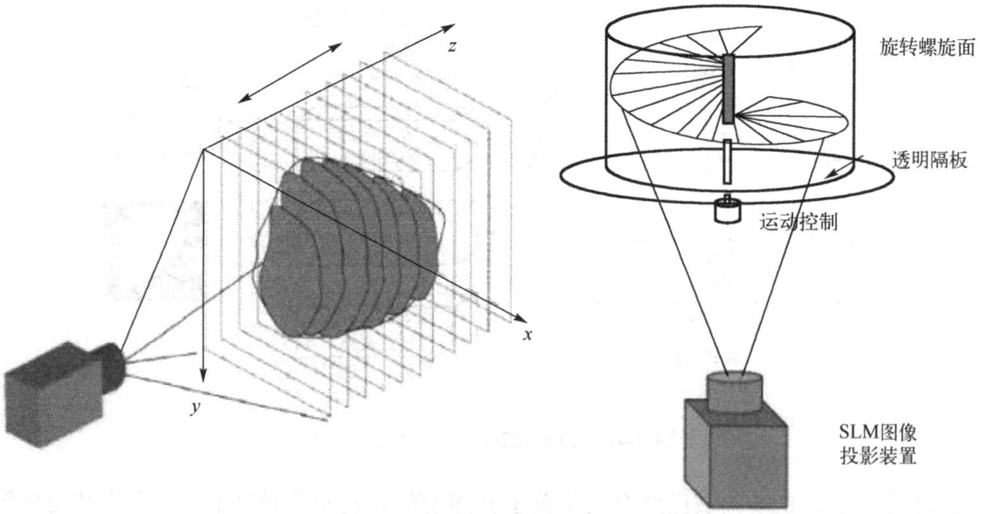

图 4-48　平移式/旋转式体三维显示原理示意图

Langhans 从 20 世纪 90 年代开始研发体三维显示，并且推出了名为“Felix”的体三维显示样机，如图 4-49 所示。Langhans 于 1996 年发表了基于激光扫描的体三维显示技术研究成果，1998 年将成果样机的体积进一步缩小，使其具备便携条件，后于 2002 年实现了可交互的体三维显示成果样机。

美国南加州大学的 Andrew Jones 于 2007 年研制了 360° 体三维显示系统，如图 4-50 所示。该系统通过高速投影仪将图像投影到一个高速旋转的反射镜上。当镜子旋转到不同的位置时，投影仪投影出对应视点的图像，从而实现 360° 环视光场显示。之后，Jones 在 2009 年进一步将人脸实时重建技术加入光场体三维显示系统，实现了远程裸眼三维视频会议。

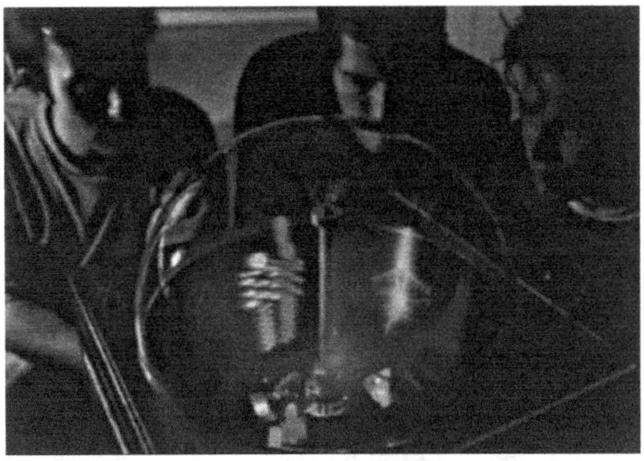

图 4-49　体三维显示系统 Felix

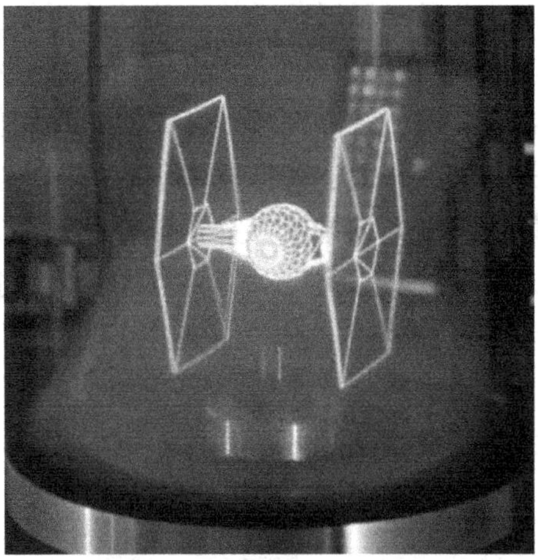

图 4-50　美国南加州大学的 360° 体三维显示系统

体三维显示技术在我国起步较晚，中国科学院自动化研究所于 2007 研制出基于 DMD 高速投影仪的体三维显示系统 Helix，如图 4-51 所示，其视点分辨率为 1024×768×170，每个体素的大小为 $0.23\times0.23\times1\text{mm}^3$，对比度为 800:1，三维图像的亮度为 100Lux，三维图像刷新率为 15fps。实现体三维显示的核心思路是分时复用地在空间中投射不同的图像，牺牲反射场函数中时间 t 维度换取深度 z 维度，这就要求投影仪具有非常高的显示帧率。假设该系统投影 170 层的图像并保持 15fps 的刷新率，则要求投影仪每秒投影 2550 幅图像。为了达到如此高的帧率，投影仪只能工作在单色模式下。

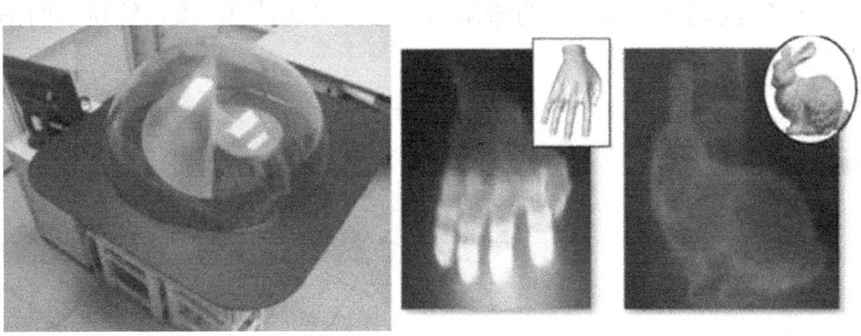

图 4-51　体三维显示系统 Helix

体三维显示技术原理简单，实现了有限空间内反射光线的光场函数中的 5 个维度 (x,y,z,λ,t)，但体三维显示技术存在多方面缺陷：显示器件不是平面，而是立体空间，因此占地面积大；螺旋面的成型精度要求高，因此加工成本高，不利于量产；单位时间内形成的体素数量有限，视点分辨率有限；体三维显示系统需要加入旋转运动，难以控制投影与旋转运动同步。

4.4.2 多视投影阵列显示

多视投影阵列显示技术通过多个投影仪组成的阵列，向空间中一定角度范围内不同的方向投射不同的图像。相比于体三维显示技术，多视投影阵列显示技术保留了裸眼、多视等优点，并且显示屏幕更接近传统的平面显示器，符合人眼观看显示器的习惯。同时，多视投影阵列显示技术去除了机械运动部件和螺旋显示屏幕，还可以显示复杂纹理和彩色三维内容。其明显缺点是成本高昂且占地空间大。

美国南加州大学信息技术研究所图形实验室在 2014 年提出了一种具有垂直视差的水平投影仪阵列光场显示方案。该方案通过人眼跟踪来判断人眼相对于屏幕的高低位置，并根据人眼位置实时渲染对应视点图像。该技术用水平投影仪阵列同时获得了水平视差和垂直视差，但是当同一水平位置上出现高度不同的两个(及以上)观众时，只有其中一个观众能观看到正确的视点图像。该实验室于 2016 年设计了真人比例的多视投影阵列光场显示系统，并能实现了实时对话(见图 4-52)。

图 4-52 南加州大学实现的多视投影阵列光场显示系统

2019 年，日本广播协会(NHK)科学技术研究实验室的 Hayato Watanabe 等人开发了 Aktina Vision 光场显示系统(Aktina 为希腊语，意为光线)[45]，该系统显示的图像具有水平视差和垂直视差(见图 4-53)。

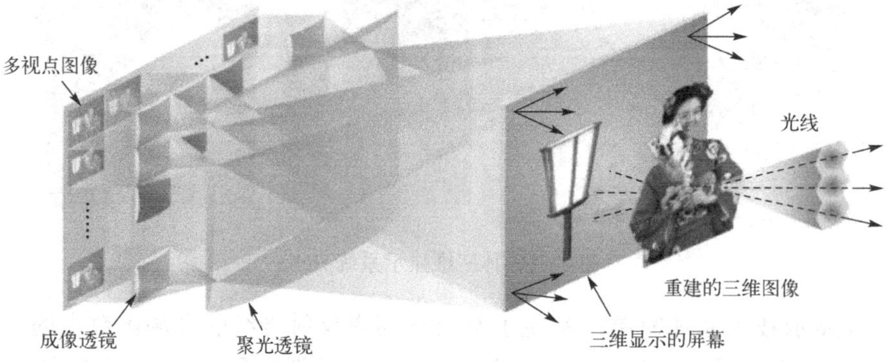

图 4-53 Aktina Vision 光场显示系统的基本原理

Aktina Vision 采用了类似于斯坦福大学光场相机阵列的光场数据采集装置。如图 4-54 所示，该系统由水平方向上的 14 台摄像机阵列和垂直方向上的 11 台摄像机阵列组成，共使用 154 台摄像机，每台摄像机的分辨率都为 1920×1080。

图 4-54　Aktina Vision 光场显示系统的光场数据采集装置

Hayato Watanabe 等人提出，现有基于光场技术的三维显示器，其显示图像质量还不能满足商业化应用的需求。其中一个重要问题就是高质量的图像显示需要更多的光线追迹，而现有方案中显然光线数量不足。包括 Aktina Vision 系统在内的一些早期版本也存在分辨率较低的问题，这也是 NHK 后续要解决的一个关键问题。

Aktina Vision 的显示端包括 14 台平行放置的 4K(3840×2160 像素)分辨率的投影仪。每台投影仪都可以显示 25 个视点的多视角图像(包括 5 个水平视点和 5 个垂直视点，分辨率为 768×432 像素)。14 台投影仪总共可以将 350 个视点的画面投影到三维屏幕上。再用视点数乘以每个视点的分辨率，就能算出用于重建三维画面的光线数量(已超过了一亿条)。每个视点上的图像都会在放大之后，通过成像镜头和聚光镜投影到三维屏幕上。投影仪并排放置，这样可使不同视点对应的图像之间不会有太大的缝隙。另外，Aktina Vision 显示系统的三维屏幕具有各向同性的扩散特性(礼帽形状)，且扩散角仅为 1°。将扩散特性设计为礼帽形状而不是普通的高斯形状，可以提高空间分辨率特性，可以进一步最小化光线对应的画面之间的间隙。

为减少串扰量，研究者在屏幕表面制作了六边形的微透镜阵列，这些微透镜的直径为 170μm，小于投影图像的像素尺寸。透镜阵列做好后会用紫外光固化，然后再用另一种材料制成的 UV 固化树脂填充整个屏幕面，再进行一次紫外光固化。这些树脂材料有不同的折射率，从而可以通过材料的选择来调整光线的扩散角。

Aktina Vision 的显示端需要对每个投影仪进行多视点图像的几何校正，以调整所显示的三维图像效果。该系统的其他特性还包括：水平视角为 35.1°，垂直视角为 4.7°，三维视频帧速率为 60fps。借助这一光场显示系统，用户可以欣赏到无失真的三维图像，而且图像质量与观看距离及观看姿势无关。

4.4.3 集成成像显示

集成成像技术最早是将微透镜阵列放于成像传感器之前实现光场采集。光场采集和光场显示的光路是可逆的，因此该技术既可应用于光场采集，又可应用于光场显示。目前已经商业化的裸眼三维电视正是基于集成成像原理的。

韩国首尔国立大学的 Byoungho Lee 于 2001 年通过透镜光栅覆盖在 LCD 表面，实现了动态的集成成像三维显示。日本 NHK 在 1997 年采用梯度下标克服了深度有限的问题，并在高清电视(High Definition TeleVision，HDTV)上实现了实时的三维显示。东京大学的 Naemura 在 2001 年实现了集成成像的任意视点合成。四川大学于 2009 年利用两层光栅实现了三维显示，在 2010 年通过叠加两块具有不同每英寸行数(Line Per Inch，LPI)参数的柱面光栅所实现的三维显示具有更小的图像串扰，更大的可视角，如图 4-55 所示。北京邮电大学也尝试了两个光栅组合的三维显示。

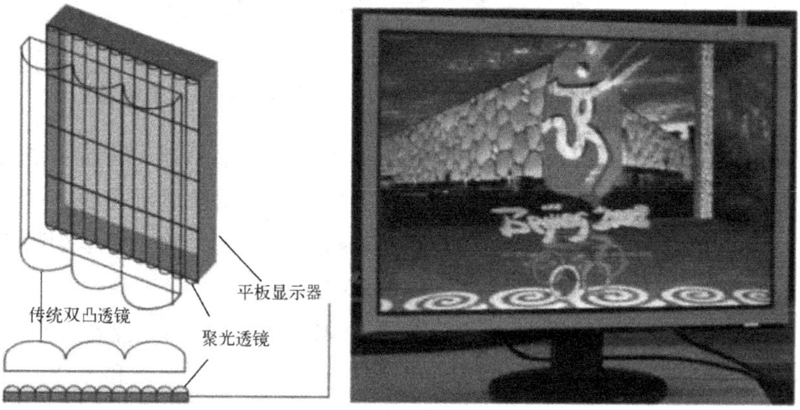

图 4-55 四川大学采用两层柱面光栅叠加实现的集成成像三维显示

柱面透镜光栅的主要作用是将不同像素的光线投射到不同的方向。如图 4-56 所示，柱面透镜下所覆盖的 8 个像素分别产生不同的颜色，从而向不同方向投射出不同颜色的光线。然而，单个柱面透镜的宽度一般并不是像素宽度的整数倍，因此会存在某个像素横跨两个柱面透镜的情况，此时会产生光线串扰。在商业化的产品中普遍采用的技术方案为：将柱面透镜光栅相对屏幕倾斜，然后通过软件算法来减弱光线的串扰。

基于柱面透镜光栅的光场显示存在一个明显的缺陷：视点图像分辨率损失严重。柱面透镜光栅的尺寸由 LPI 决定。当 LPI 越大时，每个柱面透镜覆盖的像素就越少，从而产生的视点数量越少，在观看时会产生视点不连续的情况。当 LPI 越小时，每个柱面透镜覆盖的像素就越多，产生的视点数量也越多，但每个视点的图像分辨率损失严重。由于整体可控的像素数是一定的，当柱面透镜覆盖更多的像素时，单个视点的图像分辨率损失更严重。例如，采用 4K 显示屏(4096×2160 像素)，一般商业化的裸眼三维显示器在水平方向产生 16(或 32)个视点，则每个视点的分辨率降低到 1280×2160 像素。虽然存在分辨率损失的问题，但基于柱面透镜光栅的光场显示方案成本低廉，成为目前唯一大面积商业化应用的裸眼三维显示方案。而且显示器面板的分辨率正在逐步提高，视点图像分辨率损失的问题将会逐步得到解决。

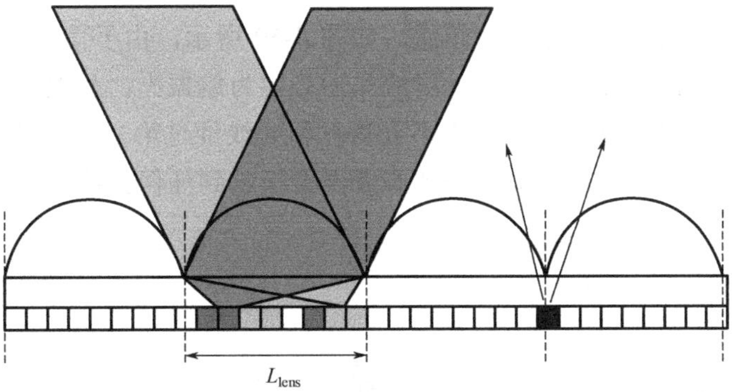

图 4-56　柱面透镜光栅的光学特性示意图

4.4.4　多层液晶张量光场显示

光场比传统二维图像具有更高的维度，不论是光场的采集还是显示都会面临牺牲图像分辨率来换取角度分辨率的两难境地。国际上最新的研究思路是将高维的光场进行压缩分解。张量光场显示技术最初由麻省理工学院媒体实验室的 Gordon Wetzstein 提出，如图 4-57 所示。Gordon Wetzstein 将光场表示为一个张量(tensor)，对张量进行分解即可将高维度的光场压缩为多个向量的张量积，从而利用有限层数的液晶就可以显示出完整的光场。

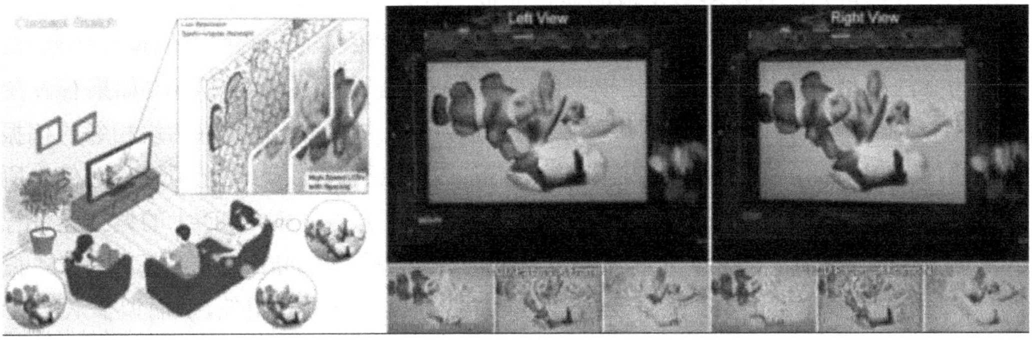

图 4-57　MIT 于 2013 年实现的张量光场显示

液晶的工作原理直接关系到多层液晶光场显示设备的搭建。如图 4-58 所示，背光源发出的光线是均匀自然光，经过下偏光片(起偏膜)过滤成偏振光。对液晶层施加电压后，液晶会扭转偏振光的偏振方向，扭转角度的大小与所施加电压成正比，也即与像素值的大小成正比。经液晶扭转后的偏振光被上偏光片(阻偏膜)过滤，偏振光与上偏光片的夹角越小，则透过的光线亮度越高。下偏光片与上偏光片的偏振极性始终垂直。当液晶像素值为 0 时，液晶对偏振光的扭转角度也为 0°，偏振光的偏振极性与上偏光片的偏振极性垂直，所以该像素点发出的光线衰减到零，如图 4-58 的蓝色偏振光所示。当液晶像素值为 1 时，液晶将偏振光扭转 90°，偏振光的偏振极性与上偏光片的偏振极性平行，所以该像素点发出的光线不衰减，如图 4-58 的红色和绿色偏振光所示。

从上述液晶的成像原理可知，每层液晶显示面板都有起偏膜和阻偏膜，如果直接将多层液晶显示面板平行堆叠起来，那么无论将液晶像素值设为多少，背光源发出的光线都无法穿透多层液晶，从而无法显示任何图像。如图 4-59 所示，由于第一层液晶 LCD#1 阻偏膜的存在，背光源发出的光线经过第一层液晶后必定为偏振光，且偏振极性与第二层液晶 LCD#2 起偏膜的偏振极性垂直，理论上不会有任何光线经过第二层液晶，也就不会有光线进入第三层液晶。所以，多层液晶前的观看者不会接收到任何光线，眼前一片漆黑。

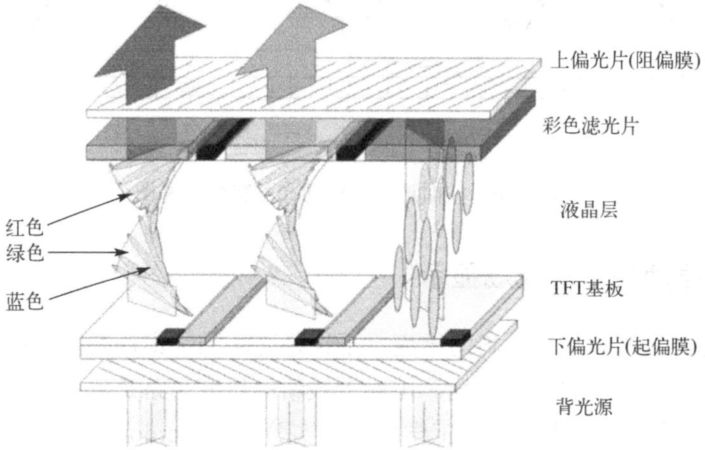

图 4-58 液晶面板工作原理示意图

由上述分析可知，直接将多层液晶显示面板平行堆叠起来，无法实现光场显示。为了使多层液晶能够按照光场四维模型来工作，需要重新排列偏振膜。有两种偏振片排列方式，分别称为乘法模型和加法模型。乘法模型的偏振片排列方式如图 4-62 所示，如果有 N 层液晶则需要 $N+1$ 块偏振片，在任意两块偏振片之间放入一块液晶，且任意两块相邻的偏振片的偏振极性互相垂直。图 4-60 中 P1 偏振片为正 45°偏振极性，对背光源进行起偏，所以进入 LCD#1 的为正 45°偏振光。P2 偏振片为负 45°偏振极性，对 LCD#1 的偏振光进行阻偏，从而调节从 LCD#1 出来的光线的亮度，同时保证进入 LCD#2 的光线都为负 45°偏振极性。同理，P3 偏振片为正 45°偏振极性，对 LCD#2 的偏振光进行阻偏，从而调节从 LCD#2 出来的光线的亮度，同时保证进入 LCD#3 的光线都为正 45°偏振极性。以此类推，每一层液晶都对进入的光线起到了亮度调制的功能，从而实现了多层液晶联合调制光线。光线从背光源发出，穿过多层液晶。每穿过一层液晶，液晶就会对上一层液晶的偏振光进行偏转，且上一层液晶的偏振角度不会累加到当前层液晶的偏转，所以多层液晶的调制关系为乘法运算，可表示为

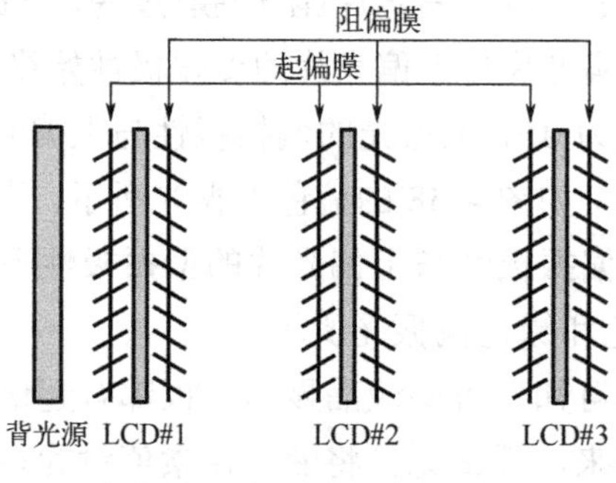

图 4-59 直接堆叠多层液晶的偏振特性示意图

$$I = f_{\times}(a,b,c) = a \times b \times c \tag{4.37}$$

其中，a, b 和 c 分别为目标光线与 LCD#1，LCD#2 和 LCD#3 的交点的像素值；I 为多层液晶联合调制后光线的亮度。当然，也可将乘法运算通过以 10 为底取对数转换为加法运算，即

$$\lg I = \lg a + \lg b + \lg c \tag{4.38}$$

多层液晶的加法模型偏振片排列方式如图 4-61 所示，如果有 N 层液晶，则无论 N 为多少，都只需两块偏振片，分别位于第 1 层液晶的起偏位置和第 N 层液晶的阻偏位置，且两块偏振片的偏振极性互相垂直。图 4-61 所示的 P1 偏振片为正 45° 偏振极性，对背光源进行起偏，所以进入 LCD#1 的为正 45° 偏振光。LCD#1 对进入的光线进行偏转，然后进入 LCD#2。LCD#2 在 LCD#1 偏转角度的基础上进一步对光线进行偏转，偏转后的光线进入 LCD#3。同理，LCD#3 在 LCD#1 和 LCD#2 偏转角度的基础上进一步对光线进行偏转。P2 偏振片为负 45° 偏振极性，对经过 LCD#3 偏转后的光线进行阻偏，从而调制光线亮度。光线从背光源发出，穿过多层液晶。每穿过一层液晶，液晶就会对上一层液晶的偏振光进行偏转，且上一层液晶的偏振角度会累加到当前层液晶的偏转，最后进入人眼的光线亮度由多层液晶偏振角度之和来决定，所以多层液晶的调制关系为加法运算，可表示为

$$I = f_{+}(a,b,c) = a + b + c \tag{4.39}$$

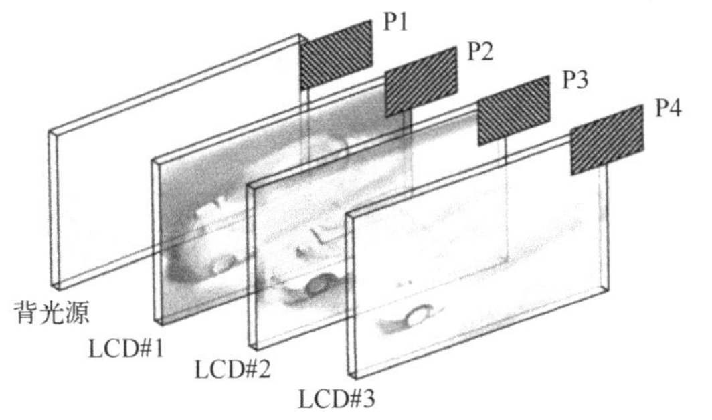

图 4-60 多层液晶的乘法模型偏振片排列示意图

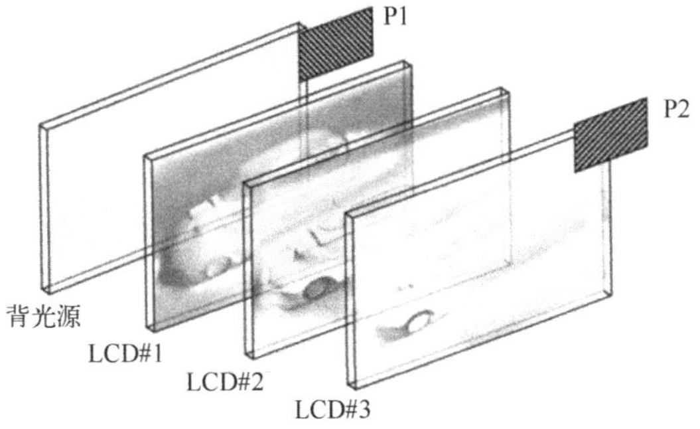

图 4-61 多层液晶的加法模型偏振片排列示意图

产生各向异性的光线是光场显示的关键。将传统的液晶显示器多层堆叠起来可以构造如图 4-62 所示的光场四维模型，待显示的物体向各个方向发出的光线都可被多层液晶重现，从而确保多层液晶前不同位置的观众可以接收到不同的光线，不同位置的观众可以看见三维物体的不同侧面。

如图 4-63 所示，假设背光源是均匀的，所有从背光源发出并到达第一层液晶的光线的亮度一致，多层液晶上不同像素的连线就形成了一条不同亮度和颜色的光线。通过不同像素的组合，多层液晶可以在一定空间范围内的任意位置重建出发光点，例如多层液晶之间的 F 点、多层液晶之后的 G 点、多层液晶之前的 H 点，且重建的发光点可以发出各向异性的光线。

在图 4-63 中，F 点、G 点和 H 点的光线分别由三层液晶上的不同像素组合产生，表示为

$$l_i = f(a_i, b_i, c_i), \quad i = 1,2,3 \tag{4.40}$$

其中，l_i 表示第 i 条光线；a_i，b_i 和 c_i 分别为光线与 LCD#1，LCD#2 和 LCD#3 相交的像素；

$f(a_i,b_i,c_i)$可表示两种不同的运算方式，这主要取决于多层液晶的偏振膜的工作方式。类似地，其他光线也可以由多层液晶上像素的联合调制产生。为了实现光线的快速调制，曹煊于 2015 年开发了基于图形处理单元的并行光场分解算法[46]。

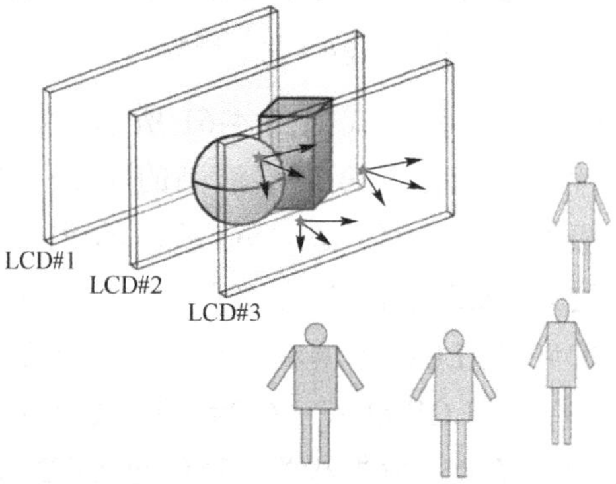

图 4-62　多层液晶光场的四维模型

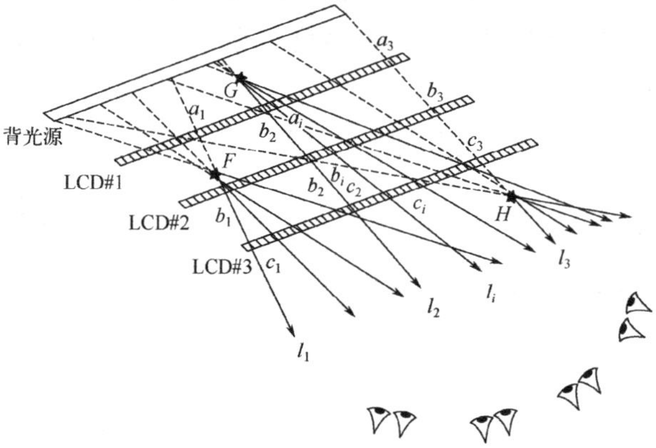

图 4-63　多层液晶光场显示光线的各向异性

通过上述分析可知，多层液晶进行光线调制时具有高度的灵活性，可以重现发光点处于多层液晶不同位置时的各向异性光线。当足够多的发光点同时被调制产生时，就能投射出整个三维物体。如图4-64所示，待显示的三维物体可以设置在多层液晶之前、之后或者中间，从而使远处(距离为 d)的观看者感觉物体突出于显示器之外或者凹陷于显示器之内，并且三维显示的“突出感”可以在一定范围内调节。

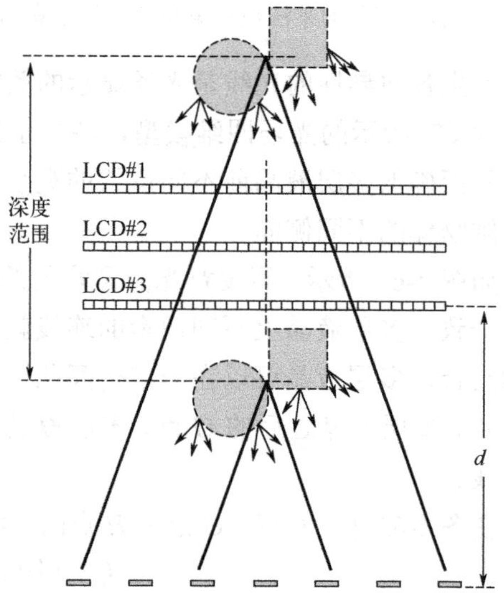

图 4-64　多层液晶张量光场显示的深度范围示意图

张量光场显示本质上是利用多层液晶进行空间复用，形成空间光调制器。该方案不会损失视点图像分辨率，但存在一个明显的缺点：液晶和偏振膜的透光率较低，当背光源穿过多层液晶后，光强损失严重；因此基于多层液晶的光场显示亮度通常较低。液晶层数越多，光场显示亮度损失越严重。

4.5 光场研究意义

在现有工艺水平及技术条件下，光场的采集、处理和显示实现无疑都是不小的难题，一旦突破，其潜在应用前景将是颠覆性的。即使短时间内难以产生直接效益，美国仍非常重视光场这种具有颠覆性技术的前瞻探索性研究，并于 2015 年发布了利用动态光场进行颠覆性视觉增强(Revolutionary Enhancement of Visibility by Exploiting Active Light-fields，REVEAL)的研究计划，旨在开发一个利用光子路径以及光的多个自由度，从复杂场景中提取最大信息量的全面理论框架，用于指导新的成像硬件和软件技术的开发。该计划为期 4 年，分为两个阶段：第一阶段以实验室试验为主，试图找出单视点场景重建的基本限制，以验证关键概念和方法；第二阶段则在真实的光照条件下测试和评估完整的三维场景重建，并制定一个通用的理论框架，以更好地利用光的多个自由度。REVEAL 关注基础理论与数据模型相关的研究性工作，并不开发具体的硬件、软件或成像系统。

4.5.1 理论研究价值

光作为一种按照电磁定律在场(空间)内传播的电磁扰动[47]，具有振幅、相位、波长等多种特征，帮助人类感知物体的明暗、位置和色彩。然而，传统的光学成像只能捕获光辐射在二维平面上的投影强度，而丢失了其他维度的光学信息。这一信息维度的缺失导致光学成像在原理与应用上都存在不可调和的问题。具体分析如下。

(1) 传统成像在理论上只能获得单个物体平面的清晰像。探测器单元的有限宽度，使这一清晰成像的范围扩展到一定的深度，即景深。但由于传统成像将光学系统整个孔径发出的光辐射直接进行积分，因而使景深受限于孔径尺寸。若要获得大景深的清晰图像，则必须减小成像孔径，但这同时造成图像分辨率的降低和图像信噪比的损失。同时，在一定的孔径尺寸下，为了得到不同景深的清晰像，必须在成像之前通过机械调焦的方式，对准到相应的深度，而机械调焦的过程往往影响了成像的实时性，即时间分辨率。

(2) 实际的光学系统都是非理想成像系统。光辐射经过透镜时并不能得到理想的相位变换，并且在透镜的不同位置上，光辐射的相位误差也不一样。此时光辐射在像平面上的叠加就会导致几何像差的存在。在传统成像中，只能依靠光学系统的物理优化来控制几何像差的影响，而光学系统的设计和加工难度随着其口径的增大呈指数增长，这就限制了现有成像系统的最大口径。

(3) 传统成像只能感知单个像平面的强度信息。为了获得目标的三维形态或光谱特性，只能采用推扫或凝视成像的方式进行多次扫描曝光。扫描的过程往往需要一定的时间周期，因而影响了信息获取的时效性，从而无法探测位置和形态等快速变化的物体。

传统成像作为一种“所见即所得”的探测感知形式，其图像的主要性能取决于光学系统的物理指标，而后续的图像数据处理往往只起到锦上添花的作用。实际上，成像过程本身可以看成一系列针对光辐射的数学计算，如相位变换和投影积分等。如果能够获取光辐射的完整分布，也就可以通过变换和积分等数据处理的手段来计算出所需的图像。光辐射的场分布称为光场，而光场成像指的就是光场的采集，以及将光场处理为图像的过程。

针对上文所述传统成像存在的问题，光场成像体现出的优势在于以下三个方面。

(1)任一深度位置的图像都可以通过对光场的积分来获得，因而无须机械调焦，同时也解决了景深受孔径尺寸限制的问题。

(2)在积分成像之前对光辐射的相位误差进行校准，能够消除几何像差的影响。

(3)从多维度的光辐射信息中能够实时计算出目标的三维形态或提取出其光谱图像数据。

光场成像作为一种计算成像(Computational Imaging，CI)的方法，利用了现代信息处理技术的优势，不仅克服了传统成像原理的某些局限性，同时也降低了成像能力对物理器件性能的依赖。

从光场采集的角度来看，以自动驾驶为例，首先需要通过多种传感器“感知”外界信息，然后通过类脑运算进行“决策”，最后将决策以机械结构为载体来“执行”。现阶段人工智能的发展更倾向于“类脑”的研究，即如何使计算机具有类似人脑的决策能力，却忽略了“眼睛”作为一种信息感知入口的重要性。设想一个人非常“聪明”但视力有障碍，那么他将无法自如地驾驶汽车。而自动驾驶正面临着类似的问题。如果摄像机能采集到七个维度所有的信息，就能保证视觉输入信息的完备性，而“聪明”的大脑才有可能发挥到极致水平。研究光场采集将有助于机器看到更多维度的视觉信息。

从光场显示角度来看，以LCD/OLED显示屏为例，显示媒介只能呈现光场中(x,y,λ,t)四个维度的信息，而丢失了其他三个维度的信息。在军事沙盘、远程手术等高度依赖三维视觉的场景中，传统的二维显示媒介完全无法达到期望的效果。实现类似电影《阿凡达》中的全息三维显示效果，是人类长久以来的一个梦想。当光场显示的角度分辨率和视点图像分辨率足够高时，可以等效为动态数字彩色全息。无疑，实现光场显示将有助于人类看到更多维度的视觉信息。

4.5.2 潜在的应用领域

光场三维显示可以记录或重现三维物体上各个点元朝各个方向发出的光线，准确地反映空间物体间的相互遮挡情况，是一种新型的、富有潜力的三维显示技术。同时，由光场三维显示衍生出的光场采集技术也给人们带来了全新的拍摄体验。因此，光场三维成像技术具有重要的研究意义，在众多领域有着广阔的应用前景。下面简要说明几种常见的实际应用或应用前景。

(1)光场拍摄和重聚焦。普通相机只能采集三维场景在某一焦距时的平面图像，一旦曝光完成就无法改变拍摄的聚焦参数。随着数字拍摄技术的发展，光场拍摄作为一种新型的数字采集技术，能够实现场景四维光场的采集，完整地记录光场的空间分辨率、角度分辨率和深度信息。在光场拍摄技术的支撑下，人们可以对捕获的场景光场进行重聚焦，实现任意焦距时的二维图像采集。

(2)裸眼三维显示。二维平面显示的分辨率已经达到了空前的高度，高清、超清甚至蓝光分辨率的显示设备足以给观看者带来无与伦比的画质感，但它们无法提供场景的深度信息。三维电视与立体电影的出现可以让观众体验到临场感，彻底解决了传统平面显示无法获得深度信息的不足。随着光场三维显示技术的发展，观看者无须佩戴辅助设备便可以体验立体观看，是一种极具潜力的裸眼显示方式。

(3) 三维模型获取。传统的三维模型获取方法包含手动建模和激光扫描等。采用建模软件（如 3DMAX，Maya 等）进行三维建模的方法，在场景复杂时往往需要花费大量的时间，效率较低；采用激光对被重建物体进行扫描可以得到高精度的三维模型，但它的成本较高。并且，激光扫描是一种有源的模型获取方式，在户外或无电源供应的场合下无法使用，应用场合受到局限。与传统三维模型获取方法相比，基于光场多视图像的三维重建技术的自动化程度较高，成本低廉，因此具有更广阔的应用空间，如人体器官建模、文物或城市数字化、虚拟现实或增强现实等。

(4) 增强现实应用。增强现实（Augmented Reality，AR）技术是近年来涌现出的一种新兴技术，它实现的是虚拟物体（场景）与现实场景的无缝融合。随着计算机技术和三维重建技术的发展，实时的光场三维重建技术不仅可以为增强现实提供相机标定与移动跟踪的支持，而且重建好的三维模型可以作为虚拟对象准确地融入真实场景中。并且，由于光场三维成像技术能够恢复场景发出的真实光线、实现场景不同深度的重聚焦，理论上可以很大程度地缓解目前增强现实设备在观看时产生的眩晕。

(5) 环境感知评估。光场三维重建的结果可以用于战场环境的可视化、军事目标识别、设备毁伤评估等，进而有效地提高战场态势的感知能力，为指挥者提供辅助决策支持。具体表现为：三维重建结果可以与虚拟战场环境进行融合，得到逼真的可视化战场场景；同时在获取敌方目标物体的三维模型后可及时对其进行识别与跟踪；除此之外，在战场环境发生变化时，可以实时、有效地对敌我双方的军事设备进行毁伤评估。随着无人机技术的发展，基于无人机的三维重建技术可以快速获取战场场景的三维表面模型，并且可以对场景模型进行精确地测量，从而大幅提高对战场态势的评估能力。同时，与主动式的激光扫描相比，被动式的光场三维重建技术在军事应用中具有更好的隐蔽性和灵活性。

4.5.3　与增强现实的关系

相比于被大多数虚拟现实或增强现实眼镜所采用的双目立体视觉方式，基于光场实现近眼显示（Near-eye display，NED）有很多优势。由于人类获取三维深度信息通常有两种途径：视线汇聚（Vergence：Shape from Stereo）与眼睛聚焦（Accommodation：Shape from Focus）。用双眼看同一物体时，同一个三维空间点映到左右视网膜不同的像素上。人脑能够通过视网膜上的像素，反算对应空间的射线，得到两条射线的交点，从而获取深度信息，即“Shape from Stereo”。同时，每只眼睛看物体的时候，大脑会自动调节眼睛的晶状体的曲率，使得物体在视网膜上清晰成像。调节晶状体的肌肉紧张程度使得大脑能够计算物体的深度信息，即“Shape from Focus”。

看传统三维影像时，只用到了“Shape from Stereo”，眼睛的焦距一直固定，眼睛到屏幕的距离不变，因此没有经历“Shape from Focus”的过程。但是，人类经过漫长的进化，将这两种过程自然而然地紧密联系在一起。人为地割裂它们，就会使人头晕目眩，即产生辐辏调节冲突（Vergence Accommodation Conflict，VAC）。反之，如果用光场显示技术，则能够同时做到“Shape from Stereo”与“Shape from Focus”，观看时不会头晕目眩。

既然光场能够记录场景中每条光线发出的位置和方向，如果通过光场生成技术展现虚拟物体，就能使虚拟物体在空间中的位置和光照效果更自然。这种技术不仅改善了虚拟物体的景深感，还使得虚拟物体能够根据用户的视角变化而变化，从而提供更加沉浸式的体验。

应该说，光场为增强现实光学呈现提供了完备的理论基础，其在支撑理论、关键技术和核心器件方面的每项进步都直接或间接推动着增强现实技术及应用的发展。可以非常直接地说，增强现实或者混合现实在光学呈现上的最终目的就是实现光场。

技术篇

第 5 章　增强现实中的三维图形绘制技术
第 6 章　增强现实中的位姿跟踪注册技术
第 7 章　增强现实中的虚实融合呈现技术
第 8 章　增强现实中的自然人机交互技术

第 5 章　增强现实中的三维图形绘制技术

在 20 世纪计算机硬件处理能力非常匮乏的时代，基于图形的技术和基于图像的技术是生成虚拟现实场景（对象）的两项主流技术[28]，基于图像的虚拟环境构建技术在 20 世纪 90 年代已变得非常热门[48]，成为当时解决场景漫游的重要手段。然而，不管是柱面全景还是球面全景，基于图像的虚拟环境构建技术最终还是由于无法实现真正的自由视点三维漫游，在计算机处理能力日新月异的今天，只能限制在某些具体的应用领域。同时，由于近些年自动化建模手段多样化并日趋完善，三维图形绘制技术正逐渐成为计算机生成虚拟场景的主流形式。

计算机图形学试图将用参数形式描述的数据转换生成具有真实感的立体图像，用数据描述并展现三维空间拓扑结构；数字图像处理则着重强调在图像之间进行变换，旨在对图像进行各种加工，以改善图像的视觉效果，如对图像进行增强、锐化、平滑、分割，以及为存储和传输而进行编码压缩等；计算机视觉则是研究利用计算机模拟人类感知、认知和理解世界的过程，是从图像到特征结构数据，再到对象描述表达的处理过程。应该说，数字图像处理是计算机视觉和计算机图形学的基础支撑技术，其相互关系如图 5-1 所示。

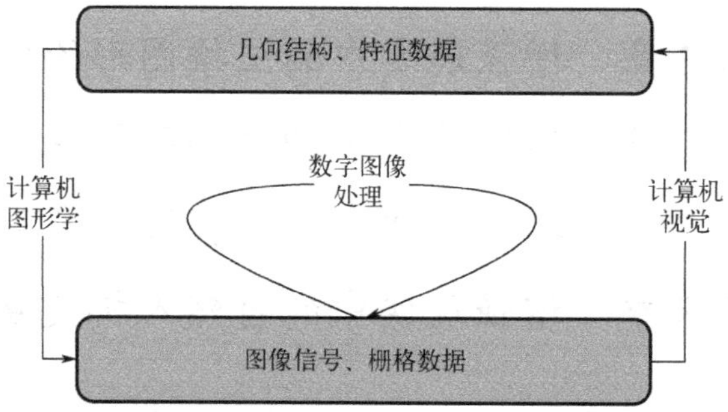

图 5-1　计算机图形与数字图像处理、计算机视觉之间的关系

计算机图形学是一门非常经典的计算机学科，与虚拟现实技术有着非常密切的历史渊源，因为二者都试图为人们创造计算机生成的具有真实感的可操控三维虚拟环境。从某种意义上讲，增强现实和虚拟现实是建立在计算机图形技术发展基础上的，因为实现“虚实融合”的前提是先能生成虚拟对象，而虚拟对象必然以三维图形的形式存在。因此，本章首先简要介绍三维图形绘制的基础知识，重点描述图形绘制管线和视图模型变换等基本处理流程，深入的讨论可参阅图形学经典著作[49,50]。

5.1　计算机图形学基础

计算机图形学是利用计算机生成具有图形化特征的图像效果的学科。计算机图形学的研究对象是图形，而构成图形的要素分为两类：一类描述空间拓扑形状的点、线、面等几何要素；另一类反映物体本身的固有属性，如颜色、亮度、材质等。因此，计算机图形学所研究的图形可以理解为由客观世界抽象出来的带有颜色及形状信息的图和形。

计算机中表示带有颜色及形状信息的方法有点阵法和参数法。点阵法用具有灰度或颜色信息的点阵来表示图形，强调图形由什么点组成，这些点具有什么灰度或色彩。用点阵法描述的图形通常称为图像(image)，图像不具有矢量特征，缩放可能会导致失真；参数法以计算机中记录的用于描述图形的形状参数与属性参数来表示图形，形状参数可以是表示方程的系数、起点和终点对等几何属性，属性参数描述色彩、灰度、明暗等非几何属性，用参数法描述的图形通常称为图形(graphic)，图形具有矢量特征，在缩放过程中会保持良好的几何特征。

5.1.1　基本图形元素

客观世界的图形对象非常复杂，为了能够用计算机来处理图形，就要对图形对象进行分解与综合，也就是说，把复杂对象看成由某些比较简单的对象按照某种规则构造出来，比较简单的对象又由更简单的几何对象构造而成，分解到最后得到的就是最基本的图形元素。

基本图形元素是指可以用一定的几何参数和属性参数描述的最基本的图形元素。通常，在二维图形系统中将基本图形元素称为图素或图元，在三维图形系统中称为体素或图元。常见的基本图形元素包括点、线、面，以及环和体等。计算机图形对象的基础是点、线和面所构成的几何拓扑结构。

5.1.1.1　点

点是 0 维几何元素，分为端点、交点、切点和孤立点等。但在实体定义中一般不存在孤立点。一维空间中的点用一元组$\{t\}$来表示；二维空间中的点用二元组$\{x,y\}$或$\{x(t),y(t)\}$来表示；三维空间中的点用三元组$\{x,y,z\}$或$\{x(t),y(t),z(t)\}$来表示。n维空间中的点在齐次坐标系下用$n+1$维坐标表示，关于齐次坐标的表示详见第 3 章。

点是构成形体最基本的元素，自由曲线、曲面或其他形体均可用有序的点集表示，用计算机存储、管理、输出形体的实质就是对点集及其连接关系进行处理。

5.1.1.2　线

线是一维几何元素，是两个邻接面(正则形体①)或多个邻接面(非正则形体)的交界。直线由其端点(起点和终点)定界；曲线可以由一系列的型值点②或控制点表示，也可以用显式或隐式方程来表示。

5.1.1.3　面

面是二维几何元素，是形体上的一个有限非零区域，由一个外环和若干内环界定其范围。一个面可以无内环，但必须有且仅有一个外环。面有方向性，一般用其外法线矢量方

---

① 为了保证几何造型的可靠性和可加工性，要求形体上任何一点的足够小的邻域在拓扑上应是一个等价的封闭圈，即围绕该点的形体邻域在二维空间中可构成一个单连通域，我们把满足这个定义的形体称为正则形体。否则，称为非正则形体。

② 型值点是指通过测量或计算得到的曲线或曲面上可描述曲线或曲面几何形状的少量数据点。

向作为该面的正向。区分正向面和反向面，在面面求交、交线分类及真实感图形显示等方面都很重要。

5.1.1.4 环

环是有序、有向边(直线段或曲线段)组成的面的封闭边界。环中的边不能相交，相邻两条边共享一个端点。环有内外之分。

5.1.1.5 体

体是三维几何元素，是由封闭表面围成的空间，也是欧氏空间中的非空、有界封闭子集。其边界是有限面的并集。作为基本元素的体也称为体素，是三维空间中可以用有限尺寸参数定位和定形的最基本的单元体，常用以下三种形式定义：

(1)从实际形体中选择出来，可用一些确定的尺寸参数控制其最终位置和形状的一组单元体，如长方体、圆柱体、圆锥体、圆环体和球体等。

(2)由参数定义的一条(或一组)轮廓线沿着一条(或一组)空间参数曲线做扫描运动而产生的形体。

(3)用代数半空间定义的形体，此半空间中的点集可定义为$\{(x,y,z)\mid f(x,y,z)\leqslant 0\}$，此处的$f$是不可约多项式，多项式的系数可以是形状参数。半空间定义法只适用于正则形体。

5.1.2 矢量几何含义

矢量(Vector)是用于构建二维或三维空间的数学单元。英文单词 Vector 有两个不同但非常相关的解释：矢量和向量。在数学中往往使用抽象术语，只关注“向量”中的数字，但可能并不关心其代表的含义；在物理学中则需要解释具体含义，因此专业技术人员倾向于用“矢量”来描述其代表的物理含义。简而言之，在线性代数中，常用“向量”一词，在几何中，则往往用“矢量”一词。

矢量是具有大小和方向的有向线段；矢量的大小是指矢量的长度，矢量可以具有任何非负的长度；矢量的方向描述矢量在空间中指向的方向。

5.1.2.1 笛卡儿坐标系中的矢量

当使用笛卡儿坐标来描述矢量时，坐标用于度量相应维度中的有符号位移。例如，在二维空间中，可以列出平行于x轴的位移，以及平行于y轴的位移。

图 5-2 给出了若干个二维矢量及其数值。注意，图形上每个矢量的位置是无关紧要的，虽然大家习惯上将$+x$指向右方，将$+y$指向上方，但这里并不存在实际的坐标轴，其目的是强调位置的无关性。

从图 5-2 中示例可以看到，有两个矢量均表示为[3,1]，但它们却不在同一位置处，这也说明矢量的表示与起始位置是无关的。三维矢量是二维矢量的简单扩展，其基本原理是一致的。

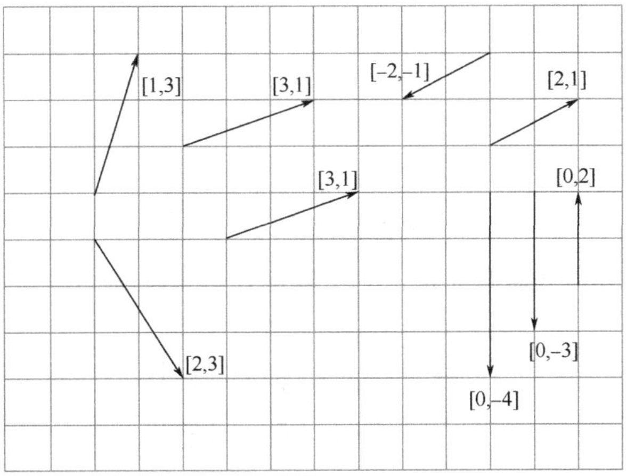

图 5-2 二维矢量及其数值表示示例

“点”有一个位置但没有实际的尺寸或厚度，“矢量”具有大小和方向，但没有位置。因此，点和矢量具有不同的使用目的，但二者有密切的联系。矢量用于描述位移，因此也可以表示相对位置，而点用于指定位置。实际上，任何指定位置的方法都必须是相对的，因此，点也是相对的(它们相对于指定的坐标原点)。

图 5-3 说明了给定 x 和 y 的任意值，点 (x,y) 与矢量 $[x,y]$ 的关系。从图中可以看到，如果从原点开始并按照矢量 $[x,y]$ 指定的量移动，那么将最终到达点 (x,y) 所描述的位置；另一种说法是，矢量 $[x,y]$ 给出了从坐标原点到点 (x,y) 的位移。

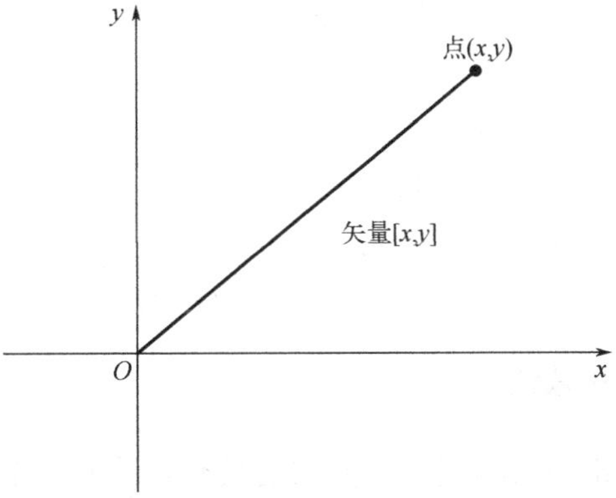

图 5-3 点和矢量之间的关系

这似乎是显而易见的，但重要的是，要理解点和矢量在概念上是不同的，而在数学上是等价的。“点”和“矢量”之间的这种混淆可能是初学者的绊脚石。在提到位置时，可将其想象成一个点，而提到位移时，则将其想象成一个带有箭头的矢量。

5.1.2.2 标量和矢量的乘法

虽然不能将矢量和标量相加，但可以将矢量乘以标量，得到一个与原矢量平行的矢量，但具有不同的长度，当然，其方向也可以与原矢量的相反。

计算矢量 $\boldsymbol{a}$ 与标量 k 的乘法很简单，只要简单地用标量乘以矢量的每个分量即可，表述如下：

$$k\boldsymbol{a}=k\begin{bmatrix}a_1\\a_2\\\vdots\\a_{n-1}\\a_n\end{bmatrix}=\begin{bmatrix}a_1\\a_2\\\vdots\\a_{n-1}\\a_n\end{bmatrix}k=\begin{bmatrix}ka_1\\ka_2\\\vdots\\ka_{n-1}\\ka_n\end{bmatrix} \tag{5.1}$$

将该规则具体化，应用到三维矢量 $\boldsymbol{X}$ ，则可以得到如下表述：

$$k\boldsymbol{X}=k\begin{bmatrix}x\\y\\z\end{bmatrix}=\begin{bmatrix}x\\y\\z\end{bmatrix}k=\begin{bmatrix}kx\\ky\\kz\end{bmatrix} \tag{5.2}$$

虽然标量和向量可以按照任意顺序写，但大多数人还是习惯将标量放在左边。三维矢量 $\boldsymbol{X}$ 也可以除以非零标量 k，实际上相当于乘以标量的倒数，其表述如下：

$$\frac{\boldsymbol{X}}{k}=\frac{1}{k}\boldsymbol{X}=\frac{1}{k}\begin{bmatrix}x\\y\\z\end{bmatrix}=\begin{bmatrix}\frac{x}{k}\\\frac{y}{k}\\\frac{z}{k}\end{bmatrix} \tag{5.3}$$

关于矢量和标量相乘，有如下注意事项：

(1)当矢量乘以标量时，无须使用任何乘法符号，乘法是通过将两个量并排放置(通常标量在左，矢量在右)来表示的。

(2)标量和矢量的乘法及除法，其运算优先权高于加法和减法。

(3)负矢量可以看成将矢量乘以 -1 之后的结果。

在几何上，将矢量乘以标量 k ，其作用是将其长度以 $|k|$ 为系数进行缩放。例如，如果需要将矢量的长度翻倍，则可以将其乘以 2，如果标量 $k<0$ ，则矢量的方向会出现翻转。

5.1.2.3 矢量的加法和减法

我们可以将两个矢量相加或相减，只要它们具有相同的维度，得到的仍是具有相同维度的矢量。矢量的加法和减法与标量的是非常相似的。

矢量加法的线性代数表示非常简单，矢量 $\boldsymbol{a}$ 和 $\boldsymbol{b}$ 相加的具体规则表述如下：

$$\boldsymbol{a}+\boldsymbol{b}=\begin{bmatrix}a_1\\a_2\\\vdots\\a_{n-1}\\a_n\end{bmatrix}+\begin{bmatrix}b_1\\b_2\\\vdots\\b_{n-1}\\b_n\end{bmatrix}=\begin{bmatrix}a_1+b_1\\a_2+b_2\\\vdots\\a_{n-1}+b_{n-1}\\a_n+b_n\end{bmatrix} \tag{5.4}$$

我们可以按几何形式将矢量相加，方法是定位矢量，使得 $\boldsymbol{a}$ 的头部接触 $\boldsymbol{b}$ 的尾部，然后绘制一个从 $\boldsymbol{a}$ 的尾部到 $\boldsymbol{b}$ 的头部的矢量。换句话说，如果从一个点开始应用由 $\boldsymbol{a}$ 指定的位移，然后再应用由 $\boldsymbol{b}$ 指定的位移，那就等同于应用了单个位移 $\boldsymbol{a}+\boldsymbol{b}$，这称为矢量加法的三角形法则。同样，这个法则也适用于矢量减法，如图 5-4 所示。

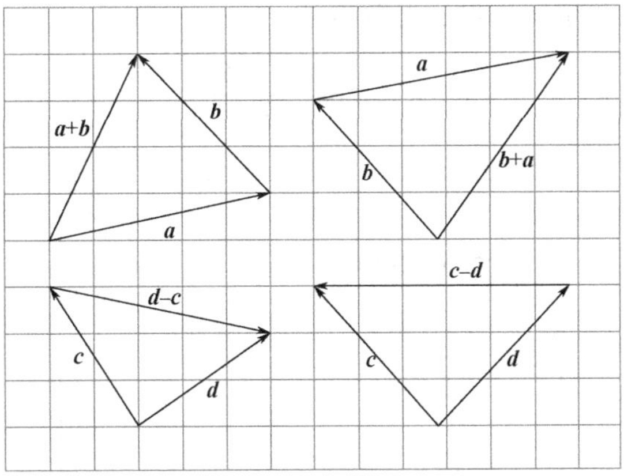

图 5-4　用三角形法则表示矢量加法和减法

从图 5-4 中可以看出矢量加法和减法(矢量 $\boldsymbol{d}$ 和 $\boldsymbol{c}$ 相减，以及矢量 $\boldsymbol{c}$ 和 $\boldsymbol{d}$ 相减)的几何意义。分析后不难得出结论，矢量的加法是可以交换的，而矢量减法则不行。此外，三角形法则可以扩展至两个以上的矢量，即矢量可以表示为一系列按坐标轴方向对齐的位移。

5.1.2.4　矢量的点积

“点积”的名称来自矢量相乘表示法中所使用的点符号：$\boldsymbol{a}\cdot\boldsymbol{b}$。点积运算在图形开发及增强现实虚拟对象绘制时经常会用到，需要理解其真正几何含义。当然，在 C++、HLSL 等开发语言中大多会提供关于点积的高级函数或重载运算符。

就像标量与矢量的乘法一样，矢量点积的运算优先级高于加法和减法的，除非使用括号改变其运算顺序。虽然我们通常在使用两个标量相乘或标量与矢量相乘时省略相乘符号，但在执行矢量点积运算时，不能省略点符号。两个矢量的点积是相应分量的乘积之和，其结果是标量，具体表述为：

$$\boldsymbol{a}\cdot\boldsymbol{b}=\begin{bmatrix}a_1\\a_2\\\vdots\\a_{n-1}\\a_n\end{bmatrix}\cdot\begin{bmatrix}b_1\\b_2\\\vdots\\b_{n-1}\\b_n\end{bmatrix}=a_1b_1+a_2b_2+\cdots+a_{n-1}b_{n-1}+a_nb_n \tag{5.5}$$

还可以通过求和符号将式(5.5)改写成如下形式：

$$\boldsymbol{a}\cdot\boldsymbol{b}=\sum_{i=1}^{n}a_ib_i \tag{5.6}$$

从上式不难看出，矢量点积是可交换的，即 $\boldsymbol{a}\cdot\boldsymbol{b}=\boldsymbol{b}\cdot\boldsymbol{a}$。两个矢量 $\boldsymbol{a}$ 和 $\boldsymbol{b}$ 的点积等于矢量之间角度 θ 的余弦，再乘以两个矢量的长度，其正确表述如下：

$$\boldsymbol{a}\cdot\boldsymbol{b}=\|\boldsymbol{a}\|\|\boldsymbol{b}\|\cos\theta \tag{5.7}$$

三维空间中的任意两个非平行矢量可共面(将二者尾部放在一起即可)，在图形绘制时经常会计算两个矢量之间的空间位置关系，如图 5-5(a)所示。从上面的推导过程可以看出，点积为两个矢量之间夹角求解提供了有效方法：

$$\theta = \arccos\left(\frac{\boldsymbol{a}\cdot\boldsymbol{b}}{\|\boldsymbol{a}\|\|\boldsymbol{b}\|}\right) \tag{5.8}$$

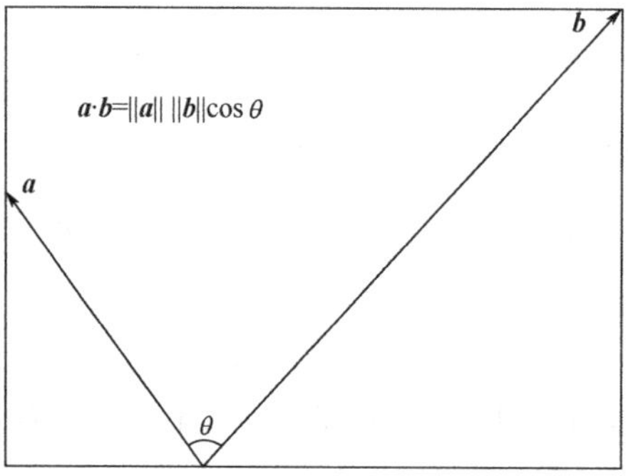

(a)

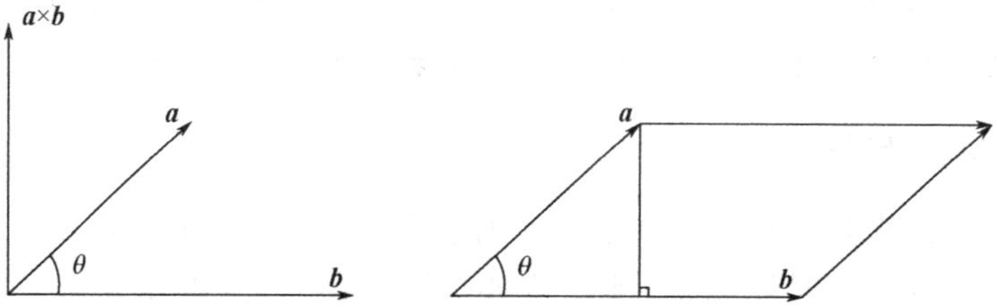

(b)

图 5-5 矢量点积和叉积

5.1.2.5 矢量的叉积

与“点积”类似，“叉积”的名称来自表达式$\boldsymbol{a}\times\boldsymbol{b}$所使用的符号，并且这个符号不能被省略。矢量的叉积操作大多在三维空间中进行，因此在图形绘制时也经常用到，与标量相乘且可以交换不同，矢量叉积的结果是矢量且不可交换。叉积的定义如下：

$$\begin{bmatrix} x_1 \\ y_1 \\ z_1 \end{bmatrix} \times \begin{bmatrix} x_2 \\ y_2 \\ z_2 \end{bmatrix} = \begin{bmatrix} y_1 z_2 - z_1 y_2 \\ z_1 x_2 - x_1 z_2 \\ x_1 y_2 - y_1 x_2 \end{bmatrix} \tag{5.9}$$

叉积的运算优先级高于加法和减法的，当点积和叉积一起使用时，叉积优先，即$\boldsymbol{a}\cdot\boldsymbol{b}\times\boldsymbol{c}=\boldsymbol{a}\cdot(\boldsymbol{b}\times\boldsymbol{c})$。叉积运算将产生垂直于两个矢量的新矢量，而新矢量的长度等于两个矢量长度乘积再乘以两个矢量之间角度的正弦值，其表述如下：

$$\|\boldsymbol{a}\times\boldsymbol{b}\| = \|\boldsymbol{a}\|\|\boldsymbol{b}\|\sin\theta \tag{5.10}$$

从几何角度讲，这也等于边长分别为$\|\boldsymbol{a}\|$和$\|\boldsymbol{b}\|$的平行四边形的面积，其含义如图 5-5 所示。

5.1.3 几何拓扑关系

对图形对象的描述离不开大量的图形信息和非图形信息。对象，构成对象的点、线、面的位置和几何尺寸，及其相互间的关系等都是图形信息；而表示这些图形对象的线型、颜色、亮度，以及供模拟和分析用的质量、密度、体积等数据，是有关对象的非图形属性信息。

图形信息往往从几何信息和拓扑信息这两个方面进行描述，并最终用数据结构进行存储和处理。

5.1.3.1 几何信息

几何信息一般是指形体在欧氏空间中的位置和大小。例如，顶点的坐标值、曲面数学表达式中的具体系数等。通常用笛卡儿坐标系表示各种几何数据。例如，空间中的一个点可以用它的位置矢量表示，也可以用它在三维笛卡儿坐标系中的 3 个坐标分量定义；对于空间中的一条直线，既可以用它的两个端点的位置矢量来表示，也可以用端点在三维笛卡儿坐标系中的坐标分量定义；对于一个空间平面，可用平面方程表达；对于圆柱面、圆锥面、球面等二次曲面，可用二次方程表达；自由曲面常采用孔斯曲面、B 样条曲面、贝塞尔曲面等描述。

但是，只有几何信息难以准确地表示物体，常会出现物体表示上的二义性，可能产生多个不同的理解。为了确保描述物体的完整性和数学的严密性，必须同时给出几何信息和拓扑信息。

5.1.3.2 拓扑信息

拓扑信息是指形体各分量(点、线、面)的数目及其相互间的邻接关系，即拓扑信息用于描述物体的拓扑元素(顶点、边和表面)的个数、类型，及其相互关系(见图 5-6)。拓扑是研究在形变状态下图形空间性质保持不变的一个数学分支，着重研究图形内的相对位置关系。例如，某一面与哪些面相邻，某一面由哪些点组成等，都属于拓扑信息。拓扑信息表示常用数据结构来实现，采用体、面、环、边和顶点表示，根据这些信息可以确定物体表面的邻接关系。

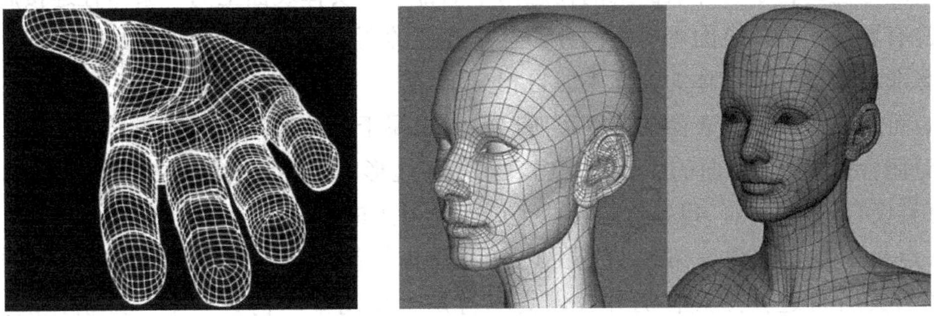

图 5-6 三维图形的拓扑信息

5.1.3.3 数据结构

在计算机处理中常采用链表数据结构记录几何信息和拓扑信息，即建立顶点列表、棱线列表、面列表和体列表。其中，顶点列表仅仅记录顶点的序号及其坐标值，顶点列表的数据反映了结构体的大小和空间位置，并在指针域存放该顶点的前一顶点的指针和后一顶点的指针。棱线列表反映了结构体的棱线与顶点、棱线与面之间的邻接关系，存放构成该棱线的顶点序号、相交生成该棱线的面的序号，以及指向前后棱线的指针。面列表反映了结构体的面与棱线、面与顶点之间的邻接关系，存放定义每个面的顶点序号，因此面列表确定了面与定义该面的各顶点之间的关系。体列表存放各个面在面列表中的首地址，以及某些属性。

5.1.4 几何实体定义

数学中的点、线、面是对其代表的真实世界中的对象的一种抽象，它们之间存在着一定的差距。数学中的平面是二维的，没有厚度，体积为零；而在真实世界中这样的情况是不存在的，一张纸无论多薄都有厚度，本质上也是三维实体并且具有一定的体积。这种差距造成了在计算机中以数学方法描述的形体可能是无效的，即在真实世界中不可能存在。

尽管在有些情况下允许构造无效形体，但用于计算机辅助设计与制造的形体必须是有效的，所以在实体造型中必须保证形体的有效性。有效性的标准是能否“客观存在”。通常，客观存在的三维形体具有如下 5 个性质。

(1) 刚性。即必须具有一定的形状，并且这个形状具有拓扑不变性。

(2) 维数的一致性。在三维空间中，一个物体的各个组成部分均应是三维的，也就是说，必须有连通的内部，而不能有悬挂或孤立的边界。

(3) 有限空间。即实体所占据的空间体积是有限的。

(4) 边界确定。即根据物体的边界能够区分出物体的内部及外部。

(5) 封闭性。经过一系列刚体运动及任意序列的集合运算之后，仍然是有效的物体。

依据上述约束，我们可以认为三维空间中的物体是一个内部连通的三维点集。更形象的描述是，三维物体是由其内部的点集、拓扑及紧紧包着这些点的“表皮”组成的，而物体的表面必须具有如下 5 个性质。

(1) 连通性。位于物体表面上的任意两个点都可用实体表面上的一条路径连接起来。

(2) 有界性。物体表面可将空间分为互不连通的两部分，其中一部分是有界的。

(3) 非自相交性。物体的表面不能自相交。

(4) 可定向性。物体表面的两侧可明确定义出属于物体的内侧或外侧。

(5) 闭合性。物体表面的闭合性是由表面上多边形网格各元素的拓扑关系决定的，即每条边有且仅有两个顶点，每条边连接两个或两个以上的面。

从点集拓扑学的角度可以给出上述三维物体的简洁定义。一个开集的闭包指的是该开集与其所有边界点集合的并集，其本身是一个闭集。构成一个三维物体的点的集合可以分为内部点和边界点。由内部点构成的点集闭包是正则集。三维空间中的正则集就是正则形体，也就是上述的三维有效实体，这是构建计算机图形学中三维几何体的基本原则。

5.2　三维实体模型绘制

在进行三维实体模型绘制时，首先要通过基本图形元素建立三维实体模型的拓扑结构。这些数据存储到计算机中并最终加载到内存(显存)，由图形绘制管线进行绘制。计算处理后在计算机屏幕上可得到具有动态效果的逼真三维模型。

5.2.1　图形系统基本组成

支持交互功能的典型计算机图形系统应具有计算、存储、交互、输入和输出等功能。如图 5-7 所示。其中，计算功能包括具有形体设计、几何构型、几何分析等算法的程序接口库，以及关于描述形体的图形接口库。这些接口库中应有坐标的几何变换、曲线/曲面的生成、图形交点计算及性能检验等功能。交互功能决定了用户通过图形显示器和图形输入设备进行人机通信的基本方式。

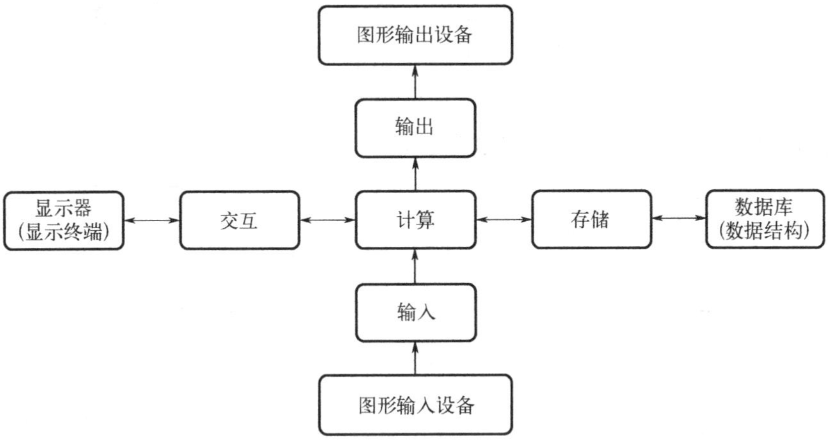

图 5-7　计算机图形系统的基本组成

存储功能是指基于计算机内部和外部存储介质，保存图形的点、线、面及其拓扑结构，以及图形具有的各种属性等，这些数据可以以文件或者数据库的形式提供。图形输入设备有很多种，例如鼠标、键盘、操控杆、手柄，以及各种可穿戴交互设备。这些设备感知并生成交互指令，再发送给计算机。图形输出设备大多为视觉显示器，也包括声音、触觉或味觉等相关设备。图形系统在增强现实中的输出基本上以计算机中的图像显示为输出内容。

图形显示技术中的分辨率有 3 种，即屏幕分辨率、显示分辨率和存储分辨率。

(1) 屏幕分辨率，又称为光栅分辨率或物理分辨率，决定了显示系统可能的最大分辨率，显示控制器提供的分辨率都不能超过它，通常用水平方向上的光点数与垂直方向上的光点数相乘来表示。屏幕分辨率与显示器物理屏幕大小、物理光点大小有关。

(2) 显示分辨率，是指计算机显示控制器在不同显示模式下能够提供的分辨率，在应用中常简称为显示模式。对于文本显示方式，用水平和垂直方向所能显示的字符总数相乘表示显示分辨率；对于图形显示方式，用水平和垂直方向所能显示的像素总数相乘表示显示分辨率。

(3)存储分辨率，是指帧缓冲存储区的大小，一般用缓冲区的字节数表示。

5.2.2 图形绘制基本流程

计算机本身只能处理数字/数据，图形在计算机内也是以数字/数据的形式进行加工和处理的。坐标建立了图形和数字之间的联系。为了使该物体数字化，要在该物体所在的空间中定义一个坐标系。这个坐标系的长度单位和坐标轴的方向要适合对该物体的描述，这个坐标系称为世界坐标系，一般采用欧氏空间笛卡儿坐标系。

计算机对数字化的显示物体进行加工处理后，为了在图形显示器上显示，就要在图形显示器屏幕上定义一个二维笛卡儿坐标系，这个坐标系称为屏幕坐标系。这个坐标系的坐标轴方向通常平行于屏幕的边缘，坐标原点在左下角，长度通常以像素为单位。

为了使显示的物体能以合适的位置、大小和方向显示出来，必须要通过投影，即实现物体在不同空间的映射。投影的方法有两种：正射投影和透视投影。

由于计算机屏幕大小的限制，有时为了突出图形的局部细节，只显示图形的某一部分，这时可以定义一个三维视景体。正射投影时一般使用长方体视景体，透视投影时一般使用棱台视景体。只有视景体内的物体能被投影在显示平面上，其他部分则被裁剪掉。在屏幕窗口内可以定义一个矩形，称为视口，视景体投影后的图形就在视口内显示。三维图形绘制流程如图 5-8 所示，具体细节详见 5.3 节。

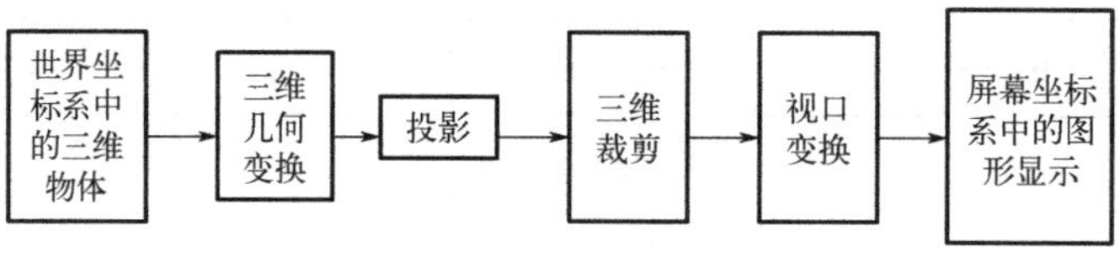

图 5-8 三维图形绘制流程

为了适应物理设备坐标和视口所在坐标的差异，还要进行适应物理坐标的变换。所用坐标系称为物理设备坐标系。

5.3 视图模型变换过程

视图模型变换是计算机图形学中的重要概念，是将图形元素变成屏幕上真实感场景的关键环节，其本质是数学上的多重矩阵变换，完成从基本的点、线、面结构变成人眼中三维场景(图像)的全过程，包括最基本的三维变换，即模型变换、投影变换、裁剪变换和视口变换等。

5.3.1 成像过程

在我们所生活的客观世界里，应该说所有的物体都是三维立体的，即占用了一定的空间体积。但是，这些三维物体在计算机世界中却必须以点、线、面等几何拓扑结构的形式进行描述和存储，利用这种描述形式，物体如何从三维结构变换到屏幕上的二维图像呢？基于小孔成像模型，这个成像过程可以类比于我们用相机进行拍照的过程。

1. 视点变换(Viewing Transformation)

视点变换是指将相机放置在物理空间中恰当的位置，并设置其朝向，定好焦距(类似于放置相机的三脚架)，并设置其拍摄参数，如图 5-9 所示。在图形绘制之前，需要进行视点变换，主要是设置相机在世界坐标系中的位置及相关观察参数。

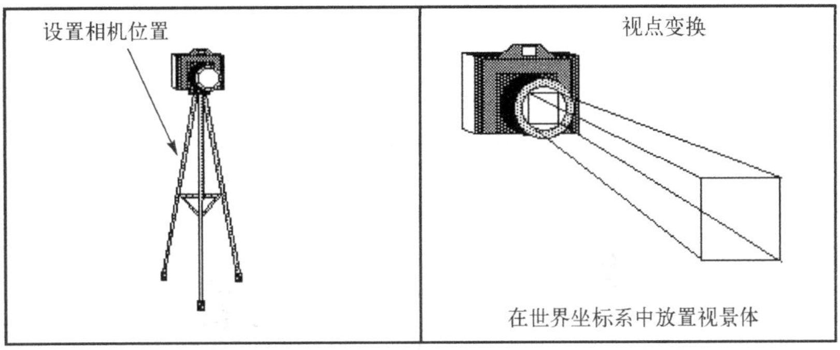

图 5-9　视点变换示意图

2. 模型变换(Modeling Transformation)

模型变换是为将目标场景或物体放置到相机的视野中，在计算机图形学里，是指通过平移、旋转或缩放，将物体变换到视口空间中，以便我们能够看到，如图 5-10 所示。模型变换在绘制过程中用得比较多，世界坐标系中的物体均要通过模型变换，将其放置到合适的位置并调整成合适的姿态。

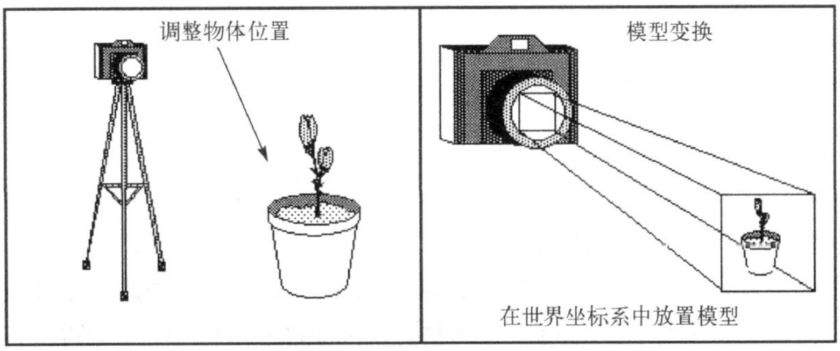

图 5-10　模型变换示意图

3. 投影变换(Projection Transformation)

投影变换是指将三维物体通过成像模型变换到成像平面上，在这个过程中三维场景的深度信息丢失，因此是信息维度减少的过程，如图 5-11 所示。投影变换实现了从三维空间到二维图像的映射，是计算机图形绘制中的关键环节。

4. 视口变换(Viewport Transformation)

视口变换是指通过离散化过程将成像平面上的内容变换到某个显示窗口或输出设备上，从而形成真正意义上的光栅图像，如图 5-12 所示。视口变换是图形绘制到计算机屏幕(帧缓冲)上的最后环节，是将二维图像进行光栅化(离散化)的过程。

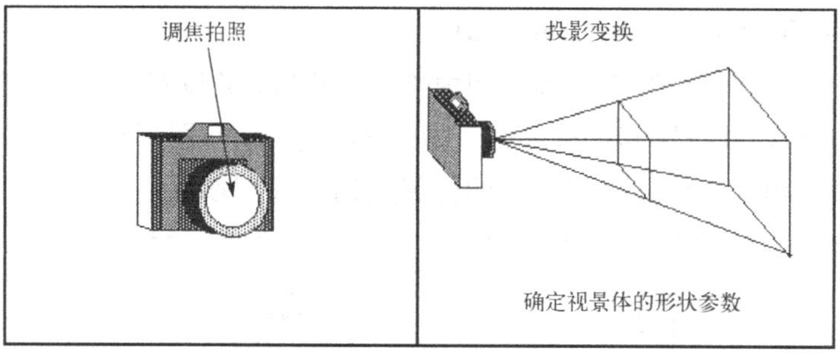

图 5-11 投影变换示意图

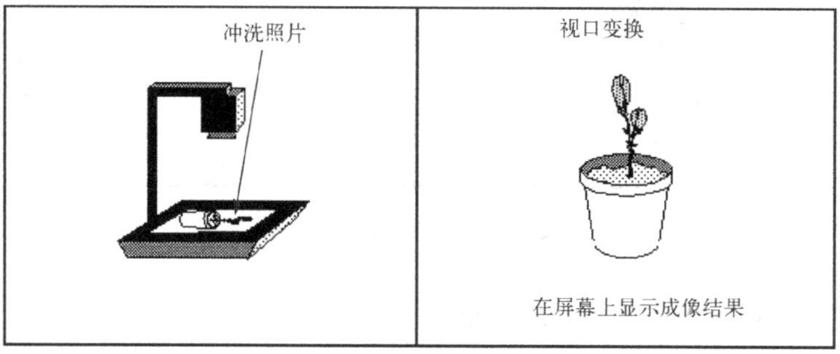

图 5-12 视口变换示意图

5.3.2 模型变换

实际上，5.3.1 节所述视点变换和模型变换本质上都相同，即图形学中的几何变换，通过矩阵对刚体进行空间变换，只不过通常视点变换是针对相机的，而模型变换是针对三维物体的，显然二者之间可以通过逆矩阵进行等效。

一般情况下，视点变换只有平移和旋转，没有比例变换，本质上是摄像机(人眼)调整观察位置和姿态。当视点进行平移或旋转时，所观察物体就相当于在世界坐标系中进行反方向的平移或旋转。因此，从某种意义上讲，视点变换和模型变换是等效的，只是各自出发点不一样而已。大家可以根据具体情况，选择其中某个角度去考虑，这样便于深度理解。

模型变换在现实世界中比较普遍，我们构建不同的三维模型，都是有自己的局部坐标系的，这些模型最终要放置在统一的场景中，我们称之为世界坐标系。那么，这个变换过程就是通过平移、旋转和比例缩放来实现的，如图 5-13 所示。

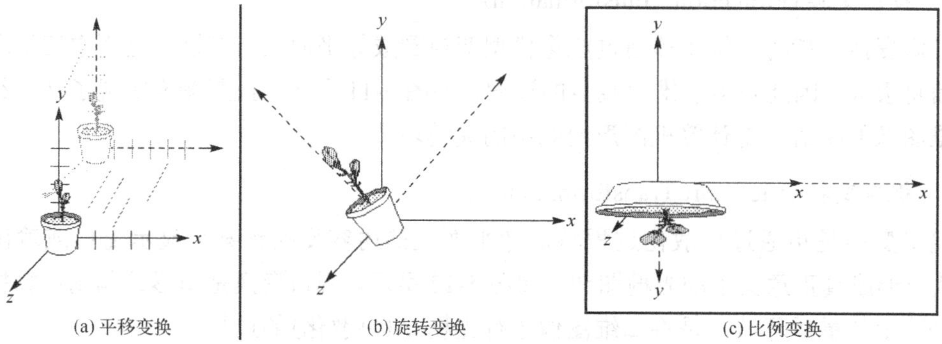

图 5-13 三种典型的几何变换示意图

5.3.3　投影变换

投影变换是一种很关键的图形变换，是将图形在不同维度空间进行映射的主要形式，典型的就是将三维图形投影到二维平面上。在计算机图形学中，有两种典型的投影方式，一种是正射投影，另一种是透视投影。事实上，计算机图形学中投影变换的目的就是定义一个视景体，使得视景体外多余的部分被裁剪掉，最终图像只显示视景体内的有关部分。

5.3.3.1　正射投影（Orthographic Projection）

正射投影又称为平行投影。这种投影的视景体是一个矩形的平行管道，也就是一个长方体，如图 5-14 所示。正射投影的一个最大特点是无论物体距离相机多远，投影后的物体大小不变。这种投影通常用在建筑蓝图绘制和计算机辅助设计等方面，这些行业要求投影后的物体大小及相互间的角度不变，以便施工或制造时物体比例正确。

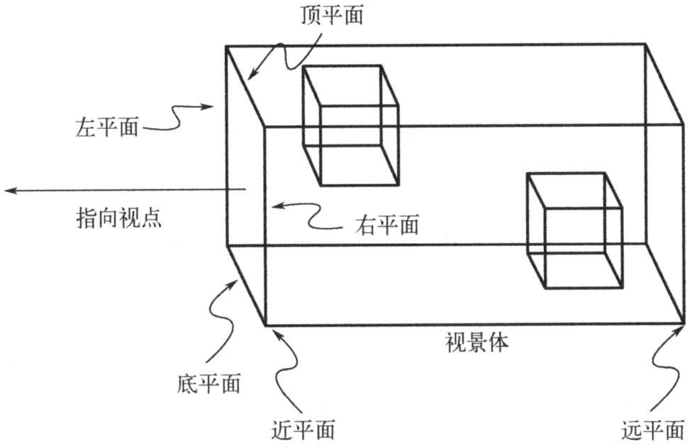

图 5-14　正射投影变换过程示意图

5.3.3.2　透视投影（Perspective Projection）

透视投影符合人们的心理习惯，即距视点近的物体大，距视点远的物体小，远到极点即消失，成为灭点。如图 5-15 所示，它的视景体类似于一个顶部和底部都被切除掉的棱椎（即棱台）。这个投影通常用于动画、视觉仿真，以及其他许多具有实际对应物的方面。

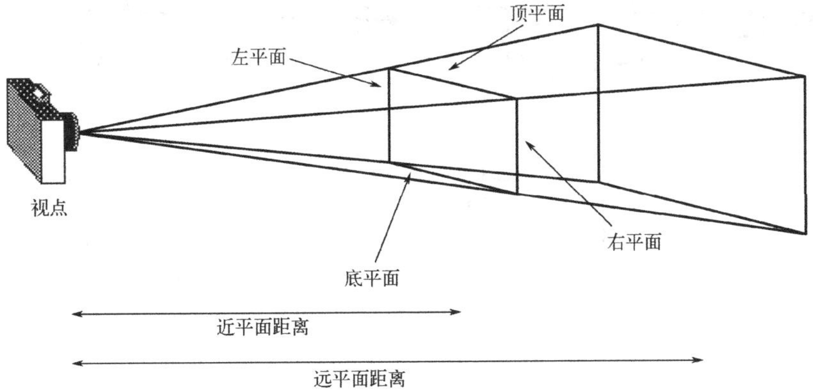

图 5-15　透视投影变换过程示意图

5.3.4 裁剪变换

空间物体的三维裁剪变换包括：视景体裁剪和附加平面裁剪。视景体裁剪已经包含在投影变换里，前面已述，这里不再重复。

除了视景体定义的六个裁剪平面(上、下、左、右、前、后)，用户还可自己再定义一个或多个附加裁剪平面，以去掉场景中无关的目标，如图 5-16 所示。

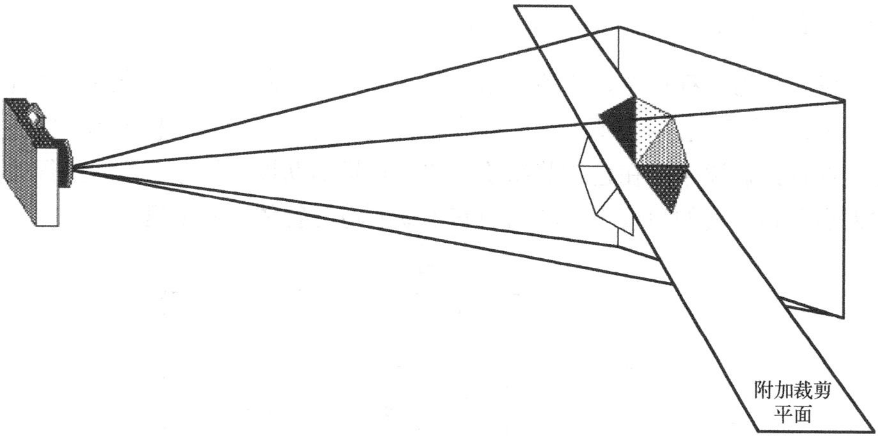

图 5-16 裁剪变换过程示意图

5.3.5 视口变换

前文已多次提到过视口变换。运用相机模拟方式，很容易理解视口变换类似于照片的放大与缩小。在计算机图形学中，视口变换就是将经过几何变换、投影变换和裁剪变换后的物体显示于屏幕窗口内指定的区域(即视口)。

在实践应用中，视口的长宽比总是应该等于视景体裁剪面的长宽比，如果不相等则投影后的图像显示于视口内时会发生变形，如图 5-17 所示。

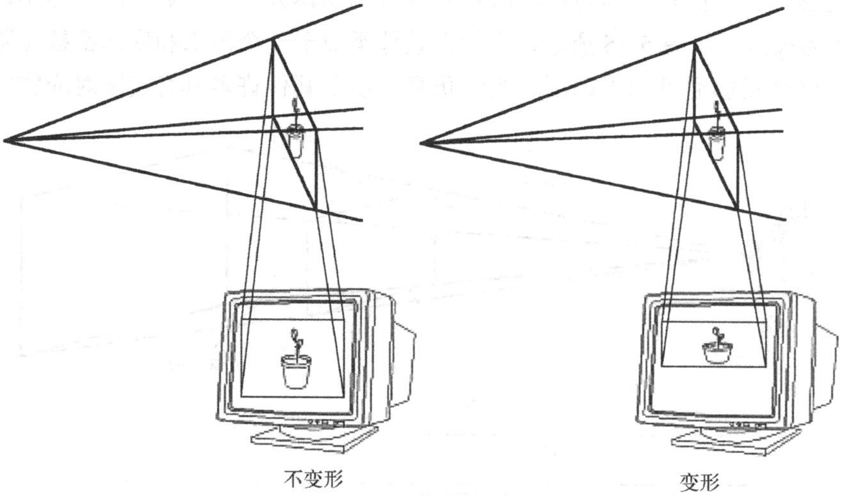

图 5-17 视口变换过程示意图

5.3.6　矩阵堆栈

"堆栈"在计算机不同应用领域有不同的含义。例如，程序内存空间管理所用的堆栈、数据结构中的队列和堆栈等。顾名思义，堆栈指的是一个顶部打开而底部封闭的柱状物体，通常用来存放常用的东西。这些东西从顶部依次放入，但取出时也只能从顶部取出，即"先进后出，后进先出"。在计算机中，堆栈常指在内存中开辟的存放某些变量的一块连续区域。因此，矩阵堆栈指的就是内存中专门用来存放矩阵数据的某块特殊区域。

前述变换在计算机中要用矩阵表示。在创建矩阵、加载，以及模型变换矩阵与投影变换矩阵相乘时，都要用到堆栈操作。一般来说，矩阵堆栈常用于构造具有继承性的模型，即由一些简单目标构成的复杂模型。例如，一辆自行车就是由两个轮子、一个三角架及其他一些零部件构成的。它的继承性表现在当自行车往前走时，首先是前轮旋转，然后整个车身向前平移，接着是后轮旋转，然后整个车身向前平移，如此进行下去，自行车就能往前走了。使用矩阵堆栈，对表达复杂模型运动过程中的多个变换操作之间的联系与独立十分有利。

5.4　图形绘制相关技术

在进行图形绘制及最终生成具有立体效果的逼真图像的过程中，需要利用很多计算机图形学的关键技术，部分技术还与专用硬件有关，这些技术的成熟度决定了最终显示效果的逼真程度，而这些技术的处理效率决定了最终显示内容的流畅性和可交互性。

5.4.1　纹理映射

纹理映射(Texture Mapping)又称纹理贴图，是将纹理平面空间中的纹理像素映射到屏幕显示空间中的像素的过程。纹理映射是计算机图形学中对物体表面进行逼真展现的一种高效策略，是降低绘制处理负担的一种有效手段。纹理映射分为一维纹理映射、二维纹理映射和三维纹理映射，通常使用的是二维纹理映射，如图 5-18 所示。简单来说，就是把一幅图像按照空间映射关系，贴到三维物体表面上的过程，从而增强物体外观的真实感，与光照计算、图像混合等技术结合起来，就能得到许多非常逼真的效果。

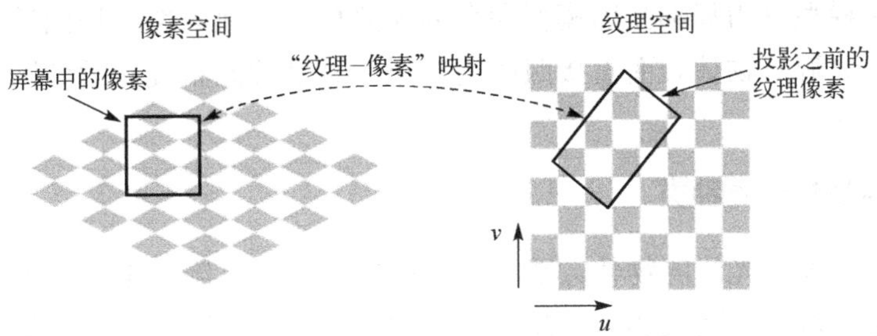

图 5-18　纹理映射示意图

通常来讲，计算机图形学中的纹理映射有以下四个步骤：投影映射、变换函数、纹理采样和纹理转换，如图 5-19 所示。当然，并不是每个环节都必须使用，只是通过这样的流程，可以灵活操控纹理映射过程，以获得我们想要的显示效果。

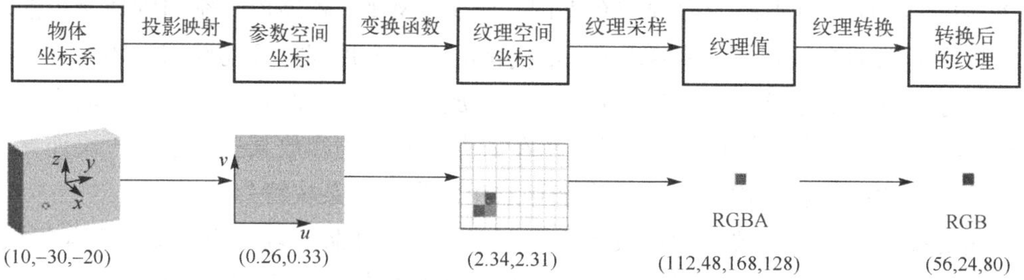

图 5-19　纹理映射处理流程

在三维图形绘制中，纹理映射应用得非常广泛，尤其是在描述具有真实感的物体表面时非常重要。比如，绘制一面砖墙时，就可以使用一幅具有真实感的图像或者照片作为纹理，贴到一个矩形上，从而很容易画好一面逼真的砖墙。如果不用纹理映射的方法，那么墙上的每块砖都要作为一个独立的多边形来绘制，每个细节像素都需要进行不同的着色，将耗费巨大的计算资源和存储空间，其效果还不如纹理映射。此外，纹理映射能够在多边形变换时，保持表面纹理随之变化。例如，用透视投影模式观察墙面时，离视点远的墙壁上的砖块显得小，而离视点近的就会显得更大些，这些都符合人们视觉常识规律。

纹理映射是真实感图形绘制的重要组成部分，运用它可以方便地制作出极具真实感的图形，而不必花过多时间来考虑物体的表面细节。然而，纹理加载的过程可能会影响程序运行速度，当纹理图像非常大时，这种情况尤为明显。如何妥善地管理纹理，减少不必要的开销，是系统优化时必须考虑的一个问题。很多图形开发接口都提供了纹理对象管理技术来解决上述问题，例如，在 OpenGL 图形绘制接口中，与显示列表技术一样，纹理对象通过一个单独的数字来标识，这允许 OpenGL 硬件能够在内存中保存多个纹理，而不必每次使用时再加载，从而减少了运算量，提高了绘制速度。

5.4.2　光照模型

光照模型是根据有关光学定律，模拟自然界中光照明物理过程的计算机模型。计算机图形学中的光照模型分为局部光照模型和全局光照模型，前者忽略周围环境对物体的光照作用，而只考虑光源对物体表面直接照射的效果，这是理想状况；后者则考虑了周围环境对物体表面的影响。

5.4.2.1　典型的光源种类

光源是指可以发射光线的物体。现实生活中的光源有太阳、电灯、火焰等。在计算机图形学中，常把光源分为两大类：理想光源和非理想光源。理想光源包括方向光源、点光源和聚光源。非理想光源包括面光源、体光源等，如图 5-20 所示。需要注意的是，所谓理想光源即指理想状态下的光源，而现实生活中并不存在这样的理想光源，之所以在计算机图形学中提出理想光源的概念，是因为理想光源更容易在计算机上进行模拟，并且也确实能够非常接近真实效果；而绘制面光源、体光源等非理想光源时，需要更大的计算量和更复杂的算法，只有在要求非常高的场合才使用。

图 5-20　几种典型光源示意图

早期计算机图形学中的实时光照模型，如 Phong 模型中，只考虑了理想状态下的光源，无法计算非理想光源；而在某些离线绘制领域，对效果要求高而对时效性要求并不苛刻的场合，可使用一些全局光照算法模拟非理想光源，从而提升图形绘制质量。

计算机图形学中另一个常被提到的概念是环境光。在现实生活中，光线会在场景中不断地反射(散射、折射等)，直到能量逐渐耗尽。场景中某一点即使没有受到光源的直接照明，也可能会受到光源的间接照明，即受到反射光线的照明。环境光就是指这种间接的照明。由于光线在场景中的反射非常复杂，所以环境光的计算是光照计算中最复杂的部分。在一些实时光照模型，如 Phong 模型中，会非常粗略地模拟环境光部分，例如用一个常量值近似地表示环境光。而在离线绘制领域，一些全局光照算法，如光线跟踪算法，会非常精确地计算场景中光线的反射，从而绘制出更真实的全局光照效果。

5.4.2.2　Phong 模型

光照模型是对光照进行数学上的建模而提出的。这里仅简单介绍在实时绘制领域应用较广泛的 Phong 模型。

Phong 模型是一种依据经验的局部光照模型。该模型由 Phong 于 1975 年在他的博士学位论文中提出[51]，并逐渐被广泛认可和应用。Phone 模型把物体表面受到的光照效果分为环境光、漫反射光和镜面反射光三类。其中，漫反射光是指光线照射到粗糙表面所反射的光，镜面反射光是指光线照射到平滑表面所反射的光，而环境光则用来模拟物体受到周围环境的影响而反射出的少量光线。

对于场景中的每个光源，i_s 和 i_d 分别代表光源的镜面反射和漫反射强度，i_a 代表环境光强度。对于场景中的每个物体，定义以下参数：k_s 代表入射光的镜面部分的反射比例，k_d 代表入射光的漫反射部分的反射比例，k_a 代表环境光部分的反射比例。α 表示发光值，一个物体表面的发光值越大，则该物体反射光的能力越强，光线散射得越小，物体表面的高光点越小，能量越集中。

其他参数定义如下：lights 代表场景中所有光源的集合；$\boldsymbol{L}_m$ 代表从物体表面某个点指向光源 m 的方向向量；$\boldsymbol{N}$ 代表物体表面某个点的法线；$\boldsymbol{R}_m$ 代表光源 m 照射到物体某点的反射光的方向向量；$\boldsymbol{V}$ 代表从物体表面某个点到观察者(相机)的方向向量；利用 Phong 模型，可通过下式计算物体表面某点 P 的光照反射强度[52]：

$$I_P = k_a i_a + \sum_{m\in \text{lights}} [k_d(\boldsymbol{L}_m \cdot \boldsymbol{N}) i_{m,d} + k_s(\boldsymbol{R}_m \cdot \boldsymbol{V})^{\alpha} i_{m,s}] \tag{5.11}$$

由上式不难看出，当计算某个点的漫反射强度时，先计算该点的法线与光照方向的方向向量的点积，然后将漫反射光线强度乘以这个点积的结果再乘以漫反射光的反射比例（由于光线照射到物体表面时有一部分发生反射，还有一部分发生折射，反射比例即指反射光线所占的比例），得到的结果就是该点的漫反射强度。之所以计算该点的法线与光照方向的点积，是为了模拟这样的效果：光照方向与该点的法线的夹角越小，光线对该点的漫反射作用越大。极端情况下，当光线垂直照射物体表面时对物体的光照作用最大，当光线平行照射物体表面时对物体没有光照作用。而漫反射与观察者方向无关，即一个点向各个方向漫反射的强度相同，如图 5-21(a)所示。

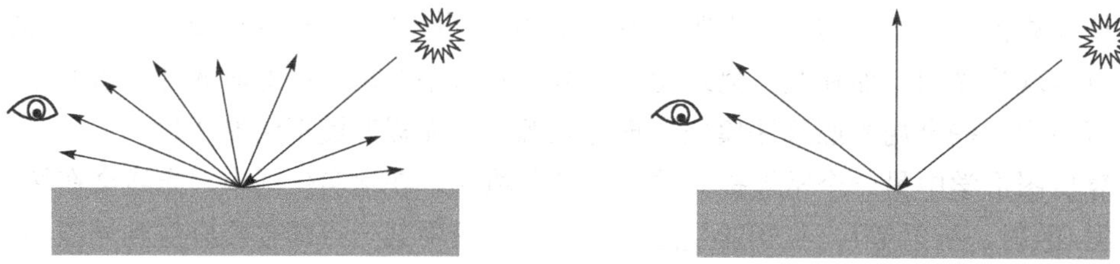

(a) 光线漫反射　　(b) 光线镜面反射

图 5-21　光线反射模型示意图

当计算一个点的镜面反射强度时，先计算光照在该点反射光线的方向向量与该点指向观察者（相机）的方向向量的点积，将这个点积结果进行 α 次乘方计算，再乘以镜面光照光线强度和反射比例，得到的结果即为镜面反射强度。由式(5.11)可知，镜面反射强度与观察者的观察方向有关。而由点积性质可知，当反射光线与该点指向观察者的方向的夹角越小时，镜面反射强度越大，当夹角为零时，镜面反射光刚好反射到观察者的方向，此时观察者所能看到的镜面反射光的强度是最大的，如图 5-21(b)所示。

5.4.3　视点漫游

视点漫游是指将视点（相机）的位置在虚拟场景中移动，从而体现出在场景中移动及变换视角的效果，达到对三维虚拟场景自由观察的目的。增强现实中需要将虚拟场景中的漫游与真实世界中的移动融合（一致或映射）起来，因此同样需要解决基于虚拟场景相机的漫游问题。

在计算机图形学中，三维视点漫游方式分为交互漫游和自动漫游两种方式。自动漫游是先给定路线，设置好起点和终点，直接进行视点插值并自动运行，无须其他任何操作；交互式漫游是通过鼠标、键盘或其他交互设备对视点进行控制，从而实现人机交互漫游。

5.4.3.1　交互漫游

鼠标的前后左右位移对应于视点在水平和垂直方向上平移的增量，实现视点的前后左右移动；通过键盘上的四个键，例如 W、S、A、D，以及设计好的对应步长，同样可以实现视点的平移；同理，通过其他按键可实现相应的旋转、缩放功能。

交互漫游方式可实现对视点进行灵活自由控制，在任何三维环境下都可以使用此方式，但是每次的鼠标或者键盘操作都意味着视点的变化，需要对画面重新绘制，为了达到实时性(所见即所得)就需要控制输入速度，并且对场景模型进行适当处理。

5.4.3.2　自动漫游

当场景模型比较大，难以进行全局显示，或者用户对场景不太熟悉时，需要设计实现连接不同视点的运动路线，供用户选择。在没有外部输入对视点进行交互控制的情况下，就需要提前设计好相应的视点变换控制方法，保证视点自动运行的过程可以很好地展现模型，并且保证流畅性和真实性。在自动漫游过程中，为了保证画面的连续性，需要将视点移动的步长控制在合理的范围内。

目前进行虚拟漫游的场景主要是室外的开阔地带(如山地、校园、城市等)或者室内的有限空间(如客厅、展览馆等)，它们的共同特点就是有地面这个平面(或曲面)作为参照物，这些模型在视景体中重构时就可以将其与 *XOZ* 平面平行，这样在模型中进行自动漫游时，就不用考虑 *Y* 轴方向上的平移和相应的变换。而在一些复杂的三维空间中，例如庞大的城市地下管网、大型建筑物内的各种水电管路、人体内的血管和经络等，都是没有参考平面的，在其中进行自动漫游时就可能出现任何方向的漫游路径，此时视点变换的视线方向和头顶正方向的选择尤为重要。

5.4.4　GPU 加速绘制

自 20 世纪 60 年代计算机图形学诞生开始，人类就开始了对于计算机图形学、图形处理的漫长研究历程，早期由于计算机处理能力的限制，计算机图形学被认为是成本高昂的领域，因为它往往需要密集的代数运算。1999 年诞生了第一款真正的图形处理器(Graphic Processing Unit，GPU)，从此开始，GPU 体系结构的发展经历了固定功能流水线、可编程着色器、统一绘制架构等三个阶段。

GPU 作为图形系统的硬件核心，其主要任务是对输入的几何对象数据或图像信息进行处理，如顶点绘制、像素绘制、光栅化、几何绘制、纹理映射等。GPU 是伴随着计算机快速发展对图形处理的特殊需求而产生的，早期的图形处理都是采用计算机的中央处理器(CPU)完成的。随着图形处理的类型和要求越来越高，CPU 变得越来越不能适应需求，进而产生了 GPU，其初衷是为了减轻 CPU 日益繁重的图形处理任务，而将此类特殊任务逐渐分离出来，使 CPU 更能专注于通用计算和控制。

5.4.4.1　GPU 图形绘制管线

图形绘制管线是实时图形绘制的核心组件，不同 API 的接口名称不同，但图形绘制管线的结构和流程大致相同。通过给定相机参数、场景模型、表面材质及光源设置等要素进行绘制，可生成一张具有透视效果的二维图像，数据的处理过程都是在 GPU 中进行的。图形绘制管线主要包括两个功能：①将世界坐标转换为屏幕像素坐标，②给屏幕上的像素着色。GPU 的图形绘制管线的流程如图 5-22 所示，具体功能如下。

(1)顶点着色器：以单个顶点为输入，逐顶点进行处理，在图形绘制中一般在此阶段进行坐标转换等操作，此阶段可由用户干预操作。

(2) 图元组装：将顶点着色器输出的顶点依据绘制图元类型组装成点、线段、三角形等基本图元结构，此阶段无法由用户干预操作。

(3) 几何着色器：对组装的图元进行编辑，可以产生新的顶点数据，并对单个图元进行拓展，构造新的图形。几何着色器虽能编辑图元，改变图形形状，但传入几何着色器的顶点数受图元类型限制，且输出图元类型只能为点、线段和三角形等基本图元。因此，对于复杂的图形、场景的绘制，常在 CPU 中对数据进行预处理剖分，转为 GPU 所支持的图元结构。

(4) 光栅化：将几何着色器输出的图元映射为最终屏幕上相应的像素，形成供片元着色器使用的片元。此阶段会裁切超出视图的像素，此阶段无法由用户干预操作。

(5) 片元着色器：对像素进行着色。此阶段通过光照、阴影和材质等来计算像素的最终颜色，并进行其他处理（颜色混合和透明测试等）后，最终为图形中对应位置的像素着色。

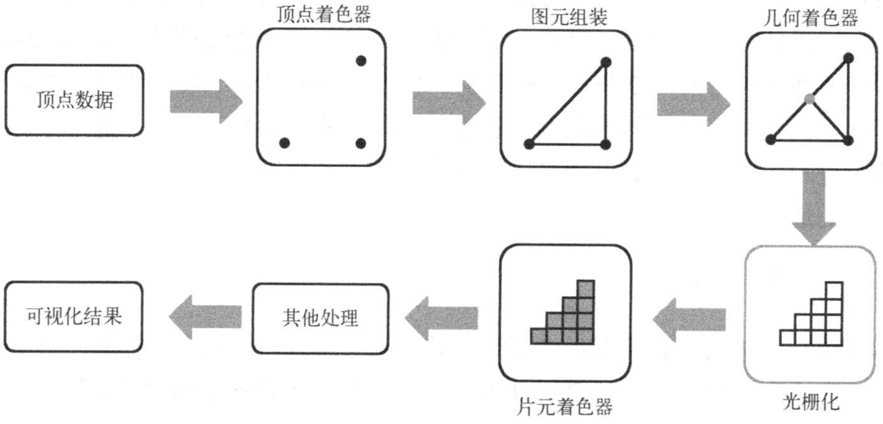

图 5-22　GPU 的图形绘制管线

5.4.4.2　GPU 地图绘制流程

地图可视化是指通过一系列抽象的图形符号来表达客观的地理环境，将复杂多样的空间信息转化为图形图像并进行交互处理。图 5-23 为典型的基于 GPU 完成空间（模型）地图绘制的流程，主要包含空间数据加载调度、几何数据符号表示及地图符号加速绘制等三个阶段。从图中可以看出，地图数据绘制比传统图形绘制更为复杂。

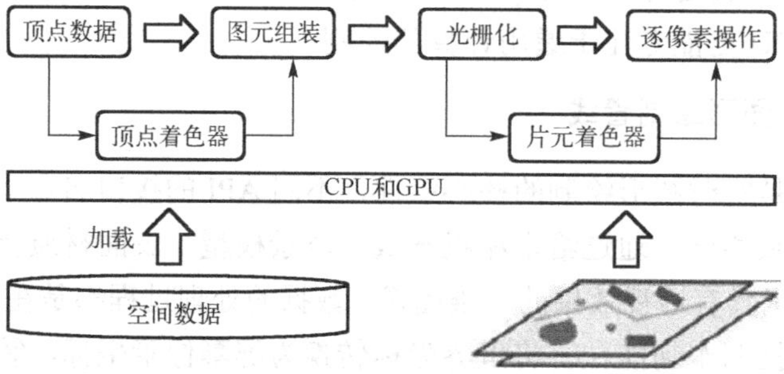

图 5-23　GPU 地图绘制流程

GPU 的图形绘制管线是地图绘制的通用抽象流程，而地图绘制往往还包含海量空间数据的动态加载与传输调度。因此，利用空间索引与细节层次技术，能够减少不必要的细节数据从 CPU 传入 GPU，减少数据的绘制成本，提高地图绘制效率。同时，在 GPU 环境下，绘制矢量数据之前必须对几何数据进行剖分，转换成 GPU 所能支持的图元结构。

5.4.4.3　GLSL 图形绘制语言

OpenGL（见 5.5.1 节）处理绘制计算时遵循管线模式，类似包含多个工位的生产流水线，大量原料从上游进入生产线并流经各工位，每个工位能够并行、高效地处理各自的分工任务，然后将本部分处理好的产品交给下游工位，同时再继续处理新的任务。对应到 OpenGL 的图形绘制管线中，则是顶点数据经过功能各异的阶段和着色器的处理后，最终形成屏幕上的像素，具体流程如图 5-24 所示。

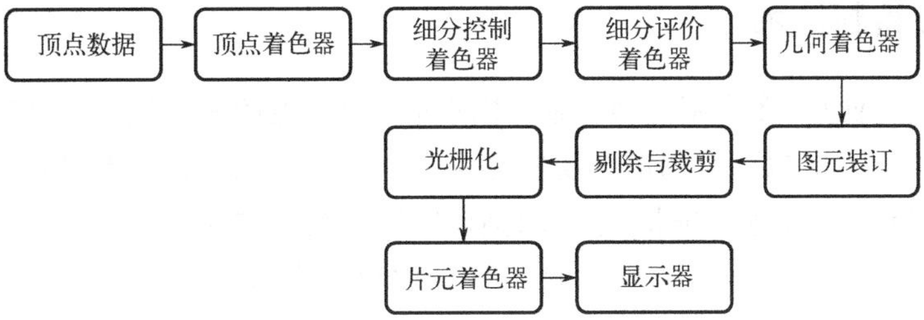

图 5-24　OpenGL 的图形绘制管线

在这一管线中，有些是固定功能阶段（图元装订、剔除与裁剪、光栅化），对数据的处理方式是固定的，但开发人员可以对其中的参数进行配置；有些是可编程阶段，可附加开发人员通过主程序编译好的 GLSL 程序（常称为着色器），管线运行时这些程序可自动执行。此类着色器分为必要的（顶点着色器、片元着色器）和可选的（细分控制着色器、细分评价着色器、几何着色器）。如果不在管线中加入必要的着色器，最终就将无法输出图形，但可选着色器可根据需要加入。不同着色器虽有预先定义好的大致功能，但是开发人员可以根据自己的需要自由编写具体程序段，利用加载到着色器中的数据完成计算，并将结果交给下一阶段。

1. 顶点着色器

首先，位于内存中的顶点数据由顶点着色器自动获取并进入管线。顶点着色器将按每个顶点处理相关的属性，如每个顶点的位置、法线和颜色。通常用 MVP（模型-观察-投影）变换矩阵乘以局部空间中的位置向量，变换至标准设备坐标空间，再经过固定的计算阶段，得到屏幕空间中的坐标。

2. 细分控制着色器和细分评价着色器

这两种着色器利用细分曲面技术，将高阶图元分裂为更多细小的图元，从而将粗糙的多边形模型细分为更精细的表面。细分控制着色器用于控制细分等级，并进行细分计算。细分评价着色器应用细分控制着色器的计算结果，作用于每个细分出来的图元，对它们的顶点数据进行相应的变换处理。

3. 几何着色器

几何着色器能够根据需要改变顶点数，并产生指定类型的图元。

4. 图元装订、剔除与裁剪、光栅化

该部分为三个固定功能阶段，首先按图元类型组合装订顶点数据，然后根据顶点坐标、视口大小、面朝向等，去掉一些不可见数据，变换成视口中的相应坐标，最后光栅化成离散的像素。

5. 片元着色器

利用前面阶段传来的顶点数据和从内存中读取的其他数据，对每一个光栅化后的像素进行插值，并按照光照模型等算法进行光照着色计算，最终将计算完成的图形输出至帧缓冲，等待系统刷新至显示器。

5.4.5 云绘制技术

不同于影视行业(大多采用离线绘制)中对视觉保真度的极致追求，实时绘制主要用于无预定脚本的游戏、虚拟现实和增强现实等强交互应用，为保证绘制速度，在一定程度上对绘制画质做出权衡和妥协。虚拟现实/增强现实绘制的主要挑战在于面向传统游戏的权衡规则难以直接套用。此外，可穿戴/手持式移动虚拟现实/增强现实承载平台的绘制功耗预算尤为有限。

5.4.5.1 云绘制提出背景

针对虚拟现实/增强现实绘制所面临的“小马拉大车”“既要马儿跑，又要马儿不吃草”的技术挑战，业界先后发展出异步时间扭曲、异步空间扭曲、多视图绘制、多分辨率绘制、畸变补偿绘制等一系列优化算法，旨在弥合传统游戏与虚拟现实/增强现实绘制之间的技术断点。此外，在跨越了沉浸体验的初始门槛后，绘制质量与效率之间的平衡优化成为时下驱动虚拟现实/增强现实绘制技术新一轮发展的核心动因，即用户需求的持续进阶放大了绘制画质、速度、成本、带宽等多目标规划的解决难度。

云绘制关注云、网、边、端的协同绘制，时延不确定性成为关键技术挑战。将虚拟现实/增强现实交互应用所需的绘制能力导入云端，有助于降低终端配置成本，帮助用户利用头戴式显式器感受到媲美高性能 PC 级的绘制质量。在云架构的引领下，各类内容应用可更便捷地适配差异化的终端设备，也有助于实施更严格的内容版权保护措施，遏制盗版，缓解用户体验痛点清单中的部分问题。

相比单机版的发展思路，部分企业对云绘制这一网联式技术路径的发展存在不同观点。云游戏平台厂商认为网络状况难以预测，因而向网络中“倾泻”数据将造成网络资源浪费，客户端接收到无序数据，致使端侧为此付出额外的计算成本。事实上，本地绘制与云绘制并非处于相互独立的发展轨道，亦非非此即彼的替代关系，相比单机版绘制依赖终端完成，云绘制并非完全依靠云侧，而是聚焦云网边端协同分工，旨在实现“不要让终端补缺云网协同落下的课”。当前，针对时延、带宽、丢包、抖动等技术挑战，业界通过调节 CPU 与 GPU 协同编码、前向纠错率、缓冲区大小等方式实现服务质量保障。

需要指出的是，相比时延因素本身，网络、算力等导致的时延不确定性产生的弃帧，主要是由于帧未能及时到达端侧，致使在终端显示环节丢弃(不显示)某些帧，在用户感受上表现为画面卡顿、跳跃与拖尾。

5.4.5.2　云绘制基本架构

虚拟现实和增强现实可以统称为扩展现实（eXtended Reality，XR），虚拟现实或增强现实中的云绘制也称为云 XR（Cloud XR），是一种全新模式。受益于 5G 网络，云 XR 将物理硬件迁移至云端，使得“轻量级终端”只保留呈现 XR 最基本的功能，提高了移动性和灵活性，大大降低了终端成本，为虚拟现实/增强现实打开了更广阔的市场。云 XR 弱交互业务以 XR 视频业务为主，包含巨幕影院、360 视频、XR 直播等，用户可在一定程度上选择视点和位置，但用户与虚拟环境中的物体不发生实际交互。云 XR 强交互业务以 XR 游戏为代表，包含 XR 游戏、XR 教育、XR 健身、XR 社交等，用户可通过交互设备与虚拟环境互动，根据具体的交互行为，用户可看到实时响应的虚拟空间图像。

云 XR 解决方案架构由内容层、平台层、网络层和终端层组成。

(1) 内容层。主要负责向平台层提供虚拟现实/增强现实内容，包含内容提供方和内容聚合方，内容主要包括云 XR 视频业务及云 XR 强交互业务。

(2) 平台层。平台层对云 XR 视频业务和云 XR 强交互业务提供云绘制、流化、转码、存储、编码等功能。云 XR 视频业务平台负责 XR 视频的导入、转码、存储和播控分发处理，包含 XR 点播系统、XR 直播系统等。云 XR 强交互业务平台负责对强交互业务进行绘制，包含实例运行、逻辑计算、实时绘制、实时推流等功能，为每个用户在云端生成一个应用实例，对其 XR 画面进行实时绘制、编码和实时推流。XR 投屏系统通过建立可靠的消息同步机制，使得 XR 头盔与机顶盒之间的消息可以互通，实现 XR 内容在家庭电视上的同屏显示，可以随时与家人共享 XR 世界中的视野。

(3) 网络层。网络层主要包括骨干网、城域网、接入网及家庭网络四部分，负责为云 XR 业务提供大带宽、低时延的稳定传输。

(4) 终端层。云 XR 终端层主要实现 XR 内容呈现、家庭网络接入及用户鉴权等功能。通过 WiFi/5G 接入网络，与平台层连接。

时延是整个解决方案的关键约束。与本地绘制相比，云渲染 XR 系统的时延更大，如果控制得不好，就会引起晕动症。晕动症是由于用户视觉与前庭感知系统的运动状态不一致引发的症状，通常表现为恶心、面色苍白、出冷汗、呕吐、头晕、头痛和疲劳等。晕动症产生的原因分两类：一是运动后（头部位置和观看角度发生变化）显示画面的滞后；二是显示画面内容在动，但用户实际上没有做相应的运动。当前业界主流观点认为，虚拟现实/增强现实设备的运动到光子（Motion To Photon，MTP）时延不超过 20ms，即人的头部发生运动到双眼所见的图像发生变化的时间差在 20ms 以内时，可以较好地避免晕动症的产生。

云 XR 视频业务对时延的要求不高，参考对 4K 视频的分析，不同的时延只是对画面加载时间产生影响。对于云 XR 强交互业务，在云端绘制会引入新的时延，保持 MTP 时延不超过 20ms 有难度，如果这个时延控制得不好，就更容易引起晕动症。为了保证云 XR 的体验与本地虚拟现实/增强现实应用的体验保持一致，云 XR 解决方案需要控制好时延，满足 MTP 时延不超过 20ms 的要求。

5.4.5.3　云 XR 强交互业务

云 XR 强交互业务方案包含以下三部分。

（1）云XR强交互业务平台。该平台由XR中心管理系统及XR云绘制系统组成，主要负责云XR强交互业务的管理、存储和云绘制等。云绘制包括逻辑计算、实时绘制、编码和实时推流等处理。

（2）网络。为了低成本部署云XR业务，可以依托4K Ready的极简承载网络架构，根据云XR对宽带及时延的要求进行局部调整。而云XR终端则要求采用WiFi接入，所以需要构建基于WiFi的家庭网络来实现云XR业务承载，其中重点是高性能WiFi AP的部署。

（3）云XR终端。云XR终端以XR一体机为主，主要负责控制信令采集、视频编码、屏幕呈现、接入网络等。云XR终端并不是本地XR终端，向用户提供开机画面，启动界面和用户鉴权功能。客户端通过WiFi接入网络，需要支持5G WiFi通信模块，需要完成与云XR强交互业务平台对接，实现对XR应用的访问。

云XR处理主要包含云绘制及流化、终端刷新呈现两个过程。其中云绘制及流化是指云XR终端进行动作捕捉并将捕捉到的动作信息经过网络上行传输到云端，在云端完成逻辑运算、实时绘制及编码压缩后，将视频流通过网络下行传输至终端进行解码的过程（见图5-25）。

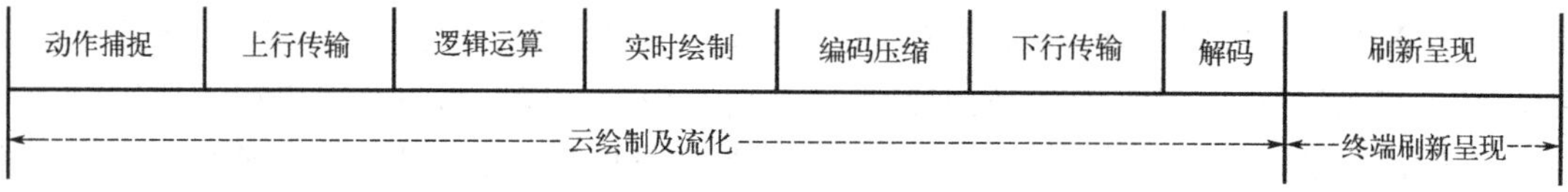

图5-25　云绘制及流化示意图

本地XR终端在进行动作捕捉、逻辑运算、画面绘制及屏幕呈现等一连串处理时，要满足MTP时延要求已经是不小的挑战。云XR如果按照云绘制及流化、终端刷新呈现这两个过程串行处理的思路，将难以实现MTP时延不超过20ms的要求，其关键因素在于云绘制及流化引入了网络传输、编码压缩和解码等环节，此时MTP时延包含了云绘制及流化时延，使总时延加大（见图5-26）。

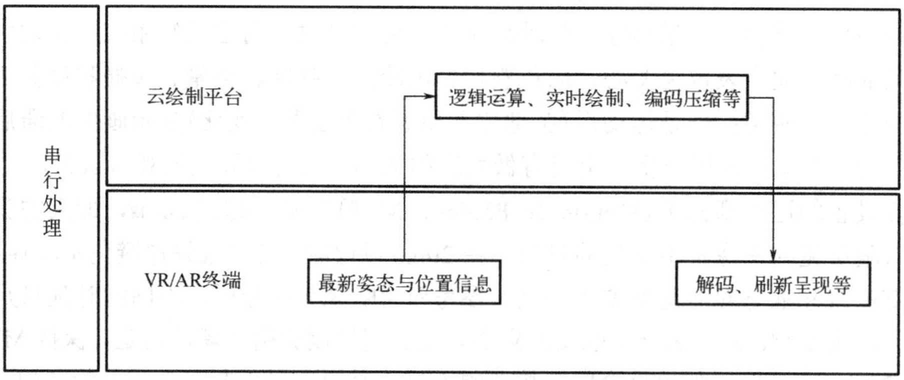

图5-26　MTP时延完全无法保障的方案

端云异步绘制技术的核心思想是将云绘制及流化、终端刷新呈现这两个过程从串行处理改成并行处理，即XR终端每次刷新画面时，使用的是云绘制平台送来的第n帧绘制帧作为基础帧进行二次投影，同时，云绘制平台处理第n+1帧绘制帧，与XR终端处理并行，如图 5-27 所示，此时 MTP 时延由终端来决定，不依赖于网络和云绘制，从而继续满足 MTP 时延不超过 20ms 的要求。

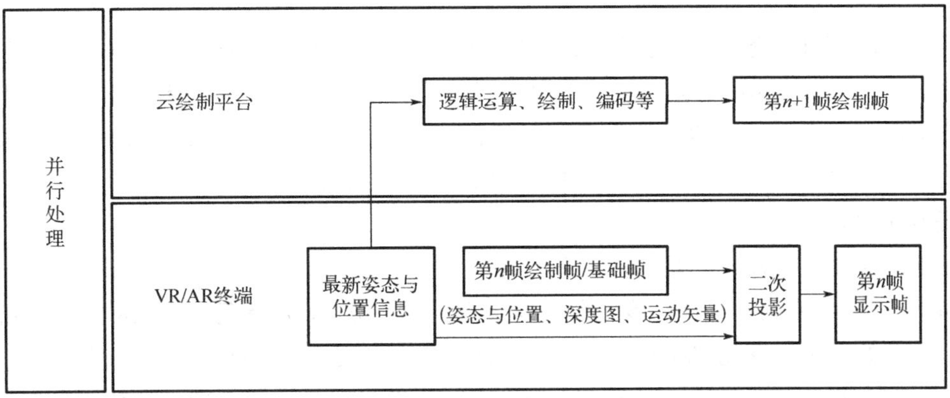

图 5-27　端云异步绘制原理图

虽然云绘制及流化时延不会影响 MTP 时延，但该时延的长短仍会影响画面质量和用户体验。如果不对云绘制及流化时延进行约束，会产生以下两个问题。

(1) 黑边问题。端云异步绘制技术通过超视角绘制使画面扩大，改善因为视角画面进行二次投影引发的黑边问题，如图 5-28 所示。云绘制与流化时延越大，需要增加的绘制角度越大，但也需要更多的云端绘制资源，综合考虑下，一般不会增加太大的绘制角度。如果云绘制与流化时延过大，黑边问题改善不明显，就会影响用户体验。

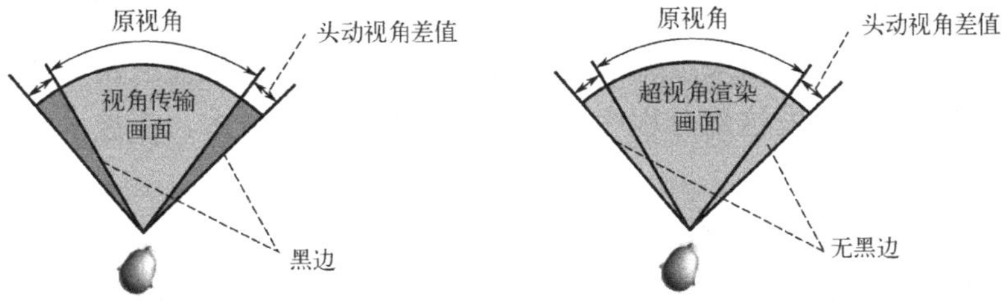

图 5-28　黑边问题及其优化方法

(2) 画面质量问题。端云异步绘制技术通过二次投影，调整画面物体的遮挡关系，被遮挡部分通常用周边画面替代，从而出现画面扭曲现象(见图 5-29)。如果云绘制及流化时延过大，画面扭曲就会很明显，影响画面质量。

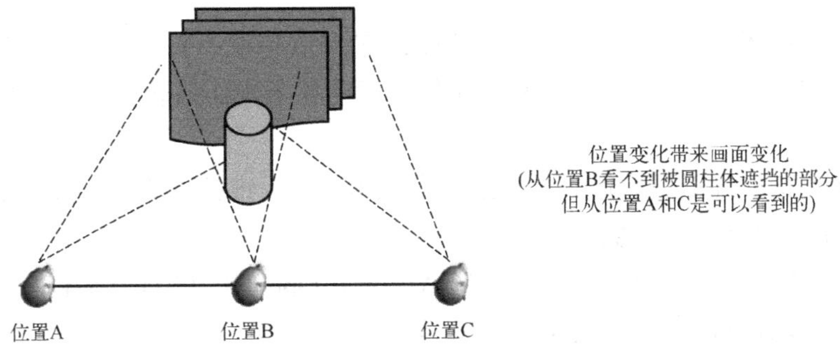

图 5-29　画面遮挡关系示意

因此，为了保证云 XR 的画面体验，需要约束云绘制及流化时延。

5.4.5.4 云 XR 弱交互业务

云 XR 弱交互业务主要是指云 XR 视频业务。相比于传统视频，云 XR 视频拥有更高的码率，当前全视角 4K XR 视频的单用户码率可达 40Mbps，因此在构建云 XR 视频业务解决方案时需要考虑对高码率的支持，包括云端内容分发网络(Content Delivery Network，CDN)系统、网络传输能力、终端解码能力等。此外，对于有实时要求的 XR 视频直播系统，需要提升实时转码和切片的能力。

云 XR 视频业务方案主要包括以下三部分。

(1)云 XR 视频业务平台。该平台主要负责转码、切片、出流等，由 XR 点播系统、XR 直播系统、媒体分发网络(Media Delivery Network，MDN)系统及 CDN 系统构成。传输方案主要采用全视角传输方案，随着 XR 视频分辨率的提升，将逐渐向视角传输方案发展。

(2)网络。可在 4K Ready 网络基础上进行承载优化和体验管理增强，如部署服务质量保障、家庭高性能 5G WiFi，以及云 XR 业务保障设计等。

(3)云 XR 终端。目前 XR 视频主流分辨率为 4K，要求终端典型单眼分辨率为 1K 及以上，支持 4K 解码能力，同时需具备更高性能的通信能力。

5.5 常用图形开发接口

图形开发接口是一套可编程的开放标准，二维和三维图形开发都需要这部分底层 API 支持。作为图形开发人员，如果没有借助图形 API 来开发增强现实应用，就意味着调用图形硬件时需要自己独立开发这部分程序，这无疑增加了开发成本，在技术飞速发展的今天也是不现实的。

图形 API 就是解决这个难题的，开发者只要输入很小一段代码即可通过 API 访问图形硬件，无论是效率还是质量都会得到极大提升。但这不代表图形开发接口就一定非常好用，图形 API 本身是软件，并不是硬件，只是提前写好了调用图形硬件的代码，可能存在如下一些问题。

(1)图形 API 运行于操作系统中。大家所熟知的微软、苹果公司都发布了自己独有的图形 API。想要让自己开发的游戏运行于不同的操作系统中，可能会需要使用不同的 API 库。

(2)与之相反的还有跨平台图形开发接口，跨平台意味着不需要单独适配操作系统，开发一次即可发布到全平台。但跨平台并不能使程序在各个操作系统中的表现最优化，实际上是有折中的。

(3)图形开发接口高低层有区别，高层开发成本更低、维护更难、权限更小；低层开发成本更高，维护更容易，权限更大。

本节简要介绍两个广为使用的低层图形 API 库，OpenGL 和 Direct3D，关于两种 API 库的详细介绍，读者可以参阅相关图形开发类书籍。

5.5.1 OpenGL

OpenGL 是一种跨语言、跨平台 API 库，用于与 GPU 交互并在硬件加速下进行二维和三维图形的高效绘制。OpenGL 的 API 定义了许多可被应用程序调用的函数，这些函数可以在不同编程语言环境下使用，并且通过在程序中包含相关的第三方 OpenGL 库，可以实现窗口的创建、上下文的建立及其他图形绘制功能。

1992 年美国 SGI 公司开始推出 OpenGL 1.0，目前仍在不断更新版本，每次更新均添加重要功能，并且逐渐从 PC 转到移动终端上应用。此外，为了适应未来更高效的硬件架构，OpenGL 被分离为两种配置，一种保留传统特性，称为兼容配置；另一种称为核心配置，舍弃了低效接口，并具有全新的高速 API，成为更现代化的选择。

2004 年 SGI 公司发布了 OpenGL 2.0 版本，首次引入 OpenGL 着色语言（OpenGL Shading Language，GLSL）。GLSL 是一种以 C 语言为基础的高级着色语言，能够运行于图形绘制管线中的顶点着色器、几何着色器、片元着色器等重要处理过程，使原来仅有的固定功能管线拓展为灵活的可编程管线，支持开发人员自定义各种数据的处理算法，从而令定制化的复杂三维图形绘制成为可能。

OpenGL 发展到今天已达 4.6 版，并且其功能和性能都在不断提升和完善。其优点主要包括以下三个方面。

(1) 与 C 语言结合紧密。作为高效且灵活的开发语言，C/C++语言被广大的优秀程序员所喜爱。而 OpenGL 命令最初就是用 C 语言函数来描述的，对于学习过 C 语言的人来讲，OpenGL 更容易理解和学习。

(2) 强大的可移植性。Direct3D 虽然也是十分优秀的图形 API，但它只可用于 Windows 系统，而 OpenGL 不仅可用于 Windows，还可以用于 Unix/Linux 等其他操作系统，甚至在大型计算机和各种专业计算机上都有应用。并且，OpenGL 基础命令都做到了硬件无关，甚至是平台无关。

(3) 高性能的图形渲染。OpenGL 是一个工业标准，其技术紧跟时代并随图形硬件生态不断更新，如今各个显示卡厂家无一不对 OpenGL 提供强力支持，激烈的竞争推动着 OpenGL 性能一直保持领先。

5.5.2 Direct3D

Direct3D 简称 D3D，是基于微软公司的通用对象模式（Common Object Mode，COM）的三维图形 API，是在 Windows 操作系统上开发的一套三维图形编程接口。微软公司确立了这个三维 API 规范并拥有版权，所有的语法定义都包含在程序开发组件的帮助文件和源代码中。Direct3D 是微软公司 DirectX SDK 集成开发包中的重要部分，适合多媒体、娱乐、即时三维动画等广泛和实用的三维图形计算。

自 1996 年发布以来，Direct3D 以其良好的硬件兼容性和友好的编程方式很快得到了广泛的认可，现在几乎所有的具有三维图形加速的主流显示卡都对 Direct3D 提供良好的支持。但它也有缺陷，由于它是以 COM 接口形式提供的，所以调用方式较为复杂，并且稳定性较差。另外，目前 Direct3D 只在 Windows 平台上可用，因此在平台可移植性方面要弱于 OpenGL。

第 6 章　增强现实中的位姿跟踪注册技术

增强现实应用流程中需要很多的计算资源和计算环节。从计算机学科角度讲，可认为增强现实是计算机视觉和计算机图形学的有机融合，正是这两个互为可逆的过程，使虚拟信息和真实场景实现了真正意义上的融合，试图以理想光场的形式将虚拟对象和真实环境共同呈现在人们的视野中。

我们都知道，计算机图形学研究如何将虚拟的图形对象(点、线、面形成的几何拓扑结构)绘制成具有真实感和立体感的二维图像，这是增强现实中虚拟信息的产生过程，它的通用计算流程就是利用第 3 章的小孔成像模型，借助射影几何理论产生透视图像的过程，这也正模拟(重复)了人眼的成像过程。而计算机视觉则与此相反，通过输入二维图像从而获取客观世界三维信息，这是人眼感知和认知真实客观世界的过程。显然，在客观世界的成像过程中丢失了部分深度信息，是降秩的，需要通过其他信息来还原深度信息。只有将客观世界恢复成精确的三维表示，增强现实中的虚拟信息才能以恰当的形式显示在正确的位置。

6.1　位姿跟踪注册框架

从上述内容可以看出，实现对真实场景的增强的关键在于将虚拟对象实时准确地“嵌入”真实场景中，让二者同时在人眼视网膜上成像，当人们观察真实场景的视角发生变化时，虚拟对象要“同步”变换，即虚拟对象要按照真实场景的成像参数在人眼中成像，从而实现所谓的“虚实融合”，因此关键在于实时获取真实场景的成像参数，该技术称为摄像机位姿跟踪，而根据位姿跟踪结果将虚拟对象“嵌入”真实场景中的技术则称为注册(registration)技术。

增强现实系统的核心问题是如何实现精准的虚实融合，让用户感受不到虚拟物体与真实物体成像过程的差别，而三维注册技术是解决该问题的关键，其性能优劣对实现一个有价值的增强现实系统是非常重要的。

6.1.1　对位姿跟踪的基本要求

增强现实中虚拟对象的生成过程可以看成计算机图形学的绘制过程。依据小孔成像模型，要将虚拟对象注册到真实场景中的合适位置，并且虚拟对象要随人眼观察视角的变化而“静止”在真实场景中，需要解决或确定如下两个方面的问题。

(1)确定虚拟对象在真实场景中的物理位置。如果将真实场景所在的坐标系认为是图形绘制管线中的世界坐标系，那么处于静止状态的虚拟对象的位置应该是不变的，因此这个坐标系需要在虚拟对象嵌入之前确定，即要将虚拟对象“放置”在合适的空间坐标点 $\boldsymbol{X}_0=(x_0,y_0,z_0)^{\mathrm{T}}$ 上，同时要确定虚拟对象在真实场景中放置的初始姿态角 φ_0，θ_0，ψ_0 (即分别绕 3 个坐标轴旋转的欧拉角)。

(2) 实时跟踪人眼在真实场景中的位置及姿态。在人眼运动过程中，图形绘制管线要实时地以合适的绘制参数，将虚拟对象显示到光学单元上，此时就需要知道每个时刻人眼的观察参数，该参数至少包括 6 个自由度(Degree Of Freedom，DOF)，其中人眼在空间中的位置 $X_e=(x_e,y_e,z_e)^T$ 占用 3 个自由度，观察姿态角 φ_e，θ_e，ψ_e 占用 3 个自由度。实际上，这些参数被转换成图形绘制管线中的相机参数，用于将虚拟对象进行成像，从而达到其在真实场景中“不动”的目的。

6.1.2　位姿跟踪注册方法

在增强现实中，解决虚实对象之间的几何一致性，即实现虚拟物体和真实物理空间融合的核心问题是，对物理空间的三维重建及对观察者的位姿跟踪，并且对跟踪的实时性、精确性和可靠性的要求非常高，其最大时间延迟应小于 50ms[53]。实现方式一般分为三类：基于视觉的跟踪方法、基于传感器的跟踪方法和混合跟踪方法(视觉+传感器)，如图 6-1 所示，详述如下。

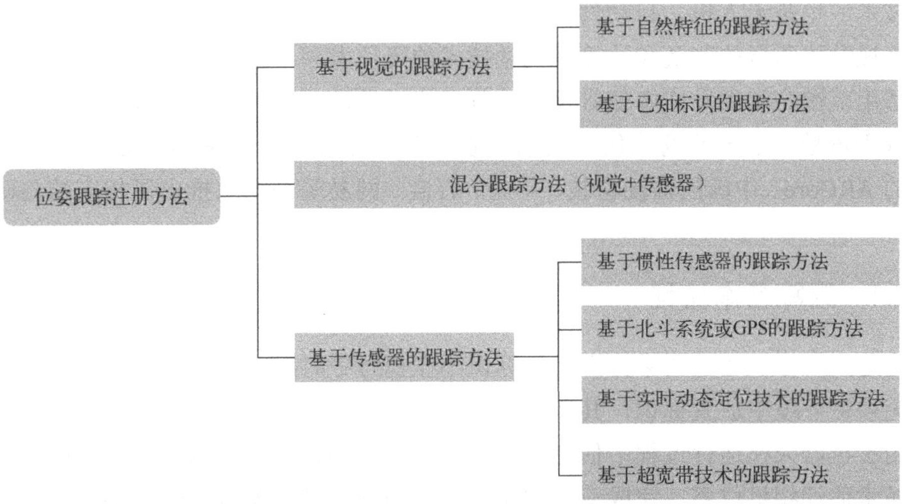

图 6-1　增强现实中的位姿跟踪注册方法

(1) 基于视觉的跟踪方法，主要指利用计算机视觉获取真实场景信息后，再利用图像处理和计算机视觉来识别和跟踪定位真实场景。其基本原理是，通过对移动设备自带摄像头采集到的连续帧图像进行特征点检测，在相邻两帧之间利用检测到的特征点进行帧间匹配，匹配可得摄像头在这两帧之间的位姿变化信息，再根据变化信息计算虚拟对象的注册矩阵，最终利用注册矩阵完成虚拟对象的精确注册。随着相关研究的深入和理论的完善，学者们依据是否有标记物，将基于视觉的跟踪方法分为基于自然特征的跟踪方法和基于已知标识的跟踪方法。

(2) 基于传感器的跟踪方法所需的传感器包括惯性传感器、北斗系统或全球定位系统(GPS)，以及电磁、光学或超声波位置跟踪器等。其中，惯性传感器的主要问题是，被跟踪物体的角度及位置的跟踪误差会随时间增长而不断增大，漂移较大，设备重且体积较大；

北斗系统或 GPS 的主要问题是定位误差较大，在室内、峡谷或其他复杂地形的情况下经常无法正常接收导航信号；电磁、光学或超声波位置跟踪器采用发射和接收的工作方式来进行跟踪，使用场合固定，范围有限。

(3)混合跟踪方法试图融合上述两种方法的优点，以获得更高的精确度和更广的适用性。这种方法的动机是好的，但传感器的增加必然会导致体积增大，处理数据量的增多必然会对计算单元的算力提出更高要求，显然这些问题都是难以解决的。

实践经验告诉我们，在基于增强现实的维修向导、教育培训等应用领域，虚实匹配精度要求比较高，较大的注册误差将破坏用户对周围环境的正确感知，改变用户在真实环境中动作的协调性。因此，要实现精确的增强现实三维注册，必须要有高精度的跟踪设备。

6.2 基于视觉的位姿跟踪技术

同步定位与建图(SLAM)技术可以在未知环境中定位自身方位，并同时构建环境的三维地图，从而保证叠加的虚拟物体与现实场景在几何上的一致性。它不仅是增强现实的关键基础技术，也是无人机、自动驾驶、机器人领域的基础技术[54]。

随着视觉传感器的普及和计算机视觉技术的飞速发展，视觉 SLAM 因为无须预先布置场景、适用范围广和硬件成本低等优点受到了广泛关注，在实践中也取得了很大进步。近几年，基于该技术的一些商业化产品也相继问世，比如微软的 HoloLens、苹果的 ARKit 和谷歌的 ARCore。中国的商汤科技、华为、百度、网易等公司也推出了相应的自研 SLAM 系统。

6.2.1 跟踪基本流程

无论是人工标识还是图像标识，当标识不在视野中时跟踪便会丢失。无标识的增强现实系统无须在环境中放置标识，其所用的有代表性的技术就是 SLAM。该技术源于机器人领域，用于机器人在运行过程中估计自身位姿的同时构建环境地图。在增强现实中可通过 SLAM 技术估计相机位姿，完成三维注册。经典的视觉 SLAM 框架如图 6-2 所示。

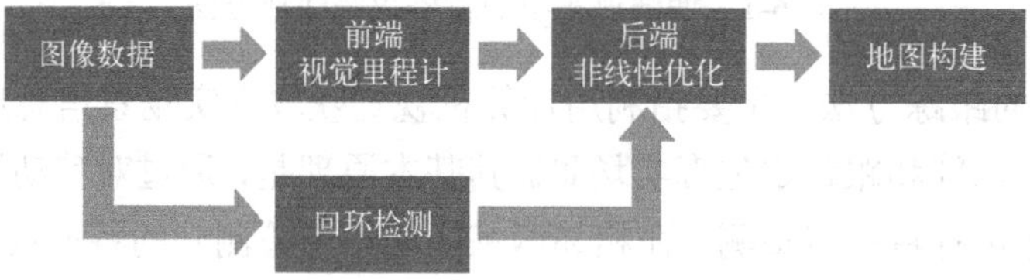

图 6-2 经典视觉 SLAM 框架

基于自然特征的 SLAM 技术以一定的帧率逐帧提取环境中的自然特征点，依据相邻帧间的数据关联计算位姿变换。2003 年 Davision 提出了基于单目视觉的同步定位与建图(V-SLAM)，使用扩展卡尔曼滤波和 Harris 特征点实现室内相机位姿更新。在此基础上，2007 年剑桥大学的 Klein 开发了 PTAM 系统，将 V-SLAM 用于小场景的增强现实，该系统使用两个并行线程进行跟踪和建图，实现了实时跟踪相机位姿。2015 年，西班牙萨拉戈萨大学的 Mur-Artal 博士根据 PTAM 的多线程思想，使用 ORB 特征和词袋模型等技术开发了完整的开源视觉 SLAM 系统 ORB_SLAM。

视觉 SLAM 系统无须提前设计和放置标识，且能构建并复用环境地图，扩大了增强现实的使用范围，同时视觉 SLAM 也存在累计误差、受光照影响严重、无法长时间稳定运行、快速运动情况下易跟踪失败等缺陷。

然而，也有结合标识辅助的 SLAM(Marker SLAM)系统，研究者通过在环境中预先放置一些结构化标识来辅助计算相机位姿，不同于常规 SLAM 可利用环境的自然特征信息。这类研究的代表有 Lim 等人用少量人工标识结合扩展卡尔曼滤波实现了机器人导航，Muñoz-Salinas 等人融合 ArUco 人工标识和特征点 SLAM 提出了 UcoSLAM。这类方法应用在结构化场景中能够大大提高空间定位效率，减小位姿估计算法负担。

6.2.2 图像特征匹配

特征点检测与特征匹配是计算机视觉中的基本问题，在三维重建、目标识别、增强现实和图像检索中都有很重要的研究和应用价值，但其目前解决得不够好，尤其是大基线图像序列的特征匹配。问题难点是在不知道场景和图像的任何先验知识的情况下，要求对相应特征点进行自动检测和匹配，而图像之间较大的透视畸变使得很难自动校正相应特征点邻域窗口的局部形状；此外，大基线导致图像之间亮度发生变化，使得该问题变得更加复杂。

图像之间的匹配关系描述了场景空间点相对于相机的运动关系，这种匹配约束既包含相机运动信息，也包含场景结构信息，这正是三维重建技术的基础。一般来讲，该过程主要包含特征点检测、特征匹配，以及匹配的验证与多视点几何关系估计。基于特征的图像匹配是对场景进行三维重建和虚实融合的关键。特征提取在图像处理领域是广泛研究的重要问题之一，也是很多图像处理理论和应用的基础。

6.2.2.1 特征匹配基本定义

进行图像匹配时，首先对图像进行特征提取，寻找提取特征之间的对应联系，这种联系可通过一定的衡量标准进行判断。如果与衡量标准相关性很大，则说明提取的图像特征之间存在密切联系，从而实现图像之间的特征匹配。

我们用 I 表示图像，并且设 $I(x,y)$ 为图像在坐标点 (x,y) 处的灰度值；基准图像为 I_1，参考图像为 I_2，则图像之间的匹配可以用下式描述：

$$I_2(x,y)=g(I_1(f(x,y))) \tag{6.1}$$

由上式可知，图像匹配分为两步：几何空间上的校准和像素之间灰度对准，函数 $f()$ 表示几何空间上的位置变换，这个步骤非常关键，目的是使基准图像中的特征与参考图像中的特征位置对准。$g()$ 表示像素值的灰度变化，其具体表现形式是对图像特征的预处理，如滤波等，目的是去除噪声对图像的影响，这个步骤是可选的，因此式(6.1)也可直接简化如下：

$$I_2(x,y)=I_1(f(x,y)) \tag{6.2}$$

6.2.2.2 特征匹配核心问题

图像匹配的核心问题主要包括：特征基元选择、相似性度量和误匹配剔除。

1. 特征基元选择

特征基元选择是指应该考虑什么样的特征作为匹配的工具，这是图像匹配的关键步骤和基础。一个好的特征基元应该区别度高，鲁棒性好，定义没有歧义且构造相对简单。通常来说，特征基元主要包括灰度、边缘、角点、曲线和不变矩等。

但是，如果选择了一个差的特征基元，则后续匹配步骤会变得更复杂，甚至无法完成匹配。所以，对于不同复杂程度的图片、不同的环境、不同的匹配效率和匹配需求，可以选择不同的特征基元。

2. 相似性度量

相似性度量是图像匹配中最重要的步骤之一，要确定所提取特征基元之间对应的相关性，这种相关需要通过一定的衡量标准进行判断。如果相关性较大，则说明所提取特征基元之间存在相似性。一般常用算法利用了欧氏距离，用特征向量的距离来表示特征基元之间的相似性。

3. 误匹配剔除

经过匹配后，非常难以完全保证所有匹配对都是正确的，所以需要对其进行逐一检查。我们一般需要通过一定的约束条件，对错误匹配对进行剔除，提高匹配的精确度，这样做虽然会牺牲匹配效率，但匹配性能会大幅提高，所以非常必要。

6.2.3 空间位姿解算

为了完成虚实信息的无缝融合，需要将虚拟信息和现实环境按照几何关系进行精确配准。在基于视觉的增强现实中，通过估计相机位姿可以解决这一问题。若已知一些三维空间点和这些点在成像平面的投影坐标，就可以求解出相机位姿，这类方法通常称为求解PnP (Perspective-n-Point) 问题。

三维到二维的方法无须使用对极约束，可以在较少的点中获得较好的运动估计。PnP问题有多种解法，其中典型的解法是直接线性变换(Direct Linear Transformation，DLT)，另一类方法是通过DLT方法获得初始值，然后进行迭代优化。

设空间中有一个三维点 $\boldsymbol{P}(x,y,z)$，对应的像素坐标为 (u,v)，根据三组以上的点对应关系，可求出相机此刻的位姿 $[\boldsymbol{R}\,|\,\boldsymbol{t}]$ 关系，即

$$s\begin{bmatrix} u \\ v \\ 1 \end{bmatrix} = \begin{bmatrix} r_{11} & r_{12} & r_{13} & t_1 \\ r_{21} & r_{22} & r_{23} & t_2 \\ r_{31} & r_{32} & r_{33} & t_3 \end{bmatrix} \begin{bmatrix} x \\ y \\ z \\ 1 \end{bmatrix} \tag{6.3}$$

其中，$\boldsymbol{R} = \begin{bmatrix} r_{11} & r_{12} & r_{13} \\ r_{21} & r_{22} & r_{23} \\ r_{31} & r_{32} & r_{33} \end{bmatrix}$，$\boldsymbol{t} = \begin{bmatrix} t_1 \\ t_2 \\ t_3 \end{bmatrix}$，$s$ 为比例系数。

通过线性变换最少可以得到 6 对点求解方程，大于 6 对点时可求出最小二乘解。此种解法忽略了位置之间的联系。

6.2.4　相关数学算法

6.2.4.1　非线性最小拟合

在系统初步求解出自身状态或空间点位置后，可以通过最小化投影误差或光度误差，提高位姿估计的精度，这一般通过非线性最小拟合实现。对于一个函数形式比较简单的最小二乘问题，可以通过令目标函数导数为零求极值。它们可能是极大值、极小值或鞍点处的值，只要逐个比较函数值大小即可。

在 SLAM 问题中，函数 $f(\boldsymbol{x})$ 形式往往比较复杂，通常需要通过迭代方式求解。也就是从一个初始值出发，不断地更新当前的优化变量，使函数值不断减小，最终得到目标函数的最小值和对应的变量值。因此问题的关键变为如何求解优化变量 $\Delta\boldsymbol{x}$ 。$\Delta\boldsymbol{x}$ 计算是优化领域中非常关键的问题，最常用的有两种方法：高斯牛顿法和列文伯格-马夸尔特法。高斯牛顿法是将 $f(\boldsymbol{x})$ 进行一阶泰勒展开：

$$f(\boldsymbol{x}+\Delta\boldsymbol{x}) \approx f(\boldsymbol{x})+J(\boldsymbol{x})\Delta\boldsymbol{x} \tag{6.4}$$

其中，$\boldsymbol{J}(\boldsymbol{x})$ 为雅可比矩阵。为了求 $\Delta\boldsymbol{x}$ ，需要求解 $\Delta\boldsymbol{x}^* = \underset{\Delta\boldsymbol{x}}{\operatorname{argmin}} \frac{1}{2}\left\| f(\boldsymbol{x})+\boldsymbol{J}(\boldsymbol{x})\Delta\boldsymbol{x} \right\|$ 关于 $\Delta\boldsymbol{x}$ 的导数，令导数为零，可得

$$\boldsymbol{J}(\boldsymbol{x})^{\mathrm{T}}\boldsymbol{J}(\boldsymbol{x})\Delta\boldsymbol{x} = -\boldsymbol{J}(\boldsymbol{x})^{\mathrm{T}} f(\boldsymbol{x}) \tag{6.5}$$

列文伯格-马夸尔特法在高斯牛顿法的基础上，给 $\Delta\boldsymbol{x}$ 添加了一个信赖区域，避免泰勒展开的近似值不准确。

6.2.4.2　RANSAC 算法

RANSAC 是 RANdom Sample Consensus 的缩写。RANSAC 算法是根据一组包含异常数据的样本数据集，计算出数据的数学模型参数，从而得到有效样本数据的算法。该算法于 1981 年由 Fischler 和 Bolles 最先提出[55]，其基本假设是样本中包含正确数据(inliers，可以被模型描述的数据)，也包含异常数据(outliers，偏离正常范围很远的无法适应数学模型的数据)，即数据集中含有噪声，这些异常数据可能由错误的测量、错误的假设或错误的计算而产生。同时，该算法也假设，给定一组正确的数据，就存在可以计算出符合这些数据的模型参数的方法。

一般情况下，每帧图像提取的特征点非常多，由于场景可能存在重复或相似的图形，所以会存在误匹配。使用 RANSAC 算法将所有匹配点区分为外点(错误点)和内点(正确点)，即剔除一些误匹配的点，再在内点的基础上使用更精确的位姿估计算法。RANSAC 算法最初提出是为了用迭代法解决 P3P 问题。随后被广泛用于 PnP、单应矩阵和基础矩阵的求解。目的是将数据分为外点和内点。

RANSAC 算法过程简述如下。

(1) 从全部点构成的集合 **S** 中随机选取若干点构成子集，并利用直接线性变换和

EPnP（即 Efficient PnP）等算法计算位姿；

（2）将集合 **S** 中所有符合所估计位姿的点（误差小于阈值 t）的集合记为 $\mathbf{S}_i$；

（3）设 **T** 为临时集合变量，初始为空。如果 $\mathbf{S}_i > \mathbf{T}$，则令 $\mathbf{T} = \mathbf{S}_i$，并重复上面的两个步骤；

（4）经过 N 次迭代，得到最大的 $\mathbf{S}_i$ 作为所有内点的集合，再对内点集合使用更精确的迭代算法估算位姿。

6.2.4.3 单应矩阵估计

空间中相同平面上的任何两个图像可通过单应性（Homography）相关联。单应性可用于图像校正、图像配准、计算两个图像之间的相机运动等问题。通过求解单应矩阵可以恢复相机的位姿信息。

对于空间中某个平面上的点 P，在相机两个位置 a 和 b 处（对应两幅图像）的投影分别为 (u^a, v^a) 和 (u^b, v^b)。对应的单应矩阵 $\boldsymbol{H}$ 为

$$\boldsymbol{H} = \boldsymbol{R} - \frac{\boldsymbol{t}\boldsymbol{n}^{\mathrm{T}}}{d} \tag{6.6}$$

其中，$\boldsymbol{R}$ 是从 a 到 b 的旋转矩阵，$\boldsymbol{t}$ 是从 a 到 b 的平移向量。$\boldsymbol{n}$ 和 d 分别是平面的法向量和相机原点到平面的距离。

单应矩阵描述了两个平面之间的映射关系，基于人工标识的位姿估计就利用了单应性约束。设人工标识 4 个点的坐标为 $(X_i, Y_i, 0)$，i=1, 2, 3, 4。所对应的像素坐标为 (u_i, v_i)，因此有

$$\begin{bmatrix} u_i \\ v_i \\ 1 \end{bmatrix} = \begin{bmatrix} r_{11} & r_{12} & t_1 \\ r_{21} & r_{22} & t_2 \\ r_{31} & r_{32} & t_3 \end{bmatrix} \begin{bmatrix} X_i \\ Y_i \\ 1 \end{bmatrix} \tag{6.7}$$

可以通过 4 对点来求解自由度为 8 的单应矩阵。典型方法是直接进行线性变换，将单应矩阵看成向量，通过解该向量的线性方程求解出单应矩阵。对于求出的单应矩阵，可利用数值法或解析法分解出旋转矩阵和平移向量，然后可进一步通过 RANSAC 算法优化位姿。

6.3 基于惯导的位姿跟踪技术

纯视觉 SLAM 算法因为严重依赖于应用场景的特征相关程度，导致其定位的鲁棒性不高，经常出现跟踪丢失的情况。实际工程应用中，为了提升 SLAM 算法定位的鲁棒性，通常会引入惯性传感器（如 IMU），从而构建视觉惯导融合的位姿定位算法。选择引入惯性传感器是为了实现视觉和惯性传感器之间的良好的互补性。

当运动速度过快，相机产生运动模糊而导致相机数据失效时，依靠 IMU 数据，算法仍能保持较好的运动估计。反之，当相机保持不动时，因为存在 IMU 漂移而使通过 IMU 数据积分得出的位姿数据变得极不可靠。但此时通过视觉 SLAM 估计出来的位姿是固定不动的，利用这一点可估计并消除 IMU 漂移。总之，IMU 为相机的快速运动提供了较好的解决方式，而相机又能在慢速运动下解决 IMU 漂移问题。

6.3.1　IMU 运动模型

由于体积、重量和功耗限制，在增强现实应用中使用的惯性传感器通常是低精度的消费级产品 MEMS IMU。这类 IMU 的特点是价格低廉但精度较低，能够测量到重力加速度但无法灵敏地感知地球旋转。通常，对于此类 IMU 的输出建模公式如下：

$$\begin{aligned}\widehat{\boldsymbol{a}_t} &= \boldsymbol{a}_t + \boldsymbol{b}_{a_t} + \boldsymbol{R}_t^w \boldsymbol{g}^w + \boldsymbol{n}_a \\ \widehat{\boldsymbol{\omega}_t} &= \boldsymbol{\omega}_t + \boldsymbol{b}_{\omega_t} + \boldsymbol{n}_\omega\end{aligned} \tag{6.8}$$

上式表明，IMU 中加速度计和陀螺仪的输出测量值 $\widehat{\boldsymbol{a}_t}$ 和 $\widehat{\boldsymbol{\omega}_t}$ 分别包含了载体的实际加速度 $\boldsymbol{a}_t$ 和角速度 $\boldsymbol{\omega}_t$，相应的偏置 $\boldsymbol{b}_{a_t}$ 和 $\boldsymbol{b}_{\omega_t}$，以及噪声 $\boldsymbol{n}_a$ 和 $\boldsymbol{n}_\omega$。其中使用加速度计还能测量到重力加速度值 $\boldsymbol{g}^w$。$\boldsymbol{R}_t^w$ 表示从世界坐标系转换到当前 IMU 坐标系的旋转矩阵。通常将噪声项 $\boldsymbol{n}_a$ 和 $\boldsymbol{n}_\omega$ 建模为零均值的高斯模型，而将偏置项 $\boldsymbol{b}_{a_t}$ 和 $\boldsymbol{b}_{\omega_t}$ 建模为随机游走模型，也即偏置项的导数为零均值的高斯模型。

6.3.2　IMU 预积分

假设两个图像帧为 b_k 和 b_{k+1}，给定其对应的时间段为 $[t_k, t_{k+1}]$ 内的 IMU 数据，则通过 IMU 数据积分可以得出载体在 t_{k+1} 时刻的最新状态。这些状态包括系统的位移、速度和方向，分别用 $\boldsymbol{p}_{b_{k+1}}^w, \boldsymbol{v}_{b_{k+1}}^w$ 和 $\boldsymbol{q}_{b_{k+1}}^w$ 表示如下：

$$\begin{aligned}\boldsymbol{p}_{b_{k+1}}^w &= \boldsymbol{p}_{b_k}^w + \iint_{t\in[t_k,t_{k+1}]} (\boldsymbol{R}_t^w(\widehat{\boldsymbol{a}_t} - \boldsymbol{b}_{a_t} - \boldsymbol{n}_a) - \boldsymbol{g}^w)\mathrm{d}t^2 \\ \boldsymbol{v}_{b_{k+1}}^w &= \boldsymbol{v}_{b_k}^w + \int_{t\in[t_k,t_{k+1}]} (\boldsymbol{R}_t^w(\widehat{\boldsymbol{a}_t} - \boldsymbol{b}_{a_t} - \boldsymbol{n}_a) - \boldsymbol{g}^w)\mathrm{d}t \\ \boldsymbol{q}_{b_{k+1}}^w &= \boldsymbol{q}_{b_k}^w \otimes \int_{t\in[t_k,t_{k+1}]} \frac{1}{2}\boldsymbol{\Omega}(\widehat{\boldsymbol{\omega}_t} - \boldsymbol{b}_{\omega_t} - \boldsymbol{n}_\omega)\boldsymbol{q}_t^{b_k}\mathrm{d}t\end{aligned} \tag{6.9}$$

其中，

$$\boldsymbol{\Omega}(\boldsymbol{\omega}) = \begin{bmatrix} -\boldsymbol{\omega}_\times & \boldsymbol{\omega} \\ -\boldsymbol{\omega}^{\mathrm{T}} & 0 \end{bmatrix}, \quad \boldsymbol{\omega}_\times = \begin{bmatrix} 0 & -\boldsymbol{\omega}_z & \boldsymbol{\omega}_y \\ \boldsymbol{\omega}_z & 0 & -\boldsymbol{\omega}_x \\ -\boldsymbol{\omega}_y & \boldsymbol{\omega}_x & 0 \end{bmatrix} \tag{6.10}$$

可以看出，在上述积分中，载体在 t_{k+1} 时刻的状态依赖于 t_k 时刻的状态。而在基于滑动窗口的 VIO 算法中，t_k 时刻的状态是一个待优化的变量。一旦 t_k 时刻的状态经优化发生变化，就需要进行 IMU 重传来更新 t_{k+1} 时刻的状态，这是非常耗时的。为了避免进行 IMU 重传，一般会采用 IMU 预积分的方法。预积分指的是 t_k 时刻和 t_{k+1} 时刻之间的状态增量，即

$$\begin{aligned}\boldsymbol{\alpha}_{b_{k+1}}^w &= \iint_{t\in[t_k,t_{k+1}]} (\boldsymbol{R}_t^{b_k}(\widehat{\boldsymbol{a}_t} - \boldsymbol{b}_{a_t} - \boldsymbol{n}_a) - \boldsymbol{g}^w)\,\mathrm{d}t^2 \\ \boldsymbol{\beta}_{b_{k+1}}^w &= \int_{t\in[t_k,t_{k+1}]} (\boldsymbol{R}_t^{b_k}(\widehat{\boldsymbol{a}_t} - \boldsymbol{b}_{a_t} - \boldsymbol{n}_a) - \boldsymbol{g}^w)\mathrm{d}t \\ \boldsymbol{\gamma}_{b_{k+1}}^w &= \int_{t\in[t_k,t_{k+1}]} \frac{1}{2}\boldsymbol{\Omega}(\widehat{\boldsymbol{w}_t} - \boldsymbol{b}_{\omega_t} - \boldsymbol{n}_\omega)\boldsymbol{\gamma}_t^{b_k}\mathrm{d}t\end{aligned} \tag{6.11}$$

其中，$\boldsymbol{\alpha}_{b_{k+1}}^{w},\boldsymbol{\beta}_{b_{k+1}}^{w},\boldsymbol{\gamma}_{b_{k+1}}^{w}$ 分别对应了 t_k 时刻状态 $\boldsymbol{p}_{b_k}^{w},\boldsymbol{v}_{b_k}^{w},\boldsymbol{q}_{b_k}^{w}$，到 t_{k+1} 时刻状态 $\boldsymbol{p}_{b_{k+1}}^{w},\boldsymbol{v}_{b_{k+1}}^{w},\boldsymbol{q}_{b_{k+1}}^{w}$ 的增量。而两个时刻之间所对应的增量确定之后便不再变化，每当 t_k 时刻的状态变化，只要按相应增量调整即可得到 t_{k+1} 时刻的状态，这样就避免了将计算时间浪费在 IMU 重传上，提升了算法的实时性。

6.4 其他位姿跟踪技术

目前，增强现实技术在小尺度场景下已比较成熟，但是在大尺度场景下依然很有挑战性，关键在于如何解决大尺度场景下的高精度定位问题。我们知道，普通 GPS 定位精度一般只有 10m 左右，而且在室内环境下基本无法工作。WiFi 和蓝牙等方法虽然可以用于室内环境定位，但要求提前在场馆内布置设备，工程量大且费用高，而且一般也只能达到米级的定位精度。相比而言，基于视觉的定位方法，只需预先对环境进行拍摄采集，而无须在场馆中布置额外设备，成本较低，能实现分米级甚至厘米级的定位精度，并在虚实融合上有着天然的视觉一致性。

6.4.1 基于卫星的位置跟踪

全球导航卫星系统（Global Navigation Satellite System，GNSS）是一种使用卫星对某物进行准确定位的技术。该系统从最初的定位精度低、无法实时定位、难以提供实时导航服务，发展到如今的高精度全球定位系统，实现了在任意时刻、地球上任意一点都能同时观测到 4 颗以上卫星，以实现导航、定位和授时等功能。根据后方交会定位原理，为实现 GNSS 定位，需要解决两个问题：(1)观测瞬间的卫星空间位置；(2)观测站和卫星之间的距离，即卫星在某坐标系中的坐标。为此，首先要建立适当的坐标系来表征卫星的参考位置，而坐标又往往与时间联系在一起，因此 GNSS 定位是基于坐标系统和时间系统进行的。

在全球导航卫星系统中，坐标系用于描述与研究卫星在其轨道上的运动、表达地面观测站的位置，以及处理定位观测数据。根据应用场合的不同，选用的坐标系也不相同。坐标系大概分为地理坐标系、惯性坐标系、地球坐标系、地心坐标系和参心坐标系。国内常用的坐标系统包括 54 北京坐标系、1980 年国家大地坐标系、1984 年世界大地坐标系统（WGS-84）和 2000 年国家大地坐标系（CGCS2000）。

时间系统在卫星导航技术中是最重要、最基本的物理量之一。首先，高精度的原子钟控制卫星发送的所有信号；其次，在大多数导航卫星系统中，距离的测量都是通过精确测定信号传播的时间来实现的。时间系统主要包括世界时系统、历书时系统、力学时系统、原子时系统、协调世界时系统、儒略日系统和导航卫星时间系统。其中，GNSS 采用了一个独立的时间系统作为导航定位计算的依据，称为 GNSS 时间系统，又简称 GNSST。该系统属于原子时系统，其秒长与原子时秒长相同。

GNSS 的设计思想是将空间的人造卫星作为参照点，以确定一个物体的空间位置。根据几何学理论可以证明，通过精确测量地球上某点到三颗人造卫星之间的距离，就能对此点的位置进行三角形测定，这就是 GNSS 最基本的设计思路及定位功能。

假设在地面测得某点 P 到第一颗卫星所在点 S_1 的距离为 r_1，那么从几何学可知，P 点所在的空间可能位置集缩到这样一个球面上，此球面以 S_1 为球心且半径为 r_1。再假设在地面测得 P 点到第二颗卫星所在点 S_2 的距离为 r_2，同样意味着 P 点处于以 S_2 为球心且半径为 r_2 的球面上。

如果同时测得 P 点到第三颗卫星所在点 S_3 的距离为 r_3，意味着 P 点也处于以 S_3 为球心且半径为 r_3 的球面上，这样就能确定 P 点的位置，也就是三个球面的交汇处，如图 6-3 所示。从 GNSS 进行定位的基本原理可以看出，GNSS 定位方法的实质即测量学的空间后方交会。由于 GNSS 采用单程测距，且难以保证卫星钟与用户接收机钟的严格同步，因此观测站和卫星之间的距离均受两种时钟不同步的影响。卫星钟差可用导航电文中所给的有关钟差参数进行修正，而接收机的钟差大多难以精准确定，通常采用的优化做法是将其作为一个未知参数，与观测站的坐标一并求解，即一般在一个观测站需求解 4 个未知参数(即 3 个点位坐标分量和 1 个钟差参数)，因此，至少需要 4 个同步伪距观测值，即需要同时观测 4 颗卫星。

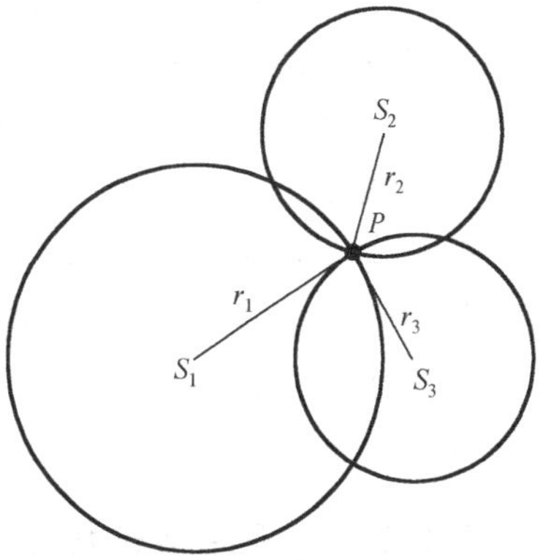

图 6-3　三球定位基本原理

根据用户站的运动状态可将 GNSS 分为静态定位和动态定位。静态定位是将待定点固定不变，将接收机安置在待定点上进行大量重复观测。动态定位是指待定点处于运动状态，测定待定点在各观测时刻运动中的点位坐标，以及运动载体的状态参数，如速度、时间和方位等。此外，还可以根据定位模式分为绝对定位和相对定位。绝对定位只用一台接收机来进行定位，又称为单点定位，所确定的是接收机天线在坐标系中的绝对位置。相对定位是指将两台接收机安置于两个固定不变的待定点，或将一台接收机固定于已知点，另一台作为流动待定点，经过一段时间的同步观测，就能确定两个点之间的相对位置，从而获得高精度的位置坐标。

时差定位基本解决了对非合作方的定位，这一技术在军事领域得到了大量应用。军事领域对定位精度的要求非常高，时差定位仅能提供非合作方的大概位置，因此多星定位技术仍在继续发展和完善。这仅介绍了卫星定位的基本原理，具体细节可以参阅有关书籍。

6.4.2　基于实时动态定位技术的位置跟踪

实时动态(Real-Time Kinematic，RTK)定位技术的原理是基于载波相位测量值对定位结果进行修正。在工作中，基准站将采集的载波相位发送给流动站，进行载波相位求差并解算定位坐标。在修正计算过程中，通过 GNSS 卫星信号得到各种参数，再利用 GNSS 卫星测量的值就能得到 RTK 载波相位测量中所需的各项参数。

在差分 GPS 计算中，通过两个接收机获得相似的测量值集合形成线性组合，就能消除大部分误差，这个线性组合称为单差。在载波相位观测中，单差是指将直接观测值相减，然后把所得结果作为虚拟观测值。在求一次差的基础上继续求差，将所得结果作为虚拟观测值，则称为双差。一般使用广泛的求差方式是在接收机之间求一次差，在接收机和卫星之间求第二次差，以消除卫星钟差和接收机钟差，减少卫星星历误差、电离层误差和对流层延迟等方面的影响。通过双差法处理载波相位的值就能消除大部分误差。

RTK 定位技术中的关键问题是对整周模糊度的解算。整周模糊度又称为载波相位整周模糊度或载波周期模糊度，还可以简称为模糊度，是载波从卫星到接收机的传播过程中，在空间中传输的整数周期数。由于无法通过观测获得，因此成功实现整周模糊度的快速解算，是 RTK 定位技术实现实时定位和高精度的保证。在 RTK 定位过程中，需要对载波相位和伪距同时求双差，才能测定从基准站到流动站的基线矢量。通过 GNSS 接收机对卫星进行测量可以得出载波相位和伪距。

与普通 GPS 定位结果相比，使用 RTK 定位技术能使定位精度大幅提升，从而使 MEMS/GPS 组合导航的导航精度提高。

6.4.3 基于超宽带技术的位置跟踪

6.4.3.1 超宽带基本概念

2002 年，美国联邦通信委员会为超宽带（Ultra-WideBand，UWB）技术分配了 7.5GHz 宽的民用频带，对于超宽带信号也给出了清晰的定义：一种相对带宽大于 20%或带宽大于 500MHz 的无线电信号。其表达式如下：

1．相对带宽大于 20%：

$$(f_H - f_L) / f_C > 20\% \tag{6.12}$$

2．带宽大于 500MHz：

$$(f_H - f_L) \geq 500\text{MHz} \tag{6.13}$$

其中，f_H 和 f_L 分别是功率相比峰值衰减 10dB 时所对应的上限频率和下限频率，f_C 为中心频率，位于 f_H 和 f_L 的正中间。

超宽带信号主要通过脉冲无线电和多频带两种方式产生[56]，其中脉冲无线电方式通过调制纳米级的窄脉冲信号，将该信号作为信息的载体来实现宽带传输数据。脉冲无线电具有实现简单、能耗低、时间分辨率高等优势，是前期超宽带技术最常使用的手段。随着无线技术的飞速发展，为了提高频带利用率而提出了多频带技术。该技术将超宽带频谱分成大于或等于 500MHz 的若干子带，在实际场景中根据信号发送速率和功耗等要求，动态使用子带以提高频带利用率。

由于超宽带技术的工作原理与其他传统通信技术的不同，因此具有以下四个方面的独特优势。

（1）低功耗，低功率。超宽带信号是通过发射周期性脉冲来传输数据的，并且每个脉冲信号的持续时间都非常短，通常为纳秒级，所以相比于其他传统的通信技术，传输数据所消耗功率低得多。

（2）传输数据容量大，数据传输速率快。由经典香农公式可知，信道带宽越大，信道可传输数据容量就越大。因为超宽带信号的带宽很大，所以能够实现大量数据传输；又因为其脉冲信号的持续时间为纳秒级，所以数据传输速率非常快。

（3）抗多径影响能力强。大多数传统无线通信信号在时域上呈连续性，易受多径效应影响。而超宽带技术所用的脉冲在时域上是间隔的，并且每个脉冲持续时间极短，时间分辨率很高，所以多径信号在时域上并不重叠，很容易对多径分量进行区分，具有更好的抗多径能力。

(4) 安全性高。因为超宽带技术所占频谱范围很大，所以导致其信号的功率谱密度极低，远低于其他噪声的功率谱密度，所以从其他噪声中难以提取出超宽带信号。再加上对脉冲信号进行了编码，因此在信号中检测出超宽带脉冲几乎不可能实现。

6.4.3.2　超宽带定位原理

无线定位系统要实现对目标节点进行定位，一般分为两个步骤。首先，需要确认定位模型。目前用于测距的最常用的几种定位模型包括：基于信号到达时间(Time Of Arrival，TOA) [57]、基于信号到达时间差(Time Difference Of Arrival，TDOA) [58]、基于信号到达角(Angle Of Arrival，AOA) [59]和基于接收信号强度(Receive Signal Strength，RSS) [60]。然后，根据所选的定位模型采用相应的定位算法来求出目标节点的相对坐标，其中超宽带定位方案通常基于 TOA 和 TDOA 这两种模型，下面将对这几种定位模型进行详细的介绍。

1. TOA

TOA 定位模型根据标签信号到达各个基站的时间，再将信号到达时间乘以信号传播速度，得到标签到各个基站的距离，以此来计算定位标签的位置。每获得标签到一个基站的距离，就可以确定一个圆，定位标签落在该圆上。在二维定位中，为了获得定位标签的坐标，至少要获得标签到周围三个基站的距离。最后，在理想状态下，定位坐标点就是三个圆的交点，如图 6-4 所示。

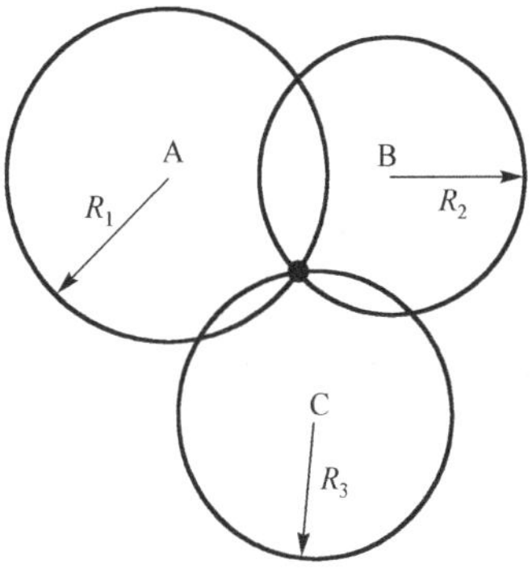

图 6-4　理想状态下的基于 TOA 的三边定位

在图 6-4 中，设基站 A 的坐标为 (x_1,y_1)，基站 B 的坐标为 (x_2,y_2)，基站 C 的坐标为 (x_3,y_3)，标签的坐标为 (x,y)。R_1、R_2 和 R_3 分别为定位标签到三个基站 A、B 和 C 的距离。定位标签的位置就是这三个圆的交点，可以通过下式求出：

$$\begin{cases}(x-x_1)^2+(y-y_1)^2=R_1^2\\(x-x_2)^2+(y-y_2)^2=R_2^2\\(x-x_3)^2+(y-y_3)^2=R_3^2\end{cases} \tag{6.14}$$

将上式中的方程两两相减可得

$$\begin{aligned}R_2^2-R_1^2&=(x_2^2+y_2^2)-(x_1^2+y_1^2)-2(x_2-x_1)x-2(y_2-y_1)y\\R_3^2-R_1^2&=(x_3^2+y_3^2)-(x_1^2+y_1^2)-2(x_3-x_1)x-2(y_3-y_1)y\end{aligned} \tag{6.15}$$

将上式表达为矩阵形式可得

$$\begin{bmatrix}x_2-x_1 & y_2-y_1\\x_3-x_1 & y_3-y_1\end{bmatrix}\begin{bmatrix}x\\y\end{bmatrix}=\frac{1}{2}\begin{bmatrix}(x_2^2+y_2^2)-(x_1^2+y_1^2)+R_1^2-R_2^2\\(x_3^2+y_3^2)-(x_1^2+y_1^2)+R_1^2-R_3^2\end{bmatrix} \tag{6.16}$$

由上式可得待定位标签的坐标为

$$\begin{bmatrix} x \\ y \end{bmatrix} = \frac{1}{2}\begin{bmatrix} x_2 - x_1 & y_2 - y_1 \\ x_3 - x_1 & y_3 - y_1 \end{bmatrix}^{-1}\begin{bmatrix} (x_2^2 + y_2^2) - (x_1^2 + y_1^2) + R_1^2 - R_2^2 \\ (x_3^2 + y_3^2) - (x_1^2 + y_1^2) + R_1^2 - R_3^2 \end{bmatrix} \tag{6.17}$$

上述就是理想状态下的三边定位过程。但是，在现实场景中，由于测距误差不可避免，图 6-5 所示这三个圆不可能完美地交于一点。此时可以用质心法、全局搜索或最大似然估计等算法来估计标签的大致位置。由此可见，测距数据的精度决定了 TOA 定位方法的精度，而该方法通过信号时间到达来测距，信号传播速度约等于光速，所以对于标签和基站的时间同步要求非常高。如果时间误差过大，那么最后的定位精度会受到很大影响，难以满足高精度定位的要求。

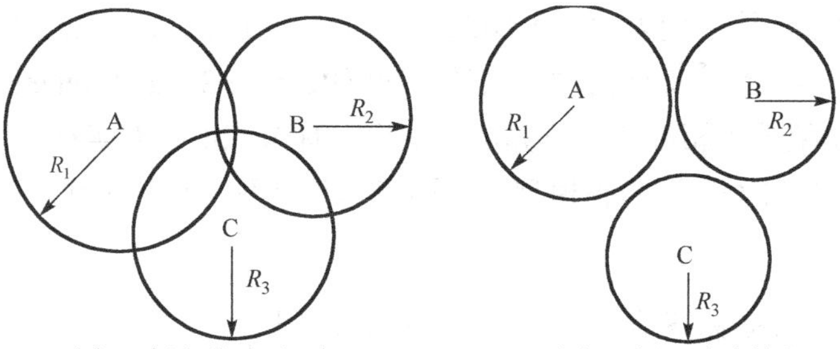

图 6-5 非理想状态下的基于 TOA 的三边定位

2. TDOA

TDOA 定位模型根据标签信号到达各个基站的时间差来计算定位标签的位置。假设定位标签同时向各个超宽带基站发送信号，因为定位标签与各个基站的距离不同，所以信号到达各个基站的时间也不同，再将到达时间差乘以信号传播速度就能得到定位标签到每个基站的距离差。如图 6-6 所示，每当获得标签到两个基站的距离差，就能绘制出以这两个基站为焦点的双曲线，而标签位于双曲线上。在二维定位中，至少需要三个基站就能绘制出两条双曲线，而这两个双曲线的交点就是定位标签的最终位置。

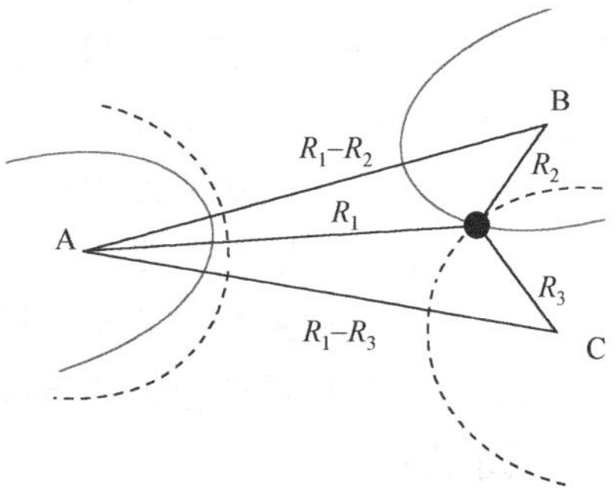

图 6-6 基于 TDOA 的定位方法

在图 6-6 中，设基站 A 的坐标为(x_1, y_1)，基站 B 的坐标为(x_2, y_2)，基站 C 的坐标为(x_3, y_3)，标签的坐标为(x, y)，d_{21}是定位标签到基站 A 和 B 的距离差，d_{31}是定位标签到基站 A 和 C 的距离差。定位标签的位置就是这两个双曲线的交点，利用下式可求得标签坐标：

$$\begin{aligned} d_{21} &= \left|\sqrt{(x - x_2)^2 + (y - y_2)^2} - \sqrt{(x - x_1)^2 + (y - y_1)^2}\right| \\ d_{31} &= \left|\sqrt{(x - x_3)^2 + (y - y_3)^2} - \sqrt{(x - x_1)^2 + (y - y_1)^2}\right| \end{aligned} \tag{6.18}$$

与 TOA 定位模型相比，TDOA 无须实现标签与基站之间的时间同步，但与 TOA 一样都是基于时间测距的，各基站之间仍需实现时间同步，但实际情况下难以实现真正的时间同步，从而会产生较大的定位误差。

3. AOA

AOA 定位模型根据定位标签到各个基站的信号到达角来计算该标签的位置。如图 6.7 所示，假设定位标签向基站 A 和 B 同时发送信号，基站通过信号到达角得到自身与标签的角度，通过两个基站的角度方位交点，即可求得出定位标签的坐标。在二维定位中，只需获得定位标签到两个基站之间的角度就能完成标签定位。

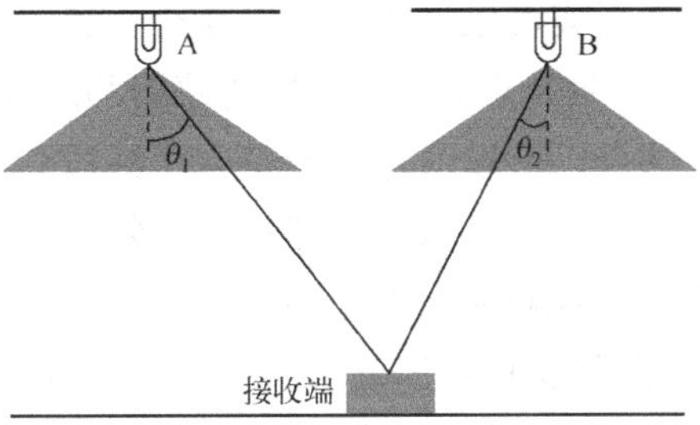

图 6-7　基于 AOA 的定位方法

设基站 A 的坐标为 (x_1, y_1)，基站 B 的坐标为 (x_2, y_2)，标签的坐标为 (x, y)，θ_1 和 θ_2 分别是标签与基站 A 和 B 的角度，标签坐标可通过下式可以求出：

$$\begin{cases} \tan\theta_1 = \dfrac{y - y_1}{x - x_1} \\ \tan\theta_2 = \dfrac{y - y_2}{x - x_2} \end{cases} \tag{6.19}$$

AOA 定位模型在视距环境下的定位精度较高，但在非视距情况场景中，信号干扰严重，会有较大定位误差。另外，这种方法需要布置大量的天线，成本较高，实用性较差。

4. RSS

RSS 定位模型根据信号前后的强度变化，再参照信号强度衰减模型（信号强度在传输过程中的衰减与距离成反比关系），估算出标签到各基站的距离。得到距离后的定位算法与 TOA 定位模型的基本相同，区别是 TOA 直接通过信号传输时间测距，而 RSS 通过信号强度的变化来获得距离。信号强度与传播距离（d）的关系为

$$P_r(d) = P_t G_r G_t \left(\lambda / 4\pi d\right)^2 \tag{6.20}$$

其中，P_t 为信号的发射功率，G_t 和 G_r 分别为发射端与接收端的增益，λ 为信号的波长。通过该式就能根据发射和接收信号强度的差别来估算出与基站的距离。虽然该方法无须基站和标签之间的时间同步，但该方法易受环境影响，周围环境的细微变化都会对估计的距离造成很大的影响，导致最后定位误差也较大。

6.5　多传感器融合跟踪技术

SLAM 技术目前所面临的挑战首先是地标在实际应用中的复杂性（由环境复杂性引起）。其次，由于传感器不同也会存在一些其他问题。具体而言，在纹理少、四季天气变化、光照剧烈变化、车载条件差造成 IMU 退化、长走廊、机器人剧烈运动等情况下，原来很好

用的 SLAM 技术往往会无用了。这些都是很棘手的场景，这些场景会带来实际应用中的困惑。这是采用单一的传感器所面临的局面，所以多源融合这个领域很热门，被产业界所认可。

针对上述问题，目前业界提出了多源融合的方法去克服复杂的场景，本质上是通过多种传感器数据实现信息增强和精度提升，这些融合方法可以大致归结为三个类别(层级)：多传感器、多特征基元及几何语义融合。

从图 6-8 所示的多源融合框架可以看出，多源融合中第一个层面是多传感器的信息融合，如光学相机的可见光图像、激光点云，或惯性传感器和北斗系统(或 GPS)的定位数据。第二个层面是多特征基元的融合，可以通过对特征点、线段和灰度信息等进行提取，得到多特征基元。使用激光还能得到三维点云的线特征、面特征及正态分布特征，这些都是实现 SLAM 时经常会用的。对光学相机和激光进行融合可以得到两个通道的信息，即图像和点云。现在的很多研究工作会将图像和点云信息直接输入神经网络(以辅助提取语义信息)，再加上图像和点云的语义信息，就能实现几何语义融合，这是对多源信息融合的宏观概括。

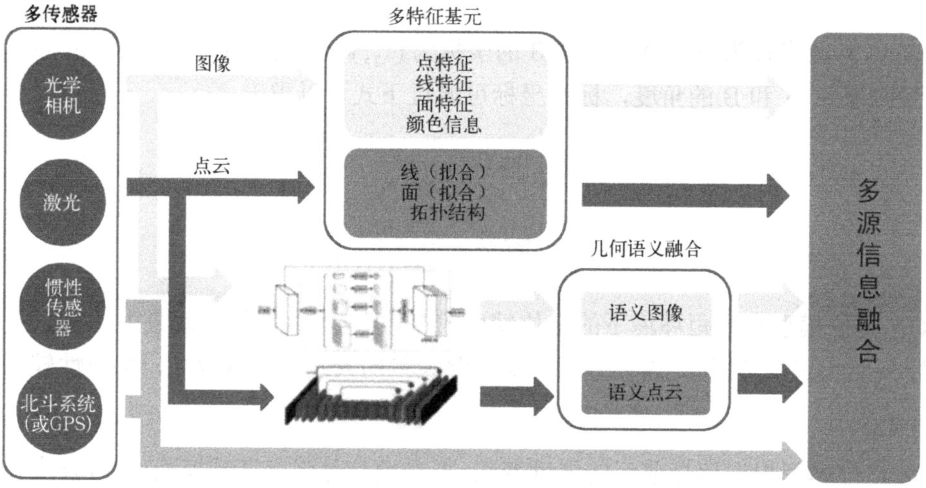

图 6-8 多传感器融合框架

目前的研究挑战主要包括以下四个方面。

(1) 多传感器融合之后，传感器之间如何实现数据对齐和同步？传感器参数及关系如何标定？这些都是绕不过去的问题。

(2) 引入大量传感器之后，数据处理非常耗时，这与我们希望实现轻量级、快速响应且紧凑的 SLAM 系统相矛盾。此外，由于不同的传感器原理，有些观测相互耦合，信息有一定冗余，所以如何实现多个传感器之间的有效耦合是非常具有挑战性的问题。

(3) 进行多特征基元融合时，实现线和面等较高级特征提取的过程很工程化且非常依赖技巧，目前没有特别通用且具有鲁棒性的线和面的特征提取方法；从另一个角度讲，当进行参数化或数据关联时，如果原始输入数据质量很差，就会产生很多误差和干扰。除此之外，图像特征和激光特征如何提取？几何特征之间如何实现紧耦合，这些都是进行多源融合所面临的问题。

(4) 怎样将几何语义信息融入经典 SLAM 框架，甚至能像人一样对这种语义信息进行认知？另外，如何应用和集成图像语义和激光语义信息？这也是非常具有挑战性的问题。

第 7 章　增强现实中的虚实融合呈现技术

三维显示系统试图呈现逼真且具有三维效果的虚拟对象。相对于传统二维显示系统，三维显示系统能够向用户传达更多的视觉感官信息，给人以强烈的视觉冲击和高度的临场感，提高人对虚拟对象的感知和认知效率，改善人类生活质量。相比于虚拟现实，增强现实中的虚拟信息显示必须是三维的，因为这些内容要与真实世界进行空间上的融合，这是“虚实融合”的前提。增强现实中的光学显示系统，主要是为增强现实设备提供图像源并将虚拟图像与真实图像叠加融合，并最终无遮挡地呈现在人眼前。增强现实设备的光学显示系统通常由微显示器(光源)和光学组合器(optical combiner，即光路)两部分组成，微显示器的作用是提供关于虚拟对象的图像源，以模拟“真实”物体发光，其对应的技术就是微显示技术；而光学组合器的作用是将虚拟对象与现实世界叠加，将两类不同源的光线融合到一起，其对应的技术是光路技术。

由于增强现实的光学显示过程发生在眼睛周边，小型化是其主要技术难点，因此也常称为近眼显示。近眼显示元件是虚拟现实和增强现实系统的关键组成部分，也是近些年来该领域研究的热点和难点。如图 7-1 所示，增强现实与虚拟现实的近眼显示系统的共同之处是，都将显示器上的像素通过一系列光学成像元件，形成远处的虚像并投射到人眼。两者的不同之处在于，虚拟现实是完全沉浸式的，虚拟现实单元可以直接在眼前生成，不考虑是否遮挡视线；增强现实近眼显示系统需要实现透视，既要看到真实的外部世界，也要看到虚拟信息，所以成像系统不能遮挡视线。因此，需要在增强现实近眼显示系统前部加一个或一组光学组合器，将两束不同来源的光线融合，即通过“层叠”方式将虚拟信息和真实场景融为一体，虚实并存，互相补充，互相“增强”，让人看不出区别。

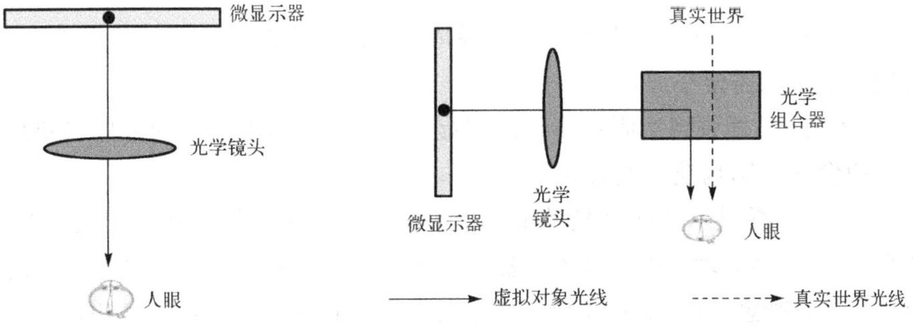

(a) 虚拟现实近眼显示系统　　(b) 增强现实近眼显示系统

图 7-1　虚拟现实和增强现实的近眼显示系统的光路示意图

增强现实近眼显示系统又可以划分为光学透视显示系统和视频透视显示系统。光学透视是指用户在看到虚拟对象信息的同时，还能透过显示眼镜直接接收来自真实世界的光线信息，如图 7-2(a)所示；视频透视是先通过摄像头拍摄真实世界场景，计算并叠加虚拟对象信息后，将合成后的视频图像投影显示到用户视野中，如图 7-2(b)所示，从实现角度讲，其近眼显示系统与虚拟现实的是非常类似的。光学透视显示技术是目前增强现实发展的理想目标方向，被优先选择，也存在技术难点，因此本章重点讨论光学透视显示技术。

(a)光学透视显示的增强现实应用

(b)视频透视显示的增强现实应用

图 7-2　增强现实显示系统应用

简单来说，增强现实眼镜的光学部分可以看成智能手机的屏幕，透过这个屏幕可以观察整个世界。增强现实本质上是将设备生成的影像和现实世界有机(保持空间位置及拓扑关系)重叠，融合成一体。大部分技术都是利用光学元件实现反射、折射、衍射等过程，最终在人的视网膜上成像。

7.1　近眼光学微显示技术

微显示器的种类较多，涉及的技术包括液晶显示(Liquid Crystal Display，LCD)、硅基液晶(Liquid Crystal on Silicon，LCoS)、有机发光二极管(Organic Light Emitting Diode，OLED)、数字光处理(Digital Light Processing，DLP)、微机电系统(Micro-Electro-Mechanical System，MEMS)和视网膜扫描显示(Retina Scanning Display，RSD)等。这些技术的原理与优缺点各不相同，需要结合应用场景和性价比进行综合权衡选择。用于增强现实领域的显示器有如下特有的技术要求。

(1)尺寸要小。可穿戴增强现实眼镜有轻薄性要求，人的头部能够承受的重量也有限，所以选用的显示单元需要小而轻。

(2)分辨率要高。增强现实眼镜属于近眼显示，若分辨率不够高则会导致观察者直接看到显示单元的像素，影响观看效果。

(3)亮度要大。微显示器通过光学组合器的过程会带来光线损耗，一般会有 50%左右甚至更高的损耗。另外，增强现实设备需要在室外光环境下使用，并且会与环境光叠加，亮度太暗则会严重影响视觉效果。目前增强现实设备中采用 LCD、LCoS 和 OLED 显示器的较多。

微显示器也称为光机(Optical Engine)，其作用是产生虚拟对象的图像，发出关于这些虚拟信息的光线，就好像这些光线是从虚拟对象上发出来的。采用的设备既可以是自发光的有源器件，比如发光二极管面板[如 Micro-OLED 和现在很热门的 Micro-LED(Micro-Light Emitting Diodes)]，也可以是需要外部光源照明的液晶显示器(包括透射式的液晶显示器，以及反射式的硅基液晶显示器)，基于 MEMS 技术的数字微镜阵列(Digtial Micromirror Devices，DMD，这是 DLP 技术的核心)，以及激光束扫描仪(Laser Beam Scanner，LBS)。

7.1.1　液晶显示技术

液晶显示(LCD)面板经常又称为液晶显示器。

7.1.1.1　基本工作原理

图 7-3 给出了 LCD 面板的基本工作原理：背光源产生白光，经底层的偏光片变为线偏振光，当没有电场作用时，线偏振光通过液晶层后偏振方向不变，此时入射光的偏振方向与上层偏振片的偏振方向垂直，无法穿过上层偏振片，光被阻隔；当薄膜场效应晶体管(Thin Film Transistor，TFT)电路对液晶层施加电压后，液晶分子发生偏转，入射光通过液晶层后，偏振方向在液晶分子的作用下发生偏转，偏振方向由原来垂直于上层偏振片的偏振方向改为平行于上层偏振片的偏振方向，入射光射出。从图 7-3 中可以看出，通过控制电场的开闭和大小即可控制背光的透射与否，以及透光率的大小。

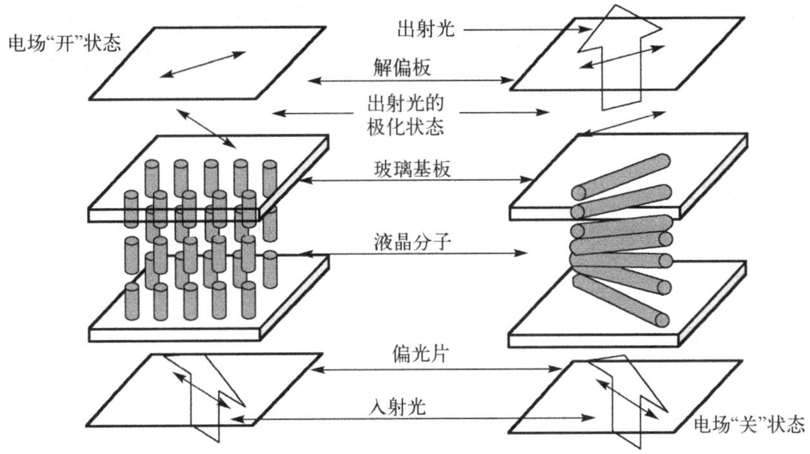

图 7-3　TN 型 LCD 面板显示原理

如图 7-4 所示，通过集成电路技术可以将这些电路制成像素大小，然后铺上一层彩膜，白色的入射光通过彩膜后变为 RGB 三原色像素，通过 RGB 三原色混色组成任何彩色画面。

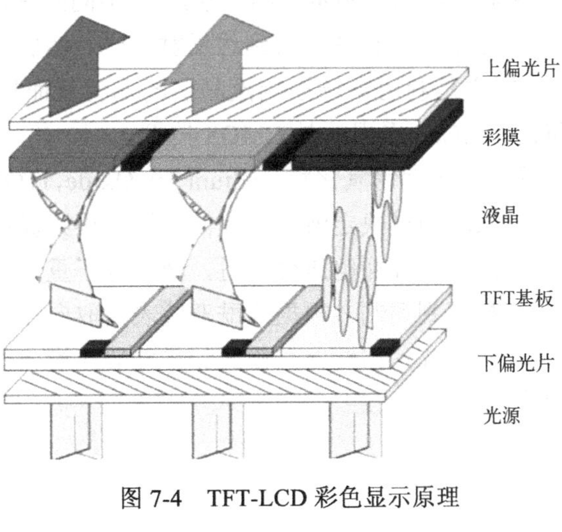

图 7-4　TFT-LCD 彩色显示原理

液晶显示器常用于手机、电视、笔记本电脑等电子产品，在增强现实领域也有应用。

7.1.1.2 优缺点分析

下面简要分析液晶显示器作为增强现实产品显示器件的优缺点。

现阶段，液晶显示器最大的优势就是工艺非常成熟，产能较充足，各种尺寸型号较丰富，价格较低；在分辨率方面，由于技术较成熟，分辨率较高，目前可达 2000ppi 左右。值得一提的是，目前国内厂家如京东方、华星光电等在液晶显示器领域深耕多年，所掌握技术已处于国际领先水平，与国外同类型旗舰公司的技术差距非常小，因此较多国内增强现实模组生产厂家采用了液晶显示器作为显示屏。

液晶显示器作为增强现实眼镜显示屏的劣势也是十分明显的，其劣势主要源于其自身的显示原理。由其显示原理可知，背光源通过第一层偏振片就会损失超过 50%的能量，穿过液晶层、彩膜和第二层偏光片又会损失大量的能量；另外，高分辨率的 LCD 显示屏的 TFT 电路较为密集，开口率较小，通光区比例较小，造成透光率进一步减小。最终用于增强现实近眼显示的显示屏分辨率一般在 1000ppi 以上，此分辨率的 LCD 显示屏的光效一般小于 3%，损失了太多的能量，因此 LCD 显示屏用于增强现实的最大劣势就是光效低，亮度不够，导致最终设备难以在室外等光照较强的环境中使用。另外，与其他显示技术相比，LCD 显示屏的功耗较大。

目前，LCD 技术比较领先的公司除了京东方和华星光电，还有韩国的三星和 LG，以及日本的 JDI 等公司。

7.1.2 硅基液晶显示技术

硅基液晶（LCoS）显示技术起源于 20 世纪 70 年代，在 TFT-LCD 技术的基础上发展而来，是一种将互补金属氧化物半导体（Complementary Metal Oxide Semiconductor，CMOS）技术和 LCD 技术相结合的光学显示技术。

7.1.2.1 基本工作原理

图 7-5（a）所示为 LCoS 器件内部结构示意图。与 LCD 不同的是，LCoS 采用反射方式，即光源在上方照射，光线穿过偏振片和液晶层到达反射涂层，然后被反射涂层反射，再经过液晶层和偏振片出射。同样是利用电场控制液晶层的偏转从而控制光线的反射，其中 LCD 采用的是 TFT 电路，而 LCoS 采用的是 CMOS 技术。

如图 7-5（b）所示，液晶层位于铟锡氧化物（Indium Tin Oxide，ITO）镀膜玻璃和硅 CMOS 背板之间，上下两个聚酰亚胺取向层决定液晶的取向，铝电极则提供电压控制。在反射式结构中，入射光两次经过液晶层。外加电压变化时，液晶分子重定向以朝向相应的电场方向，使得出射光的相位和偏振得到调制。根据聚酰亚胺表面取向和液晶材料的性质，液晶模式主要分为三种：垂直取向模式、扭转向列模式和平行取向模式，前两者主要用于强度调制，后者用于相位调制[61]。

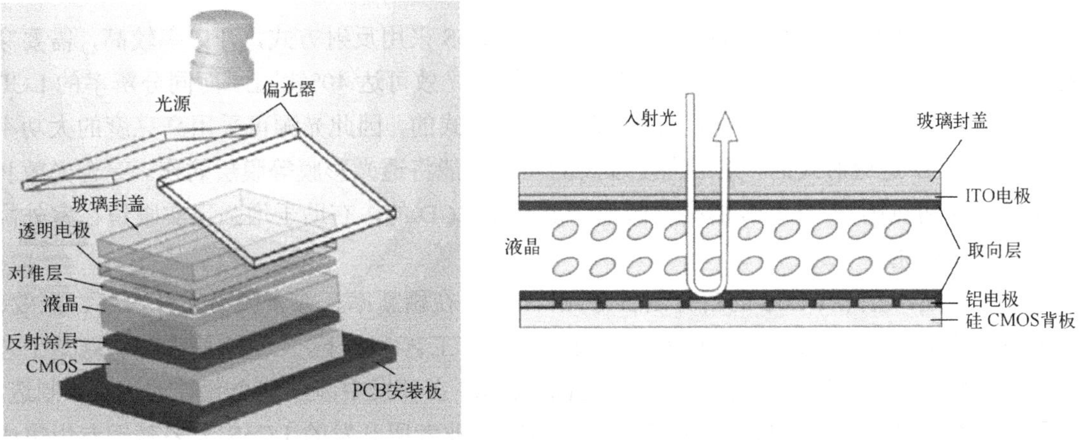

(a) LCoS内部分层结构　　(b) LCoS基本工作原理

图 7-5　LCoS 内部结构示意和基本工作原理

LCoS 的 RGB 三原色显示原理如图 7-6 所示。首先，白光光源通过分光镜分为蓝光和黄光，然后黄光再通过红色分光镜分为红光和绿光。RGB 三色光通过 CMOS 电路调制并反射，最后经棱镜合为彩色光，经投影镜头射出。

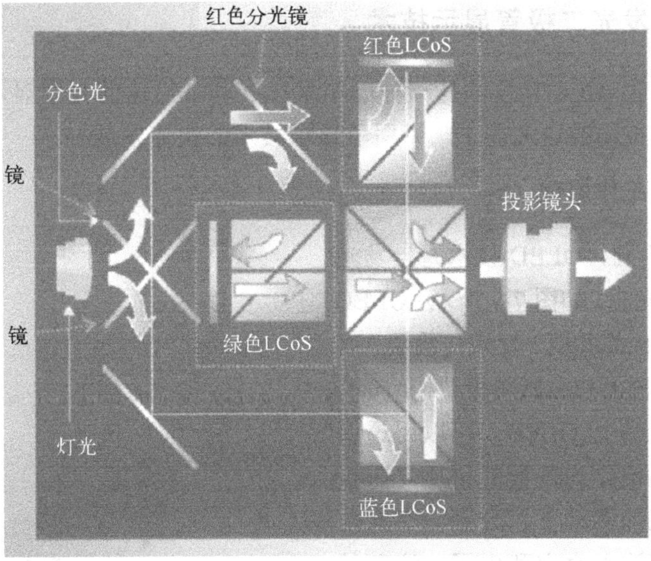

图 7-6　LCoS 的 RGB 三原色显示原理

7.1.2.2　优缺点分析

就增强现实应用层面来讲，LCoS 与 LCD 相比有两个明显的优势。

(1) LCoS 的背板电路采用 CMOS 工艺，这种工艺在半导体技术中已比较成熟，像素较小。LCD 技术采用非晶硅电路，电子迁移率较低，电子渡越时间长，因此刷新率较低；LCoS 采用单晶硅电路，电子迁移率较高，电子渡越时间短，因此刷新率较高。单晶硅电路能刻蚀得比较细，且 LCoS 电路完全在单晶硅背板上刻蚀，不影响反射层反射光线，而 LCD 的 TFT 电路需要预留一定的开口让光线透视，导致像素较大，开口率较低。

(2)与 LCD 相比，LCoS 的光效较高。因为 LCoS 采用反射方式，开口率较高，需要穿透的膜层较少，所以光线利用率较高。LCoS 的综合光效可达 40%以上，而同分辨率的 LCD 的综合光效只有 3%左右。同样，由于 LCoS 是反射式的，因此光源可采用高亮度的大功率光源，而 LCD 是透射式的，采用亮度过高的光源可能将透光彩膜等膜层灼伤。综合光效和光源功率这两点因素，LCoS 的亮度阈值一般高于 LCD 的，有助于增强现实眼镜在室外高亮度场景中使用。

综上所述，基于 LCoS 的自身制备特点，LCoS 在刷新率、像素大小、开口率、光效、亮度方面比 LCD 有明显优势。但是，在目前的生产工艺水平下，LCoS 最大的问题是工艺流程比较复杂、良率较低，成本比 LCD 的高。LCoS 在开发中涉及整个元件的设计、制造，以及光学系统的组合，有较高的技术门槛。目前从业者所开发的 LCoS 大多基于专用集成电路、光学引擎等，采用的零部件和生产各自为战，无法标准化，因此很难达到量产的经济规模。

目前，在 LCoS 技术领域比较成熟的公司有中国台湾的奇景光电，日本的索尼和 JVC，美国的 DisplayTech 和 OmniVision 等公司，其中索尼和 JVC 主要面向背投产品，奇景光电和 OmniVision 公司主要面向头戴式产品。

7.1.3 有机发光二极管显示技术

有机发光二极管(OLED)技术是一种近年来发展非常迅速的光学显示技术，特别是增强现实和虚拟现实市场的巨大需求，牵引了这项技术的快速发展。

7.1.3.1 基本工作原理

与 LCD 技术不同，OLED 技术为自发光显示，无须提供背光源。如图 7-7 所示，OLED 结构主要由带有阳极的基板、空穴传输层、有机发光层、电子传输层和金属阴极结构组成。

基板用来支撑整个 OLED，可以用透明塑料、玻璃和金属箔作为基板的材质。阳极和阴极在外界电压的驱动下，分别向空穴传输层和电子传输层注入空穴和电子，注入的空穴和电子在电场作用下向有机发光层迁移。到达有机发光层后，当发光层界面上的空穴和电子数量累积到一定程度后，空穴和电子在库仑力的作用下就会突破势垒束缚在一起，形成电子空穴对，即激子。

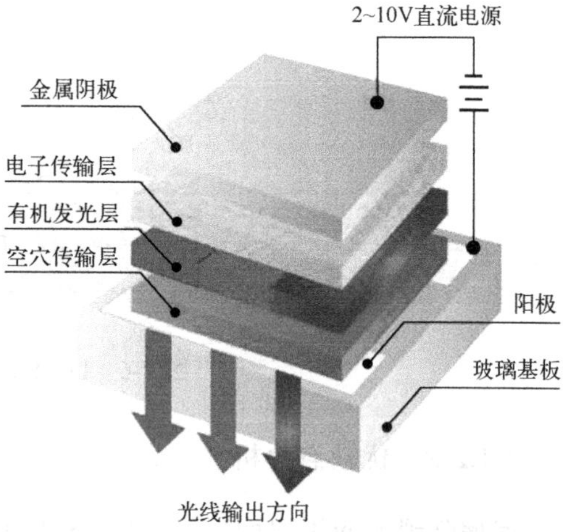

图 7-7 OLED 结构及自发光原理示意图

在有机发光层产生的激子会使元件的发光层中的有机分子活化，进而使有机分子最外层的电子从基态跃迁到激发态，由于处于激发态的电子极不稳定，会向基态跃迁，跃迁过程中就会有能量以光的形式释放，从而实现了元件发光，这就是 OLED 结构实现自发光的基本原理。

7.1.3.2　优缺点分析

图 7-8 将 OLED 和 LCD 两种显示技术进行了对比。可以看出，OLED 的结构组成比 LCD 的精简得多，由于 OLED 技术为自发光显示，因此无须 LCD 所用的背光结构，从而使显示屏比较轻薄；同时，由于 OLED 结构的基板和有机层可以采用柔性材料，因此可以做成支持弯曲的柔性屏，这是其他显示屏无法做到的。

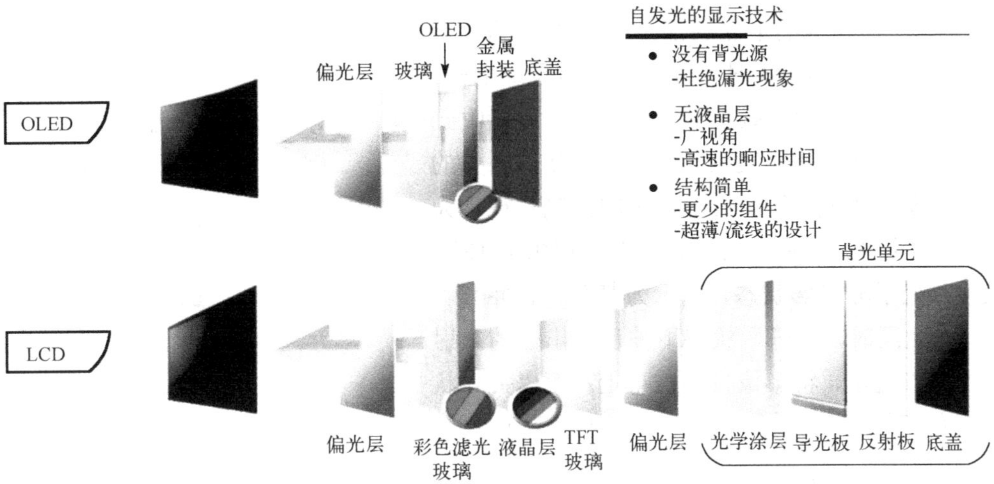

图 7-8　OLED 和 LCD 结构及原理对比示意图

OLED 技术为自发光显示，无须穿透介质膜，因此其光学转化效率明显优于 LCD 的，并且在相同亮度情况下的功耗更低。OLED 结构的视场角较大，而 LCD 结构为了增加光效而使视场角变小。此外，LCD 结构在显示黑色画面时并不是真正的黑色，而是光线被偏振片遮住了。由于偏振片无法将所有光线全部遮住，因此当 LCD 结构显示黑色画面时实际显示的是灰色画面，这将出现对比度不高的问题。OLED 结构则不存在此问题，需要显示黑色画面时将相关区域的像素熄灭即可，此区域亮度为零，因此能够获得高对比度画面。与 LCD 结构相比，OLED 结构中没有液体物质(液晶)，因此防震性能更好。

当然，现阶段 OLED 技术的短板也十分明显。首先，有机发光材料的发光寿命不太长，并且远低于 LCD 技术所用光源的发光寿命；其次，由于 OLED 显示屏不同区域像素的使用频率不同，导致不同区域像素的寿命不同，后果是使用一段时间后，画面亮度和色彩分布不均匀，甚至出现残影或烧屏等现象，导致画质下降；此外，OLED 显示屏的有机层需要隔绝水氧，一旦结构破损，与水氧接触，屏幕上就会出现黑点，并且这个黑点会不断扩散。

在市场层面上，OLED 和 LCD 技术都是目前市场上的主流技术。近几年随着 OLED 技术的逐渐成熟，其市场占有率逐渐提高，尤其是在电视及手机显示屏方面，目前旗舰手机的显示屏都逐渐由采用 LCD 技术转向 OLED 技术。

7.1.4　数字光处理技术

数字光处理(DLP)技术的特点是，影像信号先经过数字处理，然后再把光投影出来。该技术基于美国德州仪器公司开发的数字微镜片(Digital Micromirror Device，DMD)来完成可视数字信息显示。具体来说，DLP 技术应用 DMD 作为主要关键处理元件，以实现数字光处理过程。

7.1.4.1 基本工作原理

DMD 是 DLP 技术的基础。一个 DMD 上集成了数百万的微镜片，每个镜片都是一个像素，如图 7-9 示，每个微镜片的最底层都是 CMOS 电路，当数字信号被写入 SRAM 时，静电会激活寻址电极、微镜片和轭板，以促使铰链装置转动。一旦接收到相应信号，微镜片就会发生倾斜，从而使入射光的反射方向发生改变。处于投影状态的微镜片被示为“开”，并随来自 SRAM 的数字信号而倾斜+12°；若微镜片处于非投影状态，则示为“关”，并倾斜-12°。与此同时，“开”状态下被反射出去的入射光通过投影透镜，将影像投到屏幕上；而“关”状态下反射在微镜片上的入射光被光吸收器吸收。DMD 微镜片开关频率可达 1kHz 以上。

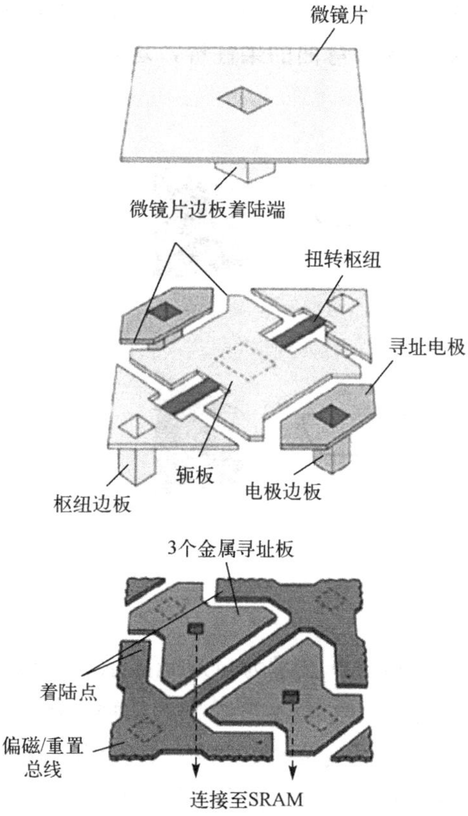

图 7-9 DMD 结构组成示意图

DLP 投影设备的工作原理如图 7-10 所示，RGB 三色投影光源通过投影光路投射在 DMD 上，DMD 根据数字信号有选择地反射 RGB 三色光，被反射的光线透过投影镜头投影在显示屏上，形成彩色画面。在传统的 DLP 投影设备中，常常只应用一个高亮度的白光光源，白光光源通过一个转动的色轮将 RGB 三原色按一定的时序投影在 DMD 上，在人眼的视觉暂留效应的作用下，在人脑中混合为完整的彩色画面。

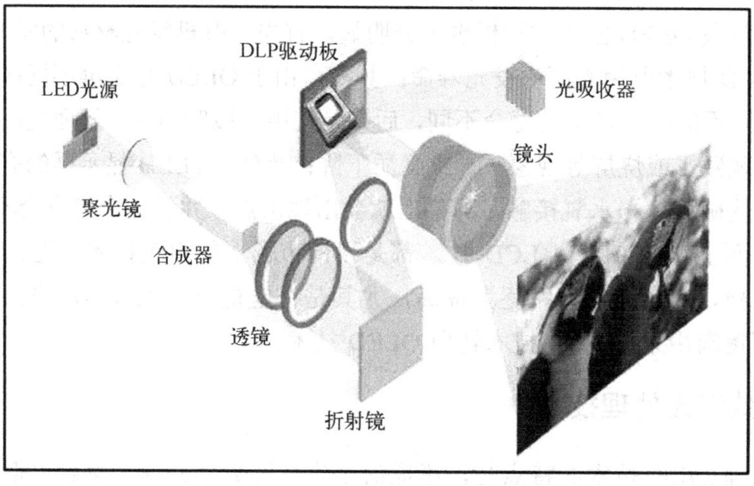

图 7-10 DLP 投影设备工作原理

德州仪器公司开发了 DMD 技术并拥有其完整知识产权，并且只有该公司能够量产 DMD 芯片。其他公司的 DLP 产品是在德州仪器公司的 DMD 芯片的基础上开发的，搭配自主研发的光源和投影光路，形成最终的光学产品模组。

7.1.4.2　优缺点分析

DMD 技术可以实现 1670 万种颜色和 256 段灰度层次，从而确保DLP 投影机的活动影像画面自然逼真，色彩艳丽。DMD 最多可内置 2048×1152 阵列，每个元件约可产生 230 万个镜面，利用这种 DMD 技术已有能力实现真正的高清晰度电视。

DMD 技术的优点很多。其中以下几点值得特别关注。

(1) 抹去图像缺陷。微镜片的快速开关速度与精确的图像颜色和灰度复制技术相结合，使图像可随窗口的刷新而更清晰，通过增强对比度、描绘边界线及分离单个颜色，可将图像中的缺陷抹去。

(2)“纱门”效应。当 LCD 投影图像的尺寸增加时，图像缝隙将变得更大，而在 DLP 投影机中则不会出现这种情况，这是由微镜片的大小和形状决定的。每个微镜片 90%的面积动态地反射光线以生成投影图像，镜头非常接近，因此图像看起来没有缝隙。镜片体积很小，每侧边长 16μm，相邻镜头之间的缝隙小于 1μm。镜头是方形的，所以每个微镜片显示的内容比实际图像更多。另外，分辨率增加时微镜片大小及间距仍保持一致，因此图像始终能够保持很高的清晰度。

(3) 保证了亮度。许多观众希望在观看投影时能保持亮度或能打开窗帘。与传统投影机相比，DLP 投影机能将更多光线反射到屏幕上，这也有赖于 DLP 技术本身的特点。DMD 的强反射表面通过消除光路上的障碍并将更多光线反射到屏幕上，最大化地利用了投影机的光源。DLP 技术依据图像的内容对图像进行反射。光源有两种工作方式，或者通过一个透镜打到屏幕上，或者直接进入一个吸光器。更为有利的是，基于 DLP 技术的投影机的亮度可随分辨率增加而增加。

(4) 图像逼真自然。DLP 技术不仅简单地投影图像，还对它们进行了复制。在处理过程中，首先将源图像数字化为每色 8 到 10 位的灰度图像，然后将这些二进制图像输入DMD，与来自光源并经过仔细过滤的彩色光相结合。这些图像离开 DMD 后成像到屏幕上，保持了源图像所有的光亮和微妙之处。DLP 的色彩过滤过程控制了投影图像的色彩纯度，此技术的数字化控制支持无限次的色彩复制，并确保了原始图像栩栩如生地再现。

再谈谈缺点方面。DLP 技术本身几乎没有什么问题，但成本比多晶硅面板更高。使用投影机时，电机带动色轮旋转时会有噪声。另外，单片式 DLP投影机可能出现“彩虹效应”，具体表现为色彩被简单地分离出明显的红绿蓝三色，看起来像雨后彩虹一样。这是由于用一个旋转色轮来调制图像色彩而产生的。有些人的视觉系统特别灵敏，能察觉出一种色彩转换成另一种的过程，而不像大多数人那样靠视觉暂留现象把几种单色混合成新色彩。还有人可能因为色彩迅速变化而感到眼睛胀痛和头痛。LCD 投影机和三片式 DLP 投影机都不会有这种现象，其物理结构工作原理就是把三个固定的红绿蓝图像叠加而成。虽然彩虹效应只是极少数情况，但德州仪器公司和采用 DLP 技术制造投影机的公司已在尽力解决这一问题，当色彩刷新速度提高后，看得出彩虹效应的人已经越来越少了。

7.1.5 微型有机电激光显示技术

微型有机电激光(Micro OLED)显示又称为硅基 OLED，是基于半导体工艺做出的硅基衬底，结合 OLED 器件制备形成的微显示器。顾名思义，Micro OLED 的核心特点是微型，它不像 LCD 和 OLED 等建立在玻璃基板上，而是直接搭载在硅基基板上，因此可以做得更轻薄、耗电量更少，尺寸也更小，从而可以应用于增强现实显示器等可穿戴设备上。

7.1.5.1 基本工作原理

Micro OLED 以单晶硅为衬底，在单晶硅上通过 CMOS 工艺集成了驱动电路，之后通过封装工艺将硅基基板(包括单晶硅基衬底、CMOS 驱动电路层、二氧化硅氧化物层、像素图案隔离层、像素图形导电层)、像素阳极介质层、透明共阴电极层、聚合物和陶瓷薄膜封装层、黑色材料矩阵隔离条、RGB 彩色滤光条和玻璃封盖)封装起来。具体原理如图 7-11 所示。

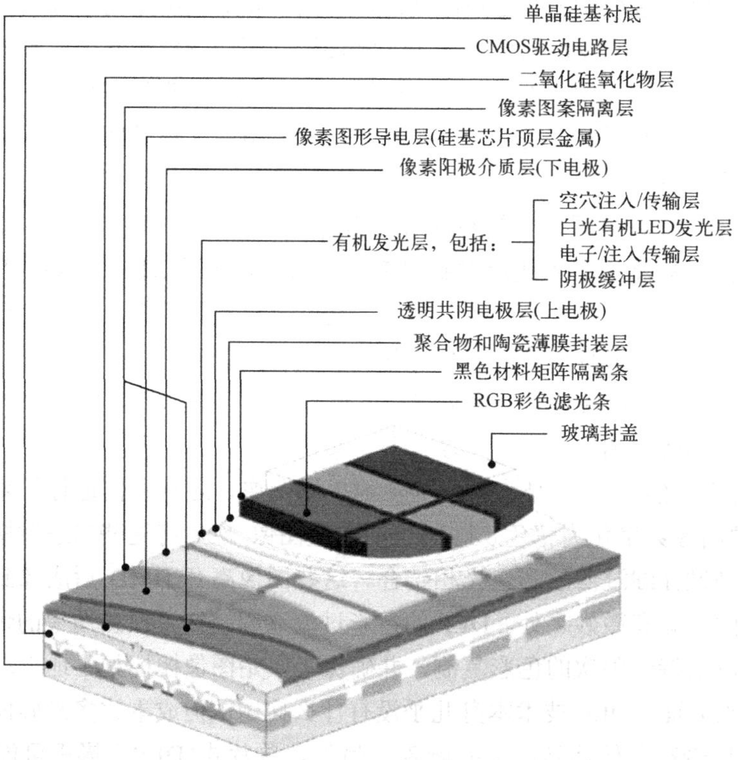

图 7-11 Micro OLED 工作原理图

Micro OLED 基板由于采用了成熟的集成电路工艺，因此大幅提高了良品率。其中，CMOS 驱动电路层用来对 OLED 进行驱动。普通的 CMOS 电路顶层一般为氧化物钝化层，而 Micro OLED 的 CMOS 电路顶层为像素图形导电层，一般采用化学机械抛光等金属镜面化工艺加强其表面平整度，然后在该层上制作像素阳极介质层(下电极)。像素图形导电层和像素阳极介质层的材料属性和抛光程度极大地影响 OLED 的发光效率和寿命。像素图案隔离层用于隔离像素的正电极以形成发光像素阵列。在像素阳极介质层上制作了有机发光层，包括两边的绝缘层，以及中间的空穴注入/传输层、白光有机 LED 发光层、电子/注入传输层、阴极缓冲层等；然后制作透明共阴电极层（上电极），用于将所有像素的阴极相连。由于有机材料极易与空气中的水氧发生化学反应而破坏 OLED 器件，因此必须通过封装将有机材料与空气严格隔离。常用的封装方法是薄膜封装，即形成聚合物和陶瓷薄膜封装层。之后加入黑色材料矩阵隔离条，以及用于实现全彩显示的 RGB 彩色滤光条，最后加上玻璃封盖，完成封装[62]。也就是说，Micro OLED 的关键环节有两个：硅基驱动电路基板的设计和制造，后端将硅基基板与 OLED 和玻璃封盖封装在一起。

7.1.5.2　优缺点分析

Micro OLED 由于完全继承和延续了 CMOS 工艺制程，充分利用了 CMOS 成熟的工艺制程，因此其器件集成度较高，可将 CMOS 电路、OLED 器件、薄膜封装和 RGB 彩色滤光条全部集成到硅基上，形成立体光电子器件。Micro OLED 体积小且易于携带，这是其优点。另外，功耗通常比 LCD 的小 20%。

由于集成 OLED 器件拥有自发光能力，色彩效果更丰富，更容易实现更高的像素密度，像素更新所需时间小于 1μs，使显示画面更流畅，从而减小视疲劳；而且 OLED 为全固态器件，无须加热和冷却就能工作在–46℃～+70℃温度范围内。

Micro OLED 的主要缺点是亮度偏低，单色（绿色）器件最高亮度 1000cd/mm，全彩器件最高亮度则只有 150cd/mm，很难满足室外穿戴式设备的显示需求，完全不能与透射式 LCoS 的亮度相比，后者的亮度可达 15 000cd/mm。另外，因为使用了 RGB 彩色滤光条，导致光损失巨大，只有 30%的透光率，限制了显示亮度，在需要更高显示亮度的应用场景下，将大幅增加功耗。而且，由于器件结构复杂，制程繁多，导致良品率低，成本较高。

7.1.6　微发光二极管显示技术

微发光二极管（Micro LED）技术是指以自发光的微米量级发光二极管为发光像素单元，组装到驱动面板上形成高密度阵列的显示技术，也可将其看成发光二极管的微缩化和矩阵化技术。一般来讲，Micro LED 尺寸是主流 LED 尺寸的百分之一，约在 1～10μm 量级。一个微发光二极管可看成一个像素，微发光二极管显示屏的每个像素可定址、单独驱动点亮。

7.1.6.1　基本工作原理

Micro LED 的工作原理图如 7-12 所示，其驱动基板一般是采用 CMOS 工艺制成的 TFT 显示驱动电路。其结构与 Micro OLED 类似，也有上下电极，但中间部分是以无机物半导体作为发光材料制造的 Micro LED 芯片。

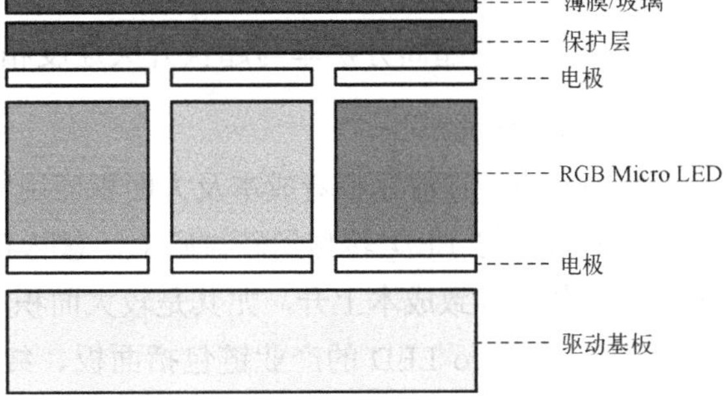

图 7-12　Micro LED 工作原理图

Micro LED 芯片是通过对 LED 结构的微小、薄膜、阵列化，将尺寸控制在 1～10μm 的区间，之后将 Micro LED 芯片通过巨量转移技术分批转移到驱动基板上，通过物理沉积制作成电极及保护层，其上加装薄膜或玻璃基板后，经封装之后成为 Micro LED 显示器。

目前 Micro LED 芯片的主要生产工艺为在氮化镓外延技术(部分红光可能会用砷化镓)，利用多种掺杂技术，再经其自动扩散，将 P 型氮化镓和 N 型氮化镓，作用在半导体锗硅基片上，所形成的交界面电荷空间区域就是 P-N 结，利用的就是其所拥有的单向导电性。当施加了偏流电压作用于 P-N 结构，将产生能量区域带的改变，N 型氮化镓向外溢散电子，并逐渐涌向 P 型氮化镓，P 型氮化镓则向外溢散空穴，涌向 N 型氮化镓，在耗尽区将会进行直接辐射复合，并释放一定的能量，依照能量守恒定理，最终通过放出光子的形式将能量散发。这就是所谓的无机自发光原理[63]。在外延这一环节中，核心的指标要求要解决包括波长一致性和温度均匀性、电路缺陷和微粒的控制、硅晶外延面积的利用率等问题。

在芯片制作完成后，需要通过巨量转移将其转移到驱动电路背板上，这是目前 Micro LED 的难度极大的技术之一，现在巨量转移技术主要有拾取释放法、激光转移技术、流体自组装技术和滚轮转印技术等不同技术路线。

7.1.6.2 优缺点分析

1. 技术优点

(1) 显示画面品质高。在现有功率不变的情况下，Micro LED 显示屏由于没有光阻和滤光片的限制，亮度可以轻松达到 2000～4000cd/mm；半功率视角在 170° 以上，结合表面黑化技术和高动态范围控制技术，可以实现超高对比度和高品质的高动态范围显示效果。

(2) 能量利用效率高。由于 Micro LED 是红绿蓝自发光显示技术，没有透光率的限制，在达到同等亮度的情况下，理论上功耗要比 LCD 显示器的低 90%。此外，LED 采用成熟材料，电光转换效率高，理论上 Micro LED 显示器的功耗仅为 OLED 显示器的 50%。

(3) Micro LED 显示技术使用无机物半导体作为发光材料，性能稳定，材料寿命长。相较于 OLED 的有机发光半导体材料，由于 Micro LED 采用无机物材料制作，因此不会受到水氧和温度的影响，因此在耐温、抗水氧、抗老化方面具有天然的优势，可以有效解决烧屏和老化等问题[64,65]。

(4) 极限分辨率高。Micro LED 由于具有极小的微观尺寸，在制作高分辨率显示器件时具有较大的优势，目前主要需要克服的是工艺问题，而只要工艺技术不断突破，理论上其极限分辨率可以随着微观尺寸的变化而不断增加。

(5) 超级快速切换时间。由于 Micro LED 的开关速度是在纳秒(十亿分之一秒)内测量的，超小尺寸的超高分辨率与超快开关速度相结合，可以用于微显示领域。

2. 技术缺点

Micro LED 目前面临着成本及大面积应用的劣势，由于其依赖于单晶硅衬底作为驱动电路，并且需要将 LED 转移到硅衬底上，意味着制作一块屏幕至少需要两套衬底和互相独立的工艺，从而导致成本上升，尤其是较大面积应用时会面临良品率和成本方面的巨大挑战。

此外，Micro LED 的产业链包括面板、终端、转移和芯片等环节，协同难度较大。目前以芯片和应用端的推动力度最大，中端环节还较弱。

7.1.7　其他光学显示技术

除了上述主流微型显示技术，近些年还出现了很多尚在探索阶段的光学显示新技术，这里简要介绍一些新技术。

7.1.7.1　微机电系统(MEMS)技术

微机电系统是在微电子技术的基础上发展起来的，不仅是在光学领域，在诸多领域都有非常广泛的应用，下文只介绍其在光学方面的应用。

如图 7-13 所示，MEMS 振镜系统与 DLP 设备的工作原理类似，由激光器作为光源，发射光线首先照射在振镜上，振镜在数字信号的驱动下转动特定的角度，反射光线就在屏幕上实现了水平和垂直方向的覆盖扫描，只要扫描频率足够大，就会由于人眼的视觉暂留效应而形成整幅画面。此外，只要采用 RGB 三色激光同时扫描，人眼就会看到彩色画面。

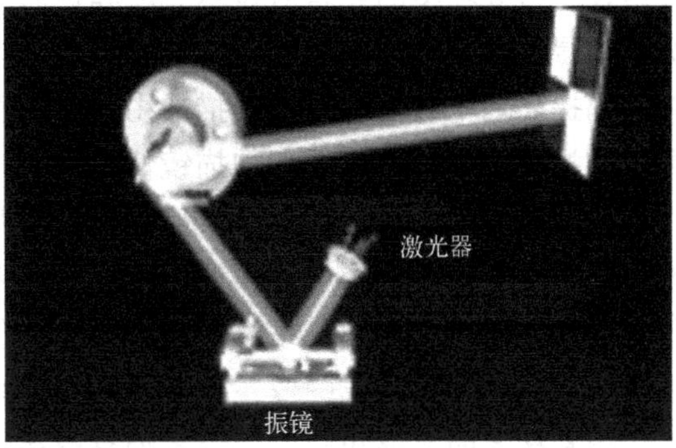

图 7-13　MEMS 振镜系统显示原理示意图

随着微电子工艺的进步，MEMS 器件尺寸越来越小，控制精度也越来越高。微软公司的增强现实产品 HoloLens 2 就采用了 MEMS 光学显示方案。如图 7-14 所示，三个激光器利用分光镜重合为一束光，射入两个振镜，通过分别控制其转动来实现两个方向的扫描，通过振镜反射出来的光耦合进光波导，再通过光波导的传输呈现在人眼前。在这个过程中需要精确控制三个激光器出光的时序和两个振镜在每个时刻的特定转动角度，并且出射光要能进行精确扫描，并耦合进光波导进行光传输，这需要在设计之初就对光线进行精确计算，技术难度较大。目前，采用 MEMS 振镜方案的增强现实厂商只有微软公司。

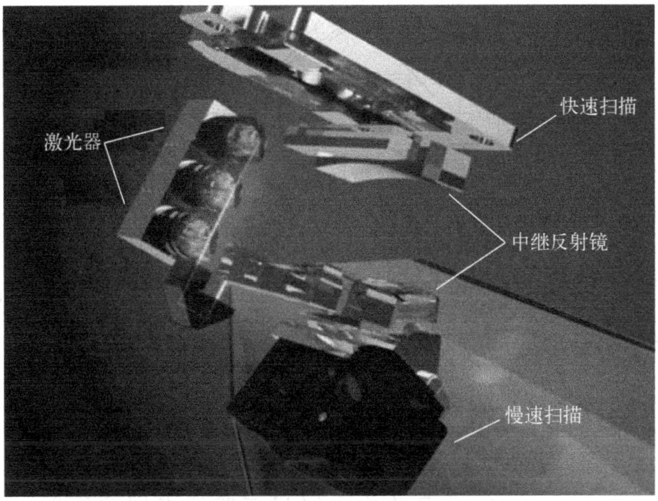

图 7-14　HoloLens 2 的 MEMS 光学显示效果图

7.1.7.2 视网膜扫描显示技术

通常，显示器都含有一个由微小像素结构组成的显示屏幕，观察者直接观察该屏幕，或将屏幕上的图像通过光学系统成像后用眼睛观察，以获得显示图像。视网膜扫描显示(RSD)的技术原理相对比较简单，通过扫描器对光束进行二维扫描，扫描图像经成像后在观察者的视网膜上形成二维图像；利用人的视觉暂留原理，使激光按指定顺序在水平和垂直方向快速循环扫描，撞击视网膜上的一小块区域使其产生光感，人眼就能感觉到图像的存在。

相比于增强现实显示系统中常用的 LCoS 和 OLED 等传统平板显示技术，RSD 技术可根据设备所处环境的亮暗对显示亮度和色彩等进行调节，使用户在清晰观察周围环境的情况下获得设备传输的虚拟显示信息。RSD 技术采用半导体激光器等作为光源，显示亮度能够大幅提高。一般情况下，扫描器由相互垂直放置的水平和垂直扫描镜组成，水平扫描镜高速扫描形成扫描线，垂直扫描镜低速扫描，使扫描线沿垂直方向平移以形成图像。

如图 7-15 所示，North Focals 公司的增强现实眼镜采用了视网膜扫描显示技术，光线被反射镜反射后，再经全息膜调制，最后在人眼视网膜上成像。Magic Leap 公司提出了一种基于光纤的激光束扫描系统，将红绿蓝三色激光耦合进入光纤后，光纤随驱动器共振产生快速二维运动以形成图像。基于光纤的激光束扫描系统轻便小巧，分辨率无上限且成本低。随着技术的发展和成熟，该系统有望在增强现实头戴式显示器等领域得到应用。采用视网膜扫描显示技术时，出瞳主要由激光束的参数和扫描镜决定，为使出瞳直径在 10～15 mm 范围或更高，通常需要进行出瞳扩展，这也使得其光学设计更加复杂。

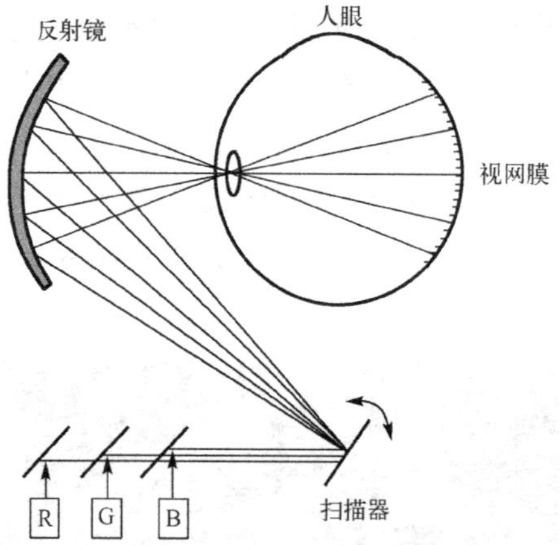

图 7-15　视网膜扫描显示系统示意图

采用视网膜扫描显示技术的缺点包括：激光器成本高；驱动和控制元件的功耗相对较高；扫描过程中产生了闪烁效应(对少数人有较严重影响)；与其他技术相比，分辨率较低。目前，该技术主要停留在实验室阶段，其激光器容易对眼睛造成伤害。

7.2 近眼光路组合技术

光学组合器(Optical Combiner)是将来自微显示器的虚拟图像和现实世界的实物组合起来的关键元件，决定了增强现实设备(包括头戴式显示器和眼镜)的体积、亮度、市场、效率和动眼框范围等众多参数的性能。原则上，只要能将虚拟图像的光线和现实世界实物的光线组合起来的光学结构都可以称为光学组合器，所形成的光学技术都可以称为近眼光路组合技术。

概括来讲，目前市场上的增强现实眼镜采用的光学显示系统就是各种微显示屏和各种光学元件的组合，其中所用的不同光学元件是区分各种增强现实近眼光学显示系统类型的关键。当前，市场上的典型光路组合技术包括：棱镜结构、Birdbath 结构、自由曲面反射镜结构、自由曲面棱镜结构和光波导结构，这几种技术各有优缺点。其中，除了光波导结构(不带光功率结构)，其他结构都是带光功率的结构，即是成像系统一部分。

截至目前还没有完美的光路技术解决方案，因此才有各厂商的不断探索。增强现实眼镜的产品设计者需要依据具体应用场景、产品定位和资金投入等，进行权衡取舍。下面分别讨论几种典型的光路组合技术。

7.2.1　棱镜光路技术

棱镜结构非常简单，图 7-16 所示为 45° 角棱镜，将来自微显示器的光从镜片反射到眼睛，同时可以让现实世界的光透入。这样做简单且成本低，谷歌眼镜就采用了这种方案，其光学显示系统由微型投影仪和棱镜组成，微型投影仪把图像投射出来，然后棱镜将图像直接反射到人眼视网膜中，与现实世界图像叠加。由于系统处于人眼上方，需要将眼睛聚焦到右上方才能看到图像信息。由于技术限制，谷歌眼镜的缺点也很明显，存在视场角与体积之间的天然矛盾。视场角很小(仅 15° 左右)，但光学镜片却有 10mm 厚，图像存在较大畸变。为了视场角更大就只能使棱镜更厚，光线需要先后经过半透半反膜层进行两次变换，光能利用率低(约为 20%)，导致画面较暗。

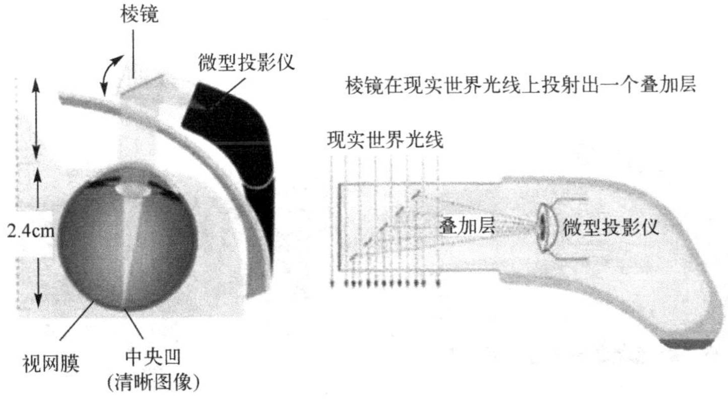

图 7-16　棱镜结构光学显示示意图

7.2.2　Birdbath 光路技术

Birdbath 结构是由于采用了凹面镜(又称球面镜、半透半反合成器)形状，因其形状看起来像一个水盆(birdbath)而得名。其作用是将来自微显示器的光线投射到位于眼睛前方的分光镜上，分光镜同时反射和透射光线，使人眼看清现实世界的物理景象时，也能看到微显示器中生成的数字影像，而位于分光镜一侧的凹面镜用来反射光线，将光重新导向人眼。

7.2.2.1 基本原理

在图 7-17 中，粗线箭头所示光线为现实世界的物理景象透过分光镜射入眼睛的光线，细线箭头所示光线是微显示器发出的光线通过分光镜之后，通过凹面镜反射后再经过分光镜反射入眼睛的光线；由于分光镜具有反射和透射两种特性，反射光线根据反射率实现部分反射，透射部分则根据透射率进行传输[61,66]。

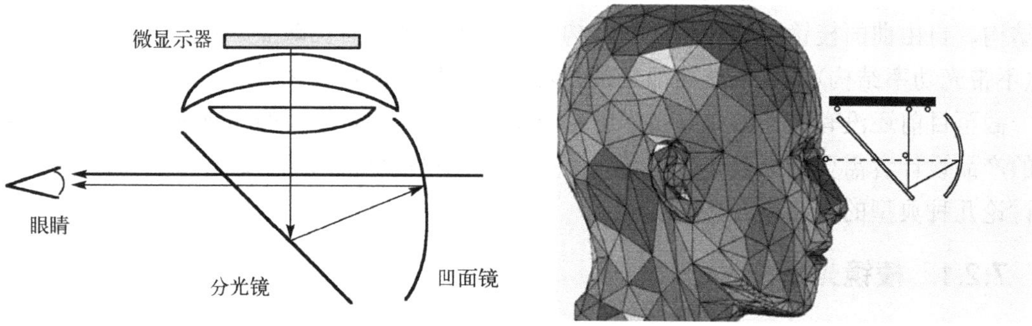

图 7-17 Birdbath 结构光学显示示意图

7.2.2.2 主要特点

Birdbath 结构较为简单，成本较低，从根本上支持较宽的视场角，同时也具有良好的图像质量[67]。但是，由于分光镜有 45° 放置要求，再加上微显示器尺寸因素，造成其体积一般较大。如果使用 LCD 显示屏，则由于光学限制需要较大的头戴式显示器；如果使用 OLED 显示屏，则虽能使用较小的头戴式显示器，但增加了供应链和成本控制难度。市场上，联想公司的低成本眼镜 Mirage AR 采用了 LCD 显示屏，而更高级的 ODG R9 系统则搭载了 OLED 显示屏(见图 7-18)。此外，这种设计具有中等视场角，如 ODG R9 有 50° 视场角，与高端波导技术相比该视场角相对较大，但小于大多数曲面镜的视场角。

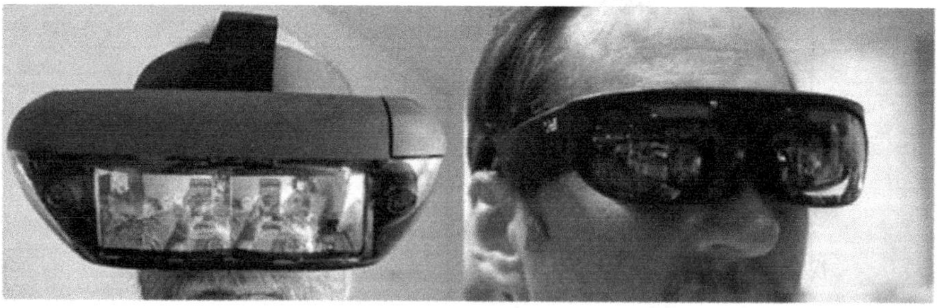

(a) (b)

图 7-18 基于 Birdbath 结构的 Mirage AR 眼镜和 ODG R9 系统

在能量损耗方面，由于分光镜为半透半反镜，光线经过分光镜时被多次反射，每次反射都会产生 50%的光路损耗，因此采用 Birdbath 结构的增强现实眼镜的能量损耗严重。为了弥补这一点，一般会将分光镜制作得非常暗，类似于在室内戴了墨镜，将影响视觉效果。

7.2.3　自由曲面反射镜光路技术

7.2.3.1　基本原理

自由曲面反射镜结构仅使用一个自由曲面反射镜收集来自微显示器和现实世界的光线（见图 7-19）。微显示器的理想位置与镜面平行，因此大多数基于此种结构的增强现实头戴式显示器都将微显示器放置在额头上方[68]。

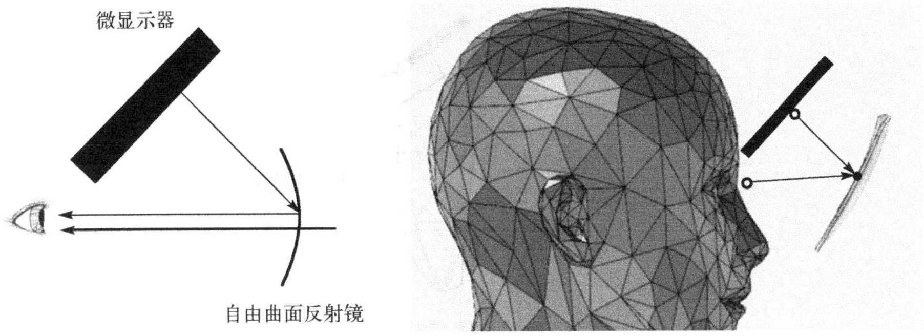

图 7-19　自由曲面反射镜结构光学显示示意图

在图 7-19 中，粗线箭头所示光线为现实世界的物理景象透过自由曲面反射镜射入眼睛的光线，细线箭头所示光线是微显示器发出的光线通过自由曲面反射镜之后，反射入眼睛的光线。理想情况下，微显示器应该位置居中，并与镜面平行，覆盖人眼，但由于不可实现，因此大多数设计都将微显示器移至额头上方，这样则会使自由曲面反射镜存在畸变，需要通过软件或在微显示器端进行修正[61]。

7.2.3.2　主要特点

从结构上可以很明显地看出，自由曲面反射镜有两个显著特点：自由空间反射镜结构最传统，加工工艺简单，技术难度较低；光路简单，光线仅需经过一次反射，因此其光路损耗明显较低。

微显示器需要贴近额头放置，因此其所占空间体积也相对较大。尤其是市场上一般采用 LCD 显示屏，进一步加大了其体积。但是，由于其结构单一，只有一个自由曲面反射镜，因此视场角较大，可达 50°～100°。此外，由于光线仅被反射一次，自由曲面反射镜结构的光路损耗低于 BirdBath 结构的，但因反射镜的透光率较低而直接影响了用户的视觉体验。

采用这种光学结构的头戴式显示器主要有 Mira Prism，Meta 2，Leap Motion 和 Dream World 等。

7.2.4　自由曲面棱镜光路技术

7.2.4.1　基本原理

自由曲面棱镜结构巧妙地将两个折射面、一个全内反射面和一个部分反射面合并入一个元件，增加了结构的自由度[69]。该结构可以增大视场角，同时提高成像质量，但光学元件较厚，且通常需要一个补偿棱镜来消除环境光通过自由曲面棱镜的折射。

如图 7-20 所示，自由曲面棱镜结构的左半部分为一个楔形棱镜，右半部分为一个补偿棱镜。楔形棱镜的作用是放大微显示器输出的图像。微显示器发出的光在棱镜中经过两次反射进入眼睛。为避免杂散光，第一次反射为全反射，第二次反射为部分反射。补偿棱镜是与楔形棱镜胶合在一起的光学元件，其主要作用在于确保真实世界的像质，减小畸变。

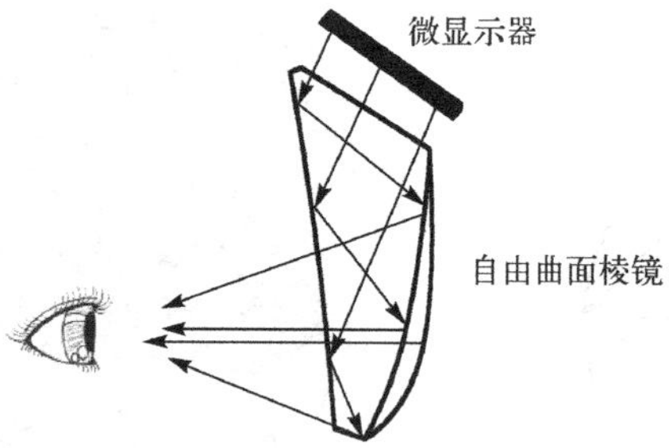

图 7-20 自由曲面棱镜结构光学显示示意图

图 7-21(a)所示为耐德佳公司的典型自由曲面棱镜光学系统，整重约为 8g，视场角可达 53°，图 7-21(b)所示为实际的自由曲面棱镜双目显示模组。虽然不同厂商采用的具体结构大同小异，但基本原理相同，都是基于自由曲面的全反射原理的。

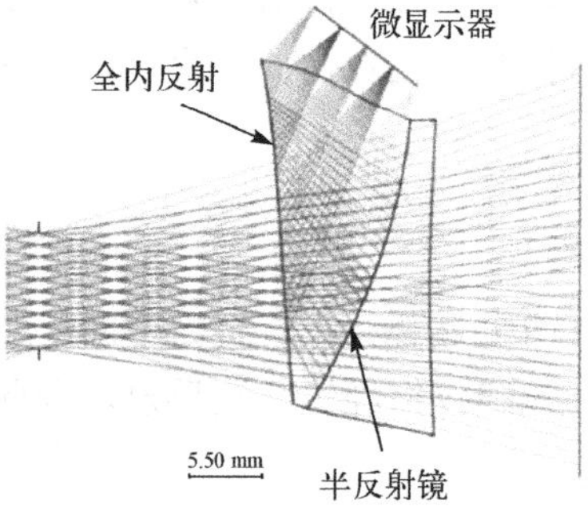

(a)

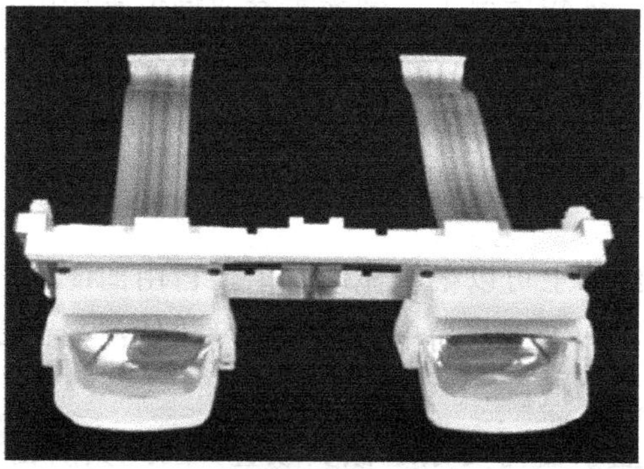

(b)

图 7-21 耐德佳公司的自由曲面棱镜光学设计与双目显示模组

7.2.4.2 主要特点

楔形棱镜结构使得光线的反射被限制在棱镜内表面，假如以相同的光路径长作为考量标准，相比传统的 Birdbath 结构，其光路发生了折叠，因此能够在不损失光效率的情况下减小整个光路设备的厚度和重量，元件厚度和体积相对较小，便于实现微型化和集成化。例如，15 mm 厚的棱镜即可实现 34° 的水平视场角[61,66,70]。

但是，为了提高成像质量而加入的补偿棱镜一方面会增重，从而使增强现实设备无法像普通眼镜那样轻便，另一方面还需要考虑全反射条件、倾斜偏心结构约束等，系统优化难度较大。

爱普生公司的 BT-300 和耐德佳公司的 X2 等增强现实眼镜采用了这种结构。将自由曲面棱镜结构与几何波导或衍射波导相结合，就能在保证图像质量的前提下减小体积，这是解决元件厚度问题的有效途径，成为近年来的研究热点。

7.2.5　光波导技术

光波导技术一直是增强现实眼镜的有效解决方案，也是目前的重点研究方向。随着半导体技术的不断进步，光波导工艺水平也在不断提升，光波导技术被认为是最可能使增强现实眼镜的尺寸、重量和外形接近或达到普通眼镜水平的最佳光学解决方案。增强现实眼镜发展到现在这个阶段，自由空间反射式和自由曲面棱镜式解决方案在进一步缩小体积、增强视觉效果方面都遇到了瓶颈，因此很多增强现实公司都重点发展光波导增强现实眼镜。

光波导是引导光波在其中传播的介质，又称为介质光波导。光波导因其轻薄特点，以及外界光线的高穿透特性而被认为是消费级增强现实眼镜的优选光学方案，但也因其价格高、良品率低和技术门槛高等原因而让人望而却步。目前的主流增强现实设备，如 HoloLens 和 Magic Leap One 均采用了光波导技术。很多业界专家认为，光波导方案从光学效果、外观形态和量产前景等方面来说，都具备最好的发展潜力。

7.2.5.1　基本原理

光波导是通过光线的全内反射（Total Internal Reflection，TIR）来引导图像内容的传输的。光波导呈透明片状，允许光（来自图像源，即光机、显示器或投影仪等）从光源传输到人眼。因为它同时也是眼镜（透明的），所以人眼也可以透过它观察外部世界。对于常规玻璃来说，为使 TIR 正常工作，光线必须以大约 42° 或更大角度射入光波导。使光以这个角度进入（耦合）的最简单方法是使进入的光学表面处于临界角。因此，要想获得大的视场角就需要折射率更大的玻璃，近年来康宁、肖特等玻璃厂商也专门为增强现实系统研制出了高折射率且轻薄的玻璃基底。

从本质上讲，波导技术并不是什么新发明。在我们熟悉的光通信系统中，用来传输信号的光纤组成了连接各大洲的海底光缆，这就是波导技术的一种典型应用，只不过传输的是人眼看不见的红外波段的光。基于光波导技术的显示器件是使用相同的技术原理制造的，允许单向的光波沿介质传播，因为光线沿设定路径传播，从侧面无法看到光线，只能看到最后传出的光点。

在增强现实眼镜中，为了使光在传输过程中无损失、无泄漏，“全反射”是关键，即光在波导中像只游蛇一样通过来回反射前进而并不会透射出来，这样也避免了能量的损失。

简单来说，如图 7-22 所示，光线在某种传输介质中要达到全反射，需要满足以下两个条件：

（1）传输介质，即波导材料需要具备比周围介质高的折射率（即满足 $n_1>n_2$）；

（2）光线进入波导（即在传输介质边界）的入射角需要大于临界角 θ_c。

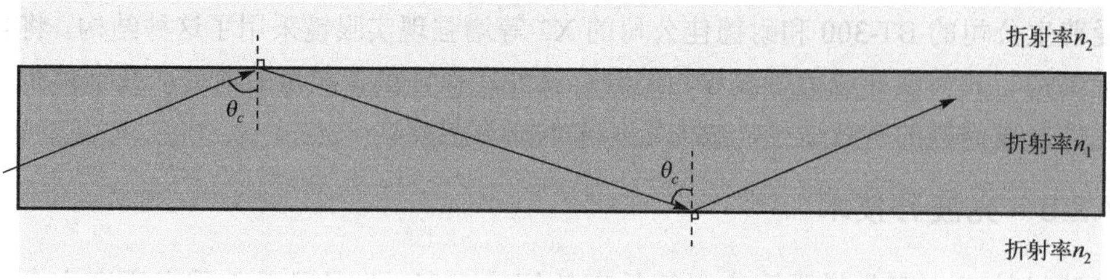

图 7-22 光线全反射原理示意图

微显示器输出图像以光线形式进入波导后，波导将光线耦合进入(即耦入)玻璃基底，基于“全反射”原理将光传输到眼睛前方再释放出来。在这个过程中，波导只负责传输图像，一般情况下不对图像本身做任何改变(如放大、缩小、变形等处理)，可以理解为“平行光进，平行光出”，所以它是独立于成像系统存在的一组单独元件。其中，光线耦入区域可以是反射镜、棱镜、表面浮雕光栅和全息体光栅等，光线耦出区域可以是阵列半透射半反射镜、表面浮雕光栅和全息体光栅等。

光波导的这种特性对于优化增强现实眼镜的尺寸和外观有很大优势。有了波导这个传输渠道，就可将显示屏和成像系统远离眼睛移到额头顶部或眼镜侧面，这样就极大地降低了光学系统对外界视线的阻挡，并且使配重分布更符合人体工程学，从而改善了设备的佩戴体验。

7.2.5.2 主要优缺点

下面分别讨论光波导技术的优点和缺点。其优点总结如下。

(1) 通过光线“转弯”从而允许将成像系统旁置，不阻挡真实场景的正常光线进入人眼，还能通过布局改善各种元件的配重分布，因此可将波导镜片认为是一条光缆，将虚拟图像的光线“导入”人眼。

(2) 允许在更大范围内适应眼动，从而缓解人眼个体差异，满足大多数人群，改善机械容差，推动消费级产品的实现，通过一维和二维扩瞳技术增大动眼框。

(3) 由于波导硬件产品形态一般都是平整轻薄的玻璃片，其轮廓可以切割，外观形态更像传统眼镜镜片，有利于产品设计迭代，也更容易被消费级用户接受。

(4) 提高了生成可变焦“真”三维虚拟图像的可能性，因为可将多层波导镜片堆叠在一起，每层提供一个虚像距离，从而在眼睛聚焦时进行切换。

光波导技术也存在如下缺点。

(1) 光学转换效率相对较低。大多数波导只能将小部分光线从显示设备传到人眼，这个数值目前基本保持在10%左右。而在室外阳光条件下观察物体时，眼睛最好能看到3000 nits的亮度，那么此时图像源的亮度必须达到30 000 nits，这个数值对目前的微显示技术来讲还是非常困难的，这也是当前增强现实产品主要针对室内应用的重要原因。此外，光线在耦合进出波导介质及传输过程中，由于传输介质的变化会有部分损耗。

(2) 光波导技术对当前的工艺提出了苛刻要求。对于几何光波导，繁冗的制造工艺流程导致总体良品率较低；而对于衍射光波导，衍射色散导致图像有“彩虹”现象和光晕，设计门槛较高。

7.2.5.3 技术分类

由前文可知，波导结构的基础是轻薄透明的玻璃基底，其厚度在几毫米或亚毫米级别，光通过在玻璃上下表面之间来回“全反射”前进。

然而，如果基于全反射的条件进行计算，会发现只有一部分角度的入射光能够在波导中传输，这便决定了增强现实眼镜最终的视场角范围。总的来说，视场角越大，就需要越高折射率的玻璃基底来实现，因此高折射率的玻璃基底就成为近年来该领域的研究热点。此外，研究人员还在努力不断增大晶圆尺寸，以降低波导生产的单位成本。

有了高折射率的玻璃基底，区别波导类型就主要靠光进出波导的耦合结构了。如图 7-23 所示，光波导总体上可以分为几何光波导和衍射光波导。几何光波导是纯几何光学的形式，光的入波导和出波导都是通过一些镜面或棱镜实现的；衍射光波导又分为表面浮雕光栅波导和全息体光栅波导，其中表面浮雕光栅波导是通过在玻璃表面刻蚀一些沟壑来形成不同的折射差，而全息体光栅波导是通过激光干涉条纹在物体内部构成的变化来形成不同的折射差。

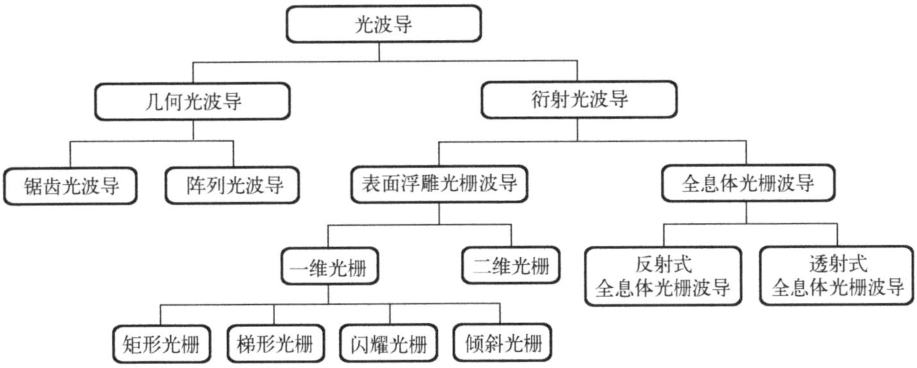

图 7-23 光波导技术分类

需要强调的是，与真正的“全息技术”相比，全息体光栅只是因为利用了类似于全息照相的原理，即用两束激光形成干涉条纹来调制光栅材料的特性，以形成“折射率周期”，光栅本身并不能用于全息成像。

7.2.5.4 几何光波导

几何光波导是基于传统几何光学的原理进行设计和制造的光波导解决方案，分为锯齿光波导和阵列光波导。因为几何光学的原理简单，几何光波导的设计思路相对明确、制备技术较为成熟，再结合扩瞳技术，就能在保证图像质量的同时获得较大的动眼眶。凭借着这些优点，几何光波导方案备受研究人员的青睐，成为目前增强现实近眼光学显示技术的主流方案之一。

1. 锯齿光波导

在锯齿光波导方案中，光束首先以一定入射角度射入波导片，其出瞳区域的结构为具有一定反射率的锯齿结构反射面，用于将光束反射耦出到人眼。如图 7-24 所示，波导片内传输的光束通过锯齿结构反射进入人眼，外部环境光经过波导片直接进入人眼[71]。

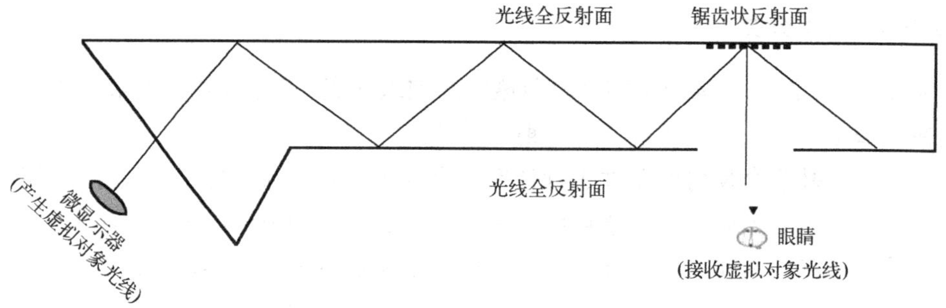

图 7-24　锯齿光波导原理示意图

图 7-25 给出了两种锯齿光波导光学系统设计方案，其中图 7-25(a)所示方案比较简单，在其耦出位置有锯齿斜面结构，与图 7-24 是类似的；图 7-25(b)所示方案比较复杂，利用耦出微结构反射镜的间断式锯齿结构，完成虚拟图像与外部环境图像的合并。

图 7-25(b)所示方案易受杂散光的影响，并且随着齿数增多，杂散光也会相应增多，从而直接影响对比度，降低图像质量。为了缓解这个问题，需要增大波导片厚度。此外，由于该方案采取间断式锯齿结构设计，无法传播全部能量，综合光效较低，特别在视场角较大时能量损失尤为严重[71]。

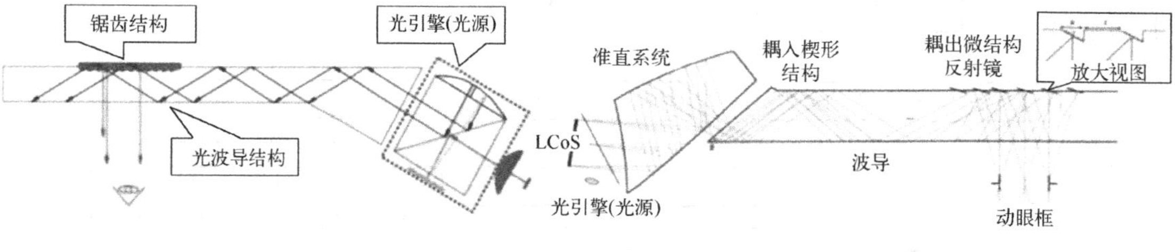

(a) 较为简单的锯齿光波导光学系统　　(b) 较为复杂的锯齿光波导光学系统

图 7-25　两种锯齿光波导光学系统设计方案

2. 阵列光波导

(1) 基本原理

阵列光波导概念最先由以色列的 Lumus 公司提出并不断优化。图 7-26 给出了典型的阵列极化光波导原理示意图。光进入波导片，并通过部分反射偏振面上的一系列内反射，使偏振光波到达人眼。该方法用于 Lumus-DK-50 增强现实眼镜。

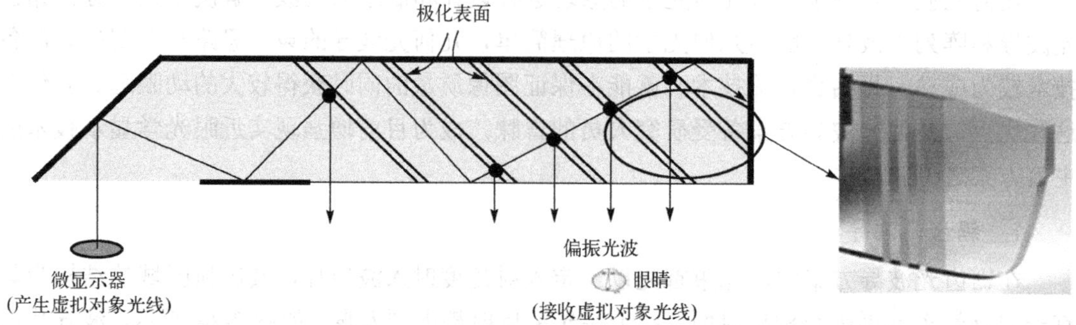

图 7-26　阵列极化光波导原理示意图

如图 7-26 所示，耦入光线进入波导一般是通过反射面或棱镜进行的，经过多轮全反射，当光到达眼镜前方时会遇到一个“半透半反”镜面阵列，这就是耦出部分的结构，也就是几何光波导里的“光合束器”。

“半透半反”(确切地说是“部分透部分反”)的镜面是嵌入玻璃基底并与传输光线形成的一个特定角度的表面，每个镜面会将部分光线反射出波导，进入人眼，剩下的光线透射过去，继续在波导中前进。然后，这部分前进的光又遇到另一个“半透半反”镜面，从而重复上面的“反射-透射”过程，直到镜面阵列里的最后一个镜面将余下的全部光反射出波导，进入人眼。

(2)扩瞳技术

在传统光学成像系统中，图像通常只有一个“出口”进入人眼，称为出瞳。这里的“半透半反”镜面阵列相当于将出瞳沿水平方向复制了多份，每个出瞳都输出相同的图像，这样眼睛在横向移动时都能看到图像，这就是一维扩瞳技术的原理。

详细地说，假设进入波导的是直径 4mm 的光束，由于波导只负责传输而并不对图像进行放大或缩小变换，那么出瞳得到的也应该是直径 4mm 的光束，在这种情况下，人眼的瞳孔中心只有在这 4mm 范围内移动才能看到图像。导致的问题是，不同性别和年龄的人的双眼瞳距可能从 51mm 到 77mm 不等，而近眼显示系统的光学参数一般是固定的，如果光学中心依据瞳距平均值(63.5mm)来设计，就意味着有很高比例的人戴上这个眼镜后看不到清晰的图像，或者根本看不到图像。如果有了这种扩瞳技术，动眼框范围就能从最初的 4mm 扩大到 10mm 以上，将极大地增强眼镜的适用范围。

这里可能会产生疑问，假设有多个出瞳，那么眼睛会不会看到重影？实际上出瞳面只是图像的“傅里叶面”，人眼瞳孔会从这个面截取完整的图像信息并用自带的“透镜”(晶状体)，将出瞳面透射到真正的“像面”(视网膜)上，因此同一角度的光还是将会聚到同一个像素(视觉细胞)，不会出现重影现象。这可能有点难以理解，但这正是扩瞳技术可行的精髓所在。动眼框的扩大解决了产品设计中的很多问题，例如机械设计容差、多种产品规格(以分别适用于不同性别和年龄的用户)、用户交互体验等，将增强现实眼镜向消费级产品的实现大大推进了一步。

(3)优缺点分析

事情总是要从两个对立面去看，复制出瞳导致总的出光面积增大，自然而然在每个出瞳位置看到的通光量就减小了，这也是使波导技术光效率与传统光学系统光效率相比偏低的原因之一。

阵列光波导运用传统几何光学设计理念、仿真软件和制造流程，没有涉及任何微纳米级结构，对生产工艺水平要求相对不高，因此图像质量(包括颜色和对比度)可以达到很高的水准。但是，其工艺流程繁冗，其中一步是“半透半反”镜面阵列的镀膜工艺。由于光在传播过程中会越来越少，因此阵列中这五六个镜面的每一个都需要不同的反射透射比，以保证整个动眼框范围内的出光量是均匀的。并且，由于阵列波导传播的光通常是偏振的(由于 LCoS 微显示屏的工作原理)，导致每个镜面的镀膜层数可能达到十几甚至几十层。要将这些镜面镀膜后再一层层摞在一起，并用特殊的胶水黏合，然后按照某个角度切割出波导的形状。镜面之间的平行度和切割角度都会影响最终的成像质量。因此，即使每一步工艺都能达到高良品率，最后的总良品率却是个巨大的挑战。每一步工艺的失败都可能导致成像出现瑕疵，常见的有背景黑色条纹、出光亮度不均匀、鬼影等。

另外，虽然随着工艺的优化，镜面阵列已经几乎做到了“不可见”，但在关掉光机的情况下仍可看到镜片上的一排竖条纹(即镜面阵列)，这可能遮挡一部分外部视线，也会影响增强现实眼镜的美观。

(4)未来发展方向

在设计阵列光波导时，不仅要充分考虑杂散光与人眼兼容性等各项性能指标，为了有效扩大出瞳还要引入更多反射面。但是，对所有反射面进行“半透半反”的镀膜工艺比较烦琐，因此从总体评价上讲，阵列光波导的设计过程较为复杂。如前文所述，镀膜工艺的好坏、镜面与镜面之间的平行度，以及切割角度等因素都会影响最终设备的成像质量。因此，多个膜层的反射率和透射率控制、整机优化和镀膜，综合保证着整个动眼框范围内的成像均匀性，实现成像质量的提高。这些是阵列光波导研究的方向、重点和难点。

7.2.5.5 衍射光波导

接下来重点分析光波导的另一个发展方向：衍射光波导(Diffractive Waveguide)。下面讨论衍射光波导的工作原理、与几何光波导相比的优缺点，以及衍射光波导使用的两种主流光栅，即表面浮雕光栅和全息体光栅。

衍射光波导与几何光波导不同，其设计不依赖于传统几何光学，而是利用了光的衍射效应，主要采用光栅结构实现对光束的调制。虽然光栅结构的设计过程较为复杂，但提供了较大的设计自由度，通过优化光栅结构参数所设计的衍射光波导元件，能使增强现实近眼显示设备获得较好的成像效果与较大的视场角。但是，制造衍射光波导所需的精度和速度都可靠，采用电子束曝光和纳米压印工艺的仪器都价格不菲，并且需要放置在专业的超净间里，当前有条件建立此类生产线的厂商屈指可数。

1. *表面浮雕光栅*

表面浮雕光栅(Surface Relief Grating，SRG)用于将光耦入或耦出光波导，且可以工作在反射和透射模式，其中反射模式下可通过在光栅结构表面涂覆金属层来提高反射率。根据凹槽的不同轮廓，以及不同形状和倾角等结构参数，常用的表面浮雕光栅可分为一维光栅与二维光栅。根据剖面形状，一维光栅可分为矩形光栅、梯形光栅、闪耀光栅和倾斜光栅等；六边形分布的柱状光栅则为二维光栅[71]。表面浮雕光栅在可见光波段的光栅周期一般小于 500nm，因此需要采用电子束曝光等工艺制备模板。模板制备好后，再通过纳米压印工艺复刻到聚合物材料上，以实现量产。

采用表面浮雕光栅的衍射光波导原理如图 7-27 所示。微显示器产生虚拟对象光线并输入表面浮雕光栅，被输入耦合(即耦入)光栅调制后，光线衍射到波导中，这里要求衍射角大于波导全内反射临界角。衍射光线以全反射形式在波导内向人眼观察区域传输，位于眼睛前方的输出表面浮雕光栅衍射传输来的光线，使其最终传入人眼。为了使光线分布在较大的动眼眶范围内，输出耦合(即耦出)光栅的衍射效率一般较低，且衍射效率通常呈梯度分布，以使向人眼方向传输的衍射光强度分布更均匀[61]。

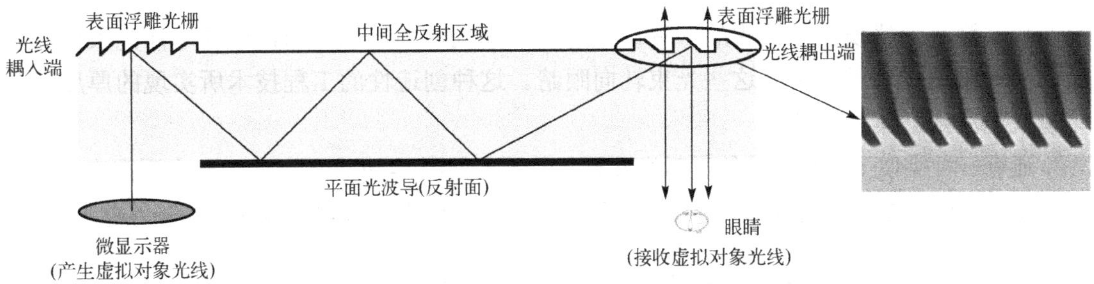

图 7-27　采用表面浮雕光栅的衍射光波导原理示意图

在以上波导原理中，针对红绿蓝三原色的光线，如果采用固定参数的表面浮雕光栅，则其视场角通常是不同的，因此在需要彩色效果的实际使用场合中，将会采用多层表面浮雕光栅堆叠的光学系统解决方案，以适应不同颜色的光线，例如有 3 层或 6 层的，而这也是目前市场上主流表面浮雕光栅结构所采取的通用解决方案。

随着微纳加工工艺与大批量制造技术的蓬勃发展，特别是消费者希望增强现实眼镜具备普通眼镜的外观，使其真正走向消费品市场，衍射光波导，具体说表面浮雕光栅方案是其不二之选。目前，诸如微软 HoloLens 和 Magic Leap One 等多家明星级产品均采用了该方案，这也证明了衍射光波导的可量产性。Rokid 公司发布的 Rokid Vision 增强现实眼镜也采用了双目衍射光波导的解决方案。

2. 全息体光栅

全息体光栅(Volumetric Holographic Grating，VHG)中的“全息”不是指佩戴者看到的全息图像，而是指镜头内的全息光学元件(Holographic Optical Element，HOE)，这些全息光学元件本身由纳米级全息图制成。也就是说，全息体光栅是利用全息光学元件进行耦入和耦出的一种光栅结构。

全息光学元件是利用光全息术在记录材料薄膜上记录点光源的干涉条纹，再经过处理制成光栅条纹结构的薄膜光学元件，具有光束准直、聚焦和偏转等功能。全息体光栅波导原理如图 7-28 所示，其中由微显示器产生的虚拟对象光线通过全息光学元件衍射到波导中，衍射光线以全反射形式在波导内向人眼观察区域传输，位于眼睛前方的全息光学元件衍射传输来的光，使其传入人眼。

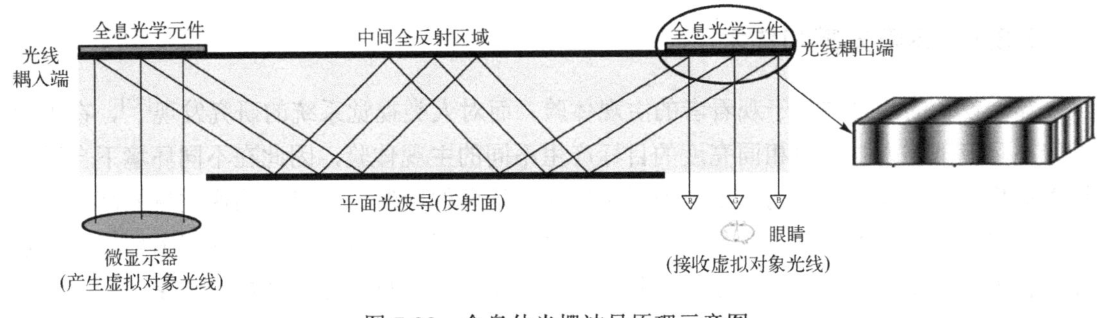

图 7-28　全息体光栅波导原理示意图

对于全息体光栅波导来说，通过激光曝光在薄膜光聚合物内形成了镜状光学元件的纳米级全息图。这里的薄膜光聚合物嵌入透镜，可以取代棱镜在传统光波导中的作用。与之前一样，微显示器投射到镜头的一端，全息光学系统转动光束方向，引导单向光束通过表面，另一组结构则进一步将这些光束转向眼睛。这种创造性的工程技术所实现的厚度只有棱镜式光波导方案的几分之一。

还有一种类似于全息波导的反射光波导，其原理如图 7-29 所示，其中一个平面光波导与一个或多个自由曲面半反射镜一起使用。这种波导用于爱普生公司的 Moverio 和谷歌眼镜。

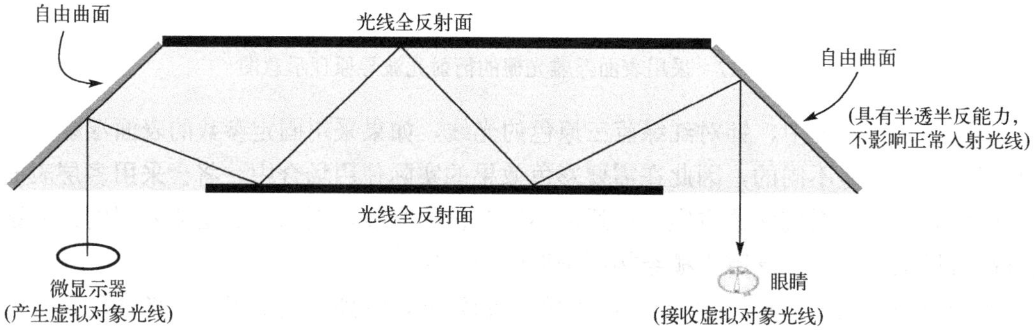

图 7-29 反射光波导原理示意图

综上所述，表面浮雕光栅波导和全息体光栅波导的设计原理类似，而几何光波导和衍射光波导虽然在原理上大相径庭，但其扩展出瞳、增大动眼眶范围的目标是一致的，如果能将这些不同的技术优势相结合，就会得到更好的效果。因此，将表面浮雕光栅波导、全息体光栅波导甚至是几何光波导等结合起来的组合波导技术方案，将是未来技术发展的方向之一。

7.3 环境光自适应控制技术

在增强现实眼镜中，用于表现虚拟对象的光线需要经过微显示器，通过近眼光路组合等多重变换及控制，最终进入人眼。这个过程的光损失率非常高，特别是在室外环境下，该光线与环境光形成鲜明对比，从而导致虚实之间难以实现匹配，这也是很多增强现实眼镜只能用于室内的重要原因。

为了解决这个问题，除了在光路组合控制阶段提升光线转化效率，还需要自适应感知外部环境光，从而调节虚拟对象的光线强度，最终实现虚实融合。

7.3.1 环境光感知技术

显示设备的质量立足于观看者的主观体验，而对人类视觉系统的研究发现[72]，在不同的光照环境下，人眼会对相同亮度的目标产生不同的主观体验，因此在不同环境下自适应地对图像进行处理是必要的。受户外显示屏使用场所的限制，其显示图像质量的高低不仅与本身参数，如最大亮度、颜色保真度等相关，还在很大程度上取决于其周围环境光的强度。在外界环境光的影响下，显示设备上图像的显示效果总是存在降质的现象。

7.3.1.1 物理亮度与感知亮度

人们常处在各种复杂的环境中，人眼感知到的亮度与测量实际物体得到的物理亮度之间存在一定差异。在不同照明环境下，人眼对于同一物体所产生的感知亮度是不同的。例如，开灯时观看一定亮度的手机屏幕，关灯后在黑暗中仍观看同样亮度的手机屏幕时，此时手机屏幕的光让人觉得刺眼，其给人的光刺激感受强度与开灯时的是不同的[73]。因此，人眼对物体亮度的感知必须结合整体的空间环境信息来综合考虑。实际的光环境十分复杂，与许多因素有关，如照度、光谱功率分布、光源色温等[74]。感知亮度与我们的身体感受密切相关，若能找出影响人眼感知亮度的因素，甚至找到其中的数学关系，当人们进入新的环境时，就能事先预判人眼对目标物体的感知亮度，及时针对这些因素做出调整，从而避免如突然感到刺眼等不适感。

物理亮度通常指光度学中的亮度，可以通过相关仪器测量得到。亮度是表示发光表面不同位置和不同方向的发光特性的量，其定义是发光表面上单位投影面积在单位立体角内所发出的光通量[75]，用于表示单位面积上光源的发光强度。其描述的是发光表面本身的特性，可以通过仪器测量得到准确的测量值。

感知亮度与物理亮度有所区别，其与光源本身或反射光参数有关，反映的是由于光线刺激，人眼的真实感知情况，是人的主观感觉[76]。观看物体时，人眼同时接受来自物体的光和外部环境光的刺激。人眼对某光源或物体的感知亮度是一个主观指标，依靠以往的经验和当前的环境判断。它不仅涉及光源本身或反射光的参数，往往还受到环境、心理因素和人眼视觉系统特性等因素的影响[77]。感知亮度通常无法直接测量，因为其刺激作用在视网膜上，而视网膜上的刺激大小需要根据具体情况及人眼视觉系统的特性来判定，很难对其进行定量计算。对于物理亮度相同的物体，在不同环境下，人眼对其的感知亮度不一定相同，由于无法直接测量感知亮度，因此仅用亮度不足以表示人眼的真实亮暗感受，无法用单一的亮度来评价人眼感知亮度的真实情况。当不同的物体具有相同的亮度时，人眼感知到的亮度不一定相同。

7.3.1.2　显示图像的色调映射

色调映射是在图像处理流程中，使场景的动态色彩范围与显示设备的显示范围相匹配的操作，同时它也是一种典型的显示优化技术。色调映射要解决的问题是对场景的对比度进行大幅度衰减，使其亮度变换到可以显示的范围，同时要保持那些对于表现原始场景非常重要的信息，如图像细节与颜色等，以获得与观察者期望相一致且具有良好视觉效果的显示图像，其基本处理流程如图 7-30 所示。色调映射常应用于高动态范围图像的色调重现、数字图像的摄影色调重现等领域[78]。

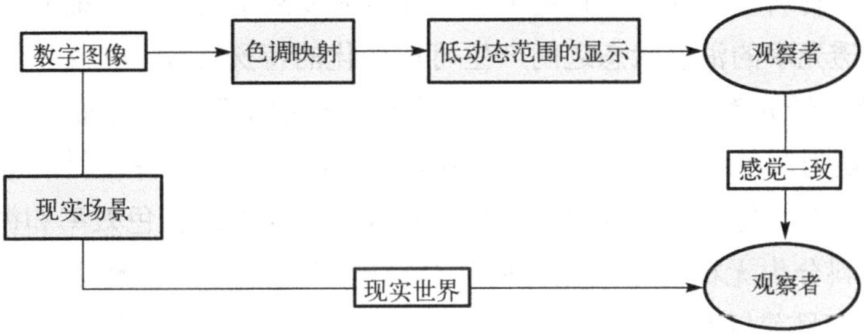

图 7-30　色调映射基本处理流程

色调映射算法大致可分为两类：全局映射算法和局部映射算法[79]。

全局映射算法直接将图像各亮度按照某种关系一对一地映射到要显示的亮度范围内，只与像素的亮度值有关，而不关心像素在图像中的位置及其邻近像素的影响。全局映射算法相对简单且运算效率高，能有效保持像素亮度值序列关系，且不会产生光晕现象。但是，由于很难找到一条能对全动态范围像素值进行合理映射的曲线，该算法总是会导致图像细节特征的损失，使显示图像的视觉感知质量下降。

局部映射算法在确定对某一点的映射时引入其周围的局部图像信息作为参考，使算法在空间上是变化的，可能将不同位置的相同亮度的像素映射为不同的显示亮度，也可能将亮度不同的两个像素映射为具有相同的显示亮度。局部映射算法比全局算法更灵活，有助于增强图像的局部对比度，实现对图像细节等重要视觉特征的保留。其缺点在于，使用该算法对图像进行压缩处理时所需的调控参数较多，这增加了算法的复杂度和计算成本。

7.3.1.3 显示图像的亮度优化

基于环境光的图像优化通常作用于低动态范围图像，主要研究如何将图像的亮度资源进行再分配，以使重建后的图像在户外与室内环境下具有相同的视觉感知质量。现有的显示优化技术均以色调映射算法为基础，其中较经典的是 Monobe 等人在 2004 年提出的一种局部对比度保留算法[80]。该方法能够有效地保留全图的对比度，但可能导致图像亮度被过度拉伸，超出了显示设备的亮度范围，且使细节区域出现强边缘。另外，由于要考虑像素周围的其他像素值，计算成本很高。

将图像转换到一个适当的感知颜色空间，使其亮度信息和彩色信息分离，是人眼视觉系统模型的第一步操作。经过颜色空间转换后，可以用一个亮度分量通道和两个色差分量通道来表示图像，对图像的亮度信息和彩色信息分别进行处理，从而避免了色彩失真的情况。

7.3.2 电致变色技术

增强现实在室外应用的难点之一就是光照问题，特别是在强光照射下，虚拟对象的光线明显不足，这将使其适用范围大打折扣。为解决强光下虚拟影像的投影亮度不足的问题，需要降低外界光线的亮度，达到提高虚拟影像对比度的目的，其思路是在透镜与护目镜之间，在护目镜镜片内侧运用电致变色材料，实现随外界光线明暗自动调整镜片的透光率。

7.3.2.1 基本原理

电致变色是指材料在外加电场作用下，通过电荷或离子的注入、抽取，从而在低透光率的着色状态和高透光率的消色状态之间产生可逆变化的特殊现象。电致变色材料是指材料的光学属性(反射率、透光率、吸收率等)在外加电场的作用下发生稳定而可逆的颜色变化的现象，在外观上表现为颜色和透明度的可逆变化。为了能更好地发挥材料的电致变色特性，电致变色材料还需要有很好的离子导电性，以及较高的对比度、变色效率和循环周期等。

电致变色材料分为无机电致变色材料和有机电致变色材料。无机电致变色材料的典型代表是三氧化钨，目前以其为功能材料的电致变色器件已经实现产业化。有机电致变色材料主要有聚噻吩类及其衍生物，以及紫罗精类、四硫富瓦烯和金属酞菁类化合物等。目前，以紫罗精类为功能材料的电致变色材料已经得到实际应用。

电致变色技术利用电致变色材料在不同电压下的性质变化，达到改变透光率的目的，是一种新型的光学材料技术。将电致变色薄膜贴于透光区域的光学元件表面，通过电压控制薄膜的透光率，以达到改变外界光强的效果，其优点在于可以随着光强的变化，通过改变电压控制着薄膜的透光率随之变化，可适用的场景多，并且可以按需附着在光学元件上。

电致变色技术需要通过电压的调节来改变透光率，而功耗的控制对头戴式产品尤为重要。针对电致变色镜片变色后搭配光机的实际效果，已有团队针对各种应用场景进行了显示深度设计，最终实现了驱动电压为 0～1.2V 的低功耗产品。该产品的工作原理是，光感电路感应外界光强值，并将光强信息传输给微处理器，微处理器对输入的光强信息进行处理，然后通过控制电路调节电致变色薄膜的电压，改变电致变色薄膜的透光率，以达到提高虚拟影像对比度的目的。图 7-31 所示的产品可在较小功耗的情况下实现透光率范围宽（20%～82%）的效果，并且拥有无视盲角、对比度高、制造成本低、工艺简单、工作温度范围宽、驱动电压低和制造成本低等优点，可适用于多种场景。

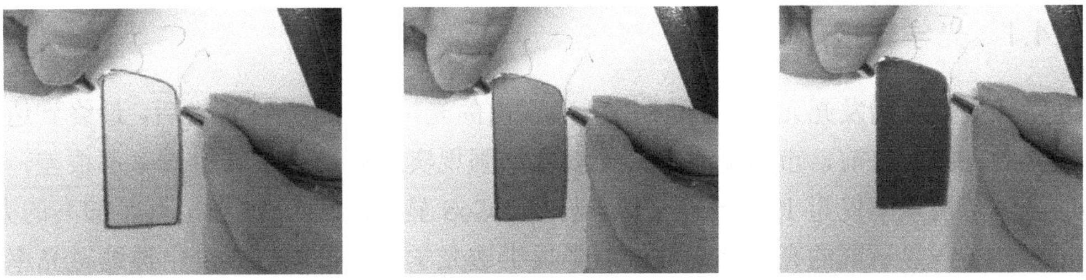

(a) 通电之前效果　(b) 通电之后的一种效果（浅色）　(c) 通电之后的另一种效果（深色）

图 7-31　电致变镜片的变色效果

7.3.2.2　设计思路

利用电致变色薄膜在加电状态下颜色加深，从而能够削弱环境光的原理，通过适当的方法将其与显示镜片相匹配，就能削弱环境光对视频眼镜显示效果带来的负面影响，设计思路如图 7-32 所示[81]。

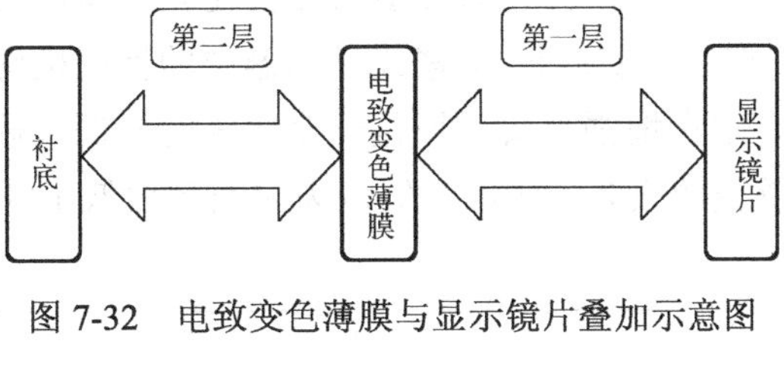

图 7-32　电致变色薄膜与显示镜片叠加示意图

由于电致变色薄膜的厚度仅为 200 μm，且材质较为柔软，所以需要在其外侧加固一层硬质衬底材料，以保证在日常使用中电致变色薄膜不会发生形变；其次，考虑到视频眼镜的双通道信息特点，所以电致变色薄膜外侧加固的衬底材料要有较好的透光性，以确保人眼可以看到外部景象。基于以上考虑，可以采用超薄玻璃作为衬底材料，这种超薄玻璃的透光性可达 99%，其厚度仅为 100 μm。为了将衬底牢牢固定在电致变色薄膜上，同时又保证两者贴合后的透光性，可以选择光学胶来对两者进行全贴合。光学胶是一种用于胶结透明光学元件(如镜头等)的特种黏合剂，无色透明，光透过率在90%以上，胶结强度良好，可在室温或中温下固化且固化收缩小，是一种无基体材料的双面贴合胶。

由层叠阵列波导原理可知，在波导镜片内各视场的光线是依据全反射原理进行传播的。因此，在电致变色薄膜与波导镜片相互贴合时可能对波导镜片内的光路产生影响，进而影响成像质量。所以，有如下两种不同的贴合方式可对比选择。

(1)将电致变色薄膜完全贴在波导镜片外侧，使两者紧密贴合。

(2)将电致变色薄膜贴在波导镜片外侧，但两者之间保留一个微小的空气层，保证电致变色薄膜与波导镜片相贴合的部分不会对波导镜片内的光路产生影响。

7.4 近眼显示系统相关问题

除了上述问题，增强现实近眼显示还面临很多技术难题，下面进行简单介绍。

7.4.1 光学转换效率

光学转换效率指发光元件(例如LED灯)发出的光，在经过光路转换后，最终到达用户眼中的光的占比。目前，市面上大部分光波导增强现实设备的光学转换效率都很差，很多设备的光学转换效率仅为1%，甚至更低，好在LCoS显示屏和LED模组有足够高的亮度，而Micro OLED显示屏的亮度普遍偏低。半反半透光学模组可通过改变半透膜透光率来调节整体光损失率。

光波导是目前市面上最主流的增强现实光学显示技术之一，搭配LCoS显示屏的好处是亮度高，但对比度低；搭配Micro OLED显示屏的好处是对比度高，但亮度低。搭配Micro LED显示屏也能保证亮度较高。目前业界对Micro LED显示屏给予高度期待，但当前普遍仅为单色显示，实现彩色显示可能还需几年时间。

7.4.2 移动时间延迟

移动时间延迟是指一个事件(动作)需要多久才会在光学显示系统中显示出来。例如，当用户向右转头的同时，增强现实眼镜/头戴式显示器中的标志也应该及时做出相应的移动(见图7-33)。移动时间延迟在增强现实领域是一个还未得到深入研究的主题，因为只有近年来才有了时间延迟足够低的设备。通常人们认为时间延迟低于5ms对于光学透视系统来说已经足够了。

图7-33 不同移动时间延迟下的显示效果对比

时间延迟主要是微显示器和显示协议（MIPI、DisplayPort 和 HDMI 等）的功能特性，而且时间延迟和微显示器的选择对于电子元件和软件的设计有很大影响。比如，OLED 显示器采用滚动更新的方式，相比而言 LCoS 显示器采用全局更新，两者需要完全不同的数据传输和动态补偿方式。

7.4.3　杂散光影响

增强现实眼镜/头戴式显示器的外形设计越开放，将受到越多的杂光影响。尽管增强现实光学显示系统足以适应从正面射入的环境光，但是眼镜侧面或后面透入的杂散光很容易引起严重的显示问题。增强现实光学显示系统本身的功能就是反射并弯曲这些光线，因此对于外来的杂光会更敏感。

这一问题对衍射光波导会产生很大影响，从侧面射入的光线可能使光学模组显示类似于彩虹的彩色伪影（见图 7-34）。相比之下，阵列光波导受到的影响相对小一些。总之，可能的解决办法是通过不同的设计降低杂散光射入。

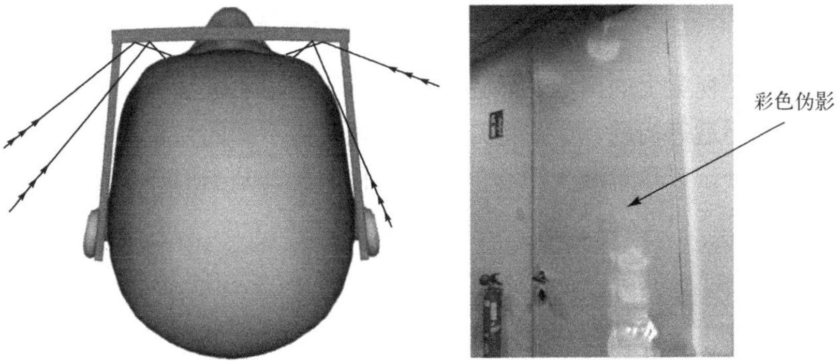

图 7-34　杂散光引起的彩色伪影

7.4.4　视觉舒适性

保证增强现实光源和光路设备的视觉舒适性需要解决许多问题，有些是光学问题，有些涉及人机工效问题，包括视觉辐辏调节冲突、双目垂直角差、双目视觉重叠和质心分布等。其中，双目垂直角差是指双目显示系统中出现轻微垂直视差或倾斜时引起的问题（见图 7-35），通常就会让人感到头晕、恶心甚至呕吐。

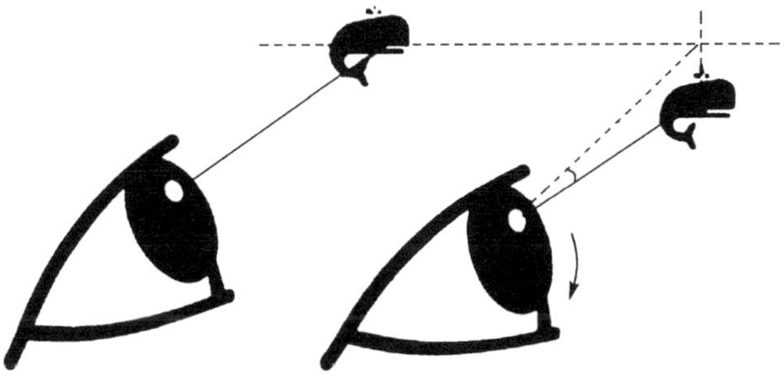

图 7-35　双目垂直角差示意图

双目视觉重叠是指左右眼观察到的图像出现了重叠区域(见图 7-36)。通常，设计工程师会通过降低双目视觉重叠来提高有效的视场角。

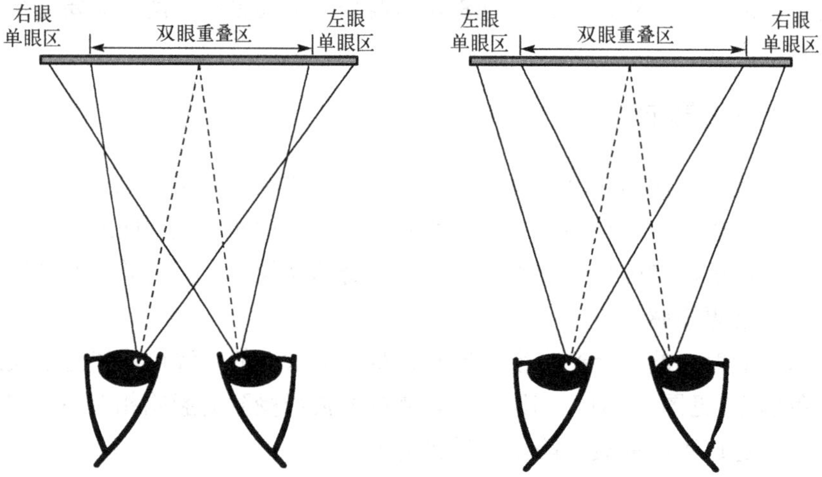

图 7-36 双目视觉重叠示意图

质心分布并不是视觉上的问题，而是指由于增强现实眼镜/头戴式显示器的不合理设计所引起的用户颈部不适等问题。增强现实眼镜/头戴式显示器的光学显示部分和驱动电子元件需要经过合理设计，以尽量减少质心的较大偏移，尤其是当用户头部经常需要大幅度转动时。

第 8 章　增强现实中的自然人机交互技术

人机交互(Human Computer Interaction，HCI)是一个崭新而又古老的研究领域，说古老是因为自从有了计算机就有了人机交互，各种计算指令的下达、计算过程的干预、计算结果的显示等，都涉及人机交互技术，这也是人机联合完成计算任务的重要组成部分；说崭新是因为传统人机交互手段早已不能适应人和计算机的合作关系，特别是近年来，随着计算机智能程度的不断提升，计算机能够为人类分担的任务越来越多，其“理解”人类意图的能力越来越强，相互“交流”的手段不断丰富，人机关系逐渐发生了改变，现在迫切需要更快、更灵活、更自然的智能人机交互技术。

人机交互与增强现实有着天然的紧密关系。从人机交互角度来讲，增强现实往往被认为是一种新型的人机交互界面，或是一种人机交互方式，通过这种方式能够为人与计算机之间进行更好的交流提供直观、泛在、友好的“媒介”；而从增强现实角度来讲，在现实世界基础上增强呈现虚拟对象，使虚拟对象成为现实世界的重要组成部分，那么人们必然希望像对待真实对象那样对其进行“影响”或“干预”，或者说与之进行交互。因此，一个完整的增强现实系统中必然要包含人机交互技术。

图 8-1 给出了人与虚拟环境之间的交互关系，随着机器智能程度的逐渐提高，传统人机交互方式已经难以适应新型人机关系，特别是增强现实出现之后，人们更渴望通过语音、手势、眼动、触觉、表情等自然沟通的方式与计算机及虚拟对象实现互动，就像现实世界中人与人的交流一样自然。因此，随着虚拟现实和增强现实技术的不断发展，人与虚拟对象之间的友好交互将变得非常重要[82]。

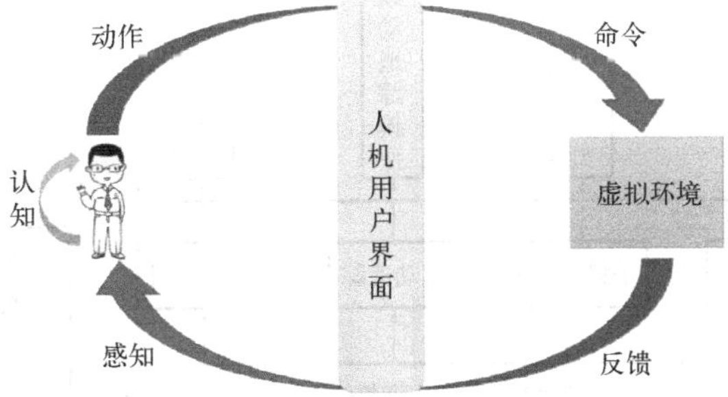

图 8-1　人机用户界面交互循环

8.1　多模态人机交互框架设计

多模态(Multiple Modality)即为多感官。外界的光线、声音、气味等皆可作用于人的感官系统。例如，当人的视觉受到外部刺激时，视觉神经将会产生生物电信号，并迅速把信息传到脑神经系统进行处理，这就是视觉模态。多模态指多个感觉器官加上处理各自信号的神经系统，通常包括视觉模态、听觉模态、触觉模态、嗅觉模态和味觉模态。人类的感官系统是一个相互作用和联系的有机整体，人类利用多种感官来获取并处理信息，多种感官的整合便是将不同感官通道内的不同信息合并为统一、连贯的感觉的过程。因此，多模态交互就是融合多种感官进行人机交互，比如人与计算机通过肢体语言、语音、传感等方式进行交互，从而使之能够模拟人与人之间的交流方式。

增强现实系统中使用的交互技术是开发者关注的主要技术领域之一。目前，还不存在广泛采用的标准。在早期的增强现实研究中，研究重点主要集中于跟踪、注册和显示，只是简单地将虚拟物体叠加在真实场景内，并通过显示设备观看虚实融合效果，没有太多与外界的交互。但是随着计算机性能的提高，显示设备的微型化、便携化，仅“显示”的增强场景已不能满足用户的需求，从而促使多种交互技术在增强现实系统中得以应用。交互技术可以满足人们在现实世界中与虚拟对象自然交互的愿望。随着人机交互技术的发展，人们可以逐渐摆脱传统交互方式，如键盘、鼠标和操纵杆，实现更加自然和人性化的交互方式。

图 8-2 给出了增强现实多模态人机交互框架的设计流程，从图中可以看到，更自然的交互方式，如语音交互、手势交互、眼动交互和触觉反馈交互等，都要通过感知层的传感器信息获取、融合层的多模型计算处理，以及应用层的典型场景部署来实现。通过多种模态交互方式的融合，用户与增强现实系统的协作将更自然。

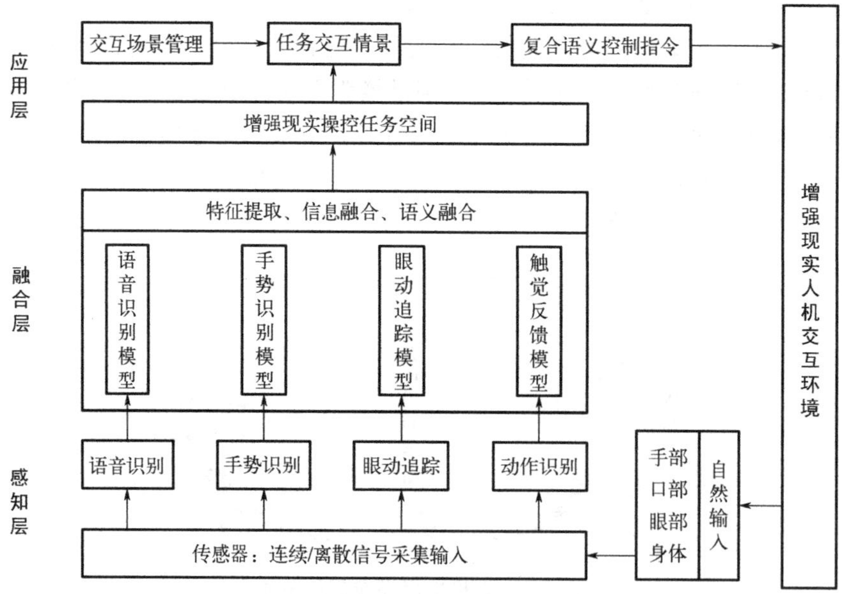

图 8-2 增强现实多模态人机交互框架

8.2 基于语音识别的人机交互技术

语音交互信息量大，效率高，是人与人之间交流的重要途径，自然也容易成为人机交互的首选媒介。近些年，语音交互技术取得了显著进步，在工业、通信和医疗等各领域都有应用。在中文语音处理方面，科大讯飞公司的合成发音人集成了语音合成、语音读写、语音唤醒、语义理解等多项强大的功能，而智能手机、智能家电配备的各种语音助手，开启了智能语音交互时代。

语音识别和语音合成技术已经成为当今的研究热点，能够准确地提供信息和接收信息。从声音类型上区分，可以分为非语音(即声音)交互技术和语音交互技术[83]。非语音交互技术是给用户听觉上的提示，通过声音传递用户信息，提升用户对当前场景的沉浸感，或是根据不同声音的反馈来获取用户信息[84]。语音交互技术包括语音输入、语音处理(含语音识别)及语音输出等环节，在多年持续研究的推动下，应用水平已经达到了较高层次。

8.2.1 研究及应用场景

在增强现实应用中，语音可以作为直接交互手段用于人机相互理解，或者用于辅助反馈用户信息，在增强现实系统中起着非常重要的作用。早在 2016 年，语音识别曾被认为是一个已经解决了的问题，但由于其对计算能力、存储容量和网络资源的依赖，使其在离线或可穿戴场景下还有很多现实瓶颈，因此将语音识别技术从云计算环境移植到具有独立系统的可穿戴设备仍是一个挑战。

成熟的语音交互技术需要解决对自然语言的识别和理解、语言信息量大、语音的模糊性，以及环境噪声和干扰影响语音识别等问题。图 8-3 给出了语音交互实现的通用流程。近年来，人工智能的发展及计算机处理能力的增强，使得语音识别技术日趋成熟并被广泛应用于智能终端，其中最具代表性的是苹果公司推出的 Siri 和微软公司推出的 Cortana，它们均支持自然语言输入，通过语音识别获取用户指令，根据用户需求返回最佳匹配结果，从而实现自然的人机交互，这在很大程度上提升了用户的工作效率。

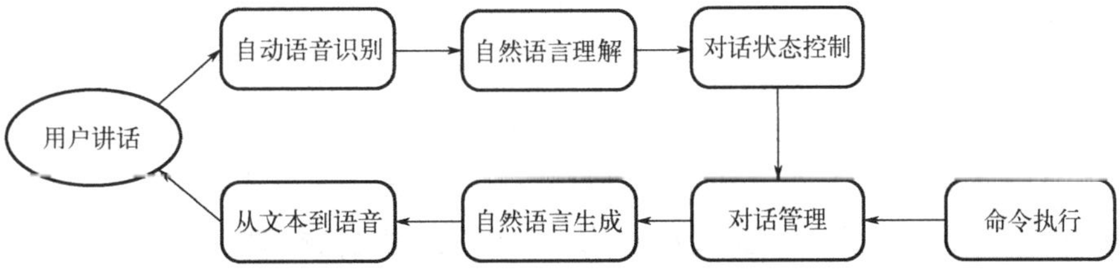

图 8-3 语音交互实现的通用流程

在增强现实系统应用方面，微软公司在 2019 年发布的 HoloLens 2 已经实现了对语音交互的支持，从而达到对虚拟对象操控的目的。Serras 等人提出并研发了一个用于增强现实应用的语音助手 AREVA[85]，辅助操作员控制机械臂，该系统基于语音交互和实时三维可视化技术指导操作员，操作员通过集成在增强现实眼镜中的麦克风输入语音控制命令，这种方式在一定程度上缓解了高强度手工操控任务的环境依赖程度。

完整的语音交互系统可分为三部分：语音输入、语音处理和语音输出。其中，语音输入包括语音增强；语音处理包括语音唤醒、语音识别、语义理解；语音输出包括语音合成和音效增强等。语音识别技术是语音方面最早出现的技术之一，它可以让机器接收用户所说的自然语言，并按照一定的规则进行理解转化，最后执行语音中的指令或对其进行响应。

8.2.2 端到端语音识别

语音识别技术的研究开始于19世纪50年代，贝尔实验室首次实现了10个英文数字识别。20世纪60年代起，出现了模板匹配、高斯混合分布-隐马尔可夫(GMM-HMM)模型等技术主导的语音识别框架。一直到2006年，随着神经网络技术的提出，语音识别技术走向了以深度神经网络、循环神经网络和卷积神经网络为代表的深度学习框架。其中，深度神经网络使用前馈神经网络替换传统的混合高斯模型，循环神经网络利用反馈连接对历史信息和未来信息进行有效记忆和利用，卷积神经网络则利用其独特的结构优势很好地处理干扰信息并且具备出色的时序表达能力。采用这些神经网络可以有效地进行特征提取，从而建立声学模型。

面对语音识别应用中出现的各种现实问题，谷歌公司于2018年提出了端到端的语音识别模型，引发了学者们的跟踪学习与研究。端到端的语音识别技术为避免多个模型间的误差传导，实现了直接从序列转换为序列的过程。端到端模型一方面可实现语音输入到解码结果解析的转化，另一方面可省去复杂的准备工作。该模型主要包括两类方法：①连接时序分类(Connectionlist Temporal Classification，CTC)方法，②基于注意力机制的编码-解码方法。

传统语音识别模型通常包含声学模型、发音词典和语言模型三部分，各部分都需要单独地学习和训练，而端到端模型可以使模型训练摒弃发音词典和语言模型相关过程，真正实现直接从语音转录成文本。

基于注意力机制的编码-解码框架主要利用了注意力机制学习输入特征与输出单元之间的关系，该框架包括编码端、注意力模块和解码端。类似于传统的声学模型，编码端主要从输入特征序列中提取出高级的隐层特征表达；注意力模块主要用于获取上下文向量，并将其作为解码端的输入，联合之前的输出生成最终的预测输出。其主要思想是通过编码端将原序列转换成一个固定长度的隐层表示，然后解码端再根据这个隐层表示生成解码序列，生成解码序列过程中考虑当前解码输出与隐层表示中哪一部分最相关。

研究人员对端到端的识别方法不断进行优化和尝试。基于注意力机制，脸书公司在2017年提出了ConvS2S方法，把卷积结构首先引入机器翻译问题中，一度获得了较好的效果。受限于长短期记忆网络(Long Short Term Memory，LSTM)的计算速度问题，常见的Seq2Seq结构都采用的是浅层结构，Zhang Yu等人受极深度CNN在自动语音识别任务中的优秀表现的启发[86]，提出并使用更深层的网络来进行序列编码，代替了浅层编码器。在其他相关工作中，张立民等人以音素作为基本建模单元[87]，改进LSTM网络架构，构建了一种基于序列级转录的端到端语音识别系统。Wang Dong等人提出了一个CNN＋BLSTM(即双向LSTM)+CTC端到端普通话语音识别模型[88]，用CNN学习局部语音特征，用BLSTM学习上下文信息，用CTC进行解码。徐冬冬等人对瓶颈特征提取网络进行研究[89]，提出采用基于联合优化正交投影和估计的端到端语音识别模型，通过CTC损失函数训练瓶颈特征提取网络，在解码输出部分添加注意力机制，使其更好地适用于带噪语音的识别任务。杨德举等人提出了基于一维门控卷积神经网络与CTC的中文端到端语音识别模型[90]，通过堆叠多层一维卷积神经网络进行声学建模，利用CTC算法实现以汉字字符作为建模基元的端到端训练和解码，提升了识别性能。

端到端模型具有简化模型、联合训练、直接输出和无须强制数据对齐等优点，且学习曲线较为平缓，是未来的重要研究方向。虽然易实现且结果准确，但其在复杂情况下的语音识别稳定性不足，因此端到端语音识别系统被广泛应用还有很长的路要走。

8.2.3　无声语音识别技术

人的言语是一种自然而有效的交流方式，但是世界上数百万患有严重语言障碍的人却无法通过发声有效地进行交流。根据语音障碍的性质，他们必须依靠替代性通信设备或软件，包括人工语音源、个人的语音合成器等。但是，这些替代性通信设备通常会提供不自然的发声或需要用户干预，从而使日常交互变得复杂。自动语音识别(Automatic Speech Recognition，ASR)技术可用来帮助患有语言障碍的人，具有正常语音功能的 ASR 系统的性能已经达到了较高的精度，可以将其集成到各种便携式设备的人机界面中。然而，对语音混乱的 ASR 的研究却十分有限，目前主要专注于声学识别，并且有噪声情况下的 ASR 系统性能也会迅速下降，使其不适用于恶劣环境。

此外，还存在某些限制降低了 ASR 技术的适用性，比如关于声音传播的物理问题和隐私问题。一方面，在一些需要语音识别的场合中声音却无法传播，如火灾或生化物质灾害现场、水下作业环境，以及人类在外太空中进行舱外探索任务。另一方面，日常生活中人们有很多场合需要保护隐私，例如军事指挥作战环境下，人对机器发出的指令需要保密等。

在环境噪声影响大、隐私保护要求高和严重语言障碍患者难以使用等局限性比较突出的情况下，迫切需要无声或无声语音识别(Silent Speech Recognition，SSR)技术。不依赖于声学信号的语音识别非常重要，在开发非声学语音通信系统的背景下，已经有了许多生物信号技术，包括超声、光学图像、电泳图谱、脑电图和表面肌电图等。

8.2.3.1　基于肌电信号的识别技术

肌电信号(electromyography，EMG)产生于作为中枢神经一部分的脊髓中的运动神经元，是电极所接触到的许多运动单元发出的动作电位的总和，其生成过程如图 8-4 所示。

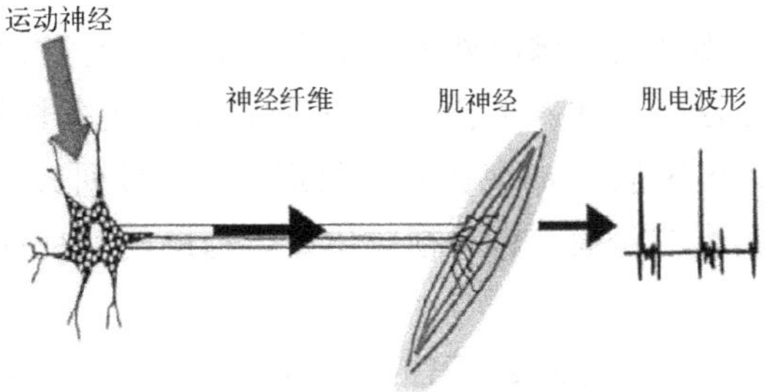

图 8-4　肌电信号产生机理

获取肌电信号的常用方法包括电极插入肌肉检测和表面肌电检测。其中，插入肌肉检测是传统的检测方法，其做法是将针电极或线电极等细小电极直接插进肌肉组织进行信号采集，该信号为侵入式肌电信号(intramusclular EMG，iEMG)。表面肌电信号(surface EMG，sEMG)由 Hermens 等人提出，通过放置在皮肤表面的检测电极测量得到。与侵入式电极相比，表面电极是无损伤的，简单适用且易于操作，更容易被大家所接受，并且它也能够提供关于肌肉激活的实时信息。通过获取表面肌电信号可进行语音识别。有策略地获取颈部和面部的这些表面肌电信号，可以测量与发声、共振和发音相关的肌肉活动。因为表面肌电信号是一种直接测量关节肌肉活动的方法，所以无须声道的声刺激，从而可以识别出无声的口型语言。

为了识别语音信号，首先要对肌电信号进行大量的重复性训练，训练过程包括对肌电信号进行采样与预处理、特征提取、分类器训练，建立生物电信号与人类自然语言的映射关系，并形成一个无声语音数据库。训练完成后，即可对测量到的 sEMG 进行实时识别，读取到大脑所“说”的话。

虽然基于表面肌电信号的无声语音识别研究不如自动语音识别研究广泛，但已有多项研究推动了前者的快速发展。最早使用表面肌电信号进行语音识别的想法是由 Morse 和 Brien 于 1986 年提出的，他们论证了这些感知信号中包含了语音相关信息。研究人员根据 2200 个单词生成了 1200 多个短语[91,92]，其实验结果的单词错误率只有 8.9%。

无声语音识别的目标是使用替代的方式识别语音相关信息，表面肌电信号可以捕获足够的语音信息，克服声学自动语音识别系统的不足。这种与发声的无关性使无声语音识别免受噪声影响，为不能正确发声的人或不适合发声的环境提供了理想的解决方案。但要将基于表面肌电信号的无声语音识别技术推广到实验室之外的实际应用场合，仍面临巨大挑战。这些挑战包括：从表面肌电信号中提取与语音相关的特征，以区分孤立的单词；从表面肌电活动模式中识别连续言语中词语序列的语法语境，以更好地理解语义；设计语音音素水平的建模算法，从相对较大的词汇集中识别没有经过训练的单词，等等。

8.2.3.2 基于唇语的识别技术

信号源不同的语言感知任务包括自动语音识别、视觉语言识别（Visual Speech Recognition，VSR），以及视听语音识别（Audio-Visual Speech Recognition，AVSR）等。其中，视觉语言识别又称为唇读（Automatic Lip Reading，ALR），指根据说话者的唇动视觉信息，解码出其所说内容。当音频信息受损或音频信息不可用的情况下，高效利用视觉信息进行语言识别就变得至关重要。

自从麦格克效应被发现之后，国内外大量的学者展开了对唇读的研究。近几年，深度学习技术的发展为唇读方法研究注入了新的活力，逐渐从限定条件的实验环境数据（限定词汇量、限定说话人、限定姿态等）走向现在的非限定环境唇读研究。这些研究中出现了很多新的应用场景，如基于语音的跨模态唇动视频生成，借助唇动视觉信息进行语音增强、语音分离和语音合成等。

基于传统方法的唇读系统往往需要丰富的领域知识来设计特征提取方法，将原始图像序列数据处理成适当的特征向量序列，然后利用合适的分类器基于该特征向量序列进行分类[93]。深度学习与传统方法的区别在于，深度学习是通过多层神经元的多次组合及非线性变化，从描绘局部的线条开始，自底层到高层描述图像，从众多数据中学习层次化的特征表达。

基于深度学习的唇读方法在早期主要利用深度神经网络所提取的深层抽象特征代替传统特征，或者与传统特征相结合，进一步提高特征的表达能力[94]，然后结合 GMM-HMM 模型来解决大规模连续语句的唇读识别任务。后来的研究中，研究者们将传统卷积神经网络、三维卷积神经网络引入唇读任务中，作为时空特征提取器，使用循环神经网络对序列数据进行建模学习。随着长短期记忆网络、门控循环单元等高效的循环神经网络变体结构的成功应用，梯度消失和梯度爆炸的问题能够得到有效的缓解。

在 3 万多的唇语样本上，Wand 等人[95]通过引入长短期记忆网络达到了 79.6%的识别准确率，谷歌公司将准确率提升到 95.2%，使用的是基于时空卷积神经网络和门控循环单元的唇语识别网络 LipNet[96]。在 40 万样本的英国广播公司的电视样本集上，Chung 等人[97,98]提出的 VGG 系列和长短期记忆网络结合的结构的识别率可达 54.9%；Stafylakis 等人[99]通过残差网络 ResNet 与长短期记忆网络结合以训练神经网络，将准确率提高至 83.0%。

在实际的唇读任务中，由于视觉信号存在影响因素多、时间分辨率低等问题，目前的唇读方法暂未取得较高的满意度，但不可否认的是，该领域挑战与未来并存，以 CNN-RNN 框架、基于注意力机制的编解码框架为基础的端到端唇读网络模型也有待进一步改进发展。

8.2.4 视听语音识别技术

在人们的日常面对面的言语交流中，常通过结合听觉通道和视觉通道的感知信息来确定对方要说的内容，这种现象在嘈杂环境下尤其明显。另外，听力受损者往往会结合对方的口型变化，理解对方的语意；而听力正常者在语音信息模糊的条件下(如噪声环境)也常通过结合声音和口型的变化，以达到更好地与对方交流的目的。人类的言语感知过程是视觉模态与听觉模态的融合处理过程，或者是听觉通道和视觉通道信息的融合处理过程，因此产生了视听语音识别技术。

视听语音识别技术指的是在听觉模态基础上，结合视觉信息，共同完成从语音到文本的转换过程，其本质是通过模拟人类双模态言语感知的过程，基于视觉信息不容易受外界环境干扰这一事实，利用视听语音数据进行识别[100]，其流程如图 8-5 所示。

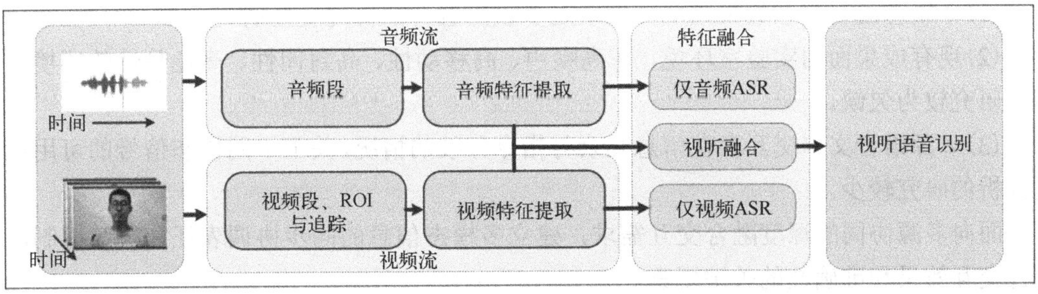

图 8-5 典型视听语音识别处理流程图

在视听语音识别技术中，在不考虑输入视觉通道的噪声，且感知视觉结果稳定良好的情况下，通过提取视频帧中的视觉模态信息，来补偿纠正缺失或不足的音频识别结果，即采用视频信息源并动态调整音频流和视觉流之间的权重，提高严重噪声条件下视听语音识别的鲁棒性。如图 8-5 所示，一个典型的视听语音识别系统由一个视频流通道、一个音频流通道和一个动态视听特征融合部分组成，通过对视频源进行感兴趣区域(Region of Interest，ROI)定位、视觉-图像变换、数字信号处理和视觉特征提取等方法得到的视觉流通道结果，与并行音频流通道所得到的声学特征，共同构成了动态视听融合部分的输入[101,102]。

在人机交互实际需求的刺激下，AVSR 的发展经历了理论研究、基于传统工具的方法和基于深度学习方法的三个阶段。第一个 AVSR 系统由 Petajan 等人提出[103]。该系统使用了低层的唇部图像信息(如嘴唇张开高度、宽度、面积等)作为视觉特征，然后采用动态时间规整(Dynamic Time Warping，DTW)技术对听觉信息与视觉信息进行融合。实验结果表明，该模型会带来准确率的提升。AVSR 的深度学习时代开始于 2010 年，自此之后迅速发展。在算法上，CNN 正在特征提取方面取代传统的 DCT 和 AAM；HMM 和 MSHMM 目前正在被长短期记忆网络(LSTM)或双向长短期记忆网络(Bi-LSTM)在时间序列建模方面所取代；2018 年提出了端到端 AVSR；同年还提出了 3D-CNN/Bi-GRU + attention 结构。

Huang Jing 等人提出了一种基于双模态的深度信念网络(DBN)结构的中层特征融合算法[104]，还开发了决策融合的单模 DBN，并阐明在中层特征之上的特征融合策略优于其他融合策略，这其中包括“DBN 决策融合”和“使用多流 HMM(MSHMM)/GMM 实现的基线融合”。苏荣锋等人使用有限视听双模态数据[100]，结合基于双向长短期记忆网络的方法，构建了听觉特征到视觉特征的生成模型，利用该模型自动生成了大量视觉特征。

追求通用且稳定的大型识别系统、高效的音视频特征表示、卓越的特征提取和智能动态音视频，这些目标的要求促使 AVSR 不断向前发展。此外，这些技术的发展显然也为深度学习的研究人员提供了更好的机会。目前，AVSR 与深度学习是密不可分的，端到端 AVSR 模型良好的抗噪性能和基于深度学习特征提取器的深度特征提取能力，将引导产生一种新的多模态自然人机交互界面的直接解决方案。

8.2.5 小结

基于音频信号、唇部图像、表面肌电等单通道的语音文本识别研究较为广泛，但仍存在诸多不足，无法满足工程应用的实际需求。以下问题待深入研究。

(1)单模态语音交互成果颇多，但缺乏多模态融合的协同交互研究。

(2)现有成果面向实验室环境，在高噪声、高移动性、高封闭性、高危险性的环境下的交互研究较为欠缺。

(3)多源语音文本交互存在信息冗余与指令分歧的情况，关于不同模态信号的可用性质量分析的研究较少。

面向多源协同的深度融合交互需求，建立多模态信息的同步协调表征和决策机制，是提升交互效果和准确性的关键要素。

目前，端到端语音识别的研究热潮进一步推动了语音识别技术的发展与改进，推动其性能进一步提高，更好地适用于各种复杂环境和语音情况，但同时噪声、容错率、多语种混合、方言识别准确度等问题还有待进一步研究与解决。自动语音识别现已取得较好的识别成绩，但在环境噪声影响、有限的隐私保护和严重言语障碍患者难以使用等局限性比较突出的情况下，无声语音识别就显得格外重要。

有了不断更新的技术支撑，增强现实人机交互模型中的语音部分也有了相应的改进与发展，有了更好、更便捷的应用。非语音交互通过声音给予用户听觉体验与信息提示，如娱乐设施中的背景音乐，能够提升用户的沉浸感，还可以通过声音变化实时了解用户情况并接收信息。与非语音交互作用不同，用户通过语音交互直接进行人机交互，让用户可以获得更直接的体验，获得更强烈的身临其境之感。而且，当与语音相关的设备都较为完整的情况下，可以将语音与触摸、姿态识别、移动传感等技术相结合，实现多模态融合的人机交互方法。例如，在一对一技术指导中，利用增强现实技术可通过投影和语音互动，实时与用户交互并进行指导，既方便操作，又增强了用户体验感。

8.3　基于手势识别的人机交互技术

自然和高效一直是人机交互的追求目标。人类的手是大自然创造的最完美的工具。自古以来，打手势等一些肢体语言一直是非常有效的沟通方式。生产生活的方方面面都有手势的参与[105]。这种直接有效的交互方式自然受到了很多学者的关注。例如，很多研究将手势识别应用到智能可穿戴、虚拟现实、增强现实等应用场景中。典型的产品代表是微软的 HoloLens，其用户可在周围的现实环境基础上进行二次加工创作，添加摆放各种虚拟物品，特别是可以通过双手完成各种移动和交互操作。除了娱乐应用，在辅助交流方面，手势也有其独特的应用，例如手语也是手势，可借助手势识别技术来识别手语，从而了解对方意图[105]。

8.3.1　研究及应用场景

目前，手势识别需要辅助利用传感设备，在增强现实应用中的典型配置为：通过跟踪器、传感器或计算机视觉等传感设备确定手部位置、跟踪手部动作，获取人手在物理世界中的运动姿态信息，以作为增强现实系统的输入，然后通过识别算法解释该手势的意图。由于手势本身的多义性、人手形态变化的高维度，以及手指之间无法避免的遮挡，而且各种手势还要符合日常人手和物体交互的习惯，因此手势的识别是一项具有挑战性的研究。

手势识别的总体目标是对手的位置、姿势的捕捉，对手势的语义进行匹配和识别。根据手势信息的不同输入方式，有以下几种常见的手势识别技术：基于传感手套的手势识别技术、基于计算机视觉的手势识别技术、基于惯性传感单元的手势识别技术、基于生物电信号的手势识别技术、基于雷达技术的手势识别技术等[106]。近年来，由于深度学习技术的飞速发展，卷积神经网络等人工神经网络在计算机视觉领域取得了前所未有的成功，因此基于计算机视觉的手势交互也得到绝好的发展机会，具有广阔的前景，相关研究变得更加火热，但是其他几种识别方式也不应该被我们忽视。

8.3.2　基于计算机视觉的手势识别技术

通过基于计算机视觉手段进行手势识别，从而实现虚实自然交互，这是增强现实应用中的典型交互方式，尤其是在具有三维空间特性的增强现实中应用得更多。Danića Mast 等人[107]设计了 BalanSAR，其将空间增强现实技术、健身设备和现有的体育平衡练习形成一个新颖的组合。用户可以选择不同水平的平衡技能训练，并将互动动画投影到健身房的地板和现有的设备上，增加视觉刺激，使用户的锻炼形式和姿态更加灵活，增加了健身的趣味性，系统通过深度相机来识别用户的手部动作与脚部动作，以判断用户如何达到身体的平衡状态，同时改变互动投影，从而给用户新的视觉刺激。

基于计算机视觉的手势识别技术包括三个模块：检测、跟踪和识别。

检测手势的方法主要包括基于肤色的检测方法、基于形状的检测方法、基于像素值的检测方法和基于三维模型的检测方法等。

(1)基于肤色的检测方法较为简单、方便，是目前最常用的分割方法。其中，颜色空间选择是肤色检测的关键因素。对于所选择的颜色空间，常用的分割方法有皮肤滤波器、计算相似度。肤色分割的计算代价低，可实时实现，而且对旋转、部分遮挡和姿态变化不敏感。但该方法对光照变化敏感，也不能处理具有类似肤色的复杂背景或手以外的其他皮肤对象，如人脸、手臂等。以上提到的分割方法大多局限于预定义的模型，且缺乏足够的鲁棒性。

(2)在基于形状的检测方法中，利用 Canny、Sobel、Prewitt、Roberts 和拉普拉斯等边缘检测算子，可以获得手部轮廓。与肤色检测相比，轮廓特征具有不依赖于光照和肤色变化的优势。然而，它的有效性可能受遮挡和视角变化的影响。此外，边缘检测往往会导致检测到背景对象的大量边缘。因此，将形状、纹理和颜色特征融合在一起能获得更好的性能。

(3)基于像素值的检测方法主要是在包含图像外观和纹理的灰度图像中寻找手部姿势。

(4)基于三维模型的检测方法主要是利用三维手模型来检测图像中的手。这种方法的优点是可以实现与视图无关的检测，所采用的三维模型有足够的几何自由度来适应图像中的手的尺寸，且不同的模型需要不同的图像特征来构建特征模型。

跟踪手势的方法主要包括特征模型方法、均值偏移方法、连续自适应均值偏移方法和粒子滤波方法。其中，特征模型方法与手工检测方法有很大的相似性。即在前一帧中检测到手的空间附近调用手部检测器，从而大大限制了图像的搜索空间。该方法能成功的前提是采集图像时的频率足够高。均值偏移方法是一种迭代过程，通过将窗口移向其邻域内数据点的平均值来检测密度函数的局部极大值。该算法比穷举搜索方法的速度快得多，但需要适当初始化。基于均值偏移方法，再根据目标的大小和旋转情况调整窗口的大小，即连续自适应均值偏移方法，该方法能够更好地追踪手部。在密集的视觉杂波中，粒子滤波方法用来跟踪手的位置和手指的构型。在这种方法中，系统用一组粒子来对手的位置进行建模。这种方法比卡尔曼滤波方法有优势，因为它不受高斯密度单峰性的限制，高斯密度不能代表同时存在的备选假设。粒子滤波方法的一个缺点是，对于复杂的模型(如人手)需用许多粒子，这可能使模型效率大大降低。因此，为了减少粒子的数量，常采用其他假设。

识别手势的方法主要包括基于模板匹配的方法，基于支持向量机的方法、基于隐马尔可夫模型的方法、基于动态时间归整的方法，以及基于人工神经网络的方法。具体描述如下。

(1)模板匹配作为最早的识别方法之一，是一种基本的模式识别技术。在背景图像基础上，模板匹配是通过将模板图像和候选图像逐像素比较来实现的。手势的识别，就是将检测到的候选图像直接与手势的模板进行比较。由于是像素对像素的图像比较，因此基于模板匹配的方法不适合进行缩放和旋转。

(2)支持向量机的目标是寻找最优超平面作为决策面。它将数据分为两组，分别对应训练阶段和测试阶段。在训练阶段，使用一组特征向量对支持向量机分类器进行训练。在测试阶段，将手势特征向量作为该分类器的输入。因此，基于支持向量机的方法在小样本、非线性和高维数据分类方面具有良好的性能。

(3)隐马尔可夫模型是一个双重随机过程，由一组有限状态和一组随机函数组成，每个函数都与一个状态相关。其中，状态并不直接可见，但受状态影响的变量是可见的。每个状态在可能的输出标签上都有一个概率分布，利用该模型生成了关于状态序列的信息。在手势识别中，参数是通过识别图像中的姿势(符号)来估计的。因此，可利用该模型将手势识别为一系列姿势。该模型是具有丰富数学结构的高效时空模型。每个动作都需要大量的训练。因此，在需要识别大量手势的系统中，基于隐马尔可夫模型的方法无法达到很好的性能。

(4)动态时间归整也是常用的手势识别方法之一，可在时域内找到两个信号的最优匹配段。用特征向量表示时间序列中的每个像素，随后通过对时间序列进行扩展和缩短来计算两个时间序列之间的相似性。手势训练无须完整的手势训练模型，具有独立的计算模板。利用动态时间归整方法时必须在每个分类过程中调整和测试原型轨迹。因此，时间复杂度和计算效率可能是该方法发展的一个挑战。

(5)人工神经网络是一种基于生物学原理的统计学习算法，用于函数逼近、模式识别和分类。它需要输入有标签的数据，是有监督的手势识别分类器。它的缺点之一是不能有效地处理时间序列特征。深度神经网络在处理视频序列方面表现优秀，这能够极大地提高识别动态手势的准确性。

基于计算机视觉的手势识别，根据不同的输入信息，可分为静态手势识别和动态手势识别。其中静态手势识别的输入信息为图像，而动态手势识别的输入信息为视频。静态手势识别只能识别某时刻的手势，动态手势具有了时间序列和连续动作特征，更具有现实意义。通常，为了获得较好的手势识别效果，往往既需要 RGB 信息也需要深度信息，但是获得深度信息的成本也是比较高的。常见的获取图像深度信息的方法有两种：深度相机、双目摄像头。

微软很早就发布了 Kinect 深度相机产品，这给基于视频的手势交互带来了革命性的进展[108]。Kinect 利用了一个普通的 RGB 摄像头和一个检测深度信息的红外摄像头，以同时获取手的 RGB 图像和深度图像。基于深度图像数据，使跟踪人体的骨骼、手、头等各部位的精度和速度都有大幅提升，为手势交互走向实用提供了基础。

Leap Motion 公司运用双目成像技术，通过双目摄像头采集人手的图像信息，通过双目信息的区别得出深度信息，再使用跟踪算法对人手的运动进行跟踪识别[109]。Stefan 等人[110]结合计算机视觉手势识别技术提出了一种用于骨骼解剖学习的医学增强现实教育系统，称为增强现实骨骼拼图，用户可使用该系统实现骨骼解剖学习。该系统将用户本身作为实验对象，采用增强现实技术生成虚拟骨骼作为学习道具，用户通过手势抓取、移动虚拟骨骼，并在虚拟人体上组装虚拟骨骼来学习骨骼解剖。

Hakim 等人[111]采用三维卷积神经网络和长短期记忆(LSTM)模型相结合的方法提取图像的时空特征，通过深度信息和 RGB 的组合，识别数据集中的 8 种选定手势的准确率为 97.8%，而采用有限状态机(FSM)的实时识别准确率从 89%提高到了 91%。近年来，很多学者尝试将注意力机制加入神经网络模型中，实验证明注意力机制能够提高网络模型的特征表达能力。王粉花等人[112]提出了一种融合双流三维卷积神经网络和注意力机制的新型动态手语识别网络，识别准确率达到了 90.76%。

8.3.3　基于生物电信号的手势识别技术

研究人员发现，人们在进行手部肌肉活动时，不同的动作产生的生物电信号具有较大的区别，而且有特定的模式，因此很早就有人提出了基于生理信号的手势识别技术。目前，常用的生理信号源基于肌肉-计算机接口(Muscle Computer Interface，MCI)。MCI 系统捕捉肌肉电信号(有时简称肌电信号)，输入计算机进行模式识别，从而进行人机交互。这是虚拟现实、增强现实等相关领域的热门研究应用[113]。基于 MCI 的手势识别技术一般使用表面肌电(surface ElectroMyoGraphy，sEMG)电极进行肌电信号的采集，然后再基于肌电信号进行手势识别。

基于 sEMG 信号的 MCI 手势识别系统，对环境具有较强的适应性，无论光照条件好坏都可以正常工作，但对穿戴的接触点有较高的要求。目前，这方面的研究还在不断完善中。加拿大 THALMIC LABS 公司推出的手势臂环 MYO，通过感知手臂上肌肉运动的肌电信号，利用模式识别的方法可识别出近 20 种手势。后续有关 sEMG 的手势识别系统，也大多使用 MYO 作为输入设备。

脸书公司的现实实验室(Facebook Reality Labs，FRL)团队在面向全球媒体的在线“AR 眼镜之路”圆桌会议上展示了一款腕带式手势识别传感器，佩戴者可以通过手腕上的电运动神经信号，以手指动作控制增强现实眼镜，如图 8-6 所示。

图 8-6 FRL 团队发布了腕带式手势识别传感器

8.3.4 基于传感手套的手势识别技术

长久以来，人们更习惯使用键盘进行复杂的控制输入，物理按键的多样性使其能够胜任几乎所有的交互操作。然而，在运动过程中携带键盘设备存在一定的麻烦。目前，有很多研究人员尝试通过手势识别的方式建立复杂键盘输入到用户输入动作的映射关系，使用户能够“隔空”打字。这种手势识别的好处是，用户无须携带键盘或控制器，利用传感手套和头戴式显示器就能直接通过手势进行界面控制，这使得交互更加自然。

脸书公司的科研人员曾提出基于光追手套的虚拟键盘方案，其特点是利用 Quest 头戴式显示器对光追手套上的标记进行识别，以替代实体键盘进行输入，从而实现在任何物体表面上模拟键盘输入，同时在虚拟现实系统中也可以看到虚拟的键盘和输入的文字。

国内对这方面的研究较少，李芬兰等人使用肤色分割的方法提取出手部区域[114]，通过检测手指的活动来识别手势，从而将各种手势组合映射为控制输入，但控制输入的复杂程度要远低于文本输入的复杂程度。季晖利用非监督学习的 K 均值聚类算法对指尖点簇进行聚类分析[115]，以得到的聚类中心代替指尖坐标，使用支持向量机分类器对用户的手势进行识别，从而模拟用户虚拟键盘的输入行为。虽然该实验结果表明完全虚拟的键盘的输入准确率低于有实物依赖的键盘的输入准确率，但其研究也为未来实现完全虚拟化的人机交互系统提供了一定的参考。

8.3.5 小结

手势交互是一种重要的自然交互方式，也是一种理想的增强现实交互手段，它能让用户更有沉浸感和参与感，力求以最符合日常生活习惯的方式与人进行交互。手势交互目前可以用在一些不特别复杂的交互场景，如浏览网页、阅读文章、翻看照片和播放音乐等。

但是，手势识别还面临一些重要的技术问题有待解决，例如手势动态识别问题、手势识别的延迟问题、特定场景手势学习的成本问题等。此外，对于操作型手势的研究目前还很少，这对于规范手势的研究具有指导意义。未来，不仅要对手势识别的输入设备进行研究，也要提高手势识别算法的性能，使手势识别系统不仅能看懂手势，还要能预测人类的意图，以便提前做出反应，理解人类的意图，从而向更智能化、更无形化方向发展。

8.4 基于眼动追踪的人机交互技术

眼动追踪技术是人机交互技术中的一个重要方面，通过眼睛的注视与现实世界进行交互也是最迅速的人机交互方式之一。人类通常会注视吸引自己的区域和内容，眼睛注视的方向可以在很大程度上直观地体现出其在现实世界中的感受与意图。眼动追踪是一项应用型科学，它通过采集人眼看不同位置时眼球的细微变化，获取注视点和眼球位置等相关信息，并通过对其分析来对人类行为和状态进行深度理解。

8.4.1 研究及应用场景

眼动追踪最简单的用途是作为光标，类似于人们使用鼠标的方式，可在屏幕上控制光标随着眼球的转动而滑动。在当前的人机交互系统中，视觉通道往往用于接收交互信息。而在人的视线中，不仅包含着所观看到的内容，还蕴含着当前使用者的注意力、心理状态和当前交互任务状况等隐藏信息。因此，如何利用眼动追踪技术将眼动信息作为交互设备的输入，并让其能够理解人的眼动行为，从而利用眼动去控制计算机或智能设备，有着极大的研究和应用价值。利用眼动交互的双向性、自然性，可以使人-人、人-机之间的交互有更高效率，使交互体验更方便快捷。

在日常活动中，人们总是倾向于先关注他们想要互动的对象，然后才开始进行下一步动作。所以，通过对用户的注视对象进行追踪，可以获取用户想要的信息，了解用户意图，还能预测用户接下来要进行的动作。Wołk 等人提出一个结合头部追踪与眼动追踪技术的医疗通信解决方案[116]，可以通过一个象形图的增强现实界面，与有语言障碍或智力障碍的患者进行交互，从而对患者的患病情况进行跟踪诊断。

眼动追踪技术是对眼睛的运动过程进行测量与追踪，其目的是确定用户眼睛所注视的位置，即“注视点”（又称“凝视点”）。准确地讲，眼动追踪技术是指使用相关仪器和设备进行图像处理，定位瞳孔位置，并通过一定的计算得到注视点，使计算机能够感知用户正在注视哪里。眼动追踪技术的难点在于精确校准，同时还要过滤掉用户不自觉的眼球运动所带来的偏差。

8.4.2 眼动追踪处理流程

目前对于人眼进行眼动追踪的技术通常分为以下两大类[117]：一类是基于非视频(non-video-based)的眼动追踪技术，此类眼动追踪技术直接使用特殊的接触式设备，贴合于用户的眼睛或者眼部周围，从而获取眼睛注视方向，但这样通常会对用户造成干扰而可能导致出现较大误差；另一类是基于视频(video-based)的眼动追踪技术，此类眼动追踪技术使用摄像头等设备拍摄用户的头部和眼睛的影像，在该过程中设备不与用户产生直接接触，然后经过图像处理及相关算法计算，得到眼睛注视的方向。因此，与基于非视频的眼动追踪技术相比，基于视频的眼动追踪技术会更精确和舒适。Putze 等人基于微软 HoloLens 增强现实头戴式显示器和德国 pupil Labs 公司的双目眼动仪，结合脑机接口技术与眼动追踪技术，提出了一套用于智能家居控制的人机交互应用[118]。

眼动追踪技术主要涉及两个过程：眼睛检测和注视估计，如图 8-7 所示。眼睛检测的目的是在拍摄到的影像中对用户眼睛进行检测和定位；而注视估计则根据检测到的眼睛位置及其移动过程来估计注视点和注视方向[119]。

图 8-7 眼动追踪处理流程

对于注视估计的研究方向可以根据不同的应用场景分为三类：二维注视估计、眼动注视追踪和三维注视估计。

8.4.3 二维注视估计

迄今为止，只有少数计算机视觉领域的工作在视线这方面做出了探索，而且之前关于视线追踪的大部分研究都对注视场景做出了一定的限制，比如规定在场景中的人们只能相互注视等[120]。近年来随着数据和技术的不断发展，人们对于视线追踪方面的研究需求慢慢增大，尤其是随着深度神经网络的兴起，在很大程度上促进了注视估计的研究进展。

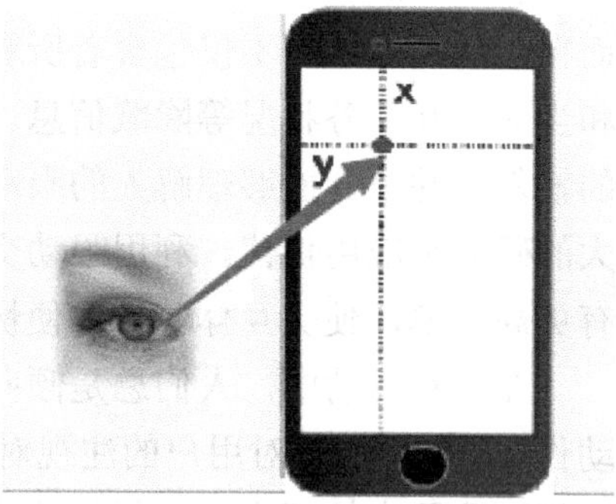

图 8-8 二维注视估计的应用示意图

二维注视估计指的是估计人的两只眼睛的视线聚焦的位置，主要用来估计人眼在某个二维平面，如手机、电脑、电视等设备的屏幕上的注视点，如图 8-8 所示。

Krafka 等人提出了针对移动设备的端到端追踪解决方案[121]，并通过训练得到用于预测注视点的深度神经网络模型 iTracker，该项研究使用的数据集来自 1400 多人，约 240 多万个样本，如图 8-9 所示。

在图 8-9 所示深度神经网络模型中，输入的图像由移动设备的前置摄像头所拍摄，共有四种输入，分别是左眼图像、右眼图像、人脸图像，以及人脸网格位置。这些输入通过四条支路分别进行处理和融合，输出得到一个预测注视点的二维坐标。该研究的实验结果表明 iTracker 能够鲁棒地预测注视，在移动设备上仅有 1～2cm 的误差。该研究成果也为后续对注视估计的研究奠定了基础。

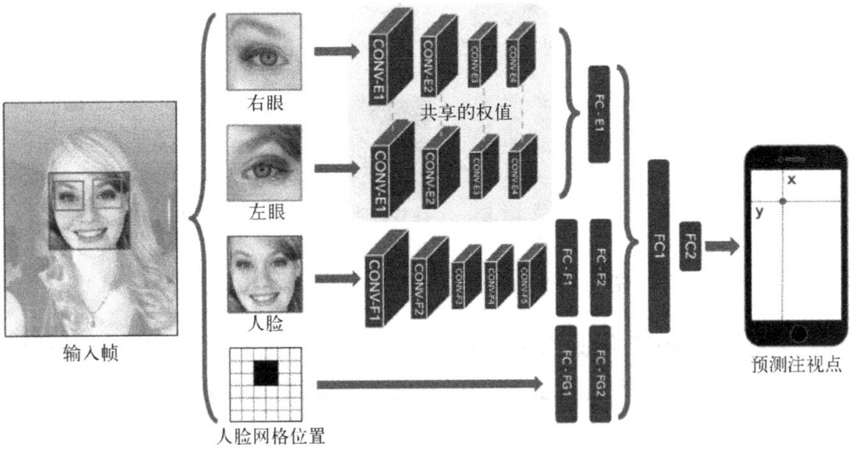

图 8-9 深度神经网络模型 iTracker 算法架构

对二维注视估计的研究通常需要依赖大量的数据集，而且很难将二维的注视模型直接推广到其他设备或者场景上。

8.4.4 眼动注视追踪

注视追踪试图推断人正在看的物体，因此又称为注视目标估计（见图 8-10）。在传统视觉注意力模型中，目标都是预测观察者在看某幅图像时的眼睛注视，而注视追踪的目标则是估计图像中的观察者正在看的某种事物。

图 8-10 注视目标估计示意图

Recasens 等人将注视目标估计问题表述为：给定一幅包含一人或多人的图像，预测出图像中每个人正在注视的目标[122]。为了解决该问题引入了一种深度架构，将头部姿势的信息与场景内容相结合，从而便于追踪图像中人的注视目标。

图 8-11 中的网络主要由两个支路组成：上部支路为显著性路径，用于对显著性进行检测，输入为原始图像，经过处理后得到一个显著性视图。下部支路为注视路径，输入的是原始图像中的头部图像和头部位置，经过处理后得到可能注视区域的视图。然后对得到的两个视图进行处理，得出图像中人物可能注视的目标。实验结果表明这个模型是鲁棒的，并易于实现。

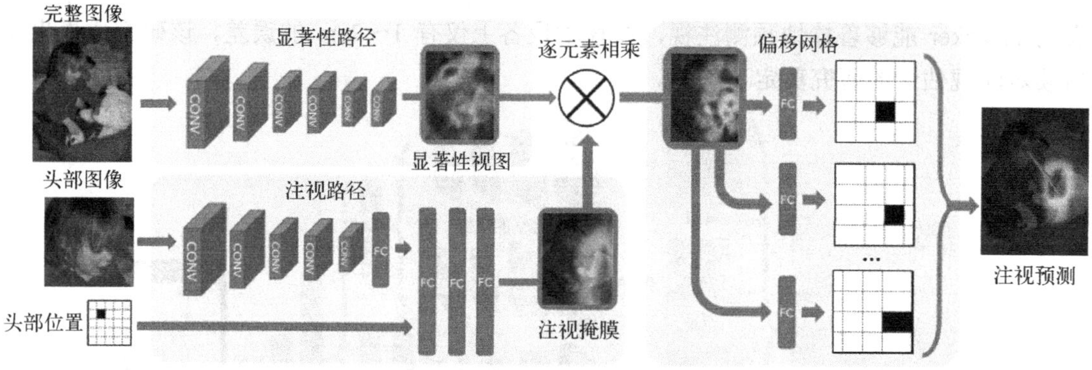

图 8-11 Recasens 等人使用的网络架构

Recasens 等人又于 2017 年提出了一种针对视频跨帧注视目标估计的新颖模型[123]，解决了之前算法模型中人与注视目标必须同时出现在一幅图像中的局限性，实现了对人与注视目标出现在视频不同帧时的注视目标估计。

现有这些注视追踪模型更倾向于预测人的头部姿势而不是注视，虽然也有研究者们尝试联合建模注视追踪和三维注视估计，但仍然没有取得较大的成果。

8.4.5 三维注视估计

相比于二维注视估计和眼动注视追踪，目前国内外对于三维注视估计的研究也比较多。三维注视估计指的是从一张眼睛图像或脸部图像中估计出人眼的空间视线方向，通常视线方向用垂直角度和水平角度进行表示。人眼注视方向通常与人脸朝向和人眼方向这两个因素有关，其中人脸朝向决定了人在注视时的全局方向，而人眼注视方向则决定了注视的局部方向，两者共同决定了人最终的视线方向。

近年来基于外形的注视估计方法越来越受到研究者们的重视。Zhang Xucong 等人[124]在 2015 年首先提出了一种结合头部姿态和眼睛特征的浅层神经网络，又在后续的工作中使用更深层的网络替换了原有网络，进一步提高了算法识别性能[125]。三维注视估计的研究工作大部分以单眼为输入，而 Cheng Yihua 提出了一种基于双眼的非对称回归方法[126]，其核心是在左右眼注视估计期间，针对“两只眼睛不对称”的现象，提出了新的回归策略，给予双眼对应图像不同的权重，从而使卷积神经网络在注视估计的应用范围进一步扩大并实用化。此外，除了基于眼部的三维注视估计，还有些研究依赖于脸部识别信息，例如，Deng 等人注意到注视向量是头部姿态和眼球运动的几何组合[127]，提出一种几何变换层来联合建立头部姿态和人眼注视方向的关系，从而估计人的注视方向。

Yu 等人提出了一项非监督注视表征学习，这也是注视表征学习的第一项工作[128]，如图 8-12 所示。他们提出了一种学习低维注视网格的方法，该方法无须对眼睛进行标记，只依赖于注视重定向网络和图像域中的损失函数。同时，他们提出了一种扭曲场正则化方法来防止过拟合和扭曲。该实验的研究结果在少镜头注视估计、网络预处理和跨数据集实验中展现出较优秀的结果，其中使用以非监督方式学习的注视表征网络被证明比使用注视数据监督训练的网络更好。

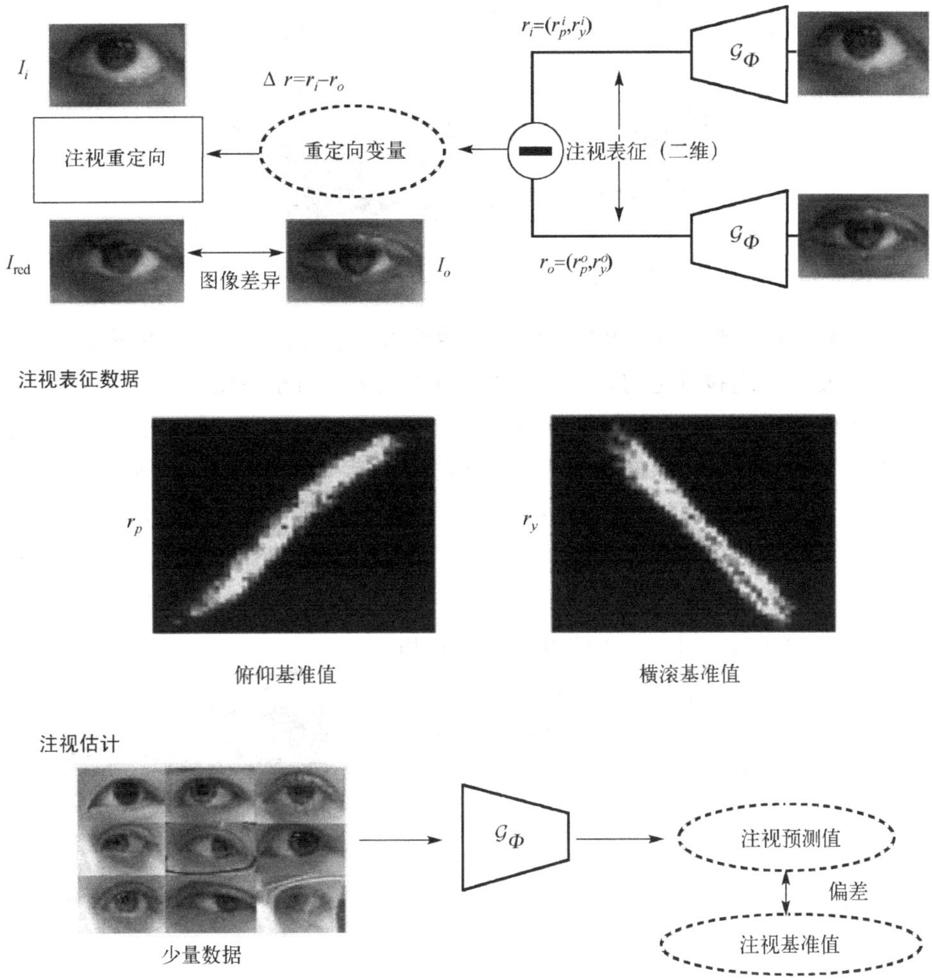

图 8-12　非监督注视表征学习

Dias 等人也提出了一种仅依靠面部关键点的相对位置来估计注视方向的方法[129]，使用 OpenPose 模型对面部特征进行提取，然后根据提取到的特征，使用回归网络来估计相应对象的注视表征。通过对比实验表明，该研究提出的方法在不依赖除关键面部特征以外的其他图像特征的情况下，得到的注视估计也十分精准。

如今，对于注视估计的研究往往都离不开深度神经网络，所以研究使用的数据集规模和偏差都会直接影响最终的实验结果，这就对数据集提出了很高的要求，然而收集和标定注视相关数据是一件既复杂又昂贵的工作，这也给注视估计的发展带来了极大的挑战。

8.4.6　典型应用分析

Senso Motoric Instruments (SMI) 是首批将眼动追踪技术应用于智能眼镜的公司之一，并于 2016 年为增强现实眼镜提供了首个眼动追踪集成案例。在爱普生公司的 Moverio BT-200 透视型头戴式显示器中集成了 SMI 公司的移动眼动追踪平台，如图 8-13 所示。

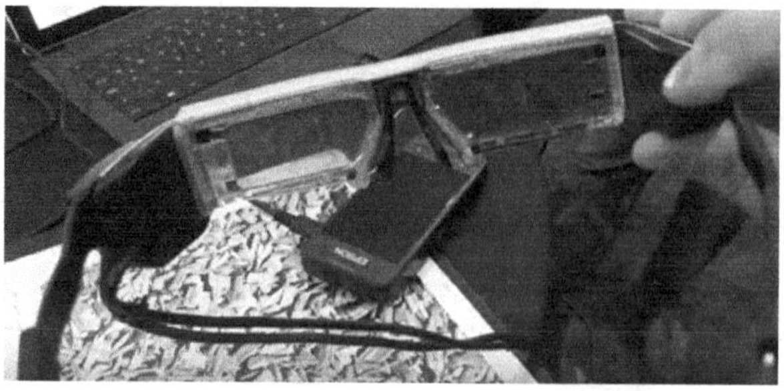

图 8-13 集成了移动眼动追踪平台的 Moverio BT-200 透视型头戴式显示器

2015 年以来，由于智能手机市场的爆炸式增长和摩尔定律的存在，传感器尺寸、功耗和成本都有所降低，制造技术也得以改善。由于这种发展，将小型化、不引人注意的光学传感器装入镜框或头盔的方案变得切实可行。Eyefluence，SensoMotoric Instruments 和 SteelSeries 等公司都开发了可以嵌入头戴式设备的眼动追踪技术。Eyefluence 开创了一种全新的概念和技术，其能够让眼镜与用户想要完成的任务自然地结合在一起，而用户无须做分散注意力的动作(如眨眼或者凝视)。图 8-14 给出了 Eyefluence 公司增强现实眼镜的示意图。

移动技术的发展使眼动追踪从桌面端的研究和应用转移到移动端。将眼动追踪用于增强现实头戴式显示器的交互中，可以弥补手势识别和语音识别的不足。眼动追踪技术在不断提高准确率和帧率的同时，还能降低侵入性和减少数据传输所需的带宽，从而优化设备的穿戴体验和交互体验。微软公司在 2016 年推出的 HoloLens 已经支持了语音交互和手势识别，同年德国的 Pupil Labs 公司开发了可装置在 HoloLens 上的眼动追踪相机。2018 年，Magic Leap 公司发布的增强现实头戴式显示器在眼镜内侧配置了眼动追踪摄像头，但可惜的是交互方式仍以手势操作和手柄控制为主。

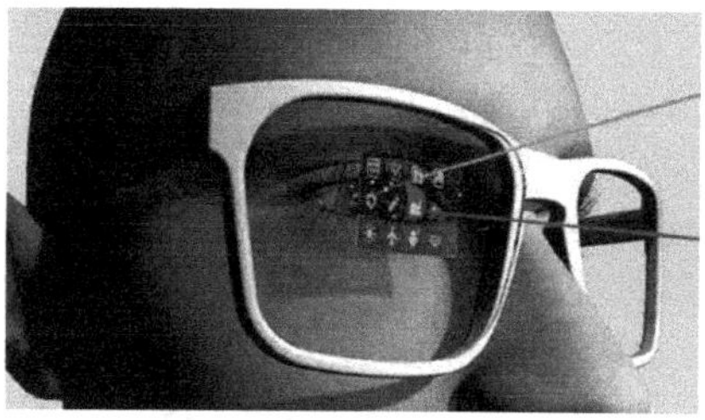

图 8-14 Eyefluence 公司的眼动追踪增强现实眼镜

虽然关于眼动交互的研究较为丰富，并且出现了一定量的商业化产品，但眼动追踪技术目前仍然存在以下一些问题。

(1) 精度较低。一般情况下，通过眼动测量、瞳孔定位和注视估计，就能将眼动信息作为输入来进行人机交互，但人机交互需要较高的精度，这几个步骤中的任何一个所产生的误差都可能导致交互效果不理想。眼动测量和瞳孔定位技术目前较为成熟，制约精度提升的主要问题集中在注视估计。注视估计方法可以分为基于几何模型的方法和基于外观的方法，前者虽然精度较高，但需要复杂的标定过程，用户体验较差；后者虽然可以通过大样本训练避免了标定过程，但精度受到训练数据的限制，无法进行高精度的交互。

(2) 迁移性差。由于眼睛的光轴和视轴因人而异，目前的眼动追踪系统在面对新用户时迁移性不好。传统的基于几何模型的方法甚至在同一用户多次使用时也需要重新标定，而基于外观的方法虽然在训练数据足够多的情况下可以有较好的迁移性，但由于目前缺乏大规模数据而导致无法训练一个迁移性高的映射模型。

(3) 对使用者限制较多。由于眼部交互的标定难度较大，对头戴式眼动交互装置的佩戴位置要求较高。在实际的使用过程中，需要佩戴者保持头部的稳定，避免跑、跳等较大的肢体动作，这些都限制了眼动交互技术在复杂环境下的发展。

综上所述，眼动交互技术在精度、迁移性、复杂使用环境的适应性、交互范式的优化设计等方面都有很大的提升空间。

8.4.7　小结

眼动追踪在人机交互中的应用虽然不多，但潜力很大，前景非常广阔，在生物、医疗、心理等很多现实领域都有着巨大的发展空间。随着各类电子器件的不断微型化，眼动追踪技术凭借其在目标选择、坐标输入、信息输入等最直接的交互任务方面的优势，逐渐成为研发人员的核心关注点。现阶段可穿戴式眼动追踪、眼动信息输入技术的发展趋势主要朝便捷式、高精度、高迁移性的方向发展，以便应对更丰富的用户需求。

理想眼动交互需满足以下几点要求。

(1) 高精确度。确保用户能够精准地进行眼动交互。

(2) 非侵入式。不能对用户产生损害。

(3) 无须烦琐的标定过程。可实现系统即插即用。

(4) 广泛兼容性。对不同的用户都有精确的结果。

(5) 实时性。实时的眼动追踪才能用于眼动交互。

眼动追踪技术的发展越来越迅速，其应用的领域也越来越广，相应的眼动追踪设备也在不断地优化和完善。将眼动追踪技术与当下炙手可热的脑机接口技术相结合，可以实现用户和增强现实系统的快速交互，这将为全人类的生活提供巨大的便利，甚至可以改变人们的生活方式。因此，对于眼动追踪技术的研究对人类未来发展有着十分重要的意义。

8.5　基于触觉反馈的人机交互技术

8.5.1　研究及应用场景

触觉(Haptic)也是人的重要感官通道，一般指人触碰到物体时的感觉。人所获得的感觉，根据性质不同可分为两类：触感(Tactile Sensation)和力觉(Force Sensation)。其中，触感是人体通过皮肤表层对热度、压力、表面振动、物体滑动，以及物体表面的纹理和粗糙程度等特性的感知；而力觉指的是人的肌腱感受器接收到的运动和受力信息，包括对位置、速度等特性的感知。

触觉反馈是指在人机交互过程中，智能体对用户的输入做出响应，并通过触觉反馈设备作用于用户的过程。带有触觉反馈的系统一般由用户、触觉反馈设备和虚拟系统三部分组成。触觉反馈设备的主要功能是利用传感器测量用户的运动和位置，将数据实时、准确地输入智能体，并将虚拟系统中生成的触感作用于用户，使用户产生真实的沉浸感。虚拟系统接收由传感器输入的数据，再根据一定的碰撞算法和触觉生成算法，计算出三维图像和触觉反馈设备的控制信号，然后再将图像和信号分别传输给显示设备和触觉反馈设备。

8.5.2 基于引脚阵列的触觉反馈技术

由于越来越多的场景需要利用触觉来传递、表达信息，并且特殊群体也对触觉感知有需求，因此触觉已成为接收和传递信息的研究对象。如今，已有许多研究机构着手研究人体触觉感知的特性，并且开发了许多触觉显示装置。

基于引脚阵列的触觉反馈技术使用密集的皮肤接触器，对皮肤施加压力，以显示触觉信息。这种引脚阵列设备可以通过电磁体、压电晶体、形状记忆合金和气动系统来驱动，还可以用于向用户提供盲点图案和虚拟表面纹理等。虽然这样的设备能够非常有效地通过空间采样方法近似地传递触觉信息，但因为它们通常需要一个非常大的独立驱动系统，一般情况下不可移动，不可穿戴。Komurasaki 等人提出了一种集成触觉显示方法[130]，利用电振动和电刺激的原理，可以同时提供摩擦、压力和振动反馈。

8.5.3 基于力向量的触觉反馈技术

基于力向量的触觉反馈技术是指利用某些触觉装置在用户手指上的一个或多个接触点上施加多自由度的力向量，进而向用户呈现触觉反馈。Minamizawa 等人提出了一种可穿戴设备[131]，由两个电机和一个与用户手指接触的活动带组成，两个电机能够产生正应力和剪切应力。使指垫变形，从而模拟虚拟物体的重压感。Pacchierotti 等人提出的 hRing 是另一种基于文献[131]的 2 自由度皮肤触觉装置[132]，可以向食指近端指骨提供正向和切向刺激。Prattichizzo 等人开发了一种微型装置[133]，通过一个由电缆和微型电机驱动的刚性平台将 3 自由度的力施加到指板上。Solazzi 等人设计了一个便携式的快速响应界面[134]，可以向用户显示接触信息和方位信息，并且能够同时提供虚拟表面的定位和宽频带的触觉刺激[135]。Singh 等人制作了一种基于铁磁流体的触觉装置[136]，该装置可以同时传输方向和纹理信息。虽然该设备的设计目标是可穿戴，但整体结构不够紧凑，不能佩戴在两个以上的手指上，会阻碍用户的自然工作空间。

8.5.4 基于振动的触觉反馈技术

到目前为止，基于振动的触觉反馈技术由于其紧凑、轻便、可穿戴和便携性等优点，应用场景已经超过了其他任何形式的触觉反馈。音圈电机和压电材料是一些常见的致动器，用于产生无方向反馈，比如用来激发振动模式，已广泛应用于可穿戴设备、增强现实或视频游戏交互。这类设备还可以通过可穿戴方式集成到腰带、背心或腕带[137]上，以传递方向信号，甚至可用于传递情绪[138]。

此外，一些研究人员也使用其他驱动技术来产生振动触觉反馈，例如采取形状记忆合金[139]或电活性聚合物[140,141]等材料产生振动及触觉反馈。

8.5.5 其他触觉反馈相关技术

Fani 等人提出了可穿戴织物柔性显示装置[142]，可传递柔性触觉信息，以用于被动或主动的触觉感知。在超声应用领域，有研究表明，通过二维相控超声阵列控制声场的体积分布，可以在半空中绘制出体积触觉形状。其缺点是工作空间有限，由于超声阵列必须在设备的体积内创建三维形状，因此不可穿戴。在可穿戴性的研究方面，Spelmezan 等人的研究表明[143]，通过在手背上放置一个超声波发射器阵列并定时生成脉冲，可以在手掌上产生触觉。然而，目前的超声波发射器还不够小，不足以让这种技术实现可穿戴。

8.5.6　基于可穿戴织物的增强现实触觉设备

虽然上述大多数可穿戴触觉设备已经在虚拟现实系统中进行了评估和测试，但真正的可穿戴触觉设备在增强现实中的应用仍处于早期阶段。这主要是因为许多可穿戴设备都是为指尖设计的，当用户需要与真实物体进行互动时，可穿戴设备往往会对其造成妨碍。因此，迄今为止，在增强现实中真正能用的触觉反馈系统非常少。本节介绍一个在增强现实系统中使用触觉反馈的例子。

柔软度是与物体接触时的基本属性之一，也是在与物体表面初始接触时最容易获取的属性。在需要远程操作的应用中，有必要开发有效的触觉软性显示。Simone Fani 等人[142]提出一种可穿戴设备 W-FYD（Wearable-Fabric Yielding Display），首次将可控制的柔软度信息传递到用户的手指垫，允许主动和被动的触觉探索，向用户传递切向滑动刺激，通过控制弹性织物的拉伸状态，以再现不同的刚度水平，如图 8-15 所示。利用该设备的可穿戴性和织物的可变形性，可以使用 W-FYD 来叠加触觉信息，而不影响与外部物品直接接触时所产生的触觉。这些特征可以很好地丰富增强现实的触觉体验，为人机交互的新范式奠定技术基础，即触觉增强现实。

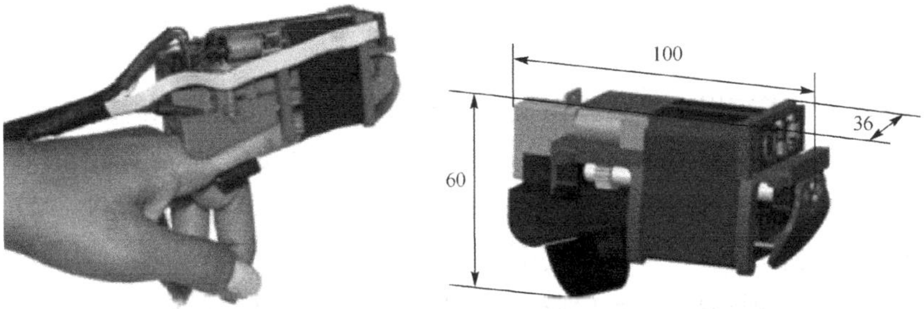

(a) 用户佩戴的W-FYD　　(b) CAD设计图例(单位 mm)

图 8-15　W-FYD 原型

该设备可放置在用户的手指上，用一个弹性夹子固定，以避免转动并保持稳定性。W-FYD 主要由两部分组成：第一部分是固定的底座，其中包含提升机构；另一部分是框架，其中包含两个直流电机，分别独立控制附着在弹性织物上的两个滚轮，从而改变弹性织物的刚度。

该设备可以获得两种不同交互模式：一种是被动模式，用户接受由提升机构将织物压在手指垫上产生的机械刺激；另一种是主动模式，手指主动探测交互表面的柔软度。在被动模式下，手指是静止的，提升机构将织物与手指垫接触，从而只向皮肤传递触觉信号。在主动模式下，该设备被固定在手指背面，因此用户唯一能做的运动就是屈曲远端节指骨以使织物拉伸变形。W-FYD 的原理是，由于织物的拉伸与提升机构是分开的，因此织物的刚度可以独立改变，并且在被动模式下能与施加在用户手指上的力解耦。

最后，由于两个独立控制的直流电机的存在，W-FYD 被赋予了额外的平移自由度，可以诱导用户的指尖产生滑动的感觉。在这种情况下，用户戴上这个设备，直流电机同步移动，布料就会对着用户的手指左右滑动(而手指是静止的)。

W-FYD 结构利用了织物的耐磨性和可变形性，可以应用在人机交互的许多领域，如外科训练。外科医生强烈依赖触觉和动觉反馈来区分人体组织结构。因此，在医疗应用中使用触觉设备已经势在必行。在触觉增强现实的范例中，W-FYD 能够传递多种线索，使用织物作为交互表面，可使用户在真实物体上获得叠加的触觉效果。

8.5.7 小结

触觉交互技术作为增强现实系统的重要组成部分日益受到重视，对其的研究也得以不断深入。通过对众多用户的调查表明，在增强现实系统中获取快速、准确的触觉反馈，能够大大提升用户所获得的沉浸式体验。

在一些需要远程精确作业的领域，触觉反馈能够明显提升操作的精确性。这项技术已应用于包括计算机辅助设计与制造业、虚拟装配、遥操作、医疗、娱乐、教育等众多领域。

8.6 多模态交互融合案例分析

多模态交互的研究致力于将更多的元素融入人机交互中，通过设计新型输入设备和交互方式，给用户带来更直观、高效、丰富的交互体验。

8.6.1 研究及应用场景

在目前的增强现实应用中，多模态交互主要包括视觉、语音和传感器感知这三种交互方式的融合，其中视觉交互包括自然物体识别、肢体动作(如手势)识别、人脸识别等；语音交互包括语义理解、语音指令控制、自然语言理解等；传感器感知交互包括触觉感知、热量感知、空间信号阅读与理解等。其中，传感器感知在人的行为检测方面准确率更高，且检测方式更容易，一般需要结合其他相关模态使用。而手势识别和语音交互也是常见的研究领域，具有很强的结构性，在多模态交互中一般作为主要交互方式。多模态交互的目标是能支持自然的用户选择，而难点在于这种交互方式需要维持不同模态间的一致性[144]。

近年来，多模态交互已成为非常热门的研究领域。目前，大多数模态融合方法都基于多模态集成策略或融合模型，早期的融合方法主要基于数据层和特征层。数据层的融合指的是在所有多模态信息融合后提取一个特征向量，进而将未经预处理的数据进行集中分析[145]。特征层的融合指的是从每一种模态中提取相应的特征表示，然后在特征层进行融合，再综合分析和处理提取的各模态特征，从而缓解各模态中原始数据间的差异和难融合性[146]。最新的融合方法是基于决策层的[146]，决策层的融合是将各个模态分别用深度学习模型进行训练处理后，再将得到的输出结果进行融合，融合过程与特征无关，进而不同模态数据之间的处理互不相关、互不影响[145]。目前的多模态交互手段主要有：视觉(唇语)+语音、手势+语音、眼动+语音，以及眼动+手势等，但很少有针对三种及更多交互方式的融合方法研究[147]，而且基于脑电信号的脑机接口也慢慢开始与感官进行结合，以提高感官交互的准确率。

8.6.2 基于视觉和语音的双模态交互

在多模态融合中，语音输入是最主要和最直接的交互方式，在视觉和语音(常简称为视听语音)交互方面，虽然 20 多年来，音频识别技术研究已取得重大进展。在大词汇量连续语音识别任务中，虽然视觉特征提供了非常弱的信息，但相对于单模态语音识别，视听语音融合模型提高了对低质量音频数据的识别能力[148]。

目前，视听语音交互系统中的多模态学习方法可分为两类：第一类是基于隐马尔可夫模型的建模方法，第二类是基于深度学习的方法。2009 年，Ngiam 等人采用多模态深度学习方法，将视频和语音进行特征层融合，取得了较好的效果，但其主要缺点是不能处理不同质量的语音数据[149]。现有视听语音交互系统的另一个重要问题是，在测试时对听觉和视觉模态有相关性的要求。2018 年，Su Rongfeng 等人提出了一种基于视觉特征生成的双模态卷积神经网络框架[150]，使用长-短期记忆循环神经网络从听觉模态生成视觉模态，该模型具有捕捉听觉和视觉模态长期时间相关性的能力，达到了听觉和视觉模态的双重要求。

2018 年，Sterpu 等人提出了一种视听融合策略进行语音识别[151]，它使用了一种注意力机制来自动学习听觉和视觉模态之间的对齐，从而超越了简单的特征连接，增强了语言的表征，在无噪声或有噪声条件下都可提高模型的识别精度。Petridis 等人[152]提出了基于残差网络和双向阈值循环单元的端到端视听融合系统，可以同时学习直接从像素和音频波形提取到的特征，但该系统只能识别孤立的单词。之后， Petridis 等人[152]又提出了联合注意力混合架构的视听语音识别系统。结果表明，视听模型明显优于单一的音频模型，且对噪声具有鲁棒性。Afouras 等人考虑了 TM-CTC 和 TMseq2seq 两种可将语音的音频和视频序列转录成字符的模型[153]。结果表明，唇读在很大程度上可以提升音频识别的精确性，特别是在有噪声的情况下。

8.6.3 基于手势和语音的双模态交互

手势和语音作为非常适合在增强现实显示器中使用的输入手段，具有良好的发展前景，这两种模式都可以用标准的传感器进行跟踪。当使用增强现实显示器，特别是作为可穿戴设备使用时，人们希望携带尽可能少的额外部件。手势和语音作为单通道和多通道输入都有优势。语音非常适合抽象任务，例如，针对多个目标的操作或从一组设备中选择某个设备；而手势则非常适合直接操作。因此，这些模态的组合可以提供比单独使用任何一种模态都更丰富的交互环境。

在双模态交互方面，手势和语音的融合是非常直观的常用多通道交互方式。2013 年，Wu Jiaxiang 等人[154]提出了一种应用于连续手语识别的多模态手势识别框架，使用隐马尔可夫模型和动态时间归整模型分别构造了基于音频特征和骨架特征的分类器，两个分类器生成置信度得分之后，将得分进行归一化，然后将它们组合在一起生成最终的识别结果。2015 年，Cheng Cheng 等人对用户意图进行了分析和抽取[155]，建立了多通道用户意图理解算法，并分析了不同通道对语音识别的影响，以语音交互为主，与其他通道处理结果进行互补、融合，然后根据多通道信息识别结果进行语义解析。2017 年，Michaelis 等人设计了一套称为儿童家庭学习伴侣的机器人交互系统[156]，根据儿童的不同兴趣，设置了 8 个不同的特征，系统可以在 8 个状态之间进行转换，从而确保了交互的连贯性。2020 年，李健等人构建了一种基于手势和语音融合的人机协同交互模式[157]，结合虚拟实验情境，以交互语义构建、交互意图推理和交互模型协同为切入点，系统地构建了基于手势和语音融合的自然交互算法，摆脱了现有基于深度学习的多模态融合算法对数据的依赖。

Aftab 等人设计了一种融合方法[158]，该方法充分利用识别的手势(特别是手指指向)、眼动和头部姿态来识别参考对象，同时使用来自语音的语义为驾驶员提供自然的交互环境，将从语音中提取的特征与融合算法结合，以确定驾驶员的最终意图；这种方法利用了基于人工神经网络的智能技术，能够解决多个相互依赖输入模态的时间依赖性。如图 8-16 所示，实验装置由安装在车辆内部的两个摄像系统组成：驾驶员摄像系统和手势识别系统。驾驶员摄像系统放置在方向盘区域，使驾驶员面部的遮挡最小；使用带有红外传感器的主动照明系统进行眼动追踪和头部姿态估计。手势识别系统安装在汽车顶棚内侧，从上往下可以看到司机的手和手臂，使用的是 ToF 相机，手势识别系统的结果是一个从指尖到手指和手掌连接关节的向量。

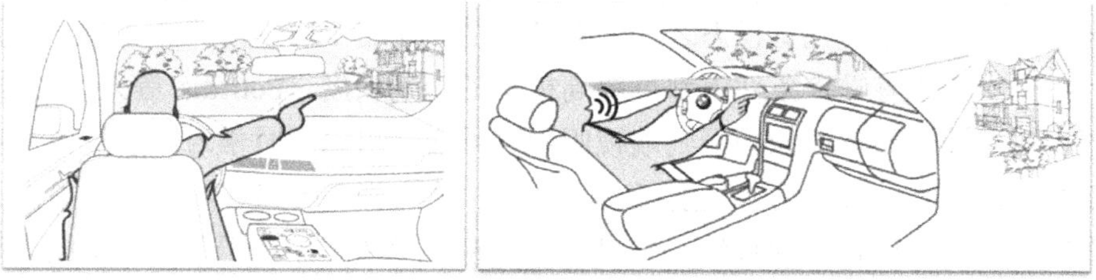

图 8-16　结合手势、眼动、头部姿态及语音的驾驶环境

Williams 等人[159]研究比较了用户在增强现实中使用多模态(手势和语音)和单模态交互方式来操纵虚拟对象的问题。测试的形式是手势和语音相结合、仅使用手势或仅使用语音(见图 8-17)。这项研究有 24 名参与者。涉及的操作包括：平移、旋转和缩放这些常规操作，以及选择、创建或销毁等抽象操作，还提供了一组标准交互手势。研究结果包括所做手势的类型、手势和语音同步的时间间隔(130ms)、模态感知的工作负荷，以及生成的设计指南。

图 8-17　手势和语音交互

Williams 等人提供了对手势和语音组合块(即多模态交互)的三种分析。第一，该块的手势部分被隔离，以便与单独的手势块进行比较。第二，该块的语音部分被分离出来，以便与单独的语音块进行比较。第三，分析来自该块的手势和语音。这种分离可以对数据进行更彻底的检查，并与其他模态进行更好的比较。图 8-18 给出了上述研究推荐使用的各种规范手势。

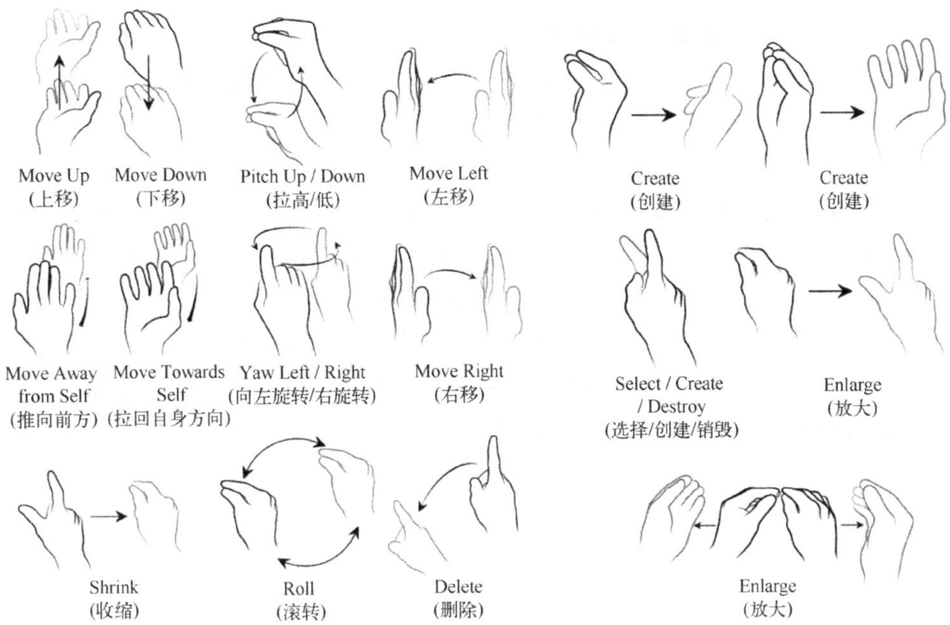

图 8-18 Williams 等人的研究中推荐使用的各种规范手势

陈龙等人[160]提出了一种基于增强现实技术的防空兵指挥控制系统框架。该系统以微软 HoloLens 增强现实眼镜为载体，实现战场态势信息的全息显示，可以帮助指挥官高效地感知和控制战场态势，缩短其决策时间。指挥官可以通过手势和语音与该系统高效交互，通过手势交互模拟部署作战力量，还可以向武器系统发送指令。同时，该系统还支持多人协同指挥，实现了指挥员之间的信息共享和联合决策。该系统对提高作战效率和可靠性具有重要意义，同时为作战规划、推演、仿真和验证评估提供了一个开放的平台。

该系统架构如图 8-19 所示，允许用户利用手势和语音进行多模态交互，甚至能够支持多个用户同时在线协同操作。该系统由数据库、服务器/客户端组成。数据库用于存储构建虚拟仿真场景所需的数据，其中包括场景数据、武器三维模型、三维地形和各种模型控制脚本等。服务器/客户端模式支持多个用户之间实时交互，为用户之间的通信提供条件。

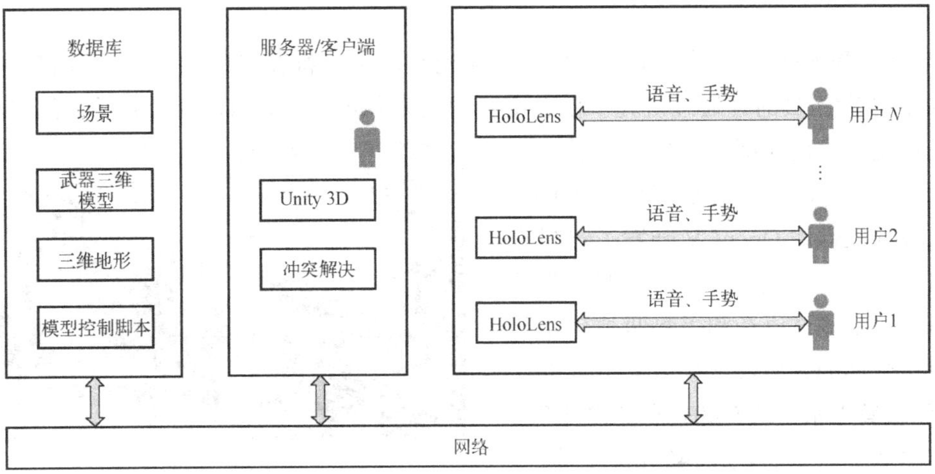

图 8-19 系统应用部署架构

由于虚拟现实技术、增强现实技术和实时交互技术的结合，该系统可以帮助指挥人员高效地了解战场信息。比如，敌军力量部署、我军武器性能、战场三维态势等，从而减少指挥人员认知负荷，更好地进行指挥控制。

田怀谷等人[161]提出的人机交互模型，在用户发出语音命令后通过微软语音软件开发工具包获取命令并转换为文本，然后用最大熵模型对文本进行处理，从而让机器人理解用户意图。与此同时，机器人会判断人在用手势指示的同时是否输入语音，如果语音中包含了某些手势指令，那么用户手势动作就会被手部追踪控制器捕获并处理(利用迭代卡尔曼滤波估计)，处理后的数据将被视为用户意图的组成部分。当然，如果语音是一组完整的指令，则直接通过语音指令单独控制机器人；否则就将手势和语音相结合，为机器人控制提供更加完善的组合指令。整个处理流程如图 8-20 所示。

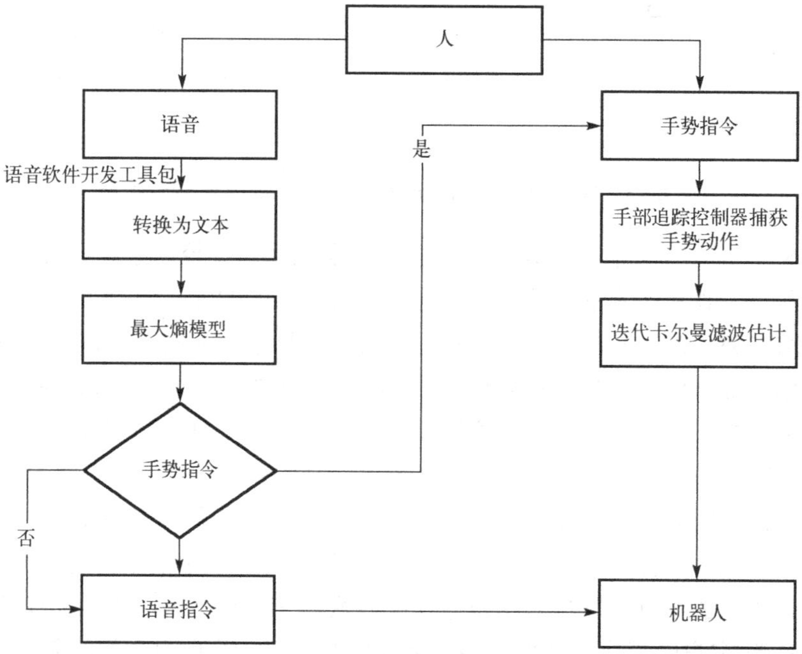

图 8-20　人机交互模型及处理流程

Abioye 等人研究了不同噪声水平和不同光照水平对特技飞行人员的语音和手势控制命令的影响[162]。目的是通过研究单模态交互的约束和可行性，确定语音和手势的多模态组合在人机交互中的实际适用性。为了确定这一点，使用 Sphinx 语音识别系统和开源计算机视觉软件库 OpenCV 开发了定制的多模态语音和手势交互界面。他们招募了 37 名参与者，测试语音和手势两种交互方式中单个个体的效应，实验场景如图 8-21 所示。环境噪声水平从 55dB 到 85dB 不等，环境照明水平从 10lux 到 1400lux 不等。

图 8-21　实验场景

实验结果表明，语音识别的准确度/成功率随着噪声水平的上升而下降，75dB 的噪声水平是飞行器的应用极限，因为此时语音交互变得非常不可靠、识别能力差。结论是，多词语音命令比单词语音命令更可靠和有效，并且某些语音命令比其他语音命令更抗噪声。在更高的噪声水平下，合理地选择语音命令甚至能够帮助提高语音识别的鲁棒性和准确性。从手势识别实验的结果来看，照明条件和环境背景对手势识别质量的影响几乎是微不足道的，不到 0.5%。这意味着，在开发成功的手势识别系统时，其他因素，如手势捕获系统的设计和技术(摄像头和计算机硬件)、捕获的手势类型(上身、全身、手或手指)及图像处理技术(手势分类算法)更为重要。

Kucherenko[163]等人提出了一种能够生成与语音音频及其语义相关联的连续手势数据驱动自回归模型，如图 8-22 所示。基于深度学习的模型将语音音频和语义描述作为输入，并将生成的一系列关节角度旋转手势作为输出。由此产生的手势可以应用于虚拟代理和人形机器人。研究表明：(1)同时使用语音和文本两种形式可以改进连续手势生成模型；(2)自回归连接虽然在手势生成模型中并不常见，但能增强手势的连续性，避免出现梯度剧烈变化的问题，并且需要学习的参数很少。

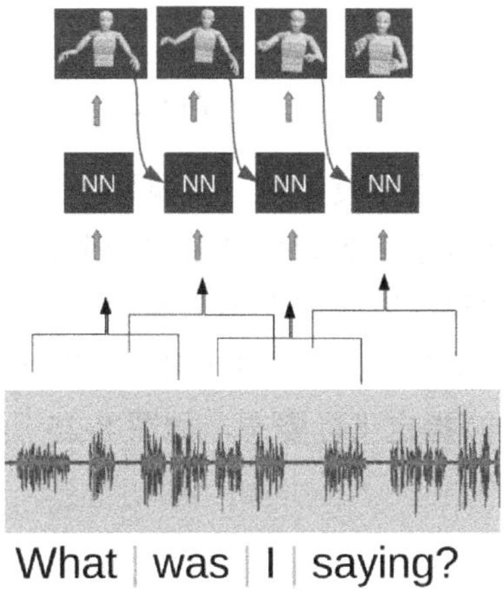

图 8-22　自回归模型

Martinez 等人[164]探讨了纯语音和纯手势单模态交互技术的应用和局限性，还研究了与多模态界面开发相关的概念和问题，最后给出了概念框架。该框架在语义层融合输入信号，这种方法类似于多代理系统，其中模型提供局部语义。在进入融合模块之前，它们被转换成具有语义数据、置信度和时间戳的统一特征表示。随后，对每个模型可靠性进行评估，并对其局部语义赋予适当权重，基于每个置信度和权重，将两种表示进行融合。研究表明，语音和手势的结合比单独的语音或手势更有效和自然。

为了在建筑空间设计时通过自然交互手段进行修改，Sheldon 等人[165]提出了一种新的方法，通过将语音和手势交互技术融入增强现实应用中，实现了可视化设计和编辑。通过增强现实设备，允许用户使用语音和手势来操控虚拟的三维模型，将其放置在合适的位置上，并讨论和评估这种设计的合理性。系统工作流程如图 8-23 所示。

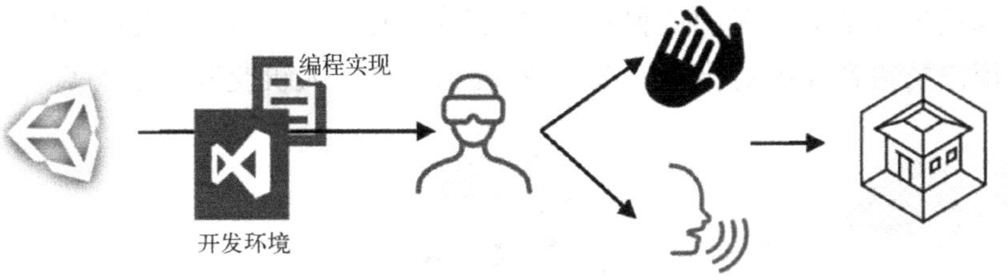

图 8-23　系统工作流程图

灵活控制无人飞行器具有极高的挑战性，操作员往往需要进行密集的训练，并且使用传统输入装置远程控制，操作流程比较复杂，非视距操作更加困难。Herrmann 等人[166]提出了基于增强现实眼镜进行遥操作的概念，利用 Thalmic 的 MYO 手势控制腕带和微软 HoloLens 头戴式显示器，在不低头操作手柄及触屏的情况下，通过手势操控无人机，如图 8-24 所示。

图 8-24 参与者配戴 HoloLens 和 MYO 进行无人机驾驶训练

上述设备用于实现增强现实界面，并提供触觉反馈、手势识别和语音识别的功能。设计基于手势识别界面的一个关键标准是高可用性。为了实现这一标准，优先考虑了直觉性、短执行时间和人体工程学等方面。在之前的工作中，作者定义了一个用于无人机遥操作的手势集，该手势集基于前臂模仿无人机姿态模型。例如，利用肘关节变化(内旋、外旋和屈伸)指定飞行姿态，如图 8-25 所示。

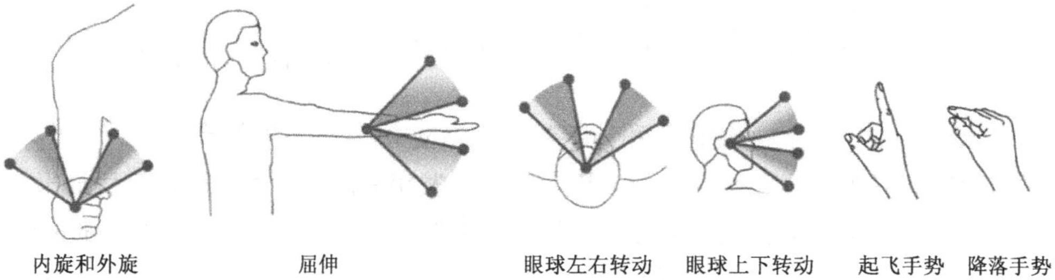

图 8-25 一组手势命令

Du Guanglong 等人[167]提出了一种新的遥操作方法，允许用户用手和语音引导机械臂。该方法将远程真实机械臂对应的虚拟机械臂投射到本地环境中，形成三维操作界面。在这种情况下，用户可以用手直接与虚拟对象进行交互。此外，由于 Leap Motion 安装在增强现实眼镜上，操作空间大大扩展。因此，在这种移动状态下，用户可以从任意角度无死角地观察虚拟机械臂，增强了用户的沉浸感。为了提高测量精度，采用无迹卡尔曼滤波器和改进的粒子滤波器分别估计手的位置和方向。此外，还采用词频-逆文档频率方法和最大熵模型来识别用户的语音和手势指令。图 8-26 展示了这种人机交互方法的直观操控过程。

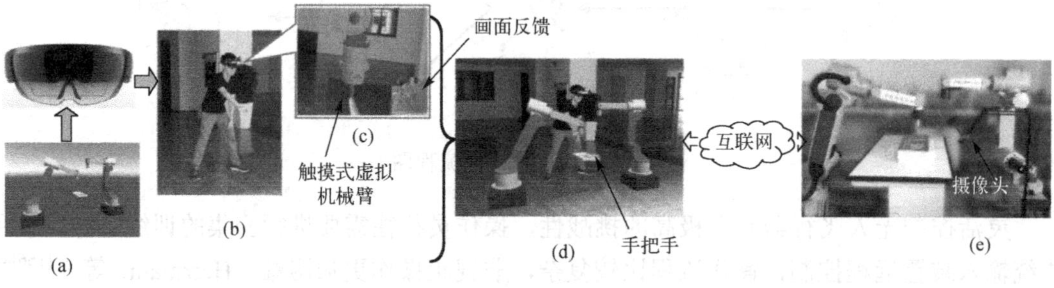

图 8-26 移动状态下的人机交互方法

8.6.4 基于语音、触摸、移动的多模态交互技术

随着移动设备特别是智能手机的广泛应用，智能设备配备了各种传感器，如加速计、指南针、摄像头，以及距离传感器等。在移动交互的背景下，多模态交互会包含更多的隐性信息，这些信息可以从多个传感器收集而来。然而，使用多模态交互可能也会面临一些问题，如用户需要花时间学习如何使用模态界面。使用多模态交互还会增加脑力负荷，用户必须注意选择合适的界面类型来完成给定的任务。特别是在移动设备中，单模态交互模式可能会受到限制(例如小屏幕问题)。

Abidin[168]提出了一个在基于位置的增强现实中设计自适应多模态界面的研究框架。该框架由增强现实模块、多模态界面和自适应界面模块组成，能够基于三种交互情境(用户输入、环境变化和设备变化)的自适应界面来感知输入模式，为指导基于位置的增强现实应用的自适应多模态界面的开发提供了基础。Abidin 提出的增强现实多模态自适应交互框架为多模态交互技术的研究发展起到了一定的引导作用，但遗憾的是，文中并未给出实例程序和演示实验对提出的框架进行佐证。

Rothrock 等人[169]定义了一个自适应界面，即通过监控用户状态、系统任务和当前情况，使其显示可用操作来适应用户的当前目标和能力。自适应界面包括显示什么信息、如何与信息交互及如何显示信息等。对于移动自适应界面，设备根据交互上下文变化(如用户、环境和设备本身)调整其行为。配备在移动设备上的许多传感器，可以提供适合于系统的输入信息，例如用户的当前位置、环境因素(天气、温度、环境光)、运动步数、视频、图片、声音等。这些研究表明，多模态交互可以利用多种输入方式增强人机交互的适应性。

8.6.5 基于语音与触控的多模态交互技术

众所周知，语音控制是人机交互中快速且高效的交互技术。伴随着配备触摸屏的智能设备的普及(如智能手机、平板电脑)，触屏控制已成为现今智能设备中较为通用的人机交互技术，有学者将这两种技术结合起来应用在增强现实中，取得了不错的效果。在文献[170]中，作者提出了一个在移动设备中包含语音和触摸控制的交互式系统来操作室内的仿三维 CAD 模型。为了克服移动平台在感官和计算方面的局限性，利用用户对场景的高级知识来辅助重建和建模。建模过程分为两个阶段：①用户获取房间三维形状和尺寸；②用户使用语音命令和增强现实手绘图界面插入感兴趣的对象，如家具、艺术品、门和窗户。通过识别手绘图，在场景中的适当位置添加相应的三维模型。这项工作的主要贡献是设计了一个多模态用户界面，从而能够有效捕获用户对场景的语义理解，还设计了一个能处理输入数据并重建场景的底层算法。

该系统运行在 iPad 平板电脑上，用户首先从房间中心捕捉连续的平移视频，通过 360° 旋转 iPad 感知整个房间。当摄像头扫过墙边时，用户可以用简单的点击手势来指示角落的位置。如果用户移动太快或偏离理想的移动路径，界面就会提示用户。当完整的旋转完成后，系统将在 5s 之内计算出房间的几何形状，并向用户呈现增强现实家具放置界面。该界面包括现场视图，以及重建后的房间模型(即当前视图的三维几何形状)。用户可以使用语音与增强现实系统进行交互，如大声说出他们正在关注的家具类型，比如 Table，系统

会继续跟踪视图中放置的桌子轮廓。很快，一个三维桌子模型就会被检索到，并放置在房间的适当位置。这个工作流程可被重复用于各种家具、艺术品、门、窗户等，直到所有感兴趣的对象都被建模和放置。用户还可以使用额外的交互指令，如使用 Add 声音命令为场景添加细节。家具摆放完成后，用户可以通过空中视图直观地看到自己的房间，重新排列家具，并即时预览结果。虚拟家具的操作效果和摆放效果如图 8-27 所示。

图 8-27 在房间中摆放虚拟家具模型的效果

通过图 8-27 可以看出，基于增强现实技术，将触屏控制交互与语音识别控制交互应用于传统的室内设计三维建模领域，通过将现实环境中的物体抽象为二维模型，再重构为三维模型，最后映射到真实环境中，通过触屏控制与语音命令与增强现实中的模型进行交互，可以提高模型设计软件的体验，大大提高用户进行室内设计的效率。

8.6.6 基于人脸识别与触控的多模态交互技术

随着技术的发展，移动终端具备了许多优势：较强计算能力、高质量彩色显示、高分辨率摄像头，有的甚至还集成了图形加速硬件。此外，一些终端还带有多种传感器，如加速计和 GPS 等。因此，不难看出，这些终端可以作为增强现实应用开发和商业应用的承载平台。增强现实在游戏领域的表现可圈可点，ARZombie 就是一款基于移动终端，集成了人脸识别、触屏互动等技术的增强现实游戏[171]。

ARZombie 游戏的目标是让玩家消灭大量潜在的僵尸，使自己获得更多积分。在每个关卡中，生物会变得越来越危险，并可能对玩家造成越来越大的伤害。如果玩家不断受到攻击，最终就会输掉游戏。为了避免被攻击，玩家必须在平板电脑的帮助下通过触摸点击屏幕上的僵尸头部来执行射击动作，进而消灭它们。

ARZombie 提供与玩家的三种互动方式：首先，玩家在物理空间中的位移会体现在游戏中；其次，通过平板电脑上的摄像头，玩家可对身边的人进行人脸识别，并判断其是否为僵尸，进而将虚拟僵尸头部映射到屏幕中相应的人脸位置；最后，玩家可触摸点击僵尸头部来进行射击，或点击屏幕上的虚拟物品获得奖励，僵尸和虚拟物品都是通过增强现实技术投射到现实世界中的。

ARZombie 包含四个主要模块：人脸检测模块、人脸归一化模块、人脸识别模块和增强现实模块。

从可用性测试结果中可以得出结论，多数用户都对这种类型的游戏交互方式表示满意。通过这款游戏可以看出，增强现实与人脸识别等交互手段的整合是可行的选择，既可以用于娱乐目的，也可以作为一种机制在各个领域进行推广，有了这些平台和交互技术，就可以开发出具有多模态交互能力的功能性游戏。

8.6.7 基于多种感官的多模态交互

在更多模态交互方面，其核心是模态融合模型的构建。在考虑样本数量及增强现实设备配置适应性的前提下，如何快速便捷地通过不同通道的信息感知，准确高效地识别用户意图。2018 年 Liu Hongyi 等人[172]针对多模态机器人的特征表征难以在多个模态之间共享这个问题，提出了一种基于深度学习的多模态融合模型架构，用于提升多模态制造系统的鲁棒性。该架构由三种模态组成：语音指令、手部动作和身体动作。首先，对三个单模态模型进行训练，提取特征，然后对特征进行融合，实现特征共享。实验表明，所提出的多模态融合模型优于三种单模态融合模型。但需要注意的是，虽然模态之间存在互补关系，但在数据量变得复杂庞大时，特征向量会产生大量冗余信息。

2020 年，Wang Zhimin 等人[147]提出了一种在增强现实系统中可灵活配置和集成眼睛注视、手势和语音的 GGS-AR 多模态交互系统，可以很容易地配置成不同模态的组合，以研究不同的交互手段的集成效果。肖梦婷等人[145]提出了在决策层进行多模态融合的方法和整体框架，融合包括传感器、语音和手势等的特征信息，然后根据不同模态的输入进行感知和识别，判断识别结果是否为多模态信息相交、相并功能或独立功能，进而融合多种特征信息。并针对视觉、触觉和听觉提出了基于多模态意图理解的智能导航交互模式，在一定程度上提高了融合速度，且交互效率较高。

8.6.8 基于混合脑机接口的交互

脑机接口（Brain Computer Interface，BCI）是一种将收集到的大脑活动信号转换为控制信号，进而使用这些信号控制外部设备的技术，它不依赖肌肉和外周神经组成的输出通路[173]。BCI 又称为神经控制接口（Neural Control Interface，NCI），是大脑与外部设备之间直接通信的一种控制方式，但它又不同于神经控制调节，允许双向的信息流。脑机接口一般用于研究、绘制、协调、修复或增强人类的认知或感觉运动。在增强现实应用中，脑机接口可为行动不便、交流有障碍但思维正常的群体提供人机交互的新途径，甚至可以在对被试者的脑电信号成分进行特征提取、分类后，将脑电信号转换为控制命令，达到“意念”控制的效果。

目前，提取脑电信号最常用的方式为非植入式，即在头骨外检测信号的设备，包括脑磁图（Magneto Encephalo Graphy，MEG）、功能性磁共振成像（functional Magnetic Resonance Imaging，fMRI）、脑电图和功能近红外光谱（functional Near-Infrared Spectroscopy，fNIRS）。目前，单一的脑机接口系统在范式设计、脑电信号处理算法和控制系统方面已经取得了较大进展，但依然存在很多不足。例如，基于运动想象（Motor Imagery，MI）的脑机接口系统需要受试者进行大量的练习，而受试者的局限性在于经过大量思维运动后容易感到疲劳，从而导致思维涣散，使脑电信号的质量变得较差。基于视觉诱发电位 P300 的脑机接口系统需要多次重复闪烁，而患者在面对长时间重复闪烁时，也容易感到疲劳，从而影响信号质量。基于稳态诱发电位 SSVEP 的脑机接口系统中的控制命令数会受到刺激频率等因素的影响，比如，当脑机接口系统中的控制命令数增加时，分类精度会相应降低。除此之外，这些脑机接口系统还有很多局限，包括信息传输速率低、鲁棒性差、人机适应性差、稳定性差和条件要求苛刻等。

混合脑机接口系统能够对不同的生理信号进行多模态处理和检测，并且在脑电信号检测时间大幅缩短的同时，大幅提升分类精度。研究人员计划通过寻找更多脑电信号来增加控制命令数。典型的例子是视觉诱发电位和稳态视觉诱发电位的组合，以及运动想象和稳态视觉诱发电位的组合[174]。混合脑机接口系统也可以和感官刺激融合，以进行人机交互，Belitski 等人[175]提出了离线状态的基于视-听觉的 P300 拼写器，并得到了相应的数据分析结果。研究表明，在视-听觉条件下，P300 输出的人的反应强度高于仅视觉或仅听觉条件下 P300 输出的人的反应强度。Leeb 等人[176]提出了一种结合脑电图和脑磁图技术的混合脑机接口系统，分别对这两种技术所得信号进行处理和分类，然后融合相应的两个通道的控制信息。与单一条件相比，肌肉和大脑活动的多模态融合方法也产生了更好和更稳定的性能。

8.6.9 小结

尽管多模态人机交互具有以上明显优势，但其研究仍然存在诸多不足，无法满足工程应用的实际需求，尚有如下问题待解决。

(1) 大多数研究人员仍然分别对待每种模态，然后在应用阶段通过多模态范式设计整合结果，对多种模态的作用及其相互影响仍有待量化和科学理解；

(2) 由于采集设备的稳定性、数据特性多样等原因，多模态数据存在信息冗余、缺失等问题，如何融合多模态数据、提炼关键信息并补全缺失信号，是跨媒介融合自然交互技术研究的关键问题；

(3) 当前多数系统的集成模态较少，需要探索更广泛的集成方法和模态组合体系结构。

综上所述，虽然多模态人机交互理论取得了一定研究成果，但研究内容相对基础，多为探索性理论尝试，缺少系统完善的深入挖掘，特别是针对高精度、高可靠性、实用化的多模态信息融合理论的研究依然十分匮乏，无法满足未来的工程应用需求。因此，需要结合多模态人机交互的技术特点和理论研究不足，以任务目标为牵引，以实际应用场景条件为输入，通过理论创新引领该技术的发展方向。

8.7 总结

随着计算机视觉、机器学习技术的发展，人与机器的交互方式变得更加便利和多样化。随之而来的是计算机更加深入且迅速地影响着我们的生活质量。其中，作为人与机器连接纽带的人机交互技术的发展呈现创新性、新颖性与多样性的趋势，这些多样的交互技术实现了由传统到智能化的转变，变得越来越重视用户体验。增强现实技术通过实现现实世界与虚拟图像的重叠，让用户置身于一个不一样的三维世界，有着广泛的应用前景。

增强现实中的人机交互技术包括语音交互技术、手势交互技术、眼动交互技术、触觉反馈交互技术，以及相互融合形成的多模态交互技术。利用语音可以直接与用户交互，也可以辅助感知用户的交互意图。目前，端到端语音识别和无声的语音识别技术的研究热潮，进一步推动着语音识别技术的发展与改进。手势交互是一种理想的增强现实交互技术，它能让技术更有沉浸感，让用户更“随心所欲”地与系统进行互动，但还存在如手势动态识别延迟等问题，未来要加强对手势识别设备、算法和通过手势预测人类意图的研究。近年来，眼动追踪技术在人机交互应用中慢慢出现，在生物、医疗、心理等很多现实领域有着巨大的应用潜力，其主要涉及眼睛检测和视线估计两个方面，有着广阔的发展前景。多模态交互主要包括视觉、语音、传感器感知等多种交互方式的融合，目前的多模态交互主要有：视觉(唇语)+语音、手势+语音、眼动+语音和眼动+手势等，同时也遇到众多挑战。语音、手势、眼动、触觉反馈及多模态交互丰富了人机交互的方式，提高了交互水平，促进了国内外教育、医疗、工业交互设计等领域的革新与发展。

应 用 篇

第 9 章　增强现实系统基本组成

在前几章的基础上，本章重点从系统角度讨论增强现实，为其应用奠定基础。众所周知，理论、技术和工程是人类认识和改造世界的基本过程，特别是对科研人员来讲，理论上牵引，技术上推动，工程上应用，是循序渐进、迭代交织、协同推进的过程。很多人甚至很多技术人员都认为，从理论到技术的进展的难度很大，从技术到工程实践的进展相对而言比较简单，而事实绝非如此。从技术层面发展到工程实践，并产生实际的生产力，往往需要做更多的工作，这也是增强现实尚未普及的原因之一。

基于前几章的知识，增强现实系统组成架构已经非常明确。从大的组成类别来讲，包括硬件和软件。其中，硬件包括传感单元、计算单元、显示单元和交互单元；软件通常包括操作系统和开发工具包这两个层次，其中操作系统是可选的，也是相对更通用的，因此谈到软件一般指的是针对应用的开发工具包。

虽然关键技术方面不断有所突破，但增强现实系统还处在不断迭代发展中，特别是要针对不同的应用场景，构建良好的产业技术生态，才能不断迭代演进。总体来讲，增强现实系统发展呈现以下趋势。

- 性能更加强大。随着硬件传感器、计算芯片、光学模组设计生产的工艺提升及能力增强，所能处理的任务更加复杂，所能支撑的应用场景不断拓展，从而能够在越来越多的领域引入增强现实系统。当今时代，智能算法最终还是会转化为传统计算问题，随着边缘算力的不断增强，可穿戴设备所承担的任务会逐渐增加。
- 显示更加清晰。显示是增强现实系统的主要输出，也是制约增强现实应用的瓶颈性难题。在光场理论的牵引下，随着光源及光路技术的不断提升，工艺技术的不断成熟，增强现实系统的显示输出将更加自然逼真，也更加接近人类期望达到的视觉效果。
- 佩戴更加无感。可穿戴设备的小型化、低功耗等，是制约增强现实系统规模化和普及化应用的关键，实现无感化是最终目的。虽然小型化、微型化是电子元器件的必然发展趋势，但达到无感化的需求是无止境的，其可行的解决思路是：针对具体应用场景，在技术水平允许的情况下，实现“能力需求”与“小型化”的有机“妥协”。
- 交互更加自然。虚实交互是完成“虚拟对象”增强呈现之后的必然需求。但是，没有载体的交互必然要求采取“短路”方式，直接从人的感官入手“截获”人的意图，那么从交互“意图”到计算机能够识别的编码指令之间的自动转换就成了难点。这种转换同样需要通过计算实现，因此除了交互技术本身的发展，还需要前面几项技术的综合运用。需要强调的是，坚持非侵入原则，是确保交互技术能够得到普及应用的底线。

9.1 增强现实系统架构

典型的增强现实系统硬件可以分为感知、计算、显示和交互，这四部分相互衔接、相互嵌套、相互协同，最终将虚拟部分的结果显示在人眼中，并与真实世界的光线实现融合。同时，人再通过“非接触”交互意图，操控和影响虚拟对象，从而在虚实融合基础上实现“虚实对话”（见图9-1）。

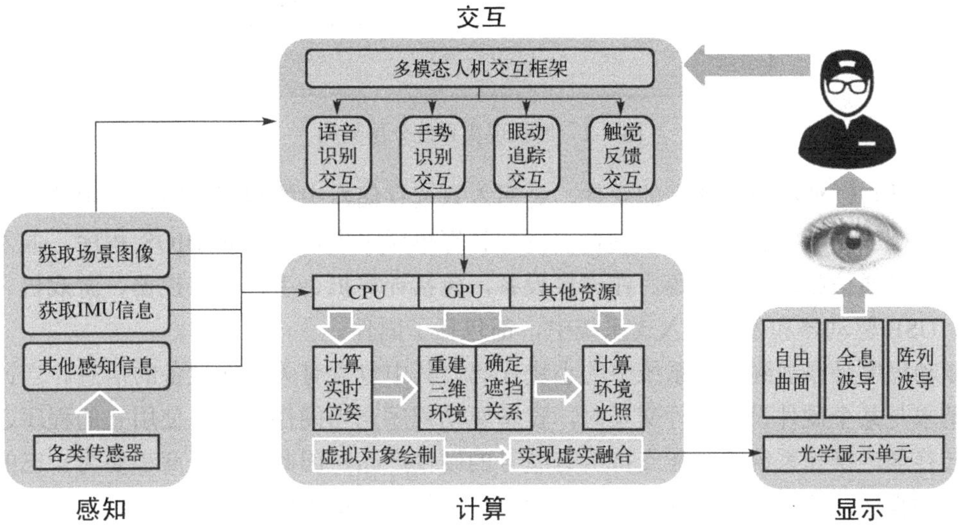

图9-1 增强现实系统硬件组成图

感知部分主要是对用户所处现实环境的感知，要获取环境的结构信息、光照条件，甚至要分析环境的语义信息，同时还要实时获取用户的观察参数，包括眼睛的位置和姿态，以便在增强现实眼镜上显示正确的内容。感知部分涉及的硬件主要是传感器，包括光学传感器、惯性传感器和深度传感器等，并为计算部分提供输入。

计算部分则是增强现实的处理中心，包括对场景结构的三维重建，对人眼观察参数的实时跟踪，以及对环境光照的动态解算，以便在恰当的位置以恰当的视角显示恰当的内容，从而实现虚实融合的目的。计算部分涉及的硬件主要是处理器，包括CPU和GPU，以及专用处理单元等其他资源，这些计算模块的小型化和高效协同是当前增强现实系统硬件的瓶颈。

显示部分则是增强现实的关键，只有将虚拟场景以融入方式显示在人眼中，才能真正实现“增强”显示的目的，这部分的理想目标是达到“光场”显示的效果，显示部分的小型化和转化率等也是当前增强现实系统硬件的瓶颈。

交互部分相对独立，但又与其他部分密切相关。首先，为了实现交互，需要通过感知单元识别并理解人的意图，以便对虚实场景进行操控；此外，交互感知的信息需要利用计算单元进行处理，处理后的结果会直接影响显示输出；最后，显示输出的结果会影响人的交互行为，从而形成完整的人机闭环。

如图9-2所示，对于一个增强现实系统，在增强现实硬件基础上的是用于嵌入各种硬件的固件，用于加载操作系统的驱动程序，以及衔接操作系统的开发工具包和图形绘制引擎等，最上层的则是增强现实应用。

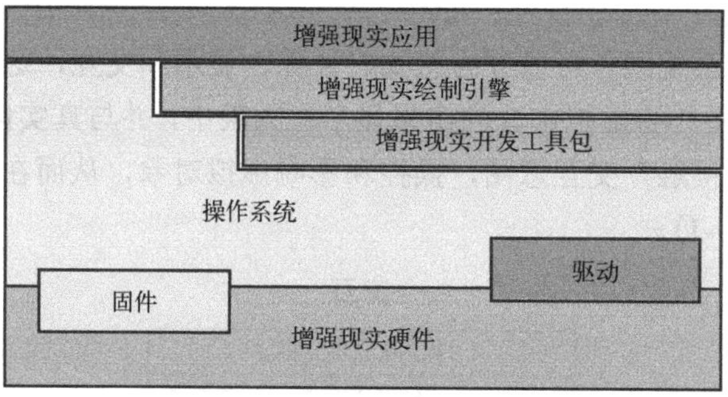

图 9-2　增强现实系统分层架构

固件是与硬件结合最紧密的软件，是写入只读存储器中的程序。固件承担整个系统最底层的基础工作，能够直接控制硬件，例如计算单元上电后启动的 BIOS 程序，嵌入通信单元的进行通信处理的程序等。在许多设备，包括计算机、手机、遥控器、游戏机、智能手表、USB 驱动器和各种嵌入式系统中，都包括了固件。

驱动程序是添加到操作系统中的小块代码，其中包含有关硬件设备的信息。当计算机程序请求与某个硬件设备进行交互时，设备驱动程序充当硬件设备与使用它的程序之间指令的转换器。操作系统不可能支持所有型号的硬件产品，因此硬件厂商都要为自己的产品编写驱动程序。注意，同一硬件针对不同操作系统的驱动程序是不同的。

操作系统是管理计算机硬件与软件资源的计算机程序，负责管理与配置内存、决定系统资源的供需优先次序、控制输入设备与输出设备、操作网络与管理文件系统等。增强现实应用所需操作系统与我们通常所说的嵌入式操作系统并无本质区别。

增强现实开发工具包(Software Development Kit，SDK)是指为增强现实应用所开发的系列函数接口，其目的是使增强现实应用开发更便捷。大多数开发人员会根据应用的类型或设备差异，选择使用特定的开发工具包。如果开发人员希望为特定的操作系统(如 iOS、Android 或 Windows 等)或操作系统特有的软件创建应用程序，选择使用合适的 SDK 就变得至关重要了。例如，Android 应用程序的开发需要使用 Java SDK；iOS 应用程序的开发需要使用 Swift 的 iOS SDK；Windows 应用程序的开发需要使用.Net Framework SDK。

增强现实绘制引擎是构建增强现实虚拟对象的图形开发程序，在图形绘制方面与传统轻量化三维图形绘制引擎并无本质差别，或者说都是基于底层三维图形绘制接口封装而成的。但这类引擎能够与增强现实开发工具包实现内嵌式关联，能够将虚拟对象方便地“放置”在真实世界中，并与真实世界保持正确的透视关系，以减少开发复杂度。此时，对于虚拟对象的生成、编辑和操作，能够实现“所见即所得”的开发界面非常重要。

9.2　增强现实主流硬件

本节主要针对典型增强现实系统，列举了目前增强现实可穿戴设备涉及的各类硬件模块(当然也包含必要的嵌入式软件或固件)，并进行了必要的分析。

9.2.1　感知单元

感知单元是增强现实的外部信息输入，对增强现实系统的稳定性非常重要。增强现实系统的传感器大致分为以下三类。

(1) 增强现实系统本身所需的传感器，例如获取自身位置及姿态所需的视觉传感器、深度传感器和 IMU 传感器等。

(2) 为视觉显示内容提供输入的传感器，例如用于作战感知的增强现实头盔需要配备专用的微光探测传感器和红外探测传感器等。

(3) 用于人机交互的意图识别(如感知人的眼球运动或探测人体肌电信号等)的传感器，详见 9.2.4 节。

9.2.1.1　视觉传感器

视觉传感器(又称图像传感器)的具体形式是通常所说的摄像头。用于增强现实头戴式显示器的微型摄像头，主要用来获取周围环境图像信息，作为视觉算法的输入，用于解算当前位姿。衡量微型摄像头的性能，主要看清晰度、色彩还原性、照度、逆光补偿，以及失真程度、耗电量和最低工作电压等指标。适用于增强现实系统的摄像头，体积需要小型化甚至微型化，具备高清分辨率及自适应调焦，成像参数也必须稳定可靠。

视觉传感器有互补金属氧化物半导体(CMOS)和电荷耦合元件(Charge Coupled Device，CCD)两种模式。CMOS 电路与 CCD 电路相比的最主要优势是非常省电，因为 CMOS 电路几乎没有静态电量消耗，从而使其耗电量只有普通 CCD 电路的 1/3 左右。CMOS 电路的主要问题是在处理快速变换的图像时，因电流变换过于频繁而过热。暗电流抑制得好就问题不大，否则十分容易出现异常点。

CCD 视觉传感器由在单晶硅基片上呈二维排列的光电二极管及其传输电路构成。光电二极管将光转化成电荷，再经传输电路传送和输出。通常，传送优良质量图像的设备都采用 CCD 视觉传感器，而注重功耗和成本的产品则选择 CMOS 视觉传感器。但是，新技术正在克服每种设备的固有弱点，同时保留适合于特定用途的某些特性。

9.2.1.2　深度传感器

顾名思义，深度传感器是用来探测环境物体与传感器之间的距离的，其输出可以表示为深度图(depth map)和点云(point cloud)两种形式。

小型深度传感器大多基于飞行时间(Time of Flight，ToF)原理。飞行时间成像原理是，通过给目标连续发送光脉冲，然后用传感器接收从物体返回的光脉冲，通过探测光脉冲的飞行(往返)时间而得到目标距离。这种技术与三维激光传感器的成像原理基本类似，但三维激光传感器是逐点扫描的，而 ToF 相机则同时得到了整幅图像的深度信息。

ToF 相机与普通视觉成像设备也有类似之处，都是由光源、光学部件、传感器、控制电路，以及处理电路等构成。与同属于非侵入式三维探测且适用领域非常类似的双目视觉系统相比，ToF 相机基于不同的三维成像原理。双目视觉系统通过左右立体像对匹配后，再经过三角测量法来进行立体探测，而 ToF 相机是通过入射光脉冲和反射光脉冲探测而得到目标距离。

ToF 相机采用主动光探测方式，照射单元对光进行高频调制之后再发射，例如 LED 或激光二极管发射的光脉冲频率可达 100MHz。与普通相机类似，ToF 相机芯片前端需要一个搜集光线的镜头，不同的是这里添加了一个带通滤光片，以保证只有与照明光源波长相同的光线才能进入。同时，由于光学成像系统具有透视效果，不同距离的场景为各个不同直径的同心球面(而非平行平面)，所以在实际使用时后续处理单元需要对这个误差进行校正。

作为 ToF 相机的核心，ToF 芯片像素对入射光往返相机与物体之间的相位分别进行记录。这种传感器的结构与普通图像传感器的类似，但比图像传感器更复杂，包含两个或者更多快门，用来在不同时间采样反射光线。正因为如此，ToF 芯片像素比一般图像传感器像素大得多，一般在 100μm 左右。照射单元和 ToF 传感器都需要高速信号控制，以达到高的深度测量精度。比如，照射光与 ToF 传感器之间的同步信号发生 10ps 的偏移，就相当于 1.5mm 的位移。当前的主流 CPU 产品的主频在 3.6GHz 左右，相应的时钟周期约为 300ps，相应的深度分辨率约为 45mm。运算单元主要完成数据校正和计算工作，通过计算入射光与反射光的相对位移关系，求得距离信息。

ToF 相机有一些非常重要的应用优势。与立体相机或三角测量系统相比，ToF 相机体积小，与一般相机大小差异不大，非常适合一些需要轻便小巧相机的场合；ToF 相机还能实时快速地计算深度信息，且深度计算不受物体表面灰度和特征影响，因此能够非常准确地进行三维探测；ToF 相机的深度计算精度不随距离改变而变化，基本能稳定在厘米级，对于一些大范围运动的应用场合，这是非常有意义的。

9.2.1.3 惯性测量单元传感器

惯性测量单元(IMU)是主要用来检测和测量加速度与旋转运动的传感器，又称惯性传感器。其原理是采用惯性定律实现的，这些传感器从超小型的 MEMS 传感器，到测量精度非常高的激光陀螺，无论是直径只有几毫米的 MEMS 传感器还是直径近半米的光纤器件，都采用这一原理。最基础的惯性传感器包括加速度计和角速度计(陀螺仪)，他们是惯性系统的核心部件，是影响惯性系统性能的主要因素。尤其是陀螺仪漂移对惯导系统位置误差累计的影响是时间的三次方函数。而高精度陀螺仪制造困难，成本高昂。因此，提高陀螺仪精度并降低其成本也是当前追求的目标。

随着微电子技术的发展，出现了新型的惯性传感器微机械陀螺仪和加速度计。微机电系统(MEMS)传感器也逐渐演变成为汽车传感器的主要部件。本节重点介绍 MEMS 六轴惯性传感器，主要由三个轴的加速度传感器及三个轴的陀螺仪组成。

惯性传感器是对物理运动做出反应的器件，如线性位移或角度旋转，并将这种反应转换成电信号，通过电子电路进行放大和处理。加速度计和陀螺仪是最常见的两大类 MEMS 惯性传感器。加速度计是对轴向加速度敏感并将其转换成可用输出信号的传感器；陀螺仪是敏感于运动体相对于惯性空间的运动角速度的传感器。三个 MEMS 加速度计和三个 MEMS 陀螺仪组合形成对载体 3 个方向的线加速度和 3 个方向的加速度敏感的微型惯性测量组合(Micro Inertial Measurement Unit，MIMU)，惯性微系统利用三维异构集成技术，将

MEMS 加速度计、陀螺仪、压力传感器、磁传感器和信号处理电路等功能部件集成在硅芯片内，并内置算法，实现芯片级制导、导航、定位等功能。

由于制作工艺的原因，惯性传感器测量的数据通常都会有一定误差。三种误差分别简述如下。

(1) 偏移误差，也就是陀螺仪和加速度计即使在没有旋转或加速的情况下也会有非零数据输出。为了得到位移数据，需要对加速度计的输出进行两次积分。在两次积分后，即使很小的偏移误差也会被放大，随着时间推移，位移误差会不断积累，最终导致无法再跟踪物体的位置。

(2) 比例误差，是指所测量的输出和被检测输入的变化之间的比率。与偏移误差相似，在两次积分后，随着时间推移，其造成的位移误差也会不断积累。

(3) 背景白噪声也会带来误差，如果不给予纠正，就会导致无法再跟踪物体的位置。

未来，MEMS 惯性传感器的发展主要有如下四个方向。

(1) 高精度。导航、自动驾驶和个人穿戴设备等对惯性传感器的精度需求逐渐提高，精细化测量需求和智能化的发展也对传感器的精度提出了越来越高的要求。

(2) 微型化。通过器件微型化可以实现设备的便携性，满足分布式应用要求。微型化是未来智能传感设备的发展趋势，是实现万物互联的基础。

(3) 高集成度。无论是使用惯性测量单元还是惯性微系统，都是为了提高器件的集成度，进而实现在更小的体积内实现更多的测量功能，满足装备小体积、低功耗、多功能的需求。

(4) 广泛的适应性。随着 MEMS 惯性传感器的应用范围越来越广泛，工作环境也会越来越复杂，例如高温、高压、大惯量和高冲击等，具备适应复杂环境的能力将进一步拓宽 MEMS 惯性传感器的应用范围。

9.2.1.4 红外传感器

红外传感器是利用红外线的物理性质来进行测量的传感器。红外线又称红外光，具有反射、折射、散射、干涉、吸收等性质。任何物质，只要本身具有一定温度（高于绝对零度），都能辐射红外线。红外线传感器测量时不与被测物体直接接触，因而不存在摩擦，并且有灵敏度高、响应快等优点。

红外传感器包括光学系统、检测元件和转换电路。光学系统按结构不同分为透射式和反射式两类。检测元件按工作原理分为热敏检测元件和光电检测元件。热敏检测元件应用最多的是热敏电阻，热敏电阻受到红外线辐射时温度升高，电阻发生变化，通过转换电路变成电信号输出。光电检测元件常用的是光敏元件，通常由硫化铅、硒化铅、砷化铟、砷化锑、碲镉汞三元合金、锗及硅掺杂等材料制成。

红外线传感器常用于无接触温度测量、目标探测识别、气体成分分析和无损探伤等，在医学、军事、空间技术和环境工程等领域得到广泛应用。例如，在机场出入通道，采用红外线传感器远距离测量人体表面温度，从而形成热像图，可以发现温度异常部位，及时对疾病进行诊断治疗；利用人造卫星上的红外线传感器对地球云层进行监视，可实现大范围的天气预报；夜晚通过红外传感器能够发现潜伏的人或热兵器等目标；采用红外线传感器可检测飞机上正在运行的发动机的过热情况等。

9.2.2 计算单元

定制化芯片又称为专用集成电路(Application Specific Integrated Circuit，ASIC)，是指一类应特定客户要求和特定电子系统的需要而设计、制造的集成电路。相较于人们熟悉的通用芯片，如 CPU、GPU、基带、蓝牙、WiFi 等所用的芯片，ASIC 对于客户的应用需求具有更强的针对性。由于是专门定制，所以定制芯片在某一特定领域的性能一般会强于通用芯片。同时，这也能帮助增强现实设备厂商在产品上体现差异化优势。

计算单元是增强现实的关键组成部分，增强现实的大部分处理环节终究要归结到计算上，因此增强现实对计算单元在计算性能、小型化和功耗等方面的要求都非常苛刻，很多芯片厂商也将增强现实计算的“芯片化”作为其发展的重要方向，纷纷超前布局。早期，虚拟现实和增强现实计算单元主要采用智能手机芯片，例如高通公司的骁龙系列。但增强现实系统与智能手机存在差异，使用智能手机芯片进行二次设计，难以满足实际需求。随着增强现实市场增长速度不断加快，专用计算单元设计及生产受到关注，现阶段，国内外已有多家厂商进入增强现实专用芯片市场布局。

尽管元宇宙概念在短期内难以成为现实，催生了很多“泡沫”，但较为先进、包容的概念在技术上却切实地为先进计算芯片行业带来了发展机会和奋斗目标。2024 年 1 月，高通公司发布了应用于混合现实头戴式设备的芯片 Snapdragon XR2+Gen。

高通骁龙移动平台是业界领先的全合一、全系列智能移动平台，具有高性能、低功耗、智能化，以及全面的连接性能表现，可为移动终端带来先进的人工智能、拍摄、游戏，以及沉浸式影像和音频体验。

9.2.3 显示单元

增强现实系统中的显示单元非常重要，在某种程度上是最关键的部分，当然也是最复杂的，其技术成熟度直接影响增强现实应用的普及程度。显示单元包含硬件和软件两部分，并且二者是紧密耦合的。由于人的两只眼睛在水平方向以固定间隔分布，因此可以获得自然界中任意聚焦刺激点的双目视差信息，在视网膜上呈现出具有三维线索的显示效果。根据观看者是否需要穿戴助视设备，可以将立体显示分为助视立体显示和裸视立体显示[177]，如图 9-3 所示，而助视立体显示又分为近眼立体显示和远目立体显示。其中，远目立体显示又包括分色立体显示、偏振光立体显示和快门立体显示等多种手段，这些手段一般要求在非常严格的合作环境中。近眼立体显示主要以头盔显示(或抬头显示)的形式提供，是近年来三维显示领域的发展重点，也是本书讨论的重点内容。裸视立体显示主要包括光栅式立体显示、集成成像式立体显示、体三维显示、全息立体显示和光场立体显示等。

近眼立体显示由于可以摆脱大而重的显示设备，将高度集成化的立体显示引擎和光学器件整合到可穿戴的近眼显示设备中，可以在穿戴者眼前呈现具有深度感的立体场景，被认为是最具期待的下一代显示技术，特别是在军事领域的应用需求非常迫切。

近眼显示相关理论的具体内容可参阅第 7 章。

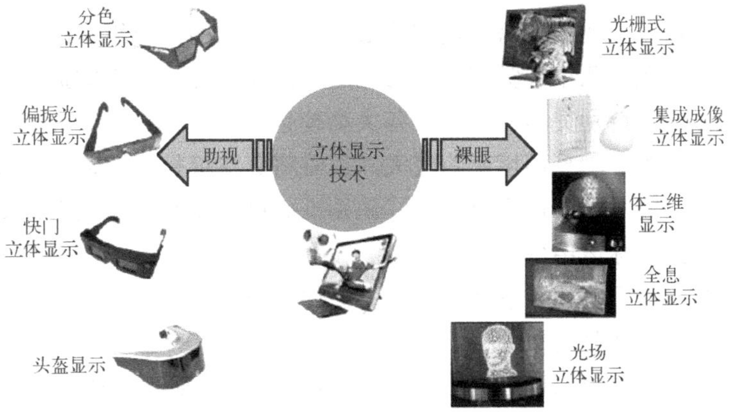

图 9-3　增强现实显示手段分类

9.2.4　交互单元

在增强现实系统中，交互单元必不可少，否则，虚实之间就只能被动观看，并不能体现用户的沉浸感。当然，交互方式有很多，包括手势、语音和眼动等，此外还有肌电、脑电及触觉反馈等。交互单元一般与传感器、计算处理紧密结合，其物化形式大多为软硬结合方式。下文介绍三种主流交互单元，并讨论小型交互手柄，其他交互手段可查阅相关资料。

9.2.3.1　手势交互单元

在增强现实应用领域，手势交互通常有两种实现方式：第一种是基于视觉的，即通过眼镜前面的前摄视觉摄像头拍摄人的手势动作，通过视觉识别的方式判断人的意图（见图 9-4）；第二种是基于传感器的，即通过带有微型传感器的手套获取人的手势动作，通过对输出数据的分析得到人的意图。

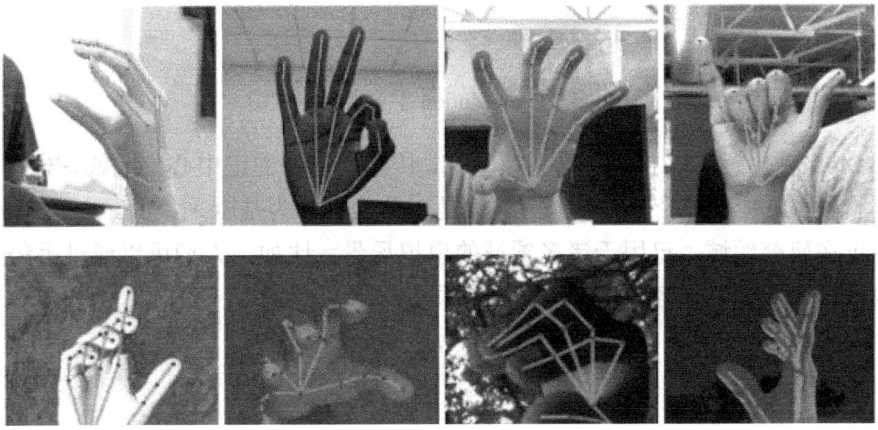

图 9-4　基于视觉的实时手势识别

由于第二种方式带有硬件且比较复杂，在实际应用中往往会影响人的正常操作，因此，在大部分增强现实应用中，都是基于第一种方式实现的。这种方式比较容易集成，主要是在眼镜前面增加光学摄像头（有时也用 RGBD 摄像头），将识别算法软件模块嵌入增强现实计算单元即可。

由于手势识别是虚拟现实、增强现实等很多应用场景的重要组成部分，且与可穿戴设备集成度比较高，加之近几年视觉深度学习底层算法发展迅速，因此提供相关技术的企业非常多，但国内并没有特别突出的厂商。各大高校也不断跟踪相关研究，但真正实现产品化的并不多。究其根源，①受环境影响较大，很难将算法或技术普适化；②能够识别和区分的手势类型有限，限制了其适用范围；③识别准确度和识别效率还有待提升，仍然处于体验阶段，尚未达到实际运用条件。

这里主要介绍用于手势和姿态识别的主流硬件 Leap Motion，它是由体感控制器制造公司 Leap 最早于 2013 年 2 月发布的体感设备。

Leap Motion 是一款新型体感设备，采用红外双目视觉原理，通过红外 LED 和摄像头以不同于其他运动控制技术的方式，完成对人手动作的识别和追踪。内置的两个摄像头能够捕捉到其上方 25～600ms 之间呈倒金字塔形状范围内（约为 150° 扇形区域）的信息[178,179]，如图 9-5 所示。内置的三个红外 LED 灯和两个高帧频摄像头在捕获目标时，通过目标对红外线的反射可以返回目标所在的位置信息，两个高帧频摄像头模拟双目视觉原理，利用三角测量对空间手部位置信息进行三维坐标定位[180]，所采集的基本单位是帧，平均具有 0.7mm 误差内的捕获精度，同时以 200fps 的速度记录追踪手部运动数据，每一帧数据都包含了手部的关键部位的位置信息，包括掌心移动速度、手掌法向量、手指朝向等信息。这种精度可达到微软公司的 Kinect 的 200 倍[181]，具有较高的采集效率与准确性。

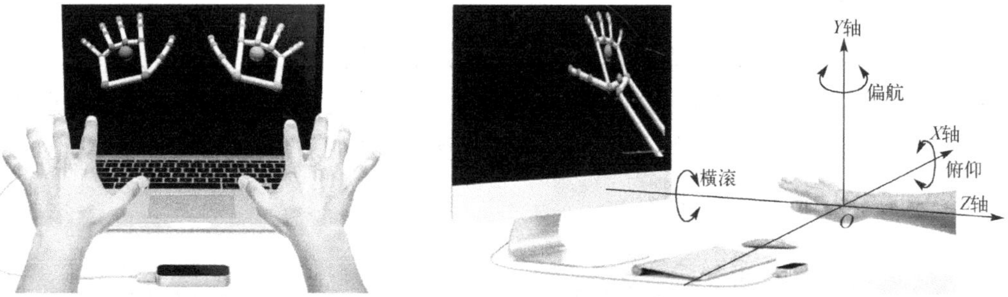

图 9-5 Leap Motion 手势操控示意图

Leap Motion 传感器以右手坐标系为基准，传感器表面的正中心位置就是坐标原点，如图 9-6 所示。下文中对于手势的数据信息就是以此坐标系为基准采集的。Leap Motion 的使用已经不仅在研究领域，已用于诸多领域的模拟场景。比如，人们可以通过手势来控制音频的播放、图书的浏览、各种益智类游戏的体验等。

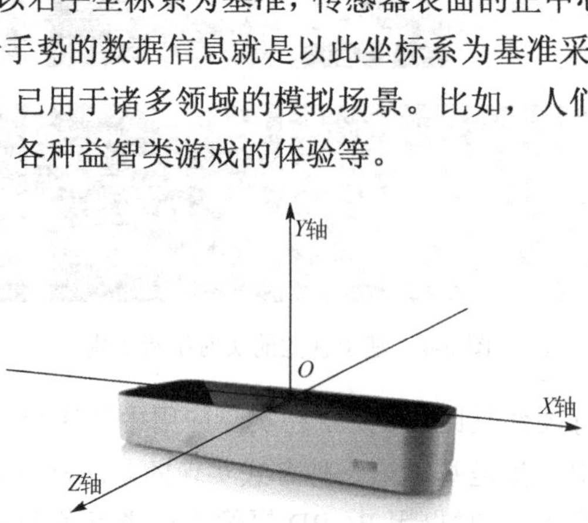

图 9-6 以 Leap Motion 为基础的坐标系

Leap Motion 在手势识别的过程中，最重要的几个步骤就是手势分割、手势分析与跟踪，以及手势识别。手势分割的作用是将所需手势与周围环境因素分开，从而更好地实现手势的识别；手势分析与跟踪的作用是获取手势的特征信息和运动特性，进而保证后续算法的鲁棒性；手势识别的作用是将各类手势进行准确的分类，这也是最关键的一步，使得所需手势类型更好地在基于手势识别的应用中发挥作用。

9.2.4.2　语音交互单元

语音交互是指人类与设备之间能够通过自然语音实现信息的传递，基于语音识别、语音合成、自然语言理解等技术，实现“能听、会说、懂你”式的智能人机交互体验，适用于智能客服、会议纪要、实时字幕等多种应用场景。一次完整的语音交互需要经历如下 ASR→NLP→Skill→TTS 的流程。

(1) 自动语音识别(ASR)，用于将声学语音进行分析，得到对应的文字或拼音信息。语音识别系统一般分为训练和解码两个阶段：在训练阶段，一方面通过大量标注的语音数据训练数学模型，另一方面通过大量标注的文本数据训练语言模型；在解码阶段，通过声学和语言模型将语音数据识别成文字。声学模型可以理解为是对发声的建模，它能够把语音输入转换成声学表示的输入，更准确地说是给出语音属于某个声学符号的概率。语言模型的作用可以简单理解为消解多音字问题，在声学模型给出发音序列之后，从候选的文字序列中找出概率最大的字符串序列。

(2) 自然语言理解(NLP)，用于将用户的指令转换为结构化的、机器可以理解的语言。其工作逻辑是：将用户的指令进行 Domain(领域)→Intent(意图)→Slot(词槽)三级拆分。以“帮我设置一个明天早上 8 点的闹钟”为例，该指令对应的领域是“闹钟”，意图是“新建闹钟”，词槽是“明天 8 点”。这样就将用户的意图拆分成了机器可以处理的语言。

(3) Skill，即基于人工智能算法的意图识别，其作用是处理由自然语言理解过程界定的用户意图，做出符合用户预期的反馈。

(4) 语音合成(Text To Speech，TTS)，用于将文本转换成语音，让机器说话。TTS 业内普遍使用两种做法：拼接法和参数法。拼接法是从事先录制的大量语音中，选择所需的基本发音单位拼接而成。优点是语音的自然度很好，缺点是成本太高。参数法是使用统计模型来产生语音参数并转化成波形。优点是成本低，缺点是发音的自然度没有拼接法的好。但是随着模型的不断优化，现在参数法的效果已非常好，因此业内使用参数法的越来越多。

相比于传统键盘和文字等输入方式，语音输入的速度比传统输入速度快得多。中文语音交互方面，国内甚至国际领先的企业是科大讯飞股份有限公司。该公司成立于 1999 年，是一家专业从事智能语音及语音技术研究、软件及芯片产品开发、语音信息服务的软件企业。语音技术实现了人机语音交互，使人与机器之间的沟通变得像人与人沟通一样简单。

9.2.4.3　眼动交互单元

眼动交互单元也称为眼动仪，一般以软硬结合的方式提供。早期的眼动仪大多是相对独立使用的，采用桌面放置或以专用眼镜形式佩戴在头部，体积都比较大，而用于增强现实的眼动交互单元则对其体积、性能有更高的要求，一般内嵌在增强现实眼镜内框周边(不能影响正常的光学显示)，由眼动摄像头、光源和算法组成，其原理是通过高帧率红外传感器来拍摄用户眼睛(眼球)的运动，并结合轻量化实时图像处理算法来确定视线的位置，从而推算用户的注视点。

眼动的时空特征是视觉信息提取过程中的生理和行为表现，它与人的心理活动有着直接或间接的关系，这也是许多心理学家致力于眼动研究的原因所在。早在 19 世纪，就有人通过分析眼球运动来研究人的心理活动，通过分析记录到的眼动数据来探讨眼动与心理活动的关系。眼动仪的问世为心理学家利用眼动技术探索人在各种不同条件下的视觉信息加工机制，观察其与心理活动的直接或间接的奇妙而有趣的关系，提供了新的有效工具。

眼动技术先后经历了观察法、后像法、机械记录法、光学记录法、影像记录法等多种方法的演变。眼动追踪技术就是利用对眼动轨迹的记录，从中提取诸如注视点、注视时间和注视次数，以及跳眼距离、瞳孔大小等数据，从而研究个体的内在认知过程。20 世纪 60 年代以来，随着摄像技术、红外技术和微电子技术的飞速发展，特别是计算机技术的运用，推动了高精度、微型化眼动仪的研发，极大地促进了眼动追踪技术在心理学及相关学科中的应用。

瑞典的 Tobii 公司在眼动仪方向上技术领先。2005 年发布了世界上第一台眼控计算机，由此奠定了其长期致力于眼动追踪业务发展的良好基础。自 2001 年创建以来，Tobii 公司基于独特的创新性技术，已经获得了多个行业的大量奖项，年营业收入保持持续快速增长。

北京七鑫易维信息技术有限公司成立于 2009 年，是致力于机器视觉和人工智能领域的高新科技企业，提供眼球追踪专业解决方案，产品体系覆盖眼动分析、增强现实眼动技术、眼控沟通辅具等应用领域，已服务科研教育、元宇宙、医疗健康、能源交通、航空航天等领域客户，并与高通、英伟达、腾讯等公司建立了长期生态合作伙伴关系。

9.2.4.4 小型交互手柄

从市场上的实际产品应用来讲，各种小型交互手柄还是目前虚拟现实和增强现实应用中最有效、最可靠、最实用的交互手段。客观地说，其交互效率和可靠性远大于市场宣传的自然交互媒介，因此，基本上每个虚拟现实和增强现实眼镜厂商都有自己专用的交互手柄。

从跟踪技术上讲，眼镜的 6 自由度(DOF)跟踪已经逐渐取代 3 自由度，与之配套，交互手柄也采用 6 自由度跟踪精度，这种“6+6”的跟踪模式已成为趋势。交互手柄所采用的定位技术基本原理，就是“信号源+传感器”，使用相应的算法计算出交互手柄在虚拟环境中的位置和姿态(即 3 轴平移及旋转，共计 6 自由度)。算法及算力的成熟带来虚拟现实和增强现实设备从初期的 3 自由度向 6 自由度发展。

融合 Inside-out 技术的 6 自由度头戴式眼镜和 6 自由度交互手柄的代表厂商有 Oculus Quest、Pico，以及 Nolo 和 Ximmerse 等公司。各厂商的交互手柄设计有较大不同，通常都会配置摇杆、小型触摸板、操作按钮，以及握柄部分的电容感测器件(可识别压力、触感和光学数据)。

9.3 增强现实开发工具包

增强现实系统除硬件外，对软件同样有着非常苛刻且专业化的需求，甚至会影响将来可穿戴操作系统的发展。目前，针对增强现实应用进行二次开发，主要还是基于通用操作系统，采取开发工具包的形式进行支撑，提供诸如位姿跟踪调用、图形绘制接口等功能。

9.3.1 发展过程

在科学研究领域，很早就有针对增强现实开发工具包的开创性工作。例如，早在 2013 年，日本的 Brilliant Service 公司曾推出一款名为 Viking 的新型操作系统，专门为增强现实眼镜而设计，并且该公司为其设定的目标是完全取代智能手机。2016 年，该公司又将这款操作系统的名称从 Viking 改为 Mirama。该操作系统使用面向对象的 C 语言编写，最初只能提供一些基本功能，如电话、导航等，但如今已经扩展到实现智能手机上的大多数功能，甚至是手机上没有的功能。该公司还计划向广大开发人员开放该操作系统，以便于为这款操作系统编写更多的应用程序，建立良好的应用生态。

此外，该公司还开发了一款增强现实头戴式设备，基于当时市场上现成的部件集成，仅用于测试演示。该设备能够执行非常基础的面部识别功能。当人们注视某个参与该系统测试的人时，在他的头上方会出现一个方框，正确显示其名字。然而，当人们注视另一个未列入系统数据库的人时，软件可能会错误地将该人识别为其他人，而不是简单地报告该人不在数据库中。

在商业领域，有很多大型信息技术企业也在超前布局这项工作，将关注重点放在虚拟现实/增强现实的支撑软件环境。因为如果未来增强现实眼镜和智能手机一样普及，有针对性的操作系统(包括其应用开发工具包)会是增强现实生态链的关键环节，就好像 iOS 和 Andoid 在手机产业中的地位一样。

目前，除了微软和 Magic Leap 公司有自己增强现实眼镜的定制化操作系统，其他大多增强现实眼镜整机的操作系统也是改自 Android、iOS 或 Linux 的。从整体态势来看，在增强现实眼镜的操作系统方面，初创企业很难与世界科技巨头竞争。

从软件开发工具包(Software Development Kit，SDK)来说，虽然苹果和谷歌公司没有推出增强现实眼镜的完整操作系统，但却推出了手机/平板用的 ARKit 和 ARCore，给众多内容提供商开发增强现实应用，更是为增强现实眼镜的生态建设铺平了道路。此外，华为、百度、网易等公司也提供了类似的增强现实 SDK。需要强调的是，微软和 Magic Leap 公司也提供了有针对性的增强现实眼镜 SDK，但与自己的操作系统绑定，暂时没有大力支持第三方开发。很多中国的增强现实整机厂商，团队以硬件为主，能否提供完善的 SDK 也是一个非常重要的能力体现。

从另一层面上讲，增强现实 SDK 功能和前端传感器密切相关，目前增强现实眼镜应标配什么传感器并无定论，因此对于 SDK 的市场机会，暂时还言之尚早。下文重点针对目前广泛使用的几类 SDK 进行介绍。

9.3.2 ARKit 工具包

增强现实在手机端的应用吸引了众多国际信息领域巨头的关注。2017 年，在全球开发者大会上，苹果公司正式推出了针对手机应用端的增强现实开发套件 ARKit。ARKit 一推出即在科技圈引发了极大关注，分析其原因：一方面是因为苹果公司在科技界特别是智能移动终端领域具有巨大影响力；另一方面，也是更重要的，因为 ARKit 在移动增强现实领域达到堪称惊艳的增强现实效果。

ARKit 的面世提供了便捷的二次开发能力，直接将增强现实技术带到了亿万用户眼前，更新了人们对增强现实的直观印象，苹果公司也因此成为移动增强现实技术的引领者。

9.3.2.1 ARKit 功能定位

苹果公司官方对 ARKit 产品功能的描述为：通过整合设备摄像头拍摄的图像信息，以及设备运动传感器(包括 LiDAR)获取的位姿信息，在应用中提供面向增强现实体验的开发套件，从而降低此类应用的开发门槛。

对于众多应用开发人员来讲，更通俗的解释为：ARKit 是一种用于开发增强现实应用的软件开发工具包(SDK)。

从本质上讲，增强现实是将二维或三维元素(包括文字、图片、模型和音视频等)精准叠加于设备摄像头所采集的图像中，营造出一种虚拟元素真实存在于现实世界中的假象。ARKit 整合了设备运动跟踪、摄像头图像采集、图像视觉处理、场景几何绘制等技术，提供了简单易用的应用程序接口(Application Programming Interface，API)，以方便开发人员开发针对不同具体场景的增强现实应用，开发人员无须再关注底层的技术实现细节，从而大大降低了增强现实应用开发的难度。

9.3.2.2 ARKit 处理流程

ARKit 通过移动设备(包括手机或平板电脑等移动终端)上的单目摄像头采集视频图像信息(包括 LiDAR 采集的深度信息)，实现了场景平面检测识别、场景几何结构、环境光估计、环境光反射、目标识别、人脸检测、人体动作捕捉等高级功能，在此基础上就能够创建出“虚实融合”的场景。

例如，我们要将一个虚拟的数字机器人放置在真实的桌面上，虚拟机器人应该保持与真实场景完全一致的透视关系，并将拥有与现实世界真实物体一致的外观材质、物理效果、光影效果等，还能依据现实世界中的照明条件动态地调整自身的光照信息，以便更好地融合到环境中，其效果如图 9-7 所示。

图 9-7 ARKit 增强现实应用效果

得益于苹果公司强大的软硬件整合能力及其独特的产业技术生态，ARKit 得以充分挖掘 CPU 或 GPU 的潜力，在跟踪精度、误差消除、场景绘制等方面做到了同时期的前沿水平，表现在用户体验上就是增强现实系统跟踪稳定性好、绘制真实度高、人机交互自然。

ARKit 出现后，数以亿计的 iPhone 和 iPad 设备一夜之间拥有了最前沿的增强现实功能，苹果公司 iOS 平台也一举成为最大的移动增强现实平台。此外，苹果公司还与 Unity、Unreal 等增强现实绘制引擎合作，进一步扩大增强现实开发平台及开发生态，拓宽 iOS 增强现实应用的开发途径，逐步奠定了其在移动增强现实领域的领导者地位。

9.3.2.3　ARKit 功能组成

从技术层面上讲，ARKit 整合了 AVFoundation、CoreMotion 和 CoreML 三个支撑框架，在此基础上融合扩展而成。其中，AVFoundation 是处理基于时间的多媒体数据框架，封装在 Core Audio、Core Media 和 Core Animition 等开发组件层次之上（见图 9-8）。Core Audio 处理所有音频事件，为所有音频及乐器数字接口（Musical Instrument Digital Interface，MIDI）内容的录制、播放提供接口。Core Media 提供音频样本和视频帧处理的 API。Core Animation 是动画相关开发支撑框架，封装了支持 OpenGL 和 OpenGL ES 功能的各种类。AVFoundation 可以利用 Core Animation 让开发者能够在视频的编辑和播放过程中添加动画和图片效果。

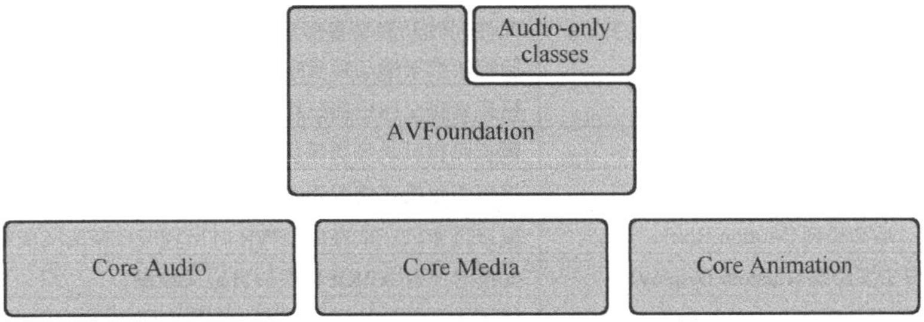

图 9-8　AVFoundation 开发框架结构示意图

CoreMotion 是处理加速度计、陀螺仪、激光雷达等传感数据的开发框架，它不仅能获得实时的加速度值和旋转速度值，更重要的是，苹果公司在其中集成了很多算法，可以直接输出剥离了重力加速度分量的加速度，省去高通滤波操作，另外还能提供强大的设备三维位置信息。

CoreML 则是机器学习框架。该框架支持多种机器学习模型，包括了神经网络、组合树、支持向量机，以及广义线性模型。

ARKit 融合了来自 AVFoundation 的视频图像信息与来自 CoreMotion 的设备运动传感数据，再借助 CoreML 计算机图像处理与机器学习技术，给开发人员提供稳定的三维数字环境，再进一步实现虚实融合。

ARKit 技术日渐完善，功能不断拓展。表 9-1 所示功能在不断丰富和完善中。

表 9-1 ARKit 提供的功能列表和描述

序号	功能	描述
1	特征点检测(Feature Point Detect)	检测并跟踪摄像头采集图像中的特征点信息，并利用这些特征点构建对现实世界的理解
2	平面检测(Plane Detect)	检测并跟踪现实世界中的平整表面，ARKit 支持水平平面与垂直平面检测
3	图像检测识别跟踪(Image Tracking)	检测、识别并跟踪预扫描的二维图像，ARKit 最大支持同时检测 100 幅图像
4	三维物体检测跟踪(Object Tracking)	检测、识别并跟踪预扫描的三维物体
5	光照估计(Light Estimation)	利用从摄像头图像中采集的光照信息估计环境中的光照，并依此调整虚拟物体的光照效果
6	环境光反射(Environment Probes & Environment Reflection)	利用从摄像头图像中采集的信息生成环境光探头(Probe)，并利用这些图像信息反射真实环境中的物体，以达到更真实的绘制效果
7	世界地图(WorldMap)	支持保存与加载世界空间的空间映射数据，以便在不同设备之间共享体验
8	人脸检测跟踪(Face Tracking)	检测并跟踪摄像头图像中的人脸，ARKit 支持同时跟踪 3 张人脸。ARKit 还支持眼动与舌动跟踪，并支持人脸 BlendShape 功能，可以驱动虚拟人像模型
9	射线检测(Ray Casting & Hit Testing)	从设备屏幕发出射线，检测虚拟对象或者平面
10	人体动作捕捉(Motion Capture)	检测并跟踪摄像头图像中的人形，捕获人形动作，并用人形动作驱动虚拟模型，ARKit 支持二维和三维人形捕捉跟踪
11	人形遮挡(People Occlusion)	分离摄像头图像中的人形区域，并能估计人形区域深度，以实现与虚拟物体的深度对比，从而实现正确的遮挡关系
12	多人协作(Collaborative Session)	多设备间实时通信以共享增强现实体验
13	同时开启前后摄像头(Simultaneous Front and Rear Camera)	允许同时开启设备前后摄像头，并可利用前置摄像头采集到的人脸检测数据驱动后置摄像头图像中的模型
14	三维音效(3D Audio)	模拟真实空间中的三维声音传播效果
15	景深(Scene Depth)	模拟照相机采集图像信息时的景深效果，实现焦点转移
16	相机噪声(Camera Noise)	模拟照相机采集图像时出现的不规则噪声
17	运动模糊(Motion Blur)	模拟摄像机在拍摄运动物体时出现的模糊拖尾现象
18	自定义绘制(Custom Display)	支持对所有 ARKit 特性的自定义绘制
19	场景几何(Scene Geometry)	使用激光雷达技术实时捕获场景深度信息并转化为场景几何网格
20	场景深度(Depth API)	使用激光雷达技术实时捕获场景深度信息
21	地理位置锚点(Geographical Location Anchor)	利用 GPS 与地图在特定的地理位置上放置虚拟物体
22	视频纹理(Video Texture)	采用视频图像作为纹理，可以实现视频播放、动态纹理功能

除了表 9-1 所示的 ARKit 提供的功能，ARKit 还提供了我们看不见但对绘制虚拟物体和营造虚实融合场景异常重要的尺寸度量系统，ARKit 的尺寸度量系统非常稳定、鲁棒和精准。ARKit 尺度空间中的 1 个单位等于真实世界中的 1m，因此能在虚拟空间中营造与真实世界体验一致的物体尺寸，并能依照与现实空间中近大远小的视觉特性同样的规律，正确地绘制虚拟物体尺寸。

需要注意的是，ARKit 并不包含图形绘制 API，即 ARKit 没有图形绘制能力，它只提供设备的跟踪和真实物体表面检测功能。对虚拟物体的绘制由第三方框架提供，如 RealityKit、SceneKit、SpriteKit 和 Metal 等，做到了“有所为有所不为”。这不仅构建了移动增强现实领域的良性技术生态，还提高了应用的灵活性，同时降低了 ARKit 的复杂度，减小了工具包的大小。

9.3.3 ARCore 工具包

ARCore 是谷歌公司推出的用于搭建增强现实应用程序的软件开发平台，其功能定位类似于苹果的 ARKit，主要针对装有 Android 操作系统的移动终端。借助于该开发平台，同样可以将虚拟的数字对象“放置”到现实世界中。软件开发者可以下载该平台，开发 Android 上的增强现实应用，或者为其 APP 增加增强现实功能。

2017 年 8 月，谷歌公司宣布推出和 ARKit 对标的增强现实工具包 ARCore。在 2021 年 5 月的世界 I/O 开发者大会上，谷歌公司公布了一系列与增强现实相关的新功能，包括 AR 室内环境扫描、在 AR 导航界面新增门店信息、增加基于知名运动员的谷歌搜索 AR 模型等。谷歌公司还推出 Raw Depth API，该功能无须深度传感器也能实现足够准确的深度测量和遮挡绘制，提升了 ARCore 在数亿部手机上运行的效果。

9.3.3.1 ARCore 功能定位

与 ARKit 类似，ARCore 的主要功能可以概括为以下三个方面。

(1) 位姿跟踪。使用手机的光学摄像头和其他传感器，ARCore 能够准确感知手机的位置和姿态，从而调整所显示虚拟物体的投影参数，确保其“固定”在真实世界中。

(2) 环境感知。自动感知场景中的平面，例如你面前的桌子、地面等，并确保在虚拟空间中准确复现这个平面，以便“放置”虚拟的数字对象。

(3) 光源感知。使用手机的环境光传感器感知周边环境的光照强度及方位，对应调整虚拟物体的亮度、阴影和材质，让它看起来更加融入环境。

9.3.3.2 ARCore 关键技术

谷歌公司对 ARCore 的关键技术描述可以概括为以下三个方面。

1. 运动跟踪

在二维和三维空间中跟踪用户的运动并最终定位它们的位置，这是任何增强现实应用程序的基础，当我们的手持终端在现实世界中移动时，ARCore 会通过一个名为同步测距与建图(Concurrent Odometry and Mapping，COM)的过程来解算手机相对于周围世界的位置。ARCore 会检测捕获的摄像头图像中的视觉差异特征(称为特征点)，并使用这些点来计算其位置变化，效果如图 9-9 所示。

图 9-9　ARCore 运动跟踪示意图

这些视觉信息将与设备 IMU 的惯性测量结果融合，一起用于估测摄像头随着时间推移而相对于周围世界的位姿(位置和方向)。如图 9-9 所示，可以看到用户的位置如何与真实沙发上识别的特征点相关联。以前为了成功地跟踪运动位置，需要预先训练特征点，有了 ARCore 就能实时地自动处理，这种跟踪技术无须事先准备。当然，它也有不足之处，下面将会谈到。

在开发中，通过将用于绘制三维内容的虚拟摄像头与 ARCore 连接的设备摄像头进行姿态对齐，开发者就能从正确的透视角度绘制虚拟内容，从而使绘制的虚拟图像叠加在设备摄像头获取的图像上，让虚拟内容看起来就像“放置”在现实世界中一样。

2. 环境理解

ARCore 会通过检测特征点和平面来不断改进它对现实世界环境的理解。ARCore 可以查找位于常见水平或垂直表面(例如桌子或墙)上的成簇特征点，还可以确定每个平面的边界，并将该信息提供给应用程序，使用此信息就可以将虚拟对象“放置”于平坦的真实物体表面上，如图 9-10 所示。由于 ARCore 使用特征点来检测平面，因此可能无法正确检测像白墙这样没有任何纹理的平坦表面，这一点是由算法的底层设计决定的，也是传统的基于图像视觉特征进行检测的弊端，除非附加其他算法，否则这个问题无解。

图 9-10 ARCore 在平面上叠加虚拟物体

图 9-10 是一个通过网格识别的真实世界表面，这个平面是由白点进行标识的，在该场景中可以看到用户如何将各种虚拟物体“放置”在真实世界表面上。对真实世界环境的理解，对于创建具有真实感的增强现实视觉效果来说，这是必不可少的。

3. 光照估计

ARCore 可以检测其环境光线的相关信息，并提供给定摄像头图像的平均光强度和色彩校正，利用这些光照信息，可以使用与周围环境相同的光照来照亮虚拟物体，从而提升虚拟物体的真实感。利用 ARCore，还可以估计光源的位置和光照方向，使虚拟物体产生与真实光照一样的阴影效果，进一步提升虚拟物体的真实性。

9.3.3.3 ARCore 重要概念

ARCore 还提出了技术开发方面的许多重要概念，以提供增强现实应用的辅助支撑。

(1)用户交互。ARCore 利用命中测试来获取对应于手机屏幕的 (x, y) 坐标(通过点按或应用支持的任何其他交互手段获取)，并将一条射线投影到摄像头的视野中，返回这条射线贯穿的任何平面或特征点，以及交叉位置在现实世界空间中的姿态。因此，用户就能通过交互手段，选择真实环境中的物体并与之产生互动效果。

(2) 定向点。借助定向点，可以将虚拟物体置于倾斜的表面上。当执行会返回特征点的命中测试时，ARCore 将自动查看附近的特征点，并使用这些特征点簇估算表面在该点处的倾斜角度，然后 ARCore 会返回将该角度考虑在内的合适姿态，以便“放置”虚拟对象。由于 ARCore 使用特征点簇来检测表面的倾斜角度，因此可能无法正确检测像白墙一样没有任何纹理的表面。

(3) 锚点 (anchor) 和可跟踪对象。锚点描述了现实世界中的一个固定位置和方向。为了保持在物理空间的固定位置，这个数值描述将会随着 ARCore 对空间理解的改进而更新。使用 getPose() 获取锚点的当前值，每次调用 update() 更新时值都可能变化，但不会自发地变化。平面和特征点是一种特殊类型的物体，称为可跟踪对象，即能够随着时间推移被跟踪的物体。很多时候，需要基于命中测试返回的姿态创建一个锚点，以此来绑定虚拟物体与真实环境的位置关系。虚拟对象可以绑定到特定的可跟踪对象上，确保虚拟对象与可跟踪对象之间的空间关系即使在设备移动时也能保持稳定。这意味着，如果将一个虚拟雕像放在书桌上，即使 ARCore 稍后调整了与书桌关联的平面的姿态，该雕像应该看起来仍在书桌上。

(4) 基于图像识别的增强现实应用。使用增强图像功能，可以构建能够响应特定二维图像，如产品包装或电影海报的增强现实应用，用户可以在将手机摄像头对准特定图像时触发增强现实体验，例如可将手机摄像头对准电影海报，使海报中的三维人物弹出，然后再引发一个具有立体感的动画场景。ARCore 支持离线编译图像以创建图像数据库，也可以从设备中实时添加单独的图像，注册后，ARCore 将自动检测这些图像、图像边界，然后返回相应的姿态。

(5) 共享。借助 ARCore 的 Cloud Anchors API，可以创建适用于 Android 和 iOS 设备的协作性或多人共享游戏应用。使用云锚点技术，某台设备可以将锚点和附近的特征点发送到云端进行托管，从而将这些锚点与同一环境中 Android 或 iOS 设备上的其他用户进行共享。利用这些应用，可以绘制这些锚点所对应的相同三维对象，从而让用户能够同步拥有相同的增强现实体验。

(6) 帧。该功能的最直观的理解是摄像头获取的一帧图像，背景绘制的画面就来自摄像头获取的图像帧。另外，该功能还提供了某个时刻增强现实的状态，主要包括四个方面的信息：①当前帧中的环境光线，以便在绘制内容时根据光线控制物体的颜色，使其看起来更真实；②当前帧中检测到的特征点云及其姿态，用于绘制点云效果；③当前帧中包含的锚点和检测到的平面集合，用于绘制内容和平面；④手机设备当前的姿态、帧获取的时间戳、增强现实跟踪状态，以及摄像头的视图矩阵等。

(7) 特征点云。ARCore 在检测场景平面时显示的一个个小白点就是特征点云。特征点云包含了被观察到的三维点的集合，以及被 ARCore 检测时的时间戳。

(8) 二维平面。ARCore 中的内容大多依托于平面类进行绘制，只有在检测到平面网格的地方才能放置虚拟对象。ARCore 中的平面可分为水平朝上、水平朝下、垂直和非水平平面类型，Plane 描述了对一个真实世界中二维平面的认知，包括平面的中心点、平面的 x

和 z 轴方向长度、构成平面多边形的顶点等。检测到的平面还分为三种状态：正在跟踪、可恢复跟踪和永不恢复跟踪。如果是没有正在跟踪的平面，则说明所包含的平面信息可能不准确。两个或者多个子平面还会自动合并成一个父平面，如果出现这种情况，就可以通过子平面找到其父平面。

(9)交集。点击平面的时候，从设备点击处朝手机面向方向发出一条射线，判断与被检测的平面是否有交集。如果抽象地概括，HitResult 就是射线和真实世界几何体的交集，可以从中获取当前设备到有交集几何体的距离，以及交集的姿态等。如果是平面交集就是 PlaneHitResult，如果是点云就是 PointCloudHitResult，通过 PlaneHitResult 可以判断交点是否在被检测的集合范围内，是否在平面的正面等。

(10)空间位置。Pose 表示从一个坐标系到另一个坐标系的转换。在所有的 ARCore API 中，Pose 总是描述从物体的局部坐标系到世界坐标系的变换，也就是说，来自 ARCore API 的 Pose 可认为等同于 OpenGL 的模型矩阵或 DirectX 的世界矩阵。随着 ARCore 对环境的理解不断变化，它将调整坐标系模式，以便与真实世界保持一致。这时，相机和锚点的位置(坐标)可能会发生明显变化，以使所代表的物体处于恰当的位置。因此，每一帧图像都应被认为是在一个完全独立的世界坐标空间中。

(11)空间光线。提供了一个接口来查询当前帧的光照环境。可以获取当前图像视图的像素强度，其结果是一个在(0,1)范围的值，0 代表黑色，1 代表白色。使用该光线属性绘制内容，可以使虚拟物体更真实。

(12)会话(Session)。这是 ARCore 中重要的功能，其主要作用是管理增强现实系统的状态，处理会话生命周期。在开始使用 ARCore API 时，通过 Config 信息来检查当前设备是否支持 ARCore。在 Activity 对应的生命周期方法中需要处理会话生命周期，以使系统根据需要开始和暂停摄像头帧的采集，并初始化和释放相关资源。

(13)配置(Config)。并不是当前所有 Android 设备都支持 ARCore，因此要用配置信息保存会话相关设置，例如是否开启平面检测和光线感知，获取帧时无新图像则是否阻塞。默认情况下，开启平面检测和光线感知，获取帧时若无新图像则阻塞。在使用 ARCore 之前，先利用配置信息检查当前设备是否支持 ARCore，是比较常用的做法。在大多数设备中，摄像头被配置为每秒捕捉 30 帧。

9.3.4 Vuforia 工具包

Vuforia 是早期最著名的增强现实开发工具包之一。2016 年，Vuforia 的母公司 Parametric Technology 公司宣布与行业领袖 Unity 公司合作，将 Vuforia 平台整合到 Unity 的流行游戏引擎和开发平台中。而 Unity 是一个跨平台的游戏引擎，可以运行在 PC、游戏机、电视、虚拟现实和增强现实系统等多种平台上。

Vuforia 能够使虚拟的三维内容“融合”放置在真实物理环境中。该产品的核心是 Vuforia 引擎，它提供了对象识别和环境重建等计算机视觉功能。Vuforia 的识别组件之一是 VuMark，这是一种可定制的可视化代码，可以将其手动嵌入任何产品或机器，或在生产过程中定制。它旨在直观地向用户展示增强现实体验的实用性，例如用于组装、使用、清洗、维修、检查等功能的逐步讲解说明。

Vuforia 提供的图像目标识别功能，允许开发人员识别和跟踪打印在平面上的图像标识。Vuforia 可以识别存储在本地设备上的多达 1000 个图像或存储在云环境中的数百万个不同图像。这些图像目标通常用于在书籍、杂志和产品包装等平面上放置内容。

Vuforia 提供的三维重建堆栈技术称为“智能地形”，为开发人员提供了构建物理环境及环境中物体表面的技术途径。借助这个开发工具包，开发人员可以创建与现实世界中物理对象进行实时交互的增强现实游戏。

VuMark 设计者允许 Adobe Illustrator 用户基于现有图形和品牌商标创建独特的标识。这使他们能够创建更吸引人眼球的标识，同时能够将任何类型的数据进行编码，比如序列号或 URL 等。

创建新的虚拟三维内容的过程依然是复杂的、劳动密集型的，而且对于许多大规模的增强现实应用部署来说，这样做成本过高。然而，现有的三维内容存储库大多是用 CAD 工具创建的，PTC 公司也正在开发创建这些存储库的功能。

人们的目标是为了使开发变得更加简单。Vuforia 对于编写代码的人来说是一个很好用的工具。但是对于那些制作技术图纸和教学内容的人员来说，他们大都不会编写代码。如果他们拥有适合的简单工具，就能自己构建增强现实体验。ThingWorx Studio 工具很好地解决了上述问题，这款软件就是在 Vuforia 平台和 PTC 的三维背景下设计开发的。

ThingWorx Studio 使内容创建者能够根据现有的三维内容直接构建增强现实体验，无论是使用 PTC 还是第三方工具创建的，只需要点击几下鼠标，就能将其发布到云端。一旦发布成功，通过手机上下载的 ThingWorx 视图工具扫描 ThingMark 标记，用户就能看到手机上显示的增强现实虚拟模型，从而向用户提供相关的下载支持和发布体验。

此外，利用 ThingWorx Studio 还能使物联网解决方案企业为连接的产品创建虚拟仪表。由于 ThingWorx Studio 与 PTC 的 ThingWorx 物联网平台集成在一起，因此开发人员可以创建虚拟的仪表，并将其连接到能够提供实时数据的传感器上。

Vuforia 6.1 版可完全支持微软公司的 HoloLens。其他一些工具集，如 Augment，ScopeAR 和 ViewAR 都是基于 Vuforia 构建的。

9.3.5　Augument 工具包

Augment 公司成立于 2011 年 10 月，总部位于法国巴黎，现已成为增强现实产品可视化领域的领导者之一。该公司为品牌、零售商和制造商提供增强现实电子商务 SDK 解决方案，用于开发本地化移动应用和网络化应用集成。

Augment 公司的创建灵感来自其联合创始人兼首席执行官的网上购物体验。他当时正在阅读一个产品的介绍信息，其文字表明自己是同类商品中体型最大的。“虽然有照片，但是你也无法真正看到它”，他说。之后，一位机械工程师提出了一个基于增强现实的解决方案：研发能在现实世界中可视化三维模型的应用程序(见图 9-11)。

Augment 公司可以利用 SDK 将增强现实产品可视化地嵌入现有的电子商务和移动商务平台，为零售商提供个性化客户购物体验。点击智能手机或平板电脑上的可视化按钮，就会启动增强现实浏览器，在真实环境中实时地按比例显示产品的最终效果图。

图 9-11 三维咖啡壶放在柜台上，用户自行选择咖啡壶的颜色

Augment 公司还集中提供了产品数据库，其中包括各种产品的三维模型，如果数据库中有可用的产品，就会在产品页面显示 Augment 按钮，否则就不显示。

该公司称每月将增加数百种产品模型。但是，如果用户需要立即使用新的产品模型，Augment 还会提供附加的三维设计服务来帮助用户创建属于自己的定制模型。

9.4 增强现实绘制引擎

除了开发工具包，三维绘制引擎也是增强现实应用的关键组成部分，是生成、编辑、绘制和操作虚拟对象的应用开发接口。虽然用于传统图形绘制和虚拟现实的引擎非常多，但针对增强现实，特别是可穿戴设备应用，还是需要进行针对性定制的。在现代游戏、虚拟现实和增强现实开发中，直接通过引擎创建已变得越来越普遍。虽然有多种引擎可供选择，但是目前有两个最受欢迎：Unity 和 Unreal，占据了增强现实绘制引擎的大半江山。

Unity 最早关注游戏开发，是一款开发门槛相对比较低的图形及游戏引擎，总部位于美国加利福尼亚州旧金山，自 2004 年成立以来，Unity 各类用户数量获得长足快速发展。Unity 是实时三维互动内容创作和运营平台，于 2005 年开始作为商业产品投入使用，包括游戏开发、美术、建筑、汽车设计、影视在内的所有创作者，借助 Unity 将创意变成现实，支持平台包括手机、平板、PC、游戏主机、增强现实和虚拟现实设备。

2013 年，Unity 全球用户已经超过 150 万，Unity 4.0 引擎已能支持包括 MAC OS X、安卓、iOS 和 Windows 等在内的 10 个平台。Unity 提供技术支持服务，通过线上问答、项目分析、现场培训等形式为中国开发者解决技术难题，企业级服务支持游戏上线。Unity 企业技术支持团队还提供各种定制服务，包括开放大世界解决方案、游戏代码加密方案、UPR 性能优化、技术美术支持等服务。中国是世界第一的手机游戏大国，同时也是 Unity

增速最快的市场之一。近年来，Unity 专为中国用户量身打造了很多产品和服务。2019 年，Unity 中文版编辑器正式推出，包含云端性能检测和优化工具，还有资源加密功能、防沉迷工具、Unity 游戏云等，让广大国内开发者使用更便捷。

Unreal 是 Unreal Engine(虚幻引擎)的简称，1998 年发布，是一款由美国 Epic Games 公司开发的开源、商业收费、学习免费的游戏引擎。Unreal 引擎非常注重三维图形绘制效果，特别是引入了很多基于底层硬件及图形处理器的高效且逼真的绘制算法。

Unreal 引擎以游戏起家，经过几代发展，在 UE4 版本上已经非常成熟，使游戏开发非常方便，UE5 更是引入了类似所见即所得的特性，是超越时代的创新。正因为功能强大，Unreal 引擎广泛应用于游戏、建筑、虚拟现实、增强现实和机械等行业。由于设计开发存在较高门槛，近几年 Unreal 引擎人才需求大增，比较热门。如果在就业市场上有前景，学习虚幻引擎就是个不错的选择。

Unreal 和 Unity 虽然是两种不同的产品，但随着版本不断迭代更新，特别是相同或相近需求场景的不断引导，它们在许多方面变得越来越相似，最大的区别在于他们的起点。总的来说，Unity 受众更多，开发门槛相对较低，但画面质量不如 Unreal；而 Unreal 受众则相对较少，开发门槛偏高，但能绘制出非常高的画面质量。

9.4.1　开发者社区方面

Unity 和 Unreal 都有充满活力的开发者社区，并且所有书籍、教程和其他材料都与大型社区一起存在，对各级开发者都有支撑。总体来讲，这两种引擎在提供学习材料方面都做得很好，学习任何一种引擎在寻找良好资源方面都不会有太大问题。相比之下，Unity 社区规模大得多，包含许多技术资料。因此，通常在回答技术问题时更容易找到经验丰富的 Unity 开发人员。Unity 还提供了有特色的应用商店，提供免费和商业脚本、模型、关卡、图形等丰富的开发资源；相比之下，Unreal 也有开发人员商店，但可用资源没有那么多。

9.4.2　程序开发方面

每个游戏引擎在开发风格与开发方式方面都有自己的特点，二者主要区别在于，Unreal 引擎的源代码可在 GitHub 上获取并使用(尽管不是技术上开放的全部源代码)，这意味着你可以自己更改引擎的任何方面，包括从头开始构建整个组件的能力；与之相比，Unity 则是封闭源代码的，除非你为源代码许可支付大量资金。当然，这种状况随着开源社区的发展也在不断改善。例如，针对两个引擎有很多应用层开发资源可以使用，许多软件开发包都是开源的。

在游戏开发方面，有两种常用的 Unreal 引擎编程方法：C++和 Blueprints。C++在其底层构建了一套完善的垃圾收集系统，并具有由 Live++支持的实时重载系统，这使 C++用起来很像脚本语言。Blueprints 则是基于可视化图形界面的编程系统，它还能够被编译为 C++代码，从而降低使用它的性能成本。基于 Unreal 引擎开发的应用生成速度比较慢。

基于 Unity 的开发方面，曾经有许多种可支持语言，如 C#，Boo(类似于 Python)和 UnityScript(类似于 JavaScript)等。近年来，Boo 和 UnityScript 的支持都被放弃了，而 C#

成为开发 Unity 游戏的主要方式。Unity 更亲民，是游戏开发业余爱好者的首选，并且在实践中取得了巨大成功。现在，基于 Unity 的许多开发都围绕着如何支持更大的项目、更高保真度的图形，以及更严格的性能控制。目前，Epic Games 公司不断扩展 UE5 的功能和潜力，为游戏开发者和各行各业的创作者提供支持。根据官方发布，虚幻引擎 5.3 为渲染、动画和模拟引入了许多实验性的新功能，渲染方面包括对核心功能的改进，电影质量级的体积渲染、正交渲染、多进程烘焙等，动画和模拟方面包括新的骨骼编辑器，提供新的面板布料编辑器和蒙皮权重传递算法，另外还改进了虚拟摄像机。

总的来讲，Unity 和 Unreal 各有千秋、各有侧重，有很多共同的目标，也保留着自己的特色。但归根到底，二者都在紧密围绕用户需求，积极主动地添加用户所需的各项功能，即使这些功能需要几年才能稳定并应用到实际工作中。Unity 和 Unreal 各自所属公司也都在加大宣传力度，在行业和个人服务市场大力推广。

第 10 章　典型领域应用前景分析

应用牵引是技术进步的最终动力。作为新型人机交互界面，增强现实的应用领域非常广泛，特别是针对与空间位置相结合的展示、引导、交互、协同等类型的应用。通过可穿戴增强现实显示设备，信息可出现在被需要的位置上，从而起到强有力的“辅助”作用。本章对这些应用进行简要概括，详细信息可以查阅相关资料。

10.1　工业领域应用

企业数字化转型的新动能在工业生产领域。针对产品复杂度的不断提升、技能娴熟工人的紧缺、设计开发与规划生产的协同不足、营销与销售绩效的压力不断增大等问题，诸多企业积极开展数字化转型的顶层设计与系统实践。但是，在制造、营销等特定领域，员工往往与企业内其他职能所依赖的信息丰富的生态系统脱节，如工厂车间的多数员工依靠传统工具和方法来收集信息和分享知识。

增强现实作为新型人机交互界面，可为工业领域的开发设计、生产制造、营销销售、运营维护等方面的人员连接数字世界和现实世界，提升企业数字化转型过程中，从多元数据获取信息的能力与水平。通过增强现实这个创新手段，可以加强员工沟通、优化人员绩效、降低生产成本、提升产品质量，同时提高效率并促进内部专业知识普及。

10.1.1　建筑设计领域应用

传统建筑设计通常采用从二维图形到三维思维转化的方法，由于二维图纸或三维模型仅体现建筑物的部分信息，而设计者对设计对象缺乏全方位、立体化，特别是完工后融入环境的思考，眼界较窄，缺乏整合思维能力，因而一些设计缺陷常被掩盖。

早在 20 世纪 90 年代初，增强现实技术就已经被应用到建筑设计领域，用户通过佩戴眼镜在房间内观察建筑物，可以通过图形方式看到隐藏在建筑物中的内部结构[182]。这个叠加在物理世界上的虚拟世界，清楚地显示了围绕在房间中的混凝土龙骨、梁和柱子的轮廓，以及嵌入其内部的钢筋，如图 10-1 所示。

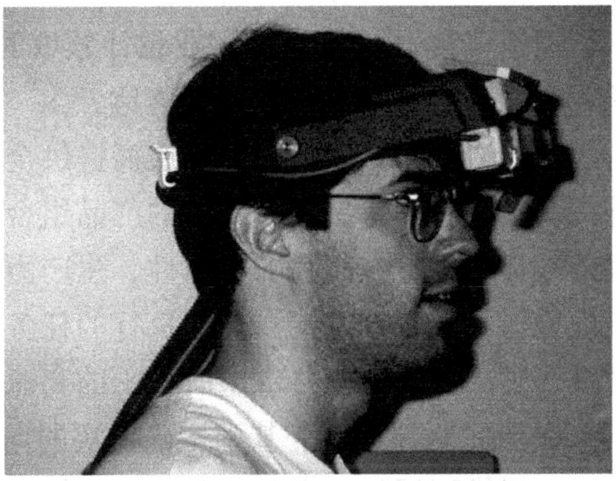

图 10-1　用于“解剖”建筑物的头戴式显示器

这套系统只是增强现实技术的早期原型，采用了隐蔽视觉显示反射技术和罗技(Logitech)超声跟踪器，所有图形处理单元可输出 720×280 分辨率图像，用于绘制上述建筑应用场景中那些没有被遮挡的三维线框矢量。计算机辅助设计领域的供应商，如欧特克

(Autodesk)、美国参数技术公司(PTC)、西门子公司(Siemens)等，都一直支持将增强现实技术应用于他们的应用程序或工具软件中。

将增强现实技术引入建筑设计，可以利用真实对象位置姿态跟踪技术和虚实融合技术，将建筑设计三维模型与真实世界一一对应，与真实的建筑周边环境融合，同时保证在设计结果中周边环境的真实性，有利于设计师对建筑设计方案做出更合理的评估(见图 10-2)。

图 10-2 通过增强现实进行建筑设计

在第 15 届威尼斯建筑双年展上，建筑师 Greg Lynn 表示，增强现实将不可避免地改变传统设计方式，让纸上作图成为历史。在设计美国馆时，Lynn 曾借助微软公司的 HoloLens 进行设计展示。HoloLens 可以让设计人员和建造人员用直观数字模型代替图纸、激光和卷尺。“这肯定会彻底改变建筑行业结构”，Lynn 说道，“相比于很多行业难以把数字图纸引入工作流程，增强现实技术更直观，更易于接受。”Lynn 认为所有建筑师只需解决一个问题——把物体从屏幕上搬到物理空间中。

传统的建筑施工图纸修改难度大，且无法直观呈现空间效果，导致施工人员难以理解图纸信息。而在建筑信息模型(Building Information Modeling，BIM)的基础上采用增强现实技术，可将数字信息植入虚拟世界，有力地填补了可视化管理平台的缺失，使得设计过程更加灵活，施工过程更加顺畅。

10.1.2 工业设计领域应用

虚拟现实/增强现实在工业设计领域的应用场景可贯穿产品的全生命周期，发展阶段也从起初的验证探索向现实环境落地。

在制造环节，客户要求制造商提供全新的创新产品，增大产品差异化，缩短交付时间并提高质量。为解决不断发展的产品组合覆盖度和复杂度问题，制造商必须建立更多生产线，或提高现有生产线的可用性、生产力和灵活性。企业越来越多地使用先进制造技术，一线操作人员和技术人员负责执行的任务种类也相应增多。复杂的产品带来了复杂的操作，拉升了员工整体技能要求，而员工的高流动性影响了优质劳动力的供给。

在装配/运维场景，基于增强现实的向导说明显著优于以往的静态参考图片。依托远程协助，三维可视化、实时诊断与反馈等功能特点，可提高按时交付率、产能利用率、首次修复率、新人培训效率，并减少返工率、废料率与不合格率。例如，在某些产品生产项目中，由于特殊情况造成生产线设备厂商技术人员无法现场指导，基于增强现实远程协同解决方案，外地专家可与本地工程师在生产现场共享同视角的视频画面，进行可视化标注，有效配合产品的装配运维工作。

在设计环节，产品设计开发和工艺规划制造部门一般独立运作，前者使用产品生命周期管理系统来管理以工程物料清单形式存在的数字化产品，后者依赖企业资源规划系统来管理制造物料清单，以及库存、部件和供应商采购等多种流程与元素。两种系统在数据需求、管理方式与数据模型上的差异，导致团队间容易出现“隔阂”，而增强现实技术提供了直观的数字化表现方式，有助于弥合设计与制造环节的差距，进而轻松高效地将产品更改从设计团队传递到制造团队，促使制造部门作为主动参与者融入开发流程，而非仅仅作为对工程设计做出被动反应的参与者。

在营销环节，以销售产品为中心向以购买体验为中心的转变，逐渐成为企业有效寻找市场并提升业绩的新焦点。相比于图片、视频等传统营销工具，虚拟现实/增强现实带来了更具互动性、更加个性化且富有差异化的营销体验。买家不仅希望看到产品，还希望能够按需交互操作，并以低成本、定制化方式来开展沉浸式测试体验。通过身临其境的交互方式体验数字产品，企业不再依赖笨重而昂贵的运输和物流等基础设施，可大大降低营销和销售中的费用开支，进而缩短销售周期，提升购买意愿与营收效率。

在工业设计方面，Peng Huaishu 实现了交互式辅助制造系统 RoMA（Robotic Modeling Assistant），如图 10-3 所示，该系统允许用户通过增强现实手段将现实世界中的物理实体模型作为参考依据，叠加到三维打印承载平台上，设计师可以操作旋转平台，交互控制机械臂构造产品模型，从而将现实世界约束直观地集成到产品设计中，允许设计师创建比例良好的有形工件或扩展现有物理实体模型[183]。

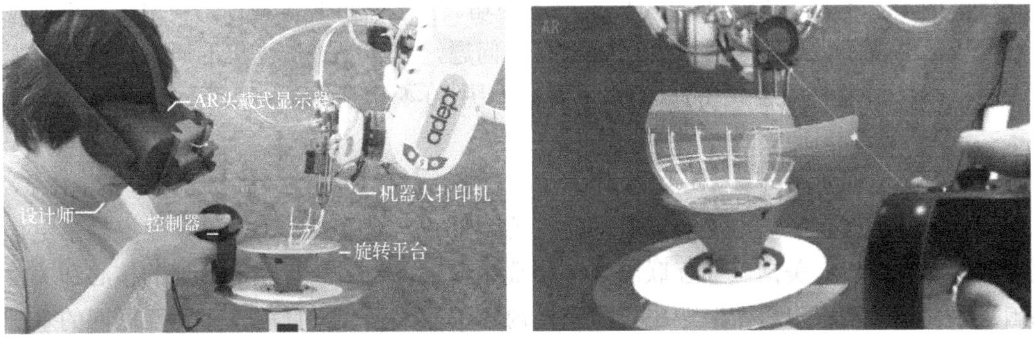

(a)　　(b)

图 10-3　RoMA 系统组成及典型应用案例图

将增强现实技术运用到设计开发阶段，可以避免传统设计方法引起的烦琐步骤，增强与客户的互动，使得产品设计更加符合客户需求。

10.1.3　装配维修领域应用

在制造业中，装配工作是复杂产品生产过程中的重要环节。装配技术旨在采用快速、灵活、可靠、低成本的装配方法来提高产品设计质量，缩短产品开发周期，节约生产成本。

传统的原型装配方法首先要制造出零件的物理原型。零件的物理原型虽然能给操作人员提供真实的装配操作体验，但其开发成本非常高，当发现产品设计不足时，通常无法在零件物理原型上直接修改，必须通过重新制造来对其改进，并反复迭代这个过程，直到得到满意的产品设计。

这种开发方式会导致产品设计周期长，成本高，尤其在以航空、航天、船舶产品为代表的复杂产品装配活动中，表现得最为明显。目前，这些典型离散型装配中的大部分工作依然由现场装配人员根据纸质的二维装配工艺信息文件手工完成，产品三维模型在研制生命周期中作为单一数据源的传递出现了断层，无法将三维装配工艺信息传递到装配现场第一线，以直观地指导现场装配工作。这极大地延长了装配时间并增加了装配出错率。

早在 2010 年，空中客车公司就启动并实施了 MOON(asseMbly Oriented authOring augmeNted reality)项目，使用工业化数字样机(industrial Digital Mock-Up，iDMU)和增强现实技术，用于空客 A400M 运输机的辅助装配过程，如图 10-4(a)所示。

(a)基于平板电脑的手持式 MOON 系统

(b)基于谷歌智能眼镜的可穿戴式 MOON 系统

图 10-4 通过增强现实技术辅助装配

MOON 项目使用平板电脑作为信息显示终端。在装备拆装过程中，使用平板电脑意味着维修人员的双手受到了束缚。为了解决这个问题，空客 A330 飞机的研发团队又开发了基于谷歌智能眼镜的可穿戴式 MOON 系统，如图 10-4(b)所示。

10.1.4 工业数字孪生应用

增强现实、数字孪生与工业互联网建设关系紧密，增强现实为数字孪生提供了更加直观有效的支撑手段。美国工业互联网联盟将数字孪生视为工业互联网落地的核心和关键。德国工业 4.0 架构中也将数字孪生作为重要内容进行了强调。目前，工业互联网的基础是实现设备的广泛连接，海量数据得以汇集，再利用算法模型对数据进行深度分析，从而获得对生产设备运行状况的认知，最后通过工业应用结合业务逻辑，把分析得出的结论转化为最佳的决策并赋予其可执行的行动，从而实现工业领域的整体优化。很显然，增强现实在上述每个环节都起着举足轻重的作用。

10.1.4.1 工厂园区管理

增强现实和数字孪生技术可将工厂建筑及周边的环境进行仿真建模，并将员工、车辆、基础设施(如路灯、车位、闸口、摄像头、传感器)等各类业务系统数据集成到可视化管理平台(见图 10-5)。管理人员可以在平台上完成对工厂内部员工生活、人车进出、安防监控，以及楼宇自动监控等方面的便捷管理。这些管理均可以通过泛在网络高效映射到物理空间中，并基于虚拟模型的分析和预测来指导决策，以制定更加合理的管理制度。

图 10-5 通过增强现实眼镜实现工厂园区操作指导

10.1.4.2 工业生产管理

在工业生产制造过程中，增强现实和数字孪生技术对生产过程进行虚拟仿真，包括但不限于研发设计、生产制造、考核评估等流程。

在研发设计阶段，系统基于大数据和人工智能技术完成需求信息的采集和筛选，在获取信息反馈后即可传递至计算机辅助设计系统进行自动建模，并将模型传递至计算机辅助工程软件进行性能评估及优化，最终通过云服务和物联网技术进行面向研究人员和用户的大规模测试，至此完成产品设计研发的全闭环流程。全流程在虚拟环境中完成，在节省大量资源的同时大幅缩短了产品研发设计周期。

在生产阶段，增强现实和数字孪生技术将流水线进行高精度仿真建模，通过工业控制系统和物联网技术实现对设备的控制，并驱动其完成产品制造。增强现实和数字孪生技术具备的预测特性可以实现故障预测和分析，并进行预先维护，从而提高生产的安全性和可靠性。在此基础上，虚拟模型和物理实体可以随时随地进行动态交互、共享数据，在算法模型的驱动下进行自我学习、自我优化、自我提升，进而不断提高生产效率。

10.1.4.3 工业经营管理

在具体的生产制造流程之外，增强现实和数字孪生技术同样为工艺改进和生产经营提供了强大助力。该技术支持将工艺结构和设备关联关系在虚拟环境中进行拓扑呈现，并通过模拟生产过程对工艺进行调整优化。利用该方式既可以迅速完成工艺的改进，又避免了改进过程中的大量资源消耗。完成对生产的虚拟仿真后，管理平台可以轻松聚合各项生产数据，比如产能、能耗及流水线产出/损耗等，对各项数据进行分析后可以评估经营效益，并在虚拟环境中进行实时模拟经营，以探索效益最大化的经营方式，并最终完成对实际经营活动的信息反馈，辅助经营人员完成决策。

可以说，增强现实和数字孪生技术为工业领域提供了“先知先觉”的管理方式。基于这种思路，可以建立智能制造工厂实验室，共同开发针对数字孪生应用的增强现实应用系统。把“5G+AR”与数字孪生技术结合起来，建立增强现实制造环境，通过数字化的方式来实现设备点检、操作示教、信息物理系统数据/结构可视化、运行状况报警与故障诊断分析等智能制造的核心功能。随着人工智能领域相关技术的快速发展，增强现实和数字孪生技术将应用得更加广泛。

10.2　医疗领域应用

在医疗健康领域，针对医生短缺、医疗资源分布不均、诊疗方式单一等现状问题，作为传统医学手段的有效补充，虚拟现实和增强现实的高沉浸性、高可重复性、高定制化，以及远程可控性等特点，有助于丰富教学和诊疗手段，降低治疗风险，提高设备利用率，促进高素质人才和医疗资源“下沉”，为医患双方创造便利条件，推动医疗准确性、安全性与高效性的持续进阶。现阶段，“增强现实+医疗”尚无法完全取代真实诊疗过程，但现已作为传统医学手段的有效补充，具备规模推广的条件，有望成为医疗行业的重要辅助技术手段之一。

Andress 等人提出并建立了一套基于增强现实技术的实时手术支持系统[184]（见图 10-6）。该系统甚至可以用于无准备的手术操作导航，建立在多模态标记，同步定位和虚实映射基础上，基于光学透视头戴式显示器和 C 形臂荧光透视设备，实现了二维 X 射线到三维虚拟对象的转换，从而提供手术指导，该系统精度与传统图像引导技术相当，同时又大大减少了 X 射线图像的采集数量和手术时间。

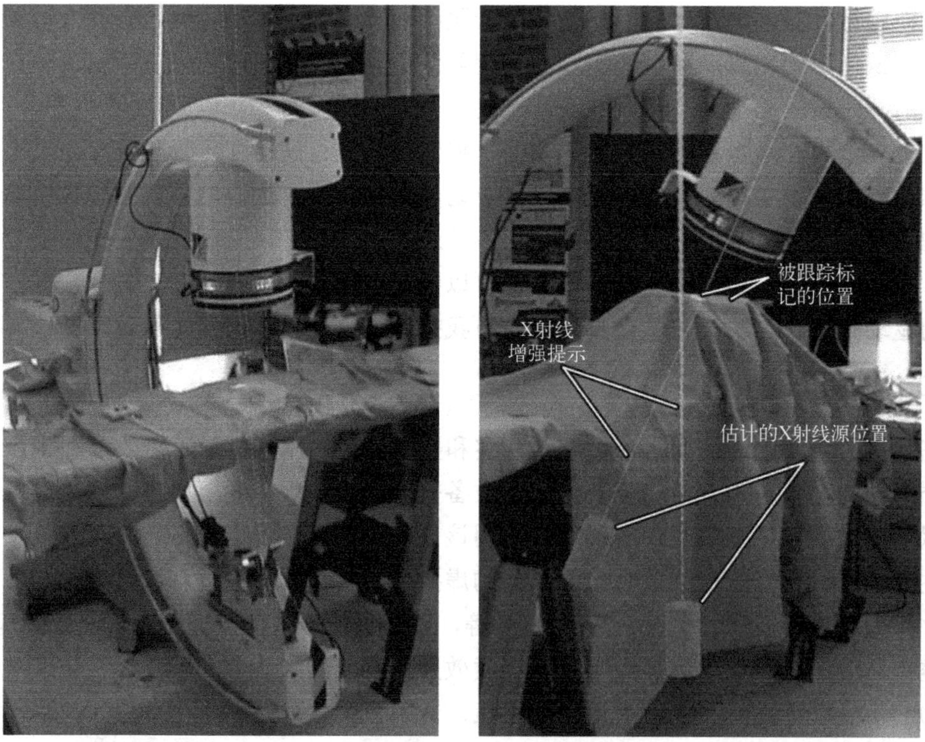

图 10-6　虚拟圆柱标识 X 射线源位置

“增强现实+医疗”广泛用于模拟医学、医疗工具、诊疗方案方面，主要涉及医学教育培训、心理精神类疾病治疗、临床诊疗强化、康复护理和远程医疗指导等业务场景。其中，基于增强现实的医学教育培训便于医学用户以更直观、高效、安全的方式学习专业知识，实践专业技能，同时有助于节省医学教育成本。例如，可以缓解医学解剖样品供应短缺的问题，帮助学生在虚拟手术台上反复练习，加快对解剖结构的理解，解决了医生职业的准入门槛高，在夯实基础知识的同时需要配合大量解剖练习，掌握实战技巧等问题。此外，可面向外科医生在重大手术前开展预案模拟和操作训练，进而对手术过程中可能出现的问题提前预知，如 Level Ex 公司曾通过对人体组织动力学、内窥镜设备光学和运动流体的现实模拟，针对外科手术医生提供了一种避免对人产生伤害的手术训练方式。具体功能包括以下三个方面。

(1) 心理精神类疾病诊治。采用增强现实疗法可免于创建真实的治疗环境，通过为患者按需模拟不同的环境场所，提供认知行为刺激或进行暴露疗法，刺激病患大脑中相关的感应区，实现了一种治疗心理精神类疾病的无药物方法，且患者可居家治疗。

(2) 临床诊疗强化。借助增强现实对患者病灶体征等进行实时模拟，可应用于临床疾病辅助诊断，达到减少疼痛，缓解患者紧张恐惧等情绪的效果，可帮助医生获取更全面的病患信息，减少患者在就诊过程中的不便。例如，手术计划协助系统可通过计算机断层扫描、磁共振、超声心动图和 C 形臂透视图像，创建器官、血管等三维全息彩色图像，借此可与患者交流病情，识别最佳的治疗方法，进行针对性的术前规划，从而达到更好的治疗效果。

(3) 康复护理。借助虚拟现实/增强现实训练内容为患者的神经系统提供有意义的刺激，同时利用多感觉训练来改善大脑的神经可塑性，从而实现功能恢复。增强现实技术让患者在虚拟环境中扮演角色，充分调动和利用患者的自主性，通过训练动作与患者进行交互。虚拟环境及时给患者进行评估和反馈，充分激发患者参与治疗积的极性，使被动治疗变为主动治疗。

此外，微软公司开发的 Caneroller 系统，创新性地将视障人员视觉性体验转换为听觉体验。MindMaze 公司专注于将虚拟现实技术、运动捕捉技术与脑机接口技术相结合，改善患着中风康复治疗；远程医疗指导通过超高清回传再现的 VR/AR 视频，结合反馈设备为远程支援医生提供更真实的病况，可为病人提供高阶会诊服务，提高手术成功率。

随着 5G 时代的到来，增强现实医疗应用的通信时延将降至 10ms 内，将应用从教学培训和辅助康复延展到时效性更强的救治和诊疗中，极大地拓宽了医疗领域应用场景，推动了救治模式革新，从而能够助力医疗资源公平化进程。增强现实与医疗结合，主要可用于以下应用场景。

(1) 全息病理讲解（见图 10-7）。通过增强现实眼镜，以三维全息形式为医生和患者双方呈现检测结果和病症病理，展现当前病症和病灶情况，同时呈现病患位置和程度，以及配套可选的救治方案、康复规划等信息，从而能够提升救治效果，降低沟通成本，减少医患冲突。

(2) 远程协同会诊。对于医疗技术欠发达或需要跨省、跨国治疗的情况，提供实时的远程智能会诊功能。通过混合现实与数字孪生技术建立的异地多人通信，可将病例与救治方案以三维形式呈现在医生与患者双方或多方的面前，并借助云端神经网络集群，对患者病情走势进行分析和预判，提供精准有效的治疗方案。通过多端全息会诊还可推动医疗资源公平化和均衡化发展，服务于更多偏远地区患者。

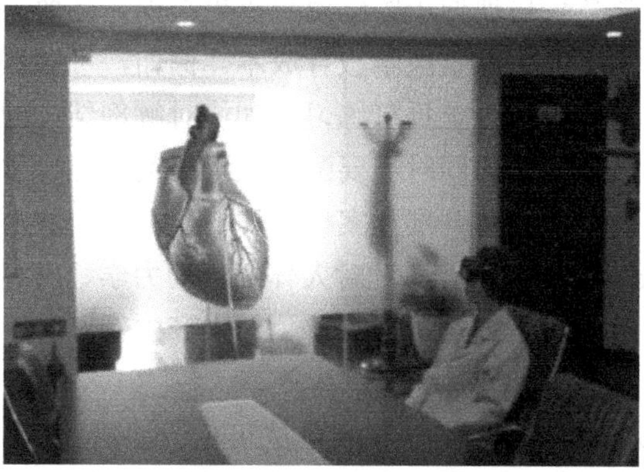

图 10-7 通过增强现实眼镜实现医疗教学

(3) 术前辅助规划。通过增强现实与数字孪生技术，在不扩大手术切口的情况下，医生可以获取肉眼看不到的内部器官的视觉和空间信息，减少并发症的发生率，手术的精确性、安全性和有效性均得到提升。

(4) 远程救治指导。凭借 5G 通信的超低时延的特性，一线抢救人员可通过智能终端实时拍摄记录伤员创伤情况，并在第一时间以增强现实直播形式传回救治中心。远端医生可对创伤进行实时三维标注，并将救治操作方法发送给一线抢救人员。由于通信时延极低，医院了解到的患者体征数据与一线同步，保证救治手段及时准确，更高效地完成救治工作。

(5) 医疗教学培训。针对典型病例和病症，通过混合现实与数字孪生技术进行全息讲解，可帮助医学院学生、实习医生、科室同事更加直观地讨论治疗方法，形成治疗方案。

2019 年，利用上海影创科技公司研发生产的医疗行业定制版 Action One Pro 智能眼镜，通过混合现实手术导航系统，在 5G 网络环境下实现了辅助医生指导脊柱外科手术。首先将 CT 扫描数据导入计算机，形成三维立体模型，医生佩戴增强现实眼镜，就可以清晰地看到穿刺针等手术器具及血管与肿瘤等的位置，大大提高了手术成功率。

10.3 教育领域应用

在教育领域，针对传统教学过程中部分课程内容不直观、难于记忆、难于实践、难于理解等现实问题，虚拟现实/增强现实有助于提升教学质量与行业培训效果。在面向大众的教育教学方面，爱德加·戴尔(Edgar Dale)的“学习金字塔”理论认为，学生对于学习情境的参与度越高，记忆就越牢固，借助体验获得知识经验的效率远高于传统教学培训方式(文字符号、录音广播、图片等)。依托虚拟现实/增强现实技术，学生通过与各种虚拟物品、复杂现象与抽象概念进行互动，得以身临其境地体验现实世界中难以实现的“实操”机会(见图 10-8 和图 10-9)，进而激发学习热情，增强注意力水平，提升知识保留度，降低潜在安全风险。此外，虚拟现实/增强现实有助于辅助教师高效授课，利用新一代信息技术，带来创新潜力。在教育部等五部门联合印发的《教师教育振兴行动计划(2018—2022 年)》中指出，“要充分利用虚拟现实等新技术，推进教师教育信息化教学服务平台建设和应用，推动以自主、合作、探究为主要特征的教学方式变革”。

图 10-8　通过增强现实直观展示太阳系的示意图

图 10-9　通过增强现实直观展示地球内部结构的示意图

在面向企业的技能培训方面，根据各类企业培训目标定位的差异，通常可分为面向任务过程的培训，多人协同设备、设施培训，以及基于人工智能的软技能培训等。

与具备标准课程设置的教育市场不同，企业市场中的虚拟现实/增强现实培训，在各垂直行业呈现高度定制化、情景长尾化的特点，且对虚拟现实/增强现实创新应用项目的投资回报要求更为明确。例如，在面向石油化工行业的职业教育领域，可以依托云平台为员工提供设备操作演练、工艺流程模拟、安全事故还原、结构原理讲解、智能巡检、技能考核等多场景的垂直行业虚拟现实/增强现实培训解决方案，旨在提高培训效果与效率。

伴随技术快速发展与迭代，主打虚实融合、多人协作互动的虚拟现实/增强现实教育装备将成为教育信息化发展的新方向。虚拟现实/增强现实技术能够很好地满足教育教学要求的清晰直观、互动性强等需求，不仅可以提供全新学习方式，还可以推动教育改革，实现以人为本、以实践为核心的教学模式，引领教育信息化。与此同时，5G 通信技术正在世界范围内逐步商用，其高速率、低时延、大容量的网络环境，将帮助教育领域营造更加丰富、全面、智能的教学场景或氛围。

国内有多家增强现实企业提供教育领域应用解决方案，已形成多套“MR+教育”综合服务解决方案和落地案例。伴随 5G 商用化落地，多家虚拟现实/增强现实产品提供商重新梳理现有可用技术和应用框架，推出了“5G+MR 全息教室”解决方案(见图 10-10)。

图 10-10 某中学全息教室

目前，已经有很多虚拟现实/增强现实相关企业构建产业生态，开展技术研发及应用落地。增强现实和数字孪生技术的应用，通过将身临其境的体验带入课堂和其他培训环境，极大地提高了知识保留度，以及教师和学生的参与感。5G 技术逐步成熟，未来会与教育行业擦出新的火花，从而全面实现教育的数字化转型升级，让多种新技术更好地服务了教育培训。

10.4 文娱领域应用

针对传统文娱领域应用体验的互动性有限、社交性不足、体验性单一等问题，增强现实支持融合型、分享型和沉浸型数字内容与服务，有助于围绕信息技术融合创新应用，实现信息消费升级，培育中高端消费领域新增长点。增强现实在文娱休闲中主要用于商超、旅游、社交、游戏、剧集与活动直播等应用场景。作为高频次、大流量、趋势性的消费场景，智慧商业综合体能够汇集人流、物流、资金流和信息流，是推广信息化应用和培育新型信息消费模式的理想试验田。以数字化赋能实体商业，以流量平台激活实体商圈，以增强现实场景引领消费新时尚，是推动消费业态推陈出新，深化商旅文体协同，提升综合体、消费者和商户的获得感，满足人民群众对美好生活的需要的关键举措。

在智慧旅游方面，增强现实实景导览与虚拟现实行前预览，丰富了景点的游览方式，营造了沉浸式的互动体验。例如，通过将莫高窟景区文物与风景融合呈现，华为河图[①]实现了自动识物的自助讲解、文物复原、场景再现等功能，帮助游客对景观概要“知其然，亦知其所以然”。在线上社交方面，增强现实通过手势识别、虚拟化身、表情识别等更个性化、更具表现力、日益丰富沉浸的互动形式，突破了传统线上社交的体验瓶颈，提升了网络社交体验。

增强现实和数字孪生技术凭借丰富的表现力，可帮助传统旅游景区、展览、活动等文

① 华为河图，是华为的数据虚拟化引擎。2019 年，华为在深圳举办全球数据基础设施论坛，宣布全面启动数据基础设施战略，并开源数据虚拟化引擎——华为河图。

创场景，摆脱传统视频和图文的导览形式，营造全新的互动和游览体验。很多科技企业通过这些技术构建四维可视化空间应用，将文化和旅游深度结合，为文旅产业打造数字化未来(见图 10-11)。

图 10-11　通过增强现实和数字孪生技术实现参观导览的示意图

以下列出了这些技术在景区的一些可能应用前景。

(1) 文化历史重现：通过增强现实和数字孪生技术，还原景区历史文化的经典故事场景，游客可以身临其境地了解景区文化。

(2) 经典场景还原：还原经典电影场景、景区特色特效场景、古战场等特定情景，为景区游览提供超越时空的体验。

(3) 点评系统实时反馈：实时查询景区项目的网络热评，通过可视化操作帮助挑选最佳游览线路。

(4) 科幻未来体验：5G 时代下，四维影院已经不能满足日渐丰富的科技体验，增强现实和数字孪生技术将助力景区展现充满想象空间的未来世界。

(5) 景区博物馆讲解系统：传统讲解器与人工讲解弊端重重。虚拟博物馆的提出，使数字科技下的讲解系统与动画演示虚拟导游相融合，颠覆了传统展现形式。

(6) 实景演艺增强：给实景演艺添加 360° 沉浸式体验特效。

(7) 超强特效交互：交互特效遍布景区，为景区提供全新活力。

第 11 章　军事领域应用前景分析

20 世纪 90 年代初，美国率先将虚拟现实技术应用到军事领域。军事领域是虚拟现实和增强现实技术发展的原动力，并且至今仍在为这些技术落地应用提供着广阔的市场。因此，可以毫不夸张地说，虚拟现实和增强现实最早的需求都在军事相关领域。正是在军事作战领域的强大需求牵引才使得这种成本高昂贵技术变得逐步普遍应用于各领域。增强现实技术在军事领域的应用前景非常广阔，指挥员/士兵佩戴增强现实设备后，可以通过虚实结合的方式，在不借助其他介质、不转移视线的前提下，实时感知战场态势，有利于其做出快速决策，从而颠覆以往的作战指挥模式。

本章首先详细讨论分析了增强现实技术在军事领域的应用潜力，分为战场态势感知增强、新型作战指挥模式、模拟仿真训练应用和装备辅助维修应用等，重点梳理了美军这些年的技术成果及应用验证报道。然后，结合作者的研究方向，分别针对电子沙盘指挥控制和班组战斗协同两个方面给出了具体案例，以期达到抛转引玉的目的。

11.1　典型军事应用需求分析

增强现实作为一项重要的颠覆性技术，目前已经应用到很多军事相关领域中，并取得了令人瞩目的成果。随着基础研究和应用研究的日趋深入与成熟，增强现实技术在战场上将得到更广泛的应用，增强现实头戴式显示器（以下简称头盔）作为增强现实最主要的技术载体，在实战化训练、装备维修、态势感知、指挥控制、武器打击引导等方面广泛应用，对现代作战模式和训练方式产生了重要而深远的影响[185]。目前，美国、英国、法国和以色列等国家都十分重视增强现实技术在军事领域的颠覆性提升作用，并开展了相关理论、技术和应用的研究，取得了显著成效。

11.1.1　战场态势感知增强

面对未来作战条件下复杂、强对抗、数字化的局部战场，态势感知将成为左右战争胜负的关键。在现代化战争中，强大而快速的态势感知能力有助于先敌发现、先敌决策和先敌攻击。例如，装甲透视技术是军用可穿戴增强现实装备提高战场态势感知能力的典型案例。装甲透视技术是借助车载分布式传感器和先进智能头盔等系统，利用信息融合、虚拟/增强现实、通信导航等技术，将战场信息投影在头盔或车载显示器上，使装甲作战乘员能够在封闭甚至无窗的驾驶舱内，“透过”装甲车辆外壳，获得对车外环境的实时态势感知能力，完成驾驶车辆与指挥作战等任务。装甲透视技术是装甲装备态势感知技术发展的飞跃，将大幅提升装甲车辆舱内人员作战能力，对提高装甲装备的生存力和智能化水平产生重要影响，有望促进新一代装甲装备作战模式的新变革。目前，国外装甲透视技术的主要应用方式是乘员佩戴专用头盔，所有信息均被投射到其显示单元上。美国、英国和以色列等国家均在开展装甲透视技术研究，推出多款可提供全景图像的装甲透视系统，并在坦克、战斗机等多种作战装甲上取得应用。

美国国防高级研究计划局启动了“地面 X 战车”(GXV-T)项目，旨在不依赖传统装甲防护的情况下提高未来战车的机动性、生存性、安全性和综合效能。作为第二阶段的研究成果，该项目的多个供应商于 2018 年 5 月在阿伯丁(Aberdeen)试验场演示验证了多种潜在突破性技术的新进展[1]。作为该项目的供应商，霍尼韦尔公司基于其在飞机驾驶舱研发方面的丰富经验，利用虚拟显示仪表板取代车窗，为驾驶员配备专用显示设备，用车内环绕式显示器呈现车辆周围战场 360° 高清全景图像，并利用增强现实技术叠加来自各信息源的关键信息，增强驾驶员的传统视觉感知能力，使其能“透过”车辆装甲外壳获取周边战场态势信息。这种透视装甲技术的演示效果如图 11-1 所示，驾驶员依靠虚拟现实系统所提供的“视觉呈现场景”，以超过 56km/h 的车速在崎岖道路上成功完成了驾驶任务。

图 11-1　GXV-T 战车的外部和内部效果图

这项测试是用 160° 视场进行的，美国国防高级研究计划局的最终目标是实现 360° 全覆盖视场。美国陆军和海军陆战队都在关注装甲透视技术的发展，美国陆军还提出在下一代坦克上采用装甲透视技术来提供更快、更强的态势感知能力。除此之外，美国空军在 F-35 战机上部署了光电分布式孔径系统。该系统通过藏于机头上前方、左方下腮、右方下腮，以及机身下前方、上后方、下后方这 6 个位置的红外传感器，实现了飞机周围 360° 态势感知。F-35 战机的飞行头盔拥有第三代头盔显示系统(HMDS)，可以在只佩戴头盔的情况下全面了解整架飞机的当前状态和飞行姿态，如图 11-2 所示。

英国贝宜陆上和武器系统(BAE)公司在传统喷气式飞机驾驶舱技术的基础上，研制出战场视图 360 系统。该系统由安装在车辆外部的摄像头、传感器，以及可穿戴头盔组成，能够将三维地图数据与其他战场信息融合，与头部运动同步生成战场全景视图，显示在头盔的透明眼镜显示器上。该显示器仅遮住一只眼睛，从而保留乘员在坦克内的正常视觉感知能力。该系统采用开放式架构设计，能无缝集成于现有和未来的装甲装备上，其技术核心是数字场景生成系统，可校勘、追踪和显示车辆乘员所关注的信息，并通过二维或三维视图呈现，从而赋予士兵“透视能力”，即使身处坦克之中，也能有效地观察外部战场环境。如图 11-3 所示。

① 阿伯丁试验场是美国陆军的一个兵器试验中心，位于美国东部马里兰州。该试验场是美国历史最悠久的兵器试验中心负责为美国陆军常规武器进行检测，训练军械人员，也承担对外国陆军武器性能数据进行检测的任务。

图 11-2 F-35 战机的光电分布式孔径系统

图 11-3 战场视图 360 系统

战场视图 360 系统于 2015 年在英国防务展上展出，并在 CV90 装甲车①和布雷德利步兵战车②上进行了验证性演示，目前正在开展更广泛的用户测试。BAE 公司还致力于将战场视图 360 系统与无人机进行集成，通过从空中侦察地面状态来进一步增强操控人员的态势感知能力。

以色列埃尔比特系统公司以作战飞机上成熟的传感器和系统架构设计为基础，集成了英国费朗蒂技术公司的头盔显示器，以及先进的感知、C^4I 和告警等技术，在 2017 年研制出“铁视”(Iron Vision)头盔系统。该系统可收集来自车辆内部与车辆周围不同来源的信息，增强显示和跟踪乘员感兴趣的目标特征，包括距车辆数米远的站立或爬行的人员，以及 150～300m 范围内的机动车辆，并以全彩色、零延迟模式将高清图像投射在乘员头盔上，使车辆乘员能“透过”车辆装甲获得全面实时的战场态势感知能力。该系统的主要技术特征是：具有无缝 360° 视场，使用了增强现实技术和头部追踪技术，利用先进失真校正算法解决图像畸变与长时间佩戴所产生的晕动问题，具备“观察-锁定-发射”和夜视等功能。

① CV90 装甲车，是 20 世纪 80 年代末期瑞典研制装备的履带式步兵战车，基本型车的车身长 6.471m，全宽 3.192m，炮塔顶部高 2.5m，重 22.6t。从 1985 年开始研制，1989 年完成试验测试，1990 年开始批量生产，1993 年正式装备部队。除装备瑞典陆军外，该战车的各种型号已出口到多个国家。

② 布雷德利步兵战车，又称 M2 步兵战车，是 20 世纪 70 年代美国研制的履带式步兵战车，车体采用全焊接结构的混合装甲制成，作为一种重型战斗装甲车辆，可以独立作战，也可以协同坦克作战。M2 步兵战车于 1974 年 11 月开始研制，1978 年 12 月向美军交付试验样车，从 1983 年 3 月开始正式投入使用。

以装甲透视技术为主的封闭舱内作战能力是以色列梅卡瓦 MK4 型主战坦克[①]的主要升级内容之一，升级后的坦克称为梅卡瓦 MK4 型“巴拉克”（或称“闪电”），如图 11-4 所示。

图 11-4　透视装甲示意图

除了飞机、坦克等封闭装甲作战单元，美军针对陆上作战人员开发了一款野外增强现实系统，使得陆上机动作战人员能够通过该装备，具备对周边环境的实时态势感知能力。相对于需要低头查看的二维地图或者智能手持终端装备，士兵能够看到虚拟的图标（例如导航路径关键点、蓝军兵力部署、作战飞机等目标）实时叠加到真实物理战场中。

Applied Research Associates 公司（ARA）研发的这款 ARC4 系统使用增强现实融合引擎，配合头部位置姿态跟踪传感器、网络管理软件和新型用户交互界面，在用户周边视野环境上叠加虚拟图标信息。此外，该系统还实现了白天使用穿透式显示器与晚上使用夜视镜的有机集成。图 11-5 给出了该装备样机的佩戴效果，以及用户看到的虚实融合界面，该装备目前采用了以色列 Lumus 公司生产的光学显示器件进行了验证。

图 11-5　美军 ARC4 系统使用效果

11.1.2　新型作战指挥模式

指挥员是战场兵力、火力及能量运用的核心，无论是冷兵器时代还是热兵器时代，以至于将来的无人化战场，指挥都是战争制胜的关键，而指挥员对战局的清晰掌控及对作战快速指令的下达则成为关键中的关键。

---

① 梅卡瓦主战坦克是 20 世纪 70 年代末期以色列研制生产的一种主战坦克，是世界上经历实战次数最多的主战坦克之一。梅卡瓦 MK2 型主战坦克于 1983 年 12 月交付以色列陆军，后续不断更新升级为多个型号。

如果将增强现实技术应用到联合作战指挥信息系统中，则可以允许身处异地的各级作战指挥机构和指挥员，同时观看、讨论战场，共享统一作战视图，并对战场中的作战单元进行控制，实现整个战场信息的高度共享，这将更有利于各级指挥员快速、准确地理解上级作战意图，精确下达作战指令。通过基于增强现实技术的作战指挥系统，作战指挥机构和指挥员能实时掌握战场态势和各作战单元的最新情况，从而及时做出正确的作战决策。

2017 年 5 月，美国海军在其官方网站宣布，由海军研究办公室(Office of Naval Research，ONR)主导的“增强现实炮手头盔”(GunnAR)项目，已于 4 月在“邦克山”号导弹巡洋舰上完成演示和测试工作(见图 11-6)。海军作战发展司令部(Navy Warfare Development Command，NWDC)的技术专家组表示，该系统的各项战术指标达到或超过预期，并在随后举行的 2017 年度“三叉戟勇士”军演中进行了广泛试用和数据收集。

图 11-6 GunnAR 系统在海军舰船上的适用场景

GunnAR 系统旨在为海军舰炮武器操作人员的战斗头盔整合基于增强现实技术的抬头显示能力，并提供高度集成的声学和视觉信息，使其能够更迅速且精确地识别、跟踪和打击目标。此外，为了在暗夜、雨雾等低能见度条件下正常观测目标，GunnAR 系统还配备了红外成像组件，使用者所获得的信息将实时上传至平板电脑中进行分析和存储。

该系统能够在嘈杂而混乱的作战环境下帮助海军战斗人员更有效地工作。参与测试的海军士兵表示，在 GunnAR 系统的帮助下，舰船在执行驻泊、警戒和反恐等任务时，指挥员可通过平板电脑看到武器操作员的实时观测情况，快速甄别目标并及时下达开火命令，从而大大缩短了反应时间，降低了误伤概率。这种增强现实应用方案旨在解决战斗中舰艇炮手接收视图和解释命令时所面临的挑战。在传统指控系统中，当舰上环境嘈杂时，往往指挥链路支离破碎，指挥员与炮手，以及炮手与助手之间的沟通十分低效，而这种增强现实解决方案则通过由头盔传达清晰的视觉信号，解决了声音干扰等问题。

如图 11-7 所示，炮手能够在其视野内看到 FRIE(射击)等叠加显示的命令。图像中也可以指示目标位置及其属性信息。为了将这种方法应用于下达射击命令，混合现实与战斗空间开发实验室某负责人表示，他们正在尝试更加有效的叠加方法，从而使其在战斗中表现更佳。这种增强现实应用使炮手和舰桥上的指挥员能够有效协同并做出最佳打击决策，加速了信息在目标、炮手和指挥员之间的流动速度，避免了混乱，减少了误解，降低了延迟。

图 11-7　GunnAR 系统的指挥控制应用示意图

上述战术头盔与混合现实与战斗空间开发实验室的 360° 训练场等其他的混合现实应用研究工作在同步推进。在这种针对作战指挥的 360° 训练场中，通常包含的要素有武器、坦克等装备，以及其他士兵的协同配合。其场景生成过程为：首先利用 360° 摄像头进行拍摄并生成全景数据，然后将这些数据加载到一个虚拟/增强现实头戴式装置中，从而提供真实感的作战指挥环境。利用这种沉浸环境能够对作战指挥员进行能力评估，或者进行针对性的实战化训练。这种训练方式能够帮助作战人员更真切地体验战场，从而真正提升其应对突发事件的实战能力。

此外，美国陆军战斗能力发展司令部(CCDC) C^5ISR 中心展示了增强现实沙盘技术(ARES)，该技术采用增强现实、虚拟现实和投影显示等技术，在室内环境下实现对电子沙盘的多维度综合显示，支持多人之间进行协同标绘和指挥，图 11-8 展示了作战人员佩戴增强现实眼镜 HoloLens 后看到的作战沙盘画面，这种指挥模式有望应用于作战规划和指挥，提高部队战斗能力。

图 11-8　支持多人协同指挥的增强现实作战沙盘画面

11.1.3　模拟仿真训练应用

沉浸式技术是虚拟现实和增强现实发展的最终目标之一，借助头戴式显示设备，沉浸式技术能将用户的视觉和听觉相对封闭起来，从而产生更好的虚拟视听效果。同时，沉浸式技术借助数据手套还可以为用户提供虚拟的触觉感官，通过语音识别器为用户提供可以替代真实环境的理想模型。

与传统的静态物理沙盘和作战地图相比，沉浸式军事训练系统不受场地限制，能在参训人员眼前呈现出包含网络、电磁等跨时空的立体动态场景，从而提供一种身临其境的“现场感”。以沉浸式数字单兵虚拟体验系统为例，它能为士兵提供包含山地、丛林、沙漠等场景在内的沉浸式虚拟战场环境，参训士兵只需携带各种传感设备，选择不同的战场环境和任务方案，就能在系统中体验到实战训练的效果。在这样的沉浸式训练系统中，导调人员同样可以临机设置不同的战场环境和突发情况，训练结束后回放观察训练过程，从而推动军事训练向实战化和信息化靠拢。

早在2002年，美军就推出过针对单兵训练的沉浸式游戏，也非常重视沉浸式军事训练系统的研发和应用。美国耗费巨资开发的“陆军步兵训练系统”，是首个投入使用的沉浸式训练系统(见图11-9)。该系统允许9名士兵同时参与训练，其组成包括：可穿戴计算机、人体位姿传感器、具备光学瞄准镜的仿真武器等，能提供山地、丛林和沙漠等典型战场环境，并能如同在真实训练场上使用各类枪支弹药。由于该系统支持对所有参训人员进行统一作战环境、统一作战任务的反复演练，从而大幅提高了训练效果。美军组织实施的“军官虚拟现实教程”则专门用来训练作战指挥员，仅需5个月的沉浸式训练，就能初步培训出具有战术专家素质的指挥员。

图11-9 美国陆军步兵训练系统

美国海军曾经专门开发了“虚拟舰艇作战指挥中心”系统，能逼真模拟舰艇作战指挥环境，提供生动的视觉、听觉和触觉效果。2017年，美国海军陆战队采用了新型室内模拟射击训练系统，使射手的精准射击技能提升到了更高水平。这种新型武器训练模拟器采用三维投影和功能增强的训练模式，引入身临其境的高保真音响和视觉效果，这些都有助于弥补室内模拟与真实世界之间的差距，从而为海军陆战队提供更完善、更现实的训练体验，也更加适应现代战争的复杂性。

美国海军陆战队已将此系统配发给海军陆战队基地、预备役部队驻地、两栖运输船坞部队和世界范围内的两栖攻击舰部队。虚拟现实和增强现实所模拟战场环境的复杂性和细节要求不断提高，以至于非常接近实战水平，并且逐步与实战训练叠加甚至融合。越来越多的研究表明，这种模拟战场可以提高士兵的战场认知能力，提高训练效率，节省训练时间，同时基本上不影响士兵的正常机动作战。

增强现实系统除了用于单兵训练，在班组训练中的应用也极大地提高了综合训练效能。在增强现实技术应用研究上，美军海军研究办公室已经进行了十多年的实践，先后投入几千万美元研发出增强沉浸式班组训练系统，如图 11-10 所示，用于支撑班组的实兵对抗训练、呼唤火力训练和近距离空中支援训练。该系统还可与实兵交战系统结合使用，让虚拟的飞机、车辆、士兵和火力效果准确投影到真实地形环境上，这样就能在训练场任意地点仿真生成敌人目标和效果，操控的飞机可以从多个角度和方向进入“战场”，而不是事先指定的进入点，这样的仿真环境更加接近实战，并且真正达到了虚实融合的目的。

图 11-10　增强沉浸式班组训练系统

增强现实技术用于训练不仅能大幅提升训练效果，还能显著提升训练效益，降低训练成本。

11.1.4　装备辅助维修应用

装备维修一般都是在可控的环境下进行的，这非常适合目前增强现实技术的应用条件。美军对于增强现实引导军事装备维修十分关注。美国空军早在 2007 年 8 月，即联合空军研究实验室（Air Force Research Laboratory，AFRL）、哥伦比亚大学等研究机构启动了维护修理领域的增强现实研究计划，旨在加强对户外增强现实系统和支持分布式协同操作的增强现实系统的研究，用以提升装备维护和维修训练的效果。

2015 年，由美国国防部拨款的数字化制造和设计创新研究院（Digital Manufacturing and Design Innovation Institute，DMDII）发布了 7 大研发项目，其中之一就是基于增强现实和可穿戴计算的生产维修车间布局。该项目实现的功能是通过增强现实显示设备，实时展示和共享实物、模型、设计图纸等信息。利用多通道人机自然交互技术，使得处在异地的多人之间可以实时互动，沟通交流设计思想，修改与改进设计方案。通过这种增强现实系统，可以将装配维修的标准工作流程指南准确地呈现给用户，提高工作效率。微软公司的增强现实眼镜 HoloLens 已获得美国 NASA 的垂青，作为 Sidekick 项目的关键工具，已用在空间站中。Sidekick 项目能够帮助宇航员更快地掌握空间站的维修技术，适应空间站环境，从而缩短训练时间，提升工作效率。

在武器装备维修中应用增强现实技术时，可以通过虚实融合精确定位不直接可见的零部件并将其可视化，确认要进行测试的零部件并进行修理或替换。这样不仅能帮助维修人员迅速熟悉和掌握各种武器装备的维修技术，也能使整个维修过程标准化和规范化，从而减少维修人员的培训成本，降低装备拆装、保养和维修的难度，提高维修保障效率。

在航空维修和航空制造领域，美国波音公司首先将增强现实技术应用于飞机制造中的电力电缆的连接和连接器的装配。据报道，DART510 型航空发动机应用增强现实维修系统后其维修时间可缩短约 56%。

2003 年 Starmate 系统和同期的增强现实辅助维修系统 Arvika（见图 11-11），展示了增强现实技术在复杂机电系统维修和飞机航空装配领域的巨大应用潜力。Starmate 系统由欧洲共同体发起，并由 6 个公司（分别属于法国、西班牙和意大利）和 1 个德国的研究所共同研究和完成，其主要功能是帮助维修人员实现快速组装和维修操作。该系统在操作者输入简单指令后，能够通过视频和语言提示，指导操作者完成相关程序，该系统最终在欧洲某型号飞机的机翼组装生产线上进行了验证。Arvika 系统是由德国教育研究部（BMBF）资助的，主要用来指导飞机、汽车的装配和维修。欧洲航空防务与航天公司（European Aeronautics Defense and Space Company，EADS）利用 Arvika 系统来解决欧洲某型号战斗机的布线问题，操作工人可以通过语音调用虚拟提示，轻松地按照每步的提示，完成在 1m×6m 工作板上的高密度布线工作。

图 11-11 增强现实辅助维修系统 Arvika

此外，加拿大皇家海军与 Kognitiv Spark 公司合作，希望使用增强现实技术来改善海军舰船的维护和修理。该公司打算在其软件解决方案中整合多项技术，包括三维内容、人工智能、物联网数据和增强现实等。作为合作关系的重要内容，开发的增强现实软件使用混合现实远程辅助支持系统，帮助技术人员改进舰艇上的装备维护和维修。

11.2 美军的集成视觉增强系统

美军的集成视觉增强系统（Integrated Visual Augmentation System，IVAS）在 2018 年开始组织研发，主要是受到可穿戴近眼显示、先进微型传感器、边缘计算及智能处理等相关技术的推动，旨在增进机动士兵/班组的跨领域战斗力，同时增强步兵的态势感知能力，试图打造具备非对称作战能力的单兵武器系统。IVAS 将指挥控制、通信、位置和情报等系列关键信息集成起来，实现了单兵和分队层级全天候态势感知，并将士兵获取的数据融入局域网，从而能够优化部队编组并提高杀伤能力。

IVAS 单兵集成视觉增强系统由美国陆军与微软公司联合开发，具有微光夜视、红外夜视、融合成像、离轴射击、任务规划、三维态势显示、空间标记导航、自动语言翻译等多种功能。这套设备由微软增强现实眼镜 HoloLens、单兵计算单元、电池组、班组无线电、班沉浸式虚拟训练器、战术云包、云服务、适应性小队构架、士兵绩效评估系统等集合而成。之所以重点讨论该系统，主要是近年来相关概念广受关注，很多科研单位、军工企业都想抓住机会并对标该系统，开展概念设计和技术研发。

美军率先提出了作战概念，引领了很多阶段的军事变革，但美军同样非常注重理论、技术与实践相结合，进而组织新型科研样机的研发，从而将新型作战概念落地落实。这些做法也在 IVAS 的研制过程中得到了落实，研究团队与部队紧密结合，组织了多轮迭代研究和应用。

1. 在空中突击分队中的应用

美国陆军在试验使用 IVAS 护目镜，有效支撑 UH-60 黑鹰直升机上的士兵执行空中突击任务(见图 11-12)。基本使用流程为：安装在飞机、无人机或地面车辆上的摄像头获取战场实时视频，通过无线方式将其投射到士兵的 IVAS 护目镜上，快速感知着陆区域和周边地形的最新态势。

图 11-12　UH-60 黑鹰直升机遂行空中突击任务

IVAS 护目镜基于微软的增强现实眼镜 HoloLens，可以通过机载加密 WiFi 或战术无线网络接收来自不同传感器的视频源。IVAS 护目镜还包含热成像和夜视传感器，使士兵能够在视觉遮蔽环境，如夜间或浓雾中进行观察。2021 年，在亚利桑那州尤马试验场进行的 Project Convergence 21 实验中，美军测试了这种实时视频引接能力，士兵可以通过 IVAS 护目镜获取黑鹰直升机底部摄像头的实时视频(见图 11-13)。

在 UH-60 黑鹰直升机上，IVAS 护目镜可以通过机载加密 WiFi 网络接收数据。当士兵们走下直升机时，会自动切换到本地战术无线网络中。飞行员可以使用运行 ATAK(Android Team Awareness Kit)软件的平板电脑与佩戴 IVAS 护目镜的士兵协同分享任务信息。ATAK 是一个开源地图程序，允许军事人员共享地理空间信息，例如敌我双方的位置。美国陆军设想，随着直升机接收数据，佩戴 IVAS 护目镜的士兵将获得战场的持续更新信息。例如，将发现的威胁位置重新广播给佩戴 IVAS 护目镜的士兵。

图 11-13 佩戴 IVAS 护目镜的士兵

2. 在旅级装甲战斗队中的应用

2022 年 8 月 24 日至 25 日，美国陆军某 Stryker 旅战斗队（Stryker Brigade Combat Team，SBCT）在华盛顿州的刘易斯·麦科德联合训练基地（Joint Base Lewis/McChord，JBLM）进行了为期两天的城市突袭战演习。

演习重点是将美国陆军 Stryker 装甲车中先进的通信和视觉增强技术与单兵集成视觉增强系统 IVAS 护目镜进行多方面的衔接配合，进行关于“战场”的敌方和友方位置、导航信息，以及高分辨率夜视和热成像信息的互动演练，旨在接受士兵反馈，并将其改进计划纳入该系统的进一步开发任务中。

地面作战系统项目执行办公室某负责人表示：所试验的新技术依托战术可扩展 MANET 波形，将战场态势数据传输到战术前缘，提供给单个士兵和车辆，并将这些系统有机融合在一起，以便每个人都能掌握其他人员的情况。作战班组通过发送消息、叠加图层、下达任务等，获得了以前只能在指挥所里才能拥有的更好的作战能力。该负责人还说，“通过增加多种车载/携行摄像头可实现 360° 态势感知能力，例如不仅能够接入枪瞄图像，以及单兵头盔前后的微型摄像头，还能在车辆周围安装具有日间和夜视侦察能力的高清摄像头。佩戴 IVAS 护目镜的士兵能够在执行任务过程中随时调用这些摄像头获取的信息，即使在封闭的车中也可实时掌握车辆周边情况。此外，通过设置还可以切换到战术地图模式，以便获取任务区域及周边战场的态势。”

演习高潮部分是由一个战斗排驾驶五辆 Stryker 装甲车，近距离执行城市突袭任务，以夺取并清缴建筑物内部的残敌。此时的作战场景非常适合 IVAS 护目镜的运用。地面作战系统项目经理兼产品负责人表示：以前这种规模的作战行动需要连级或更高层级的任务单元完成，但在 IVAS 护目镜新扩展功能的配合下，一个排的兵力即可完成上述清缴任务。

11.3　电子沙盘指控应用案例

俗话说“知己知彼，百战不殆”。对于各级指挥员来讲，能够使用沙盘实时掌握战场全局或局部态势，从时间和空间维度上清楚敌我兵力及武器装备部署，将为作战方案的快速制定与调整优化，提供直观有力的决策基础；而对前出作战班组甚至机动作战士兵来讲，能够以局部沙盘的形式，实时了解周边敌我目标及潜在危险，将为适应瞬息万变的战场局势，完成既定作战任务，提升战场生存能力起到非常关键的作用。

11.3.1　电子沙盘应用背景

沙盘(Sand Table)在《军语》中的定义为：用沙土或其他材料制成的地形模型；根据地图、航空照片或实地地形，按一定的比例尺制作；通过布以兵棋，显示作战双方情况，用于研究地形、敌情、作战方案，组织协同和军事训练等。

沙盘技术本质上是对地理区域的模拟再现[186]。实物沙盘，特别是沙土沙盘，曾经是早期战争中指挥所里的关键设施，也是指挥员和参谋人员了解战场兵力分布、推演作战计划的重要工具。历史上众多军事指挥员都曾在沙盘上进行过模拟推演作战。在我国，利用沙盘的历史已有 2000 多年，据说在秦始皇的陵墓中，考古人员曾经发现一个大型地理沙盘，其中不但有山川、高岭，还有古代城池等实物模型，并且其中的河流、海洋是用水银来模拟的。1811 年普鲁士军事顾问冯·莱斯维茨男爵发明了战争游戏“兵棋”(Wargame)，使用带有黏性的胶泥制成军事战场三维模型，仿照真实的场景，展现了交战时双方的地理环境，包括河流、道路、村庄等。

随着信息化能力的不断提升，实物沙盘逐渐被二维电子地图，甚至三维电子沙盘所取代。然而，即使是电子沙盘，也需要计算机及屏幕显示、投影等众多设备。这些笨重的附属设备仅适合在固定指挥所或在机动方舱中进行部署，其展开和撤收流程相对复杂。

增强现实技术为军用电子沙盘的生成提供了先进的视觉呈现手段，使得指挥员在不影响正常观察的前提下，能够获取根据真实数据生成的虚拟沙盘信息。

11.3.2　应用案例框架设计

下文讨论一个应用案例。该案例主要结合科研实践，为使机动班组指挥员/士兵在前出战术行动中获取局部战场三维态势，将人、无人机和无人车等装备进行信息集成，利用现有通用增强现实眼镜，将完整的作战概念演示出来，供相关专业人员参考借鉴。

关于生成的三维虚拟沙盘的具体指标包括：覆盖面积不小于 $3km^2$，影像精度不低于 0.2m/像素。

三维沙盘包含重建的三维地形高程信息，支持将识别和感知获取的目标位置实时叠加在三维沙盘上，从而让指挥员/士兵能够感知当前战场态势，支撑侦察作战和指挥控制应用。指挥员/士兵佩戴增强现实眼镜，通过无线方式获取实时生成的三维局部战场态势，可以在机动状态下完成对侦察情报及战场态势的直观感知和快速认知，可以通过多种交互手段实现对其他作战单元(士兵或各种无人装备)的指挥与控制。

增强现实电子沙盘典型场景部署如图 11-14 所示，侦察指挥车携带无人机自主起降装置，在接近目标区域后，通过无人机地面控制软件设定侦察区域，智能规划侦察路径后，无人机在自主起降装置上“一键式”起飞并飞抵目标区域上空，依托无线通信网络实时地将图像序列传输到机动计算单元(可以部署于侦察指挥车，也可部署在其他承载平台)上，快速将侦察图像进行正射影像拼接和三维重建,从而获取关于目标区域的地形和影像数据,按照地理信息标准进行分层和切片处理，以实现在三维地理信息平台上快速添加。这些信息可按如下两个渠道发送。

(1)传给后方指挥所。指挥人员可以在指挥信息系统软件上看到目标区域最新的三维地理环境，以及叠加到地理环境上的当前战场态势，从而能够支撑态势监控、作战筹划和指挥控制。

(2)传给机动指挥员/士兵。这些作战人员可以利用增强现实眼镜，在需要时，通过简单操作即可在视野中看到当前区域的电子沙盘，再依托其他传感信息感知实时战场态势，从而实现对作战单元进行指挥控制。

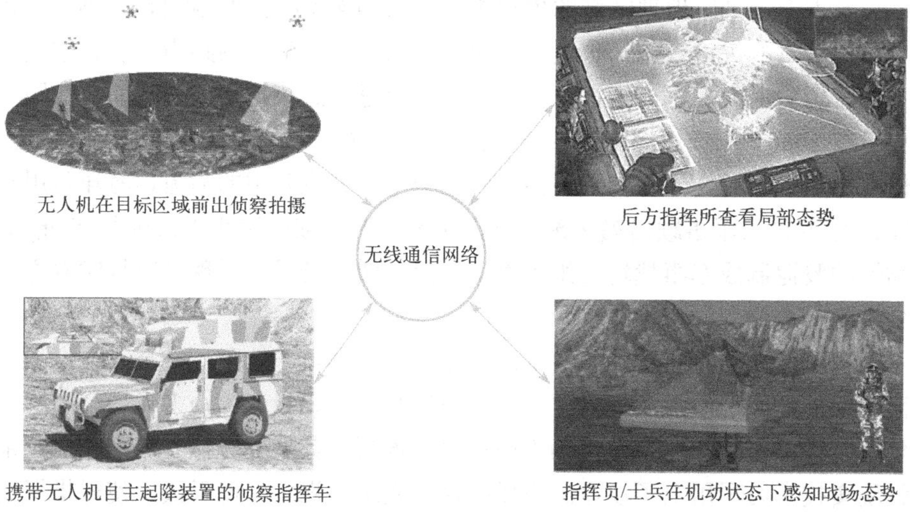

图 11-14 增强现实电子沙盘典型场景部署示意图

11.3.3 主要信息处理流程

图 11-15 给出了这个应用案例的主要信息处理流程。由机动指挥员/士兵选择目标侦察区域，通过无人机地面控制软件进行巡航路径规划，并将其自动注入待起飞的无人机中；无人机自主起降平台接收任务控制指令，打开机舱，升起并放飞无人机；无人机打开光学成像载荷，启动拍摄进行光学图像采集，并实时将帧图像传输到地面控制端，地面控制端接收影像数据后，进行正射影像实时拼接并完成地形三维重建，同时依据数据标准进行增量瓦片数据切割，以服务形式提供给应用端。

对于固定或机动指挥所中的指挥人员，可以接收瓦片数据服务，在计算机上实现当前战场态势，支持侦察指挥应用；对于机动士兵/指挥员，可以通过混合现实显示单元，在机动状态下查看三维电子沙盘并进行指挥控制。

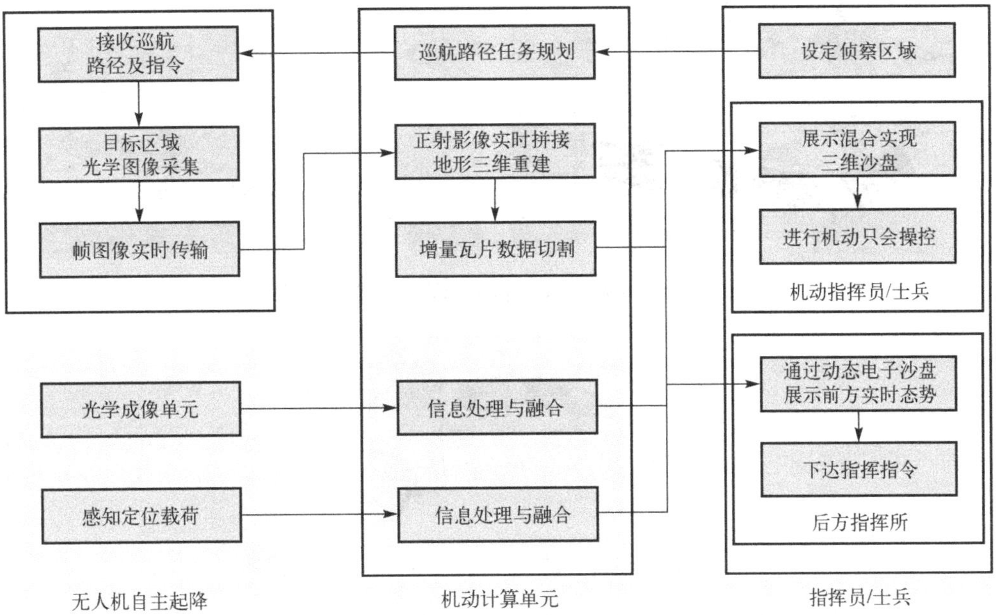

图 11-15　主要信息处理流程图

11.3.4　典型场景应用验证

结合典型场景，这个应用案例主要对以下几方面的功能进行了集成和验证。

11.3.4.1　车载无人机自主起降功能

侦察指挥车搭载的无人机自主起降平台在接收到地面遥控设备发送的无人机侦察命令后，将会自动打开舱门，将无人机由机舱内升起。无人机依据地面遥控系统规划好的航线进行自主巡航，并将高清图像通过图像传输链路实时传输至数据处理服务器，通过正射影像拼接服务组件完成全景影像的实时拼接，并将拼接结果传输至侦察指挥应用软件。

无人机自主起降装置的设计示意图和实物外观图如图 11-16 和图 11-17 所示，其主要功能特点如下。

(1) 含有车载外部支架，能够通过支架固定在越野车顶上，也可以固定于机动拖车上，通过拖拽方式实现机动携行；

(2) 能够支持无人机自主起飞和降落；外部提供封闭盖子，无人机起飞期间盖子自动打开，无人机回落之后，盖子自动关闭；

(3) 无人机回落后，支持将其自动精确复位并固定，以便进行机动；

(4) 支持通过差分定位等手段引导起飞的无人机自主回落，在受到外界通信干扰的情况下，支持基于视觉技术引导无人机精准着陆；

(5) 在接收到飞行任务指令后，起飞前能够自主将无人机升至平台顶部；回落后能够自主将无人机降落至机舱内。

图 11-16　车载无人机自主起降装置设计示意图

图 11-17　车载无人机自主起降装置的外观示意图

11.3.4.2　战场环境快速三维重建功能

使用无人机能够航拍视频(离散帧图像)流及对应的定位数据，能够快速生成用户可定义分辨率的、带地理坐标和纹理信息的正射图，从而帮助用户全方位查看场景全貌，或更直观地定位异常所处位置。影像拼接功能一方面能够准确地建立所采集图像的指定像素与实际地理坐标的对应关系，实现对感兴趣目标的精准定位；另一方面能够快速实现场景的三维建图，帮助用户直观地查看航线覆盖区域的地形。其输入输出示意图如图 11-18 所示。

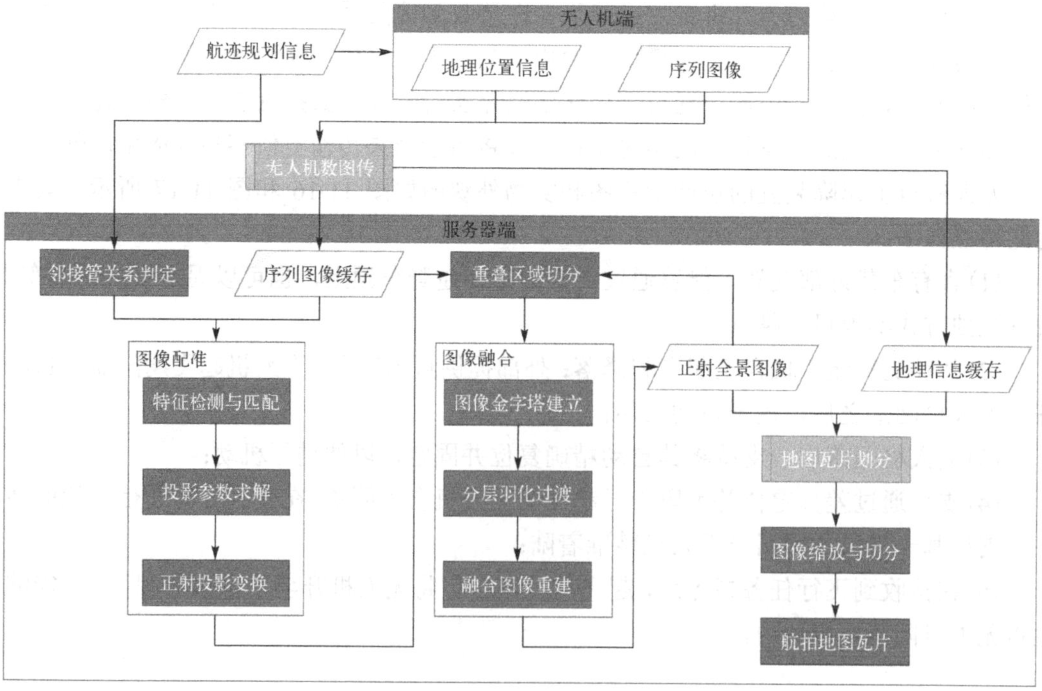

图 11-18　全景影像拼接处理流程图

该方法的输入是无人机获取的航拍帧图像及对应的北斗坐标，输出是高分辨率的二维正射影像图，并采取瓦片地图服务(Tile Map Service)方式切割，以便按照增量方式传输给侦察指挥应用软件。其中，输入帧图像流和精简的输入数据可以确保无人机更高效地工作，算法适用性更高，而高分辨率的输出结果则能够反映更多细节信息，构建更准确的场景地图。

该方法的基本功能优势如下。

(1)拼接处理速度快。在同等硬件测试环境，当指定输入输出图像分辨率一致时，拼接速度大幅度提升。

(2)辅助定位精度高。拼接算法融合了图像信息和 GPS 信息，在实际应用中，拼图可以有效地辅助定位，建立原始输入图像与拼接得到的整体地理坐标之间的关系，其定位的准确性与 GPS 精度基本保持一致，因此具有较高的定位精度。该功能在实际使用中可以实现两类问题的定位：①指定原图任意点位置，则可以输出该点对应的实际 GPS 坐标，以定位异常目标位置；②指定实际场景中某一点的 GPS 坐标，则可以输出该点在哪个原图中的哪个位置。

(3)拼图细节保持较好。拼接算法允许用户指定拼图结果输出的分辨率。分辨率越大则细节表现越好，且能够构建出准确的正射图、高程图，并输出对应分辨率的所有细节信息。

(4)对硬件配置和输入数据的要求较低。拼接算法内部加入了内存自适应机制，在算法处理过程中会根据硬件配置自动调整每次处理数据的大小，有效地避免了内存不足问题。另外，输入数据只需包含常规的视频流及精简的 GPS 数据，从而确保了无人机高效工作，算法适用性更高。

该方法的技术参数要求如下。

(1)基于图像处理服务器处理 1920×1080 分辨率实时视频，拼接滞后时间不超过 1min；

(2)拼接后的正射影像增量瓦片数据切割输出(从拍摄到正射影像实时拼接并转化为瓦片输出)时间不超过 2min；

(3)拼接影像中的目标定位精度不超过 10m。

(4)拼接影像像素分辨率不超过 0.2m；

(5)具备多无人机影像、多线程并行拼接能力，支持无人机数量不少于 3 架；

(6)针对 $3km^2$ 局部区域，正射影像拼接时间累计不超过 5min。

(7)支持影像数据后处理功能。基于图像处理服务器，可一次性处理 300 张 6000×4000 分辨率的航拍图像，输出原分辨率的三维模型的总耗时小于 15min。

11.3.4.3 战场态势感知与指控应用

图 11-19 给出了车载指挥员/士兵的侦察指挥模式；图 11-20 给出了在作战状态下的机动指挥员/士兵的侦察指挥模式。

图 11-21 是基于国产增强现实眼镜生成的混合现实沙盘系统原型，这些数据如果能够接入真实情报信息，就可以生成真实的战场三维态势。

在班组战斗协同行动中，可以通过卫星、无人机或其他情报侦察手段，及时获取交战区域的地理环境、双方态势和目标位置等信息，这些信息可以通过虚拟三维电子沙盘的形式呈现，而士兵在野外机动作战状态下难以通过计算机、平板电脑或战术终端进行查看，此时可以通过态势增强呈现方式，将虚拟三维电子沙盘以虚实融合的方式锚定到视野前方(可以放在已知标记或物体上)，并且这种方式支持多角度自由观察，士兵可以通过手势、语音、眼动和肌电等方式，或者使用光标手柄对虚拟三维电子沙盘中的目标进行指示、协同，甚至下达作战指令。

图 11-19 车载指挥员/士兵侦察指挥模式

图 11-20 机动指挥员/士兵侦察指挥模式

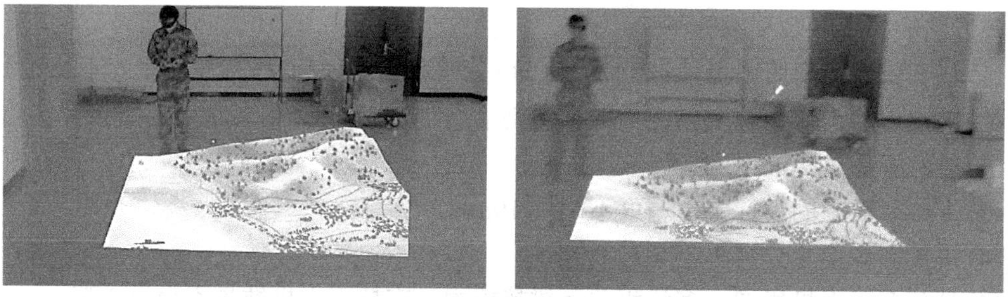

图 11-21 室内环境下的混合现实沙盘系统原型

11.3.5 案例实践总结分析

结合这个应用案例的实现过程、试验和试用，总结如下。

1. 编配部署模式

这种作战模式非常适合机动班组前出侦察作战。如果将来能够与无人机、无人车和地面机器人等无人平台装备进行整合，就可以打造非常先进的人机混合班组作战模式。具体描述如下。

(1)机动指挥员/士兵佩戴的增强现实光学显示模块可嵌入智能头盔中，并内置战场态势处理及增强现实软件；

(2)前出机动车辆(也可以是无人车)平台可搭载无人机自主起降装置，并内置小型旋翼无人机及成像载荷、通信载荷、定位载荷等；

(3) 伴随式侦察指挥车(机动指挥所)，可搭载移动计算服务单元，并内置无人机路径规划及控制软件、战场三维环境快速生成软件，以及态势展现和指挥控制软件等(编配车载指挥员或士兵)。

2. 系统主要优点

这个概念原型能够适应未来人机混合班组新型作战模式，使士兵与无人装备之间实现高效协同，具有以下五个方面的优点。

(1) 自主性。重视在侦察作战过程中的自动化和智能性，最大限度减少人为干预。此外，小型旋翼无人机成本较低，适合危险区域和不适合人类生存的环境，能够最大限度地减少人员伤亡。

(2) 实时性。处理过程一定要快速，特别是针对诸如前方可能遇到目标威胁、道路阻断等突发状况，需要让指挥员或后方指挥所尽快了解最新状态，只有及时处理才能达到应急效果，体现必要性。

(3) 高清晰度。无人机飞行高度在 100～300m 之间时，搭载高清晰成像载荷所获取的图像精度小于 0.2m，甚至可达厘米级。达到这个层级的图像精度时可识别地面上非常小的目标，从而实现对战场环境一览无余。

(4) 精确性。关于目标识别及其位置确定，因为所用无人机支持北斗导航及差分定位，可近似融合视觉相对定位数据，无人机获取的信息支撑局域场景拼接及三维重建，重建后的模型精度会进一步提高，重建后的区域环境会叠加到作战标绘地图上，识别目标后，目标位置将被精确标注。

(5) 便携性。对于机动作战状态下的指挥员/士兵来讲，通过增强现实光学显示模块与智能头盔的一体化设计，便可以实现对战场实时态势的感知，从而实现泛在指挥控制。

3. 技术难点问题

当然，上述内容只是初步流程和基本概念，搭建的也只是非常简单的原型系统，为了将这个系统推向实战，还需要重点解决以下四个方面的问题。

(1) 虚拟沙盘的快速生成问题。在机动作战条件下，快速感知并生成三维虚拟沙盘是非常关键的。这需要借助机动计算单元实现对无人机影像的快速增量处理。目前，对于无人机正射影像拼接和地形重建，在测绘领域有研究基础，但是无法解决快速问题，而这一点恰恰是机动作战的关键所在。因此，必须优化处理流程、提高算法效率，确保实现准实时性要求。

(2) 战场态势的实时构建问题。只有在虚拟沙盘上叠加了敌我双方装备及兵力情况，才能体现战场态势，也才能为指挥员决策提供支持。对于我方装备及人员，可以通过定位信息及战术通信网络，将状态及属性信息按照一定时间间隔传输到指挥环境中，并动态叠加到虚拟沙盘上；而对于敌方或未知信息，则需要通过无人机的图像自动识别及定位，以及其他战场侦察传感器获取的信息来获得，甚至可以将后方情报库中的信息及指挥控制指令传送到机动指挥员/士兵的视野空间中。

(3) 虚拟沙盘的精确定位问题。目前的增强现实眼镜都基于对场景识别后的视觉 SLAM 技术，从而实现对观察者头部的精确定位定向，有些增强现实眼镜还补充采用了结构光等其他室内手段，因此这种方法严重依赖于场景的丰富程度，特别是场景内的物体应该在

3～8m的范围内，从而确保这些场景特征能被很好地聚焦和跟踪，而这种场景设置对于大多数室内环境是没有问题的。但是，未来作战更多处于室外环境，室外场景的开放性为目前增强现实眼镜的跟踪定位技术带来了严峻的挑战，这也是目前增强现实眼镜难以直接用于室外环境的重要原因。

(4) 虚拟沙盘的光学呈现问题。增强现实光学单元采用自由曲面或波导技术，实现从发射单元到人眼的光路控制，而这种光路的转化率是非常低的，因此，在实际室外环境下，这些虚拟场景的光线很容易被物理世界真实物体的光线所覆盖，特别是在强光照射的条件下。需要强调的是，即使是室外所用智能终端的液晶显示屏，在强光照射下都没有很好地解决这类问题，更何况是经过复杂光路变换的增强现实光学器件，因此在这个方面真正解决问题还有漫长的路要走。

11.4 班组战斗协同应用案例

信息化条件下，战场态势千变万化，战机稍纵即逝，“以快打慢”将成为未来局部战斗的主旋律。而未来小规模局部作战将是大体系支撑下的精兵作战，任何战斗行动都不是单枪匹马能够完成的，不仅需要强大的后方战略、战役级情报及火力支援，更需要班组内部、班组之间、岗位之间密切配合，真正实现“1+1”远大于 2 的目的，从而带来新质战斗力的生成。增强现实本身是一种新型的人机、人人交互界面，这也为未来人机混编班组战斗中的高效协同提供了创新性手段。

11.4.1 战斗协同应用背景

战斗协同(Combat Coordination)在《军语》中的定义为：各种作战力量共同遂行战斗任务时，按照统一计划在行动上进行的协调配合。通常以担负主要战斗任务的战术兵团或部队、分队为主，按照任务(目标)、时间、空间、电磁频谱等进行组织。战斗协同的目的是确保各种战斗力量协调一致地行动，发挥整体作战效能。

这里所指的“战斗协同”主要针对前出作战班组或小规模作战分队而言，其目的是实现团队内部信息高效传达和行动默契。确切地说，“战斗协同”是指在具体任务行动中，士兵个体之间，以及士兵和无人装备之间的协同配合问题。协同是一个军事组织不断迭代决策的过程，是完成指挥控制的重要组成部分，战斗协同的重要性不言而喻。伴随信息技术的发展，人、武器平台、作战单元及其构成的网络带来信息共享为协同提供了条件，其中指控单元之间的协同已成为军事组织提升战斗力的重要手段。据统计，在海湾战争中，美国超过95%作战行动的胜利是在协同配合的情况下取得的。与之对比，也有很多由于协同问题导致发生误伤误炸、战力内耗、贻误战机等情况。

11.4.2 应用案例框架设计

增强现实技术能够将与位置相关的虚拟信息(对象)和现实世界(战场)进行无缝融合，这些信息(对象)由士兵通过可穿戴光学显示单元同步感知，并通过战场无线自组织网络及分布式计算单元进行快速传输、并行处理和协同共享，从而达到在不影响士兵作战正常视野的前提下，实现整个班组对战斗协同认知增强的目的。

随着可穿戴光学透视显示、移动计算单元、无线自组织网络传输和战术云存储技术的快速发展，针对机动班组作战背景，面向士兵及机动指挥人员的可穿戴指控装置及新型战法的研究成为热点。在遂行局部战术行动时，满足实时条件下的高效协同，成为制约人机混合班组战斗胜利的瓶颈。利用增强现实可穿戴设备及软硬件系统，将改变传统士兵及指挥员依托手持显示终端的现状，使之完全沉浸在“所见即所得”的战场信息中。通过虚实融合，实现士兵对战场感知和认知能力的增强，并且不会影响士兵的正常视野和战术动作，这种方式将颠覆传统士兵及班组作战的指挥控制模式，实现“所见即所得”的 OODA 作战循环①，极大地缩短士兵从感知到决策再到实施行为的响应时间，具有广泛的适用性。

将增强现实技术应用于战斗协同，能够实现机动士兵跨时空维度的交互协同，所获得的信息是与战场环境目标同时出现的，对于紧急信息可实现无延迟。在这种作战模式下，局部战场对所有我方作战士兵是完全可视化且极度透明的，多种来源的情报信息与目标实际空间位置无缝融合，全部按需呈现给作战士兵，这将为指令上传下达、情报获取传输、信息交流共享和任务协同执行带来巨大的影响。

如图 11-22 所示，士兵 A 和士兵 B 通过获取后方推送的情报信息，大致了解当前战场态势，执行战场侦察任务，发现目标 B、C 或 D 的信息后，回传至战术云存储计算环境，使之可被共享。

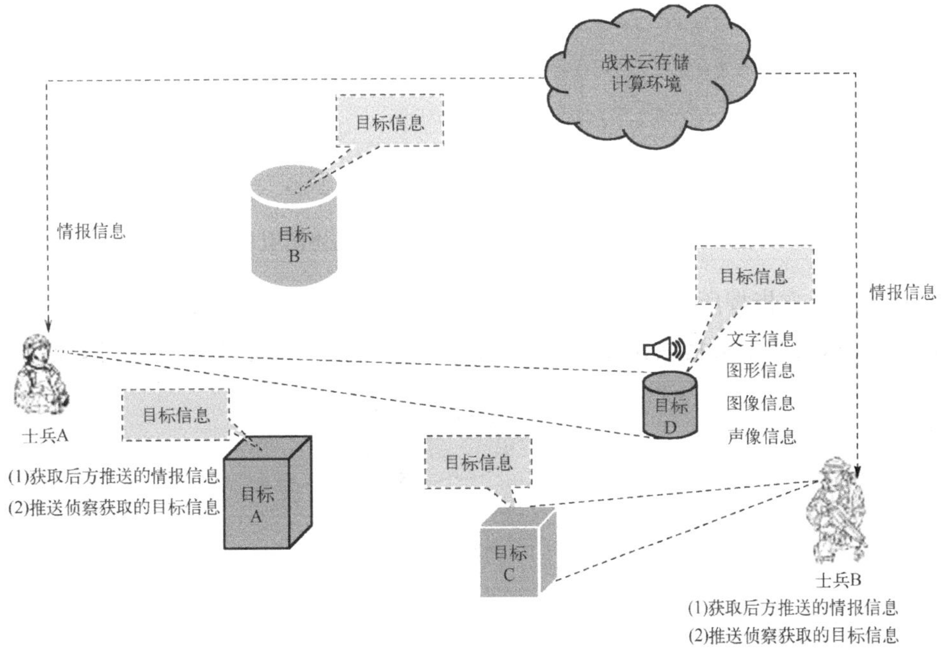

图 11-22 士兵通过增强现实可穿戴设备“透视”战场

① OODA 循环由观察(Observation)、判断(Orientation)、决策(Decision)、执行(Action)的英文首字母组合得名，也称博依德循环。其基本观点是武装冲突可以看成敌对双方互相较量谁能更快、更好地完成“观察—调整—决策—行动”的循环过程。因为双方都从观察开始，观察自己、环境和敌人；基于观察，获取相关信息，根据感知的外部威胁及时调整系统，做出应对决策，并采取相应行动。

11.4.3 典型场景应用验证

结合上述分析讨论，下面简单列举两个增强现实技术在班组战斗协同方面的典型作战场景。

(1)多人之间进行战斗信息协同的场景。为简化描述过程，以下以两位士兵的情况为例(见图 11-23)。在班组战斗行动中，负责侦察引导任务的士兵 A 发现敌方目标及位置信息，需要后方士兵 B 利用武器进行协同精确打击，此时士兵 A 可以通过符号、标注、语音等方式，在目标位置处进行标注，这些信息通过无线网络以虚拟对象形式立即呈现到士兵 B 的视野中，从而实现协同精确打击。这种协同方式还可适用于士兵 A 和士兵 B 本身并不可视甚至相互之间不掌握相对位置，以及士兵 B 与目标之间存在障碍物等多种情况，并且此时士兵 A 和士兵 B 之间的信息协同是实时的。

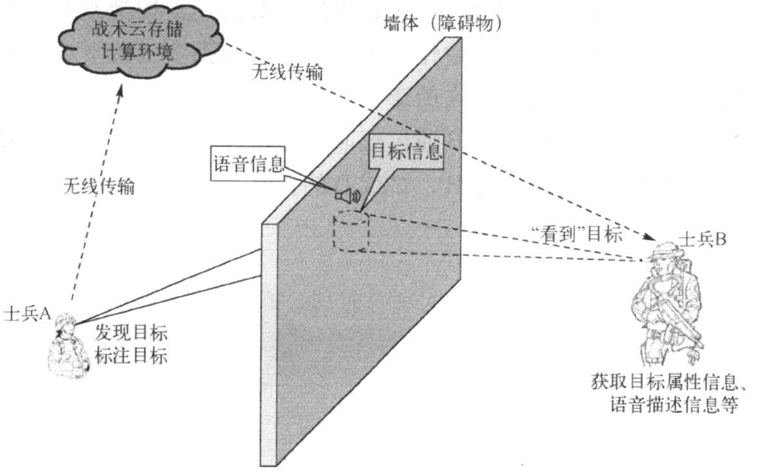

图 11-23 通过增强现实完成士兵之间的协同引导打击

(2)士兵与后方指挥所之间的信息协同如图 11-24 所示。未来士兵作战班组进行局部行动，将是大体系支撑下的精兵作战，那么后方实时侦察情报信息及指控信息如何精确传达

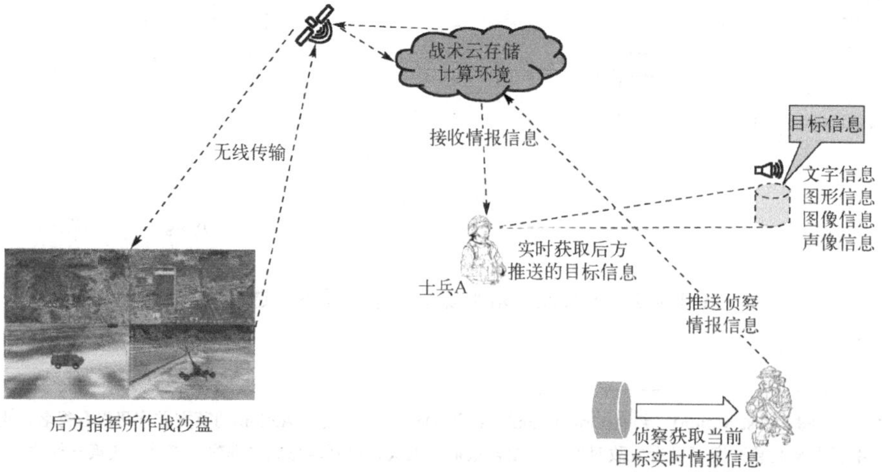

图 11-24 利用增强现实技术，实现前方士兵与后方指挥所之间的信息协同

到前方机动士兵，将成为至关重要的环节，并且这些信息还应该与目标位置信息进行空间关联。这种信息协同是双向的，一方面，后方可以将多源渠道获取的前方目标信息推送到相应士兵的视野空间中，引导士兵进行精确定位、辨别和打击；另一方面，前方士兵也可将获取或遇到的情况以图形、文字、语音等多种方式，连同即时位置信息发送给后方，后方指挥所可在精细化态势地图上进行观察，以调动更多作战资源和火力打击。

11.4.4　主要技术难点分析

通过增强现实可穿戴装备实现班组成员之间的战斗协同，这里只给出一些想法和概念，真正将其应用到实战还有较大差距，还要解决实际应用中的很多难题。此外，实现战斗协同是在室外环境中进行的，所以除了上文提到的难点，还有一些技术难题需要攻克。

1. 共享坐标空间问题

增强现实需要建立基于数学坐标的空间参考坐标系，虚拟对象能够正确地投影，方能实现虚实融合，这就要将真实世界(战场、环境、人员和装备)和虚拟世界(虚拟信息、虚拟对象)全部纳入这个参考坐标系中。这个问题看似能够解决，但是由于增强现实对精度要求非常苛刻，因此在实现过程中将面临机制、算法和工程实现方面的严峻挑战。

我们在这里仅仅讨论基本思路。通过公共场景或物体，实现变换矩阵的自动计算，从而将多个士兵纳入统一参考坐标系中，这为数据传输、信息呈现和协同共享奠定了数学基础。注意，这里所谓的“公共”并不强调同时看见，而是允许在不同时刻“看见”，而这里的“看见”也并不要求士兵一定用眼睛看见，只是部署在士兵战斗协同装置中的摄像头拍摄到即可。如图 11-25 所示，假设士兵 A 拍摄到物体 S，则可以通过视觉 SLAM 技术自动计算其相对于 S 的变换矩阵 $\boldsymbol{T}_1$。同样，士兵 B 拍摄到 S，也可以自动计算其相对于 S 的变换矩阵 $\boldsymbol{T}_2$。那么，如果以此时刻士兵 A 所在位置 $\boldsymbol{X}_1$ 为参考坐标系原点，则士兵 B 所在位置 $\boldsymbol{X}_2$ 坐标的推导过程如下：

$$\boldsymbol{X}_2 = \boldsymbol{T}_2^{-1} \cdot \boldsymbol{T}_1 \cdot \boldsymbol{X}_1 \tag{11.1}$$

需要强调的是，$\boldsymbol{T}_1$ 和 $\boldsymbol{T}_2$ 并不一定需要同时计算，只要能够分别得到这两个变换矩阵，就能将其他时刻所有关于士兵 A 和士兵 B 的位置轨迹变换到统一参考坐标系中。

2. 网络传输延迟问题

我们都知道，人在实际运动过程中，其视野空间中的内容变化非常快，特别是战场环境中的机动士兵大多采取环绕扫视方式搜索作战目标并判断威胁，此时必须将周边的“虚拟”信息快速呈现在增强现实光学单元上，以便士兵能够通过虚实融合方式看见。对于已经存储在本地的“虚拟”信息，要完成高效的内外存加载和调度；而对于还处在战术云存储计算环境中的此类信息，则必须通过战术自组织网络按需要快速地传输到本地。这种网络传输的延迟指标是非常苛刻的，原则上必须控制在毫秒级。下面简要讨论数据的预先加载策略。

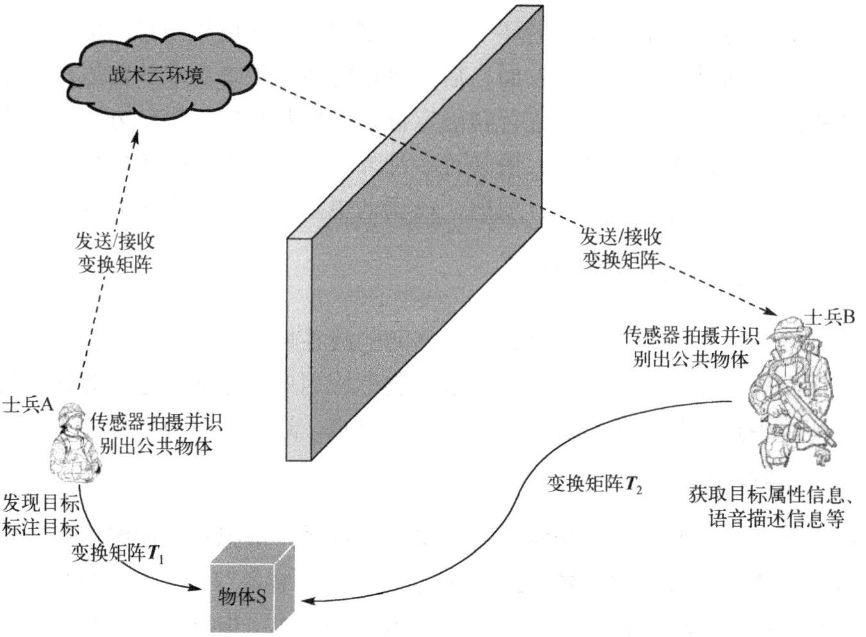

图 11-25 参考坐标系的构建过程示意图

图 11-26 提供了一种网络虚拟信息的高效推送策略，即根据士兵的视距及打击目标范围，将战场环境划分成规则的平面网格，网格具有固定的长度和宽度。虚拟信息按照这种网格进行存储和索引。当士兵机动到某地并需要观察周边环境时，通过自组织网络将周边一定范围内的网格内信息推送到士兵所携带的本地存储计算单元中，并根据机动方向及速度，利用预测算法进行估计；当士兵机动到其他位置时，可以自动判断并将需要更新的网格内信息推送给士兵。这种预加载策略及增量更新方式，减小了网络带宽需求，有效缓解了网络传输延迟问题。

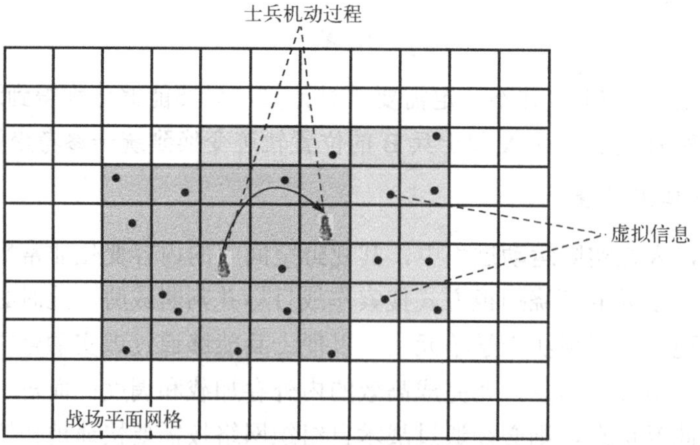

图 11-26 基于战场平面网格的虚拟信息预加载策略示意图

3. 协同交互手段问题

在战斗协同过程中，即时情报信息及交互指令的表达、采集或输入同样非常重要。处于机动状态的士兵可能手握武器、时刻关注周边威胁，很难通过传统键盘文字方式将获取的信息直观地表达出来，此时需要通过多种交互手段支撑此类信息快速输入与形象表达。例如，可以用一段语音进行描述，或者通过语音识别将其自动转化为文字，或者通过军队标号(简称军标)标识目标类型，还可通过拍照方式进行形象化补充表达；最后，还要将这些生成的信息放到正确的空间位置，以便与实际目标关联起来，此时可以通过手势、眼动等带有方向和意图的交互手段给出大致位置。此外，还可通过目标自动识别方式从图像中确定目标区域，从而获得其空间位置并将信息进行自动放置。

目前，多模态人机交互手段的实用化还面临诸多困难，特别是针对机动场景和非合作环境下的识别问题，还有很多技术难点尚未很好地解决。但是，通过融合多种模态对人的交互意图进行直观有效的表达，是实现战斗协同必须经过的环节，因此交互手段对这种协同模式的应用起着非常关键的制约作用。

11.5　协同标绘应用案例

军标标绘是指以军队标号作为军事情况表示的图形语言，利用手动或自动的标注手段将敌我企图、决心部署等战术情况，标注在地形图、航空照片或电子沙盘等各类传播载体上的过程[187]。在战场态势可视化的不同发展阶段，都有与之相适应的标绘方法，来实现战场态势的可视化[188]。

11.5.1　协同标绘应用背景

军标标绘作为拟制军用文书、表达首长决心、组织指挥作战、记录战场情况、反映战场态势、总结作战经验的一种重要手段，贯穿于作战行动的始终。研究军标标绘是军事信息化发展的要求，对增强战场感知具有重要的意义[189]。基于增强现实的三维军标标绘依托于增强现实技术实现三维可视化，能够在三维场景中显示军事目标的各种信息，表达战场人员的指挥意图。

协同标绘在原有标绘的基础上增加了多人的协同功能。协同标绘允许多个指挥员同时对战场态势做出标绘响应，也可以修改其他指挥员已标绘的军标，从而实现真正意义上的研讨。同一时刻，不同的指挥员对战场态势有不同的判断和指令，通过协同标绘，指挥员们可以将自己的想法反映在战场态势上，并能够让其他指挥员通过标绘的方式了解自己的作战意图，以便研讨时根据标绘内容提出综合的作战意图。

11.5.2　应用案例框架设计

基于增强现实的电子沙盘协同标绘，能够同时满足多人对电子沙盘上的军事要素进行操作，支持指令下达与协同处理，从而实现异地多人针对同一战场态势的协同标绘和同步呈现。为了更加真实地展现协同标绘功能，同时也为了提升用户的沉浸式体验，可以加入虚拟化身技术，即对人体动作进行三维重构。系统框架可以分为四部分：电子沙盘增强呈现、三维军标动态标绘、多元自然媒介交互协同和虚拟化身动作重构(见图 11-27)。

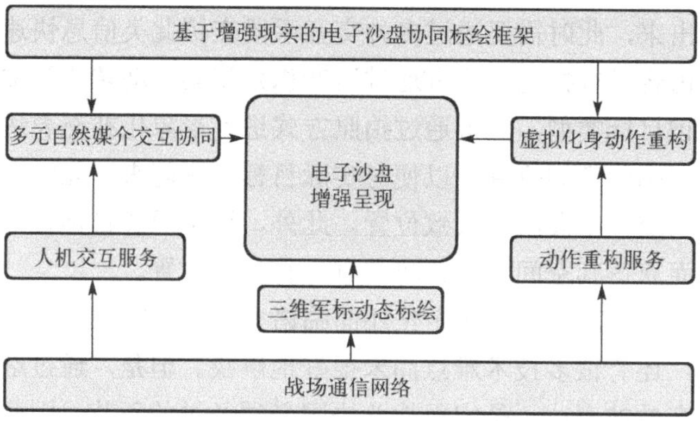

图 11-27　基于增强现实的电子沙盘协同标绘框架

1. 电子沙盘增强呈现

基于增强现实的电子沙盘增强呈现，可确保电子沙盘不占用太大物理空间，甚至可以在野外机动作战条件下使用，并且能够给指挥员提供逼真的视觉效果，满足异地多人研讨需要。传统沙盘多基于实物模型或室内投影形式，这种类型的沙盘需要硬件设备较多，场地比较固定，占用空间较大且搭建起来费时费力，不能满足现代指挥所对便捷性和显示效果的需求，无法随时随地地展开作战研讨。

基于增强现实可穿戴设备，可以快速生成便于“携带”且显示效果逼真的三维电子沙盘，而沙盘数据可以通过战术网络按需推送，沙盘上的态势可根据实时情报进行更新。此外，增强现实环境下的电子沙盘除了满足传统沙盘的基础功能，如下文所述的战场态势和军事要素的显示等，还需要支持战场态势信息的共享，实现真实战场环境的三维展现，同时需要为指挥员提供不受时间、空间限制的标绘及指挥方式，提高联合作战指挥效能。

2. 三维军标动态标绘

军标标绘是指将军标符号放置在战场空间中的相应位置上，以表达敌我兵力部署、行动路线和作战意图等，这些信息也称为战场态势。早期军标标绘大多在实物沙盘上进行，多以实物模型为主；随后多在纸质地图上标绘二维军标；后来又转为在二维电子地图上进行标绘。但是这种方式难以表达对三维空间的理解，不适合未来立体联合作战要求，使得指挥员难以直观地表达空间信息。

在增强现实环境下实现军标标绘功能，其标绘过程更简洁且成本更低，不仅可以实现静态军标标绘，还可以实现动态军标标绘，即在增强现实电子沙盘上标绘的军标符号能够实时地响应操作人员的输入指令，并随之动态更新，展示战场态势变化过程或趋势。同时，还可以实现多指挥员、多层级、多地域之间的协同功能，除了增强现实设备之间的数据通信，还需要研究对应的态势感知模型和实现方法，实现协同环境中态势感知的形式描述、意图理解和信息呈现，从而消除由于空间上的分布而带来的割裂感，更好地发挥个体的主动性和积极性，保障多人协同作业的顺利进行。

3. 多元自然媒介交互协同

增强现实中的虚拟对象，包括电子沙盘、军标符号等，是不可触摸的，因此需要支持通过多种自然媒介进行操控和交互。例如，通过语音、手势、眼动，甚至更高级别的交互信息，显著提升电子沙盘的交互效率，使交互过程更自然。传统通过鼠标、键盘和操控杆的交互方式，不仅限制了交互效率，还需要应对复杂的物理介质，在机动作战条件下极不适应。

因此，需要研究并实现符合指挥员真实沙盘操作习惯的多元自然媒介交互技术，通过自然交互方式(如手势、语音、肢体语言等)实现指挥员对增强现实电子沙盘的交互操作，提高操作效率。

4. 虚拟化身动作重构

为了增强多人协同的沉浸感，还可以通过“虚拟化身”的方式构建协同标绘场景。那么，虚拟化身需要真实再现所替代人员的标绘过程，即将真人动作同步到虚拟化身。在增强现实环境中同步显示，需要完成其标绘动作的重构。在异地协同标绘过程中，涉及军事要素多且战场态势复杂，通常指挥员难以凭借个人经验及时做出正确标绘决策，此时不同标绘人员会有自己的标绘决策，指挥员会根据不同指挥决策综合考虑最佳的标绘决策。传统方式下，指挥员多以电话、视频等形式进行异地交流研讨，该种方式存在用户视角受限、空间关系模糊、意图难以理解及临场体验较差等问题。

实现增强现实环境下的动作重构技术，并将其他标绘人员以虚拟化身的方式显示在增强现实电子沙盘系统中，就能实现将异地标绘转换为虚拟的本地标绘功能。这样更加符合传统的沙盘标绘过程，从而极大地提升不同角色指挥人员的参与感与沉浸感，提高异地协同标绘的作业效果。

11.5.3　主要技术难点分析

协同标绘是增强现实电子沙盘的重要组成部分，缺少协同标绘功能的电子沙盘只是模型的堆砌，无法实现沙盘存在的价值。同时协同标绘也是实现指挥自动化的关键，是现代化沙盘研讨信息智能化的发展要求。从作战应用角度来看，实现基于增强现实电子沙盘的协同标绘，能够使指挥员在了解战场态势的同时进行指挥控制与决策，使得战场态势更加形象、直观。同时也可以使指挥员之间能够实时地相互了解指挥意图，实现跨时空的研讨，从而综合得出最佳的决策方案。从工程实现角度来看，增强现实电子沙盘实现协同标绘功能，能够解决当下电子沙盘多人交互能力的不足，体现工程应用的通用性和易用性[190]。

参考文献

[1] Caudell T P, Mizell D W. Augmented reality: an application of heads-up display technology to manual manufacturing processes[C]. 25th Hawaii International Conference on System Sciences, 1992.

[2] Azuma R T. A survey of augmented reality[J]. Presence: Teleoperators & Virtual Environments, 1997, 6(4): 355-385.

[3] Milgram P, Kishino F. "A taxonomy of mixed reality visual displays," IEICE Trans. Information Systems, vol. E77-D, no. 12, pp. 1321-1329, 12, 1994.

[4] Weiser M. The Computer for the 21st Century[J]. Readings in Human-Computer Interaction, 1995, 1(1): 933-940.

[5] Heilig M L. EL Cine del Futuro: The Cinema of the Future[J]. Presence Teleoperators & Virtual Environments, 1992, 1(3): 279-294.

[6] Marr D. Vision: A Computational Investigation into the Human Representation and Processing of Visual Information[M]. Cambridge: MIT Press, 2010.

[7] Davis K H. Automatic Recognition of Spoken Digits[J]. The Journal of the Acoustical Society of America, 1952, 24(6): 637-642.

[8] Harris R. Speech Technology: Theory and Application[J]. Technical Communication, 2012, 59(2): 153-154.

[9] Matsukura H, Yoneda T, Ishida H. Smelling Screen: Development and Evaluation of an Olfactory Display System for Presenting a Virtual Odor Source[J]. IEEE Transactions on Visualization Computer Graphics, 2013, 19(4): 606-615.

[10] Plato. Plato's Cave. Excerpt from The Republic[M]. New Jersey: John Wiley & Sons, Ltd.

[11] Caudell T. Augumented reality : an application of heads-up display technology to manual manufactureing processes[C]. Proc. hawaii International Conf. on Systems Science, 1992.

[12] 王宏安，戴国忠. 自然人机交互技术[J]. 中国图象图形学报, 2010, 15(7): 2.

[13] 田丰，喻纯. 自然人机交互新进展专题前言[J]. 软件学报, 2019(10): 2925-2926.

[14] Velger M. Helmet-mounted Displays and Sights[M]. Boston: Artech House Publishers, 1998.

[15] Zhan T, Yin K, Xiong J, et al. Augmented Reality and Virtual Reality Displays: Perspectives and Challenges[J]. iScience, 2020, 23(8): 101397.

[16] Curcio C A, Sloan K R, Kalina R E, et al. Human photoreceptor topography[J]. Journal of Comparative Neurology, 1990, 292(4): 497.

[17] Lakrim M. Human Anatomy and Physiology[M]. Benjamin Cummings, 1993.

[18] Davison A J, Reid I D, Molton N D, et al. MonoSLAM: real-time single camera SLAM[J]. IEEE Transactions on Pattern Analysis Machine Intelligence, 2007, 29(6): 1052-1067.

[19] 马颂德，张正友. 计算机视觉：计算理论与算法基础[M]. 北京：科学出版社, 1998.

[20] Hartley R, Zisserman A. Multiple View Geometry in Computer Vision[C]. Cambridge: Cambridge

University Press, 2000.

[21] 钟集, 康素兰, 叶木秀. 高等几何[M]. 武汉: 武汉大学出版社, 2005.

[22] Zhang Z. Determining the Epipolar Geometry and its Uncertainty: A Review[J]. International Journal of Computer Vision, 1998, 27(2): 161-198.

[23] Faraday M. Thoughts on ray-vibrations[J]. Philosophical Magazine, 1846, 28(188): 345-350.

[24] Gershun A. The Light Field[J]. Studies in Applied Mathematics, 1939, 18(1-4): 51-151.

[25] Adelson E, Bergen J R. The plenoptic function and the elements of early vision. Computational Models of Visual Processing (MIT, 1991), pp. 3-20.

[26] 冯曼, 胡国星. 光场成像原理及其历史进程[J]. 中国科技信息, 2017(23): 47-48.

[27] Levoy M, Hanrahan P. Light Field Rendering[C]. Proceedings of the 23rd Annual Conference on Computer Graphics and Interactive Techniques, 1996: 31-42.

[28] 张茂军. 虚拟现实系统[M]. 北京: 科学出版社, 2001.

[29] Isaksen A, Mcmillan L, Gortler S J. Dynamically reparameterized light fields[C]. SIGGRAPH conference, 2000.

[30] Yang J C, et al. A Real-Time Distributed Light Field Camera[C]. Eurographics Workshop on Rendering, 2002.

[31] Zhang C, Chen T. Light Field Sampling[J]. Synthesis Lectures on Image Video Multimedia Processing, 2006, 2(1): 102.

[32] Roman A, Garg G, Levoy M. Interactive design of multi-perspective images for visualizing urban landscapes[C]. IEEE Visualization 2004, 2004: 537-544.

[33] Vaish V, Garg G, Talvala E V, et al. Synthetic Aperture Focusing using a Shear-Warp Factorization of the Viewing Transform[C]. IEEE Computer Society Conference on Computer Vision & Pattern Recognition-workshops, 2005: 129.

[34] Roberts D E. History of lenticular and related autostereoscopic methods[J]. Leap Technologies. Hillsboro, 2003, 16.

[35] Adelson E H, Wang J. Single lens stereo with a plenoptic camera[J]. IEEE Transactions on Pattern Analysis and Machine Intelligence, 1992, 14(2): 99-106.

[36] Ng R. Digital light field photography[D]. San Francisco: Stanford University, 2006.

[37] Dey A, Billinghurst M, Lindeman R W, et al. A Systematic Review of Ten Years of Augmented Reality Usability Studies: 2005 to 2014[J], 2018, 5: 37-40.

[38] Georgiev T G, Zheng K C, Curless B, et al. Spatio-angular resolution tradeoffs in integral photography[J]. Rendering Techniques, 2006, 2006(263-272): 21.

[39] Lumsdaine A, Georgiev T. Full resolution lightfield rendering[J]. Indiana University and Adobe Systems, Tech. Rep, 2008, 91: 92.

[40] Wu G, Masia B, Jarabo A, et al. Light Field Image Processing: An Overview[J]. IEEE Journal of Selected Topics in Signal Processing, 2017, 11(7): 926-954.

[41] Jeon H G, Park J, Choe G, et al. Accurate depth map estimation from a lenslet light field camera[C]. Computer Vision & Pattern Recognition, 2015: 1547-1555.

[42] Wanner S, Goldluecke B. Variational Light Field Analysis for Disparity Estimation and

Super-Resolution[J]. IEEE Transactions on Pattern Analysis and Machine Intelligence, 2014, 36(3): 606-619.

[43] Tao M W, Hadap S, Malik J, et al. Depth from Combining Defocus and Correspondence Using Light-Field Cameras[C]. 2013 IEEE International Conference on Computer Vision, 2013: 673-680.

[44] Shin C, Jeon H, Yoon Y, et al. EPINET: A Fully-Convolutional Neural Network Using Epipolar Geometry for Depth from Light Field Images[C]. 2018 IEEE/CVF Conference on Computer Vision and Pattern Recognition, 2018: 4748-4757.

[45] Watanabe H, Okaichi N, Omura T, et al. Aktina Vision: Full-parallax three-dimensional display with 100 million light rays[J]. Scientific reports, 2019, 9(1): 1-9.

[46] Cao X, Geng Z, Li T, et al. Accelerating decomposition of light field video for compressive multi-layer display[J]. Optics Express, 2015, 23(26): 34007-34022.

[47] 石顺祥, 刘继芳, 孙艳玲. 光的电磁理论：光波的传播与控制[M]. 西安: 西安电子科技大学出版社, 2013.

[48] 宋汉辰. 虚拟环境中图像对象的建模与表现技术研究[D]. 长沙: 国防科学技术大学, 2000.

[49] 唐泽圣. 计算机图形学基础[M]. 北京: 清华大学出版社, 1995.

[50] 郭启全. 计算机图形学教程[M]. 北京: 机械工业出版社, 2000.

[51] Phong B T. Illumination for computer generated pictures[J]. Communications of the ACM, 1975.

[52] 曹家乐. 实时阴影渲染算法的研究[D]. 长春: 吉林大学, 2018.

[53] 佩迪. 增强现实——无处不在[M]. 邓宝松, 译. 北京: 电子工业出版社, 2020.

[54] 高翔, 等. 视觉 SLAM 十四讲：从理论到实践[M]. 2 版. 北京: 电子工业出版社, 2019.

[55] Fischler M A, Bolles R C. Random Sample Consensus: A Paradigm for Model Fitting with Applications To Image Analysis and Automated Cartography[J]. Communications of the ACM, 1981, 24(6): 381-395.

[56] 仲江涛. 基于 UWB 室内定位算法的研究与实现[D]. 深圳: 深圳大学, 2017.

[57] Wang T Q, Sekercioglu Y A, Neild A, et al. Journal of Lightwave Technology Position Accuracy of Time-of-Arrival Based Ranging Using Visible Light With Application in Indoor Localization Systems[J], 2013, 31(20): 3302-3308.

[58] Do T H, Yoo M. Photonic Network Communications TDOA-based indoor positioning using visible light[J], 2014, 27(2): 80-88.

[59] 毛永毅, 李明远, 张宝军. 一种 NLOS 环境下的 TOA/AOA 定位算法[J]. 电子与信息学报, 2009(1): 4.

[60] 杨光. 基于 RSSI 的室内无线定位算法研究及系统设计[D]. 北京: 北京工业大学, 2017.

[61] 史晓刚, 薛正辉, 李会会, 等. 增强现实显示技术综述[J]. 中国光学, 2021, 14(5): 16.

[62] 徐洪光. 硅基有机电致发光微显示关键技术研究[D]. 上海: 上海大学, 2014.

[63] 陈跃, 徐文博, 邹军, 等. Micro LED 研究进展综述[J]. 中国照明电器, 2020(2): 9.

[64] 季洪雷, 张萍萍, 陈乃军, 等. Micro-LED 显示的发展现状与技术挑战[J]. 液晶与显示, 2021, 36(8): 12.

[65] 赵晓冬. Micro LED 显示技术进展概述[J]. 冶金与材料, 2021, 41(3): 2.

[66] 姚璐. 基于自由曲面光学的光场 AR 头戴显示光学系统设计[D]. 西安:西安电子科技大学, 2020.

[67] Martinez M A, Saeedi E, Amirparviz B. Head-mounted display including integrated projector, 2014.

[68] Wang J, Liang Y, Min X. Design of a See-Through Head-Mounted Display with a Freeform Surface[J].

Journal of the Optical Society of Korea, 2015, 19(6): 614-618.

[69] Takahashi K. Head or face mounted image display apparatus, US-6195207-B1, 2001.

[70] 王萃. 增强现实与虚拟现实显示光路设计[J]. 现代电影技术, 2017(11): 5.

[71] 姜玉婷, 张毅, 胡跃强, 等. 增强现实近眼显示设备中光波导元件的研究进展[J]. 光学精密工程, 2021, 29(1): 28-44.

[72] Stevens J C, Stevens S S. Brightness function: effects of adaptation[J]. Journal of the Optical Society of America, 1963, 53(3): 375.

[73] 王萍. 感知亮度的模型化研究[D]. 南京: 东南大学, 2020.

[74] Ju J, Chen D, Lin Y. Effects of correlated color temperature on spatial brightness perception[J]. Color Research and Application, 2012, 37(6): 450-454.

[75] 大石严, 白玉林, 王毓仁. 显示技术基础[M]. 北京: 科学出版社, 2003.

[76] Nakamura Y, Egawa K. Prediction of Brightness Using Contrast Profile Method-Brightness Prediction Based on Luminance Contrast, Part 2[J]. Journal of the Illuminating Engineering Institute of Japan, 2005, 89(5): 230-235.

[77] 张以谟. 应用光学[M]. 5 版. 北京: 电子工业出版社, 2021.

[78] 马文慧, 石民勇, 费广正, 等. 图像高动态范围压缩技术综述[J]. 中国传媒大学学报: 自然科学版, 2007, 14(4): 8.

[79] 李艳梅. 图像增强的相关技术及应用研究[D]. 成都: 电子科技大学, 2013.

[80] Monobe Y, Yamashita H, Kurosawa T, et al. Fadeless Image Projection Preserving Local Contrast Under Ambient Light[C]. Proc Color Imaging Conference, 2004.

[81] 裴增智, 许键. 电致变色膜改善穿透式视频眼镜对比度的方法[J]. 光学仪器, 2017, 39(6): 9.

[82] Hand C. A Survey of 3D Interaction Techniques[J]. Computer Graphics Forum, 1997, 16(5): 269-281.

[83] 王敏姐. 语音识别技术的研究与发展[J]. 微型机与应用, 2009, 28(023): 1-2.

[84] 李振亚, 任慧珺, 薛敏迪. "互联网+"背景下移动互联应用的人机交互技术研究[J]. 信息记录材料, 2017, 018(008): 7-8.

[85] Serras M, Arambarri J. AREVA: Augmented Reality Voice Assistant for Industrial Maintenance[J]. Procesamiento de Lenguaje Natural, 2020, 65: 135-138.

[86] Zhang Y, Chan W, Jaitly N. Very deep convolutional networks for end-to-end speech recognition[C]. 2017 IEEE International Conference on Acoustics, Speech and Signal Processing, 2017: 4845-4849.

[87] Wang Y Z, Zhang L M, Zhang B Q, et al. Mandarin recognition and improvement based on LFMMI criterion under low resource data[J]. Computer Engineering, 2019, 40(9): 5.

[88] Wang D, Wang X, Lv S. End-to-End Mandarin Speech Recognition Combining CNN and BLSTM[J]. Symmetry, 2019, 11(5): 644.

[89] 徐冬冬, 蒋志翔. 基于 HOPE-CTC 的端到端语音识别[J]. 计算机工程与设计, 42(2): 6.

[90] 杨德举, 马良荔, 谭琳珊, 等. 基于门控卷积网络与CTC的端到端语音识别[J]. 计算机工程与设计, 2020, 41(09): 258-262.

[91] Deng Y, Colby G, Heaton J T, et al. Signal processing advances for the MUTE sEMG-based silent speech recognition system[C]. MILCOM 2012 - 2012 IEEE Military Communications Conference, 2012: 1-6.

[92] Meltzner G S, Heaton J T, Deng Y, et al. Development of sEMG sensors and algorithms for silent speech recognition[J]. Journal of Neural Engineering, 2018, 15(4): 046031.1-046031.11.

[93] 陈小鼎, 盛常冲, 匡纲要, 等. 唇读研究进展与展望[J]. 自动化学报, 2020, 46(11): 39-65.

[94] Chao S, Bennamoun M, Togneri R. Listening with Your Eyes: Towards a Practical Visual Speech Recognition System Using Deep Boltzmann Machines[C]. 2015 IEEE International Conference on Computer Vision, 2015: 154-162.

[95] Wand M, Koutník J, Schmidhuber J. Lipreading with Long Short-Term Memory[C]. 2016 IEEE International Conference on Acoustics, Speech and Signal Processing, 2016: 6115-6119.

[96] Assael Y M, Shillingford B, Whiteson S, et al. LipNet: End-to-End Sentence-level Lipreading, 2016: arXiv:1611.01599.

[97] Chung J S, Zisserman A. Lip Reading in the Wild[C]. 2016 Asian Conference on Computer Vision, 2016: 87-103.

[98] Chung J S, Senior A, Vinyals O, et al. Lip Reading Sentences in the Wild[C]. 2017 IEEE Conference on Computer Vision and Pattern Recognition, 2017: 3444-3453.

[99] Stafylakis T, Tzimiropoulos G. Combining Residual Networks with LSTMs for Lipreading. Computer Vision and Pattern Recognition: arXiv, 2017.

[100] 苏荣锋. 多重影响因素下的语音识别系统研究[D]. 深圳: 中国科学院大学(中国科学院深圳先进技术研究院), 2020.

[101] 杨帆. 基于深度学习的唇语识别应用的研究与实现[D]. 成都: 电子科技大学, 2018.

[102] Kandagal A P, Udayashankara V. Automatic bimodal audiovisual speech recognition: A review[C]. 2014 International Conference on Contemporary Computing and Informatics, 2015: 940-945.

[103] Petajan E D. Automatic lipreading to enhance speech recognition (speech reading)[D]. University of Illinois at Urbana-Champaign, 1984.

[104] Huang J, Kingsbury B. Audio-visual deep learning for noise robust speech recognition[C]. 2013 IEEE International Conference on Acoustics, Speech and Signal Processing, 2013: 7596-7599.

[105] 王苏振. 基于深度学习的手势识别技术研究[D]. 杭州: 浙江大学, 2019.

[106] 张凤军, 戴国忠, 彭晓兰. 虚拟现实的人机交互综述[J]. 中国科学: 信息科学, 2016, 046(012): 1711-1736.

[107] Mast D, Bosman M, Schipper S, et al. BalanSAR: Using Spatial Augmented Reality to Train Children's Balancing Skills in Physical Education[C]. Proceedings of the 11th International Conference on Tangible, Embedded, and Embodied Interaction, 2017: 625-631.

[108] Galna B, Barry G, Jackson D, et al. Accuracy of the Microsoft Kinect sensor for measuring movement in people with Parkinson's disease[J]. Gait Posture, 2014, 39(4): 1062-1068.

[109] Mohandes M, Aliyu S, Deriche M. Arabic sign language recognition using the leap motion controller[C]. IEEE 23rd International Symposium on Industrial Electronics, 2014: 960-965.

[110] Stefan P, Wucherer P, Oyamada Y, et al. An AR edutainment system supporting bone anatomy learning[C]. 21st IEEE Virtual Reality Conference, VR 2014, 2014: 113-114.

[111] Hakim N L, Shih T K, et al. Dynamic Hand Gesture Recognition Using 3DCNN and LSTM with FSM

Context-Aware Model[J]. Sensors, 2019, 19(24): 5429.

[112] 王粉花, 张强, 黄超, 等. 融合双流三维卷积和注意力机制的动态手势识别[J]. 电子与信息学报, 2021, 43(5): 1389-1396.

[113] 周旭峰, 王醒策, 武仲科, 等. 基于组合 RNN 网络的 EMG 信号手势识别[J]. 光学精密工程, 2020, 28(02): 169-187.

[114] 李芬兰, 张文清, 庄哲民. 基于手势识别的智能输入系统[J]. 汕头大学学报, 2014, 000(003): 60-65.

[115] 季晖. 基于单个 RGB 摄像头的虚拟键盘系统研究[D]. 南京: 南京邮电大学, 2020.

[116] Wołk K. Emergency, Pictogram-Based Augmented Reality Medical Communicator Prototype Using Precise Eye-Tracking Technology[J]. Cyberpsychology, Behavior, and Social Networking, 2019, 22(2): 151-157.

[117] Ji Q, Zhu Z. Non-intrusive Eye and Gaze Tracking for Natural Human Computer Interaction. mmi interaktiv, 2003.

[118] Putze F, Wei D, Vortmann L M, et al. Augmented Reality Interface for Smart Home Control using SSVEP-BCI and Eye Gaze[C]. 2019 IEEE International Conference on Systems, Man and Cybernetics, 2019: 2812-2817.

[119] 陈顺. 基于深度多模态融合的视线追踪技术[D]. 重庆: 重庆邮电大学, 2020.

[120] Marin-Jimenez M J, Zisserman A, Eichner M, et al. Detecting People Looking at Each Other in Videos[J]. International Journal of Computer Vision, 2014, 106(3): 282-296.

[121] Krafka K, Khosla A, Kellnhofer P, et al. Eye Tracking for Everyone[C]. 2016 IEEE Conference on Computer Vision and Pattern Recognition, 2016: 2176-2184.

[122] Recasens A, Khosla A, Vondrick C, et al. Where are they looking?[J]. Advances in Neural Information Processing Systems, 2015, 1: 199-207.

[123] Recasens A, Vondrick C, Khosla A, et al. Following Gaze in Video[C]. 2017 IEEE International Conference on Computer Vision, 2017: 1444-1452.

[124] Zhang X, Sugano Y, Fritz M, et al. Appearance-based gaze estimation in the wild[C]. 2015 IEEE Conference on Computer Vision and Pattern Recognition, 2015: 4511-4520.

[125] Zhang X, Sugano Y, Fritz M, et al. MPIIGaze: Real-World Dataset and Deep Appearance-Based Gaze Estimation[J]. IEEE Transactions on Pattern Analysis and Machine Intelligence, 2017, 41(1): 162-175.

[126] Cheng Y, Feng L, Zhang X. Appearance-Based Gaze Estimation via Evaluation-Guided Asymmetric Regression[C]. European Conference on Computer Vision, 2018: 105-121.

[127] Deng H P, Zhu W J. Monocular Free-Head 3D Gaze Tracking with Deep Learning and Geometry Constraints[C]. 2017 IEEE International Conference on Computer Vision, 2017: 3162-3171.

[128] Yu Y, Odobez J M. Unsupervised Representation Learning for Gaze Estimation[C]. 2020 IEEE/CVF Conference on Computer Vision and Pattern Recognition, 2020: 7312-7322.

[129] Dias P A, Malafronte D, Medeiros H, et al. Gaze Estimation for Assisted Living Environments[C]. 2020 IEEE Winter Conference on Applications of Computer Vision, 2020: 279-288.

[130] Komurasaki S, et al. Fundamental Perceptual Characterization of an Integrated Tactile Display with Electrovibration and Electrical Stimuli[J]. Micromachines, 2019, 10: 5.

[131] Minamizawa K, Kawakami N, Tachi S. Wearable Haptic Display to Present Gravity Sensation[J]. 2nd Joint EuroHaptics Conference and Symposium on Haptic Interfaces for Virtual Environment and Teleoperator Systems, 2007, 2007: 133-138.

[132] Pacchierotti C, Salvietti G, Hussain I, et al. The hRing: A wearable haptic device to avoid occlusions in hand tracking[C]. 2016 IEEE Haptics Symposium, 2016: 134-139.

[133] Prattichizzo D, Chinello F, Pacchierotti C, et al. Towards Wearability in Fingertip Haptics: A 3-DoF Wearable Device for Cutaneous Force Feedback[J]. IEEE Transactions on Haptics, 2013, 6(4): 506-516.

[134] Solazzi M, Frisoli A, Bergamasco M. Design of a cutaneous fingertip display for improving haptic exploration of virtual objects[C]. 19th International Symposium in Robot and Human Interactive Communication, 2010: 1-6.

[135] Gabardi M, Solazzi M, Leonardis D, et al. A new wearable fingertip haptic interface for the rendering of virtual shapes and surface features[C]. 2016 IEEE Haptics Symposium, 2016: 140-146.

[136] Singh H, Suthar B, Mehdi S Z, et al. Ferro-fluid based portable fingertip haptic display and its preliminary experimental evaluation[C]. 2018 IEEE Haptics Symposium, 2018: 14-19.

[137] Schätzle S, Ende T, Wüsthoff T, et al. VibroTac: An ergonomic and versatile usable vibrotactile feedback device[C]. 19th International Symposium in Robot and Human Interactive Communication, 2010: 670-675.

[138] Culbertson H, Nunez C M, Israr A, et al. A social haptic device to create continuous lateral motion using sequential normal indentation[C]. 2018 IEEE Haptics Symposium, 2018: 32-39.

[139] Scheibe R, Moehring M, Froehlich B. Tactile Feedback at the Finger Tips for Improved Direct Interaction in Immersive Environments[C]. 2007 IEEE Virtual Reality Conference, 2007: 293-294.

[140] Rossi D D, Carpi F, Carbonaro N, et al. Electroactive polymer patches for wearable haptic interfaces[C]. Annual International Conference of the IEEE Engineering in Medicine Biology Society, 2011: 8369-8372.

[141] Mun S, Yun S, Nam S, et al. Electro-Active Polymer Based Soft Tactile Interface for Wearable Devices[J]. IEEE Trans Haptics, 2018: 15-21.

[142] Fani S, Ciotti S, Battaglia E, et al. W-FYD: a Wearable Fabric-based Display for Haptic Multi-Cue Delivery and Tactile Augmented Reality[J]. IEEE Transactions on Haptics, 2017, 11(2): 304-316.

[143] Spelmezan D. SkinHaptics: Ultrasound focused in the hand creates tactile sensations[C]. 2016 IEEE Haptics Symposium, 2016: 98-105.

[144] 杨明浩, 陶建华, 李昊, 等. 面向自然交互的多通道人机对话系统[J]. 计算机科学, 2014, 41(10).

[145] 肖梦婷. 增强现实环境下多模态融合方法的研究与应用[D]. 济南: 济南大学, 2020.

[146] 何俊, 张彩庆, 李小珍, 等. 面向深度学习的多模态融合技术研究综述[J]. 计算机工程, 2020, 46(05): 7-17.

[147] Wang Z, Yu H, Wang H, et al. Comparing Single-modal and Multimodal Interaction in an Augmented Reality System[C]. 2020 IEEE International Symposium on Mixed and Augmented Reality Adjunct, 2020: 165-166.

[148] Zhou Z, Zhao G, Hong X, et al. A review of recent advances in visual speech decoding[J]. Image Vision Computing, 2014, 32(9): 590-605.

[149] Ngiam J, Khosla A, Kim M, et al. Multimodal Deep Learning[C]. Proceedings of the 28th International

Conference on Machine Learning, 2009: 689-696.

[150] Su R, Lan W, Liu X. Multimodal learning using 3D audio-visual data for audio-visual speech recognition[C]. 2017 International Conference on Asian Language Processing (IALP), 2018: 40-43.

[151] Sterpu G, Saam C, Harte N. Attention-based Audio-Visual Fusion for Robust Automatic Speech Recognition[C]. Proceedings of the 20th ACM International Conference on Multimodal Interaction, 2018: 111-115.

[152] Petridis S, Stafylakis T, Ma P, et al. Audio-Visual Speech Recognition with a Hybrid CTC/Attention Architecture[C]. 2018 IEEE Spoken Language Technology Workshop, 2018: 513-520.

[153] Afouras T, Chung J S, Senior A, et al. Deep Audio-visual Speech Recognition[J]. IEEE Transactions on Pattern Analysis and Machine Intelligence, 2018: 1-1.

[154] Wu J X, Cheng J, Zhao C Y. Fusing Multi-modal Features for Gesture Recognition[C]. 15th ACM on International conference on multimodal interaction, 2013: 453-460.

[155] Cheng C, Zhao D, Lu B, et al. Intent understanding for virtual environments[J]. 中国图象图形学报, 2015, 20(2).

[156] Michaelis J E, Mutlu B. Someone to Read with: Design of and Experiences with an In-Home Learning Companion Robot for Reading[C]. 2017 CHI Conference, 2017: 301-312.

[157] 李健. 面向虚拟实验的手势与语音融合算法[D]. 济南: 济南大学, 2020.

[158] Aftab A R. Multimodal Driver Interaction with Gesture, Gaze and Speech[C]. 2019 International Conference on Multimodal Interaction, 2019: 487-492.

[159] Williams A S, Garcia J, Ortega F. Understanding Multimodal User Gesture and Speech Behavior for Object Manipulation in Augmented Reality Using Elicitation[J]. IEEE Transactions on Visualization and Computer Graphics, 2020, 26(12): 3479-3489.

[160] Chen L, Wang W, Qu J, et al. A Command and Control System for Air Defense Forces with Augmented Reality and Multimodal Interaction[J]. Journal of Physics: Conference Series, 2020, 1627(1): 012002.

[161] 田怀谷, 孔令云, 龚元霞, 等. 基于语音和手势的智能机器人交互研究[J]. 数字通信世界, 2019(7), 86.

[162] Abioye A O, Prior S D, Sa Ddington P, et al. Effects of Varying Noise Levels and Lighting Levels on Multimodal Speech and Visual Gesture Interaction with Aerobots[J]. Applied Sciences, 2019, 9(10): 2066.

[163] Kucherenko T, Jonell P, Waveren S V, et al. Gesticulator: A framework for semantically-aware speech-driven gesture generation[C]. Proceedings of the 2020 International Conference on Multimodal Interaction, 2020: 242-250.

[164] Martinez J, Dewanti S S. Multimodal Interfaces: A Study on Speech-Hand Gesture Recognition[C]. 2019 International Conference on Information and Communications Technology, 2019: 196-200.

[165] Sheldon A, Dobbs T, Fabbri A, et al. PUTTING THE AR IN (AR)CHITECTURE: Integrating voice recognition and gesture control for Augmented Reality interaction to enhance design practice[C]. Intelligent and Informed-24th CAADRIA Conference, 2019.

[166] Herrmann R, Schmidt L. Design and Evaluation of a Natural User Interface for Piloting an Unmanned Aerial Vehicle[J]. i-com, 2018, 17(1): 15-24.

[167] Du G, Zhang B, Li C, et al. A Novel Natural Mobile Human-Machine Interaction Method With

Augmented Reality[J]. IEEE Access, 2019, 7: 154317-154330.

[168] Abidin R Z, Arshad H, et al. Adaptive multimodal interaction in mobile augmented reality: A conceptual framework[C]. AIP Conference Proceedings, 2017: 020150.

[169] Rothrock L, Koubek R, Fuchs F, et al. Review and reappraisal of adaptive interfaces: Toward biologically inspired paradigms[J]. Theoretical Issues in Ergonomics Science, 2002, 3: 47-84.

[170] Sankar A, Seitz S M. In situ CAD capture[C]. Proceedings of the 18th International Conference on Human-Computer Interaction with Mobile Devices and Services, 2016: 233-243.

[171] Cordeiro D, Correia N, Jesus R. ARZombie: A mobile augmented reality game with multimodal interaction[C]. 7th International Conference on Intelligent Technologies for Interactive Entertainment, 2015: 22-31.

[172] Liu H, Fang T, Zhou T, et al. Towards Robust Human-Robot Collaborative Manufacturing: Multimodal Fusion[J]. IEEE Access, 2018, 6: 74762-74771.

[173] Wolpaw J R, Birbaumer N, Mcfarland D J, et al. Brain-computer interfaces for communication and control[J]. Supplements to Clinical Neurophysiology, 2002, 113(6): 767-791.

[174] Fazli S, Mehnert J, Steinbrink J, et al. Enhanced performance by a hybrid NIRS-EEG brain computer interface[J]. NeuroImage, 2012, 59(1): 519-529.

[175] Belitski A, Farquhar J, Desain P. P300 audio-visual speller[J]. Journal of Neural Engineering, 2011, 8(2): 025022.

[176] Leeb R, Sagha H, Chavarriaga R, et al. A hybrid brain-computer interface based on the fusion of electroencephalographic and electromyographic activities[J]. Journal of Neural Engineering, 2011, 8(2): 025011.

[177] 赵健. 基于人眼视觉特性的近眼显示技术研究[D]. 南京: 东南大学, 2019.

[178] 王蒙蒙. Kinect 和 Leap Motion 数据融合技术的研究与应用[D]. 长春: 长春理工大学, 2018.

[179] 赵一飞. 基于 Leap Motion 的手功能康复训练评估系统关键技术的研究[D]. 长春: 长春大学, 2021.

[180] 黄俊, 景红. 基于 Leap Motion 的手势控制技术初探[J]. 计算机系统应用, 2015, 24(10): 5.

[181] 王巍. Leap Motion 人机交互应用开发[M]. Leap Motion 人机交互应用开发, 2015.

[182] Feiner S K, Webster A C, Krueger T E, et al. Architectural Anatomy[J]. Presence Teleoperators Virtual Environments, 1995, 4(3): 318-325.

[183] Peng H, Briggs J, Wang C Y, et al. RoMA: Interactive Fabrication with Augmented Reality and a Robotic 3D Printer[C]. 2018 Computer Human Interaction Conference, 2018: 1-12.

[184] Andress S, Johnson A, Unberath M, et al. On-the-fly augmented reality for orthopedic surgery using a multimodal fiducial[J], 2018, 5(2).

[185] 王崴, 李恒威, 刘海平, 等. 混合现实技术在军事中的应用综述[J]. 兵器装备工程学报, 2021, 42(9): 11.

[186] 吴磊. 图像矫正在三维立体电子沙盘中的应用[D]. 北京: 北京邮电大学, 2018.

[187] 孔维. 三维非规则军队标号的研究与实现[D]. 郑州: 中国人民解放军信息工程大学, 2005.

[188] 刘海涛. GIS 协同标绘技术研究[D]. 济南: 山东大学, 2010.

[189] 曾军, 王飞. 计算机辅助标图发展研究[J]. 测绘科学技术学报, 2000(03): 71-73+78.

[190] 李维浩, 姚世明, 李蔚清, 等. 面向 AR 沙盘异地协同标绘的动作重构技术[J]. 北京理工大学学报, 2019, 39(12): 7.